특별하게 방콕
Bangkok

특별하게 방콕

지은이 이다혜
초판 1쇄 발행일 2023년 7월 15일

기획 및 발행 유명종
편집 이지혜
디자인 이다혜, 강주희
조판 신우인쇄
용지 에스에이치페이퍼
인쇄 신우인쇄

발행처 디스커버리미디어
출판등록 제 2021-000025(2004. 02. 11)
주소 서울시 마포구 연남로5길 32, 202호
전화 02-587-5558

ISBN 979-11-88829-35-4 13980

* 사진 및 자료를 제공해준 모든 분들께 감사드립니다. 편집상 크게 사용한 사진에만 저작권을 표기했음을 밝힙니다.

특별하게 방콕
Bangkok

지은이 이다혜

디스커버리미디어

작가의 말

다시, 특별하게 방콕

팬데믹이 시작된 지 두어 달쯤 됐을 때 일이었다. 관광업에 종사하는 방콕 상인들, 택시 기사, 승무원 등이 '우리는 한국 여행객을 기다립니다'라고 쓰인 팻말을 든 사진이 인터넷에 공개됐다. 그 사진은 소위 '관광으로 먹고사는 나라'의 캠페인이 아니라 일상을 잃어버린 우리 모두에게 보내는 작은 위로와 다시 만날 날에 대한 희망을 담고 있었다.

닫혔던 하늘길이 열리고 자유롭게 나라와 나라를 오고 갈 수 있게 되었다. 방콕은 자유롭고 에너지 넘치는 예전의 모습을 되찾았고, 방콕 사람들은 여전히 유머가 넘치고 여유롭다. 눈에 띄게 달라진 것이 있다면 여행자와 현지인 모두의 얼굴에 웃음이 가득하다는 것이다. 여행의 즐거움, 사람들과 함께 어울리는 시간, 새로운 문화를 만나는 기쁨을 만끽하고 있다. 지금, 미소의 도시 방콕에는 웃음이 끊이지 않는다.

〈특별하게 방콕〉은 크게 휴대용 특별부록과 본문, 권말부록으로 구성되어 있다. 특별부록은 세 가지 지도를 담고 있다. 먼저, 방콕 전체를 한눈에 파악할 수 있게 대형 여행지도를 실었다. 명소, 맛집, 카페, 쇼핑 스폿 등 〈특별하게 방콕〉에 나오는 모든 장소를 아이콘과 함께 표기했다. 뒷면에는 방콕의 MRT와 BTS 노선도, 그리고 짜오프라야강 선착장 지도를 실었다.

이 책의 본문은 주제에 따라 방콕을 다양하게 여행할 수 있는 방법을 소개한다. 여행 준비를 위한 필수 정보는 기본이고, '방콕 하이라이트'는 명소·음식·카페·체험·쇼핑 등 세분화한 주제로 방콕을 특별하게 즐기는 방법을 제안한다. 8개 구역으로 나눈 방콕 여행 정보는 최신 정보까지 모두 담았다. 방콕과 함께 돌아볼 수 있도록 아유타야, 수상 시장, 파타야 등 방콕 근교 5곳의 여행 정보도 알차게 실었다. 실전에 꼭 필요한 여행 태국어와 영어 회화를 수록한 권말부록도 주목해주길 바란다. 여행지에서 생길 수 있는 다양한 상황에 맞추어 꼭 필요한 필수 단어와 회화 예제를 알차고 풍부하게 담았다.

방콕을 특별하게 즐기는 일만 남았다. 카오산로드에서 자유의 열기를 만끽하고 짜오프라야 강변에서 야경을 즐기자. 1일 1팟타이, 1일 1마사지 챌린지를 완성하고 쿠킹클래스로 방콕의 맛을 더 깊이 경험하고, 때로는 걸으며 현지의 생생한 모습을 마주하기를 바란다. 공항에 도착하는 순간부터 여행을 마칠 때까지 〈특별하게 방콕〉이 당신의 여행에 함께 할 것이다.

책이 나오기까지 고생한 디스커버리미디어에 감사의 말을 전한다. 부족한 면을 촘촘히 채워주시는 이지혜 에디터님, 인생의 선배로 사수로 늘 끌어주시는 유명종 편집장님께 감사드린다. 한결같이 응원해 주는 엄마와 함께 취재하며 고생한 이민에게도 고마움을 전한다.

2023년 여름

이다혜

일러두기

『특별하게 방콕』 100% 활용법

독자 여러분의 방콕 여행이 더 즐겁고, 더 특별하길 바라며
이 책의 특징과 구성, 그리고 요긴하게 활용하는 방법을 알려드립니다.
『특별하게 방콕』이 여러분에게 친절한 가이드이자 동행이 되길 기대합니다.

① 이렇게 구성했습니다

휴대용 대형 여행지도 + 방콕 여행 필수 정보 + 방콕을 특별하게 즐기는 방법 22가지 + 권역별 여행 정보 + 근교 여행 정보 + 실전에 꼭 필요한 여행 태국어와 여행 영어

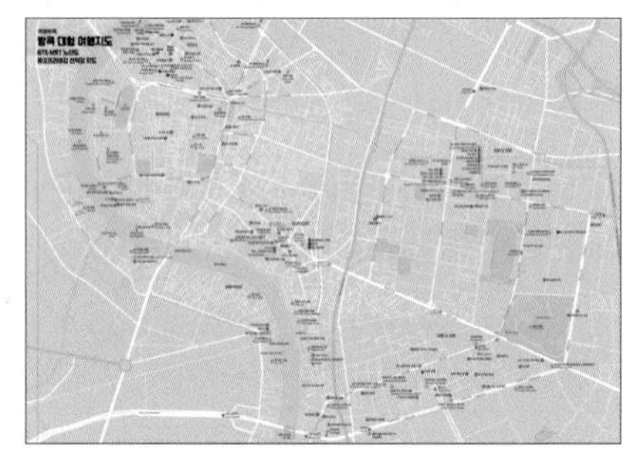

『특별하게 방콕』은 크게 특별부록과 권역별 여행 정보를 담은 본문, 그리고 여행 태국어와 여행 영어를 풍성하게 실은 권말부록으로 구성돼 있습니다. 특별부록은 휴대용 대형지도와 BTS와 MRT 노선도, 그리고 짜오프라야강 선착장 지도를 담고 있습니다. 본문은 여행 준비 정보, 명소·체험·맛집 등 주제별로 방콕을 특별하게 즐기는 방법 22가지를 제안하는 '하이라이트', 그리고 8개 구역으로 나눈 권역별 정보와 5개 근교 도시 여행 정보가 중심을 이룹니다. 실전에 꼭 필요한 태국어와 영어 회화를 담은 권말부록도 주목해주세요. 여행지에서 자주 일어나는 40개 상황을 먼저 설계한 뒤 상황별로 꼭 필요한 필수 단어와 회화 예제를 풍부하게 담았습니다.

② 특별부록 : 휴대용 대형 여행지도

책에 나오는 모든 장소를 담은 대형 지도+ BTS와 MRT 노선도 + 짜오프라야강 선착장 지도 + 쑤쿰윗 여행지도 + 아리 여행지도

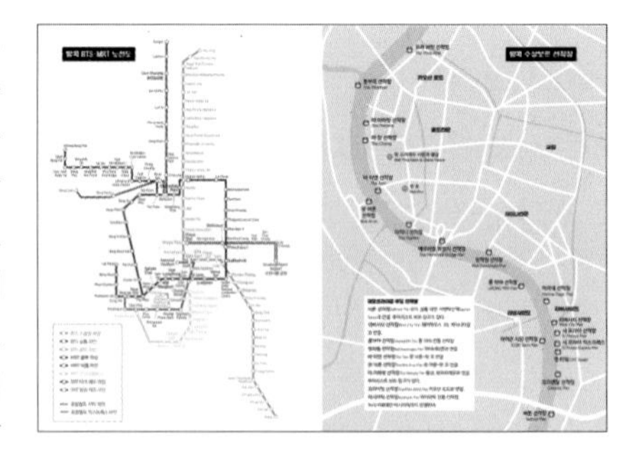

휴대용 특별부록엔 모두 다섯 가지 지도를 담았습니다. 먼저, 두 팔로 펼쳐 보기 딱 좋은 대형 여행지도를 주목해주세요. 관광지·체험 명소·맛집·카페·바·쇼핑 스폿 등 『특별하게 방콕』에 나오는 모든 장소를 아이콘과 함께 실었습니다. 명소 앞엔 카메라 아이콘을, 맛집엔 포크와 나이프, 카페와 베이커리엔 커피잔 아이콘, 칵테일 바엔 술잔 아이콘을 함께 표기했습니다. 지도를 펼쳐 아이콘과 장소 이름을 확인하면 그곳의 위치와 성격을 금방 알 수 있습니다. 대형지도 뒷면엔 BTS와 MRT 노선도, 짜오프라야강 선착장 지도, 쑤쿰윗과 아리 여행지도를 실었습니다. 휴대용 특별부록이 방콕 여행의 친절한 나침반 역할을 해줄 것입니다.

③ 방콕 여행을 위한 필수 정보

방콕 한눈에 보기 + 10분 만에 읽는 태국 역사 + 여행 전에 꼭 알아야 할 방콕 Q&A + 꼭 지켜야 할 기본 에티켓 + 위급 상황 시 대처법 + 현지 교통 정보 + 월별 날씨와 기온

방콕 여행 준비를 위한 필수 정보 코너에서는 여행을 설계하는 단계부터 실제 여행을 하는 과정에서 필요한 정보를 상세하게 안내합니다. 방콕 한눈에 보기, 10분 만에 읽는 태국 역사, 10문10답-여행 전에 꼭 알아야 할 방콕 Q&A, 꼭 지켜야 할 기본 에티켓, 짐 싸기 체크리스트, 출국과 입국 정보, 현지 교통 정보, 월별 날씨와 기온, 꼭 필요한 여행 앱과 교통카드, 위급 상황 시 대처법, 일정별·상황별 추천 코스 등 여행 준비와 여행 실전에 필요한 모든 정보를 빠짐없이 담았습니다.

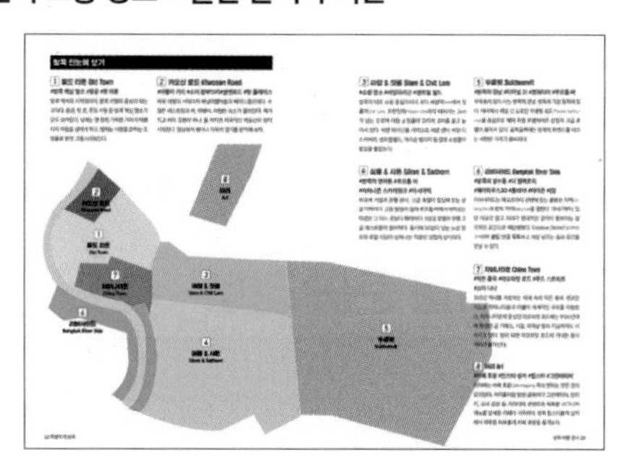

④ 방콕 하이라이트 : 방콕을 특별하게 여행하는 22가지 방법

인기 명소 베스트 10 + 생동감 넘치는 방콕의 시장 + 작가가 추천하는 마사지 숍 + 방콕에서 꼭 먹어야 할 음식 + 방콕 레스토랑 베스트 10 + 야경이 환상적인 루프톱 바 + 꼭 사야 할 기념품 리스트

하이라이트에선 방콕을 특별하게 여행하는 22가지 방법을 친절하게 안내합니다. 작가가 추천하는 인기 명소 베스트 10, 생동감 넘치는 방콕의 4대 시장, 작가가 추천하는 마사지 숍, 방콕에서 꼭 먹어야 할 음식, 방콕 레스토랑 베스트 10, 미슐랭이 극찬한 로컬 맛집, 야경이 환상적인 루프톱 바, 방콕의 쇼핑 핫 플레이스, 꼭 사야 할 기념품 리스트, 슈퍼마켓 필수 쇼핑 리스트…. 22가지 테마 중에서 당신에게 딱 맞는 테마를 골라보세요.

방콕의 인기 명소 베스트 10

⑤ 8개 권역별 정보와 5대 근교 여행지

올드타운 + 카오산로드 + 리버사이드 + 싸얌 & 칫롬 + 실롬 & 사톤 + 쑤쿰윗 + 차이나타운 + 아리 + 수상 시장 + 매끌렁 기찻길 시장 + 파타야 + 아유타야 +후아힌

방콕은 보석 같은 여행지를 가득 품고 있습니다. 왕궁과 사원이 아름다운 올드타운은 방콕 여행 1번지입니다. 여행자의 거리 카오산로드는 언제나 즐거움을 줍니다. 쇼핑 여행자들이 가장 먼저 찾는 싸얌과 칫롬, 떠오르는 여행지 리버사이드, 카페 투어의 성지 아리…. 『특별하게 방콕』은 8개 권역으로 세분해 매력적인 곳으로 여러분을 안내합니다. 근교 여행지 정보도 알찹니다. 수상 시장과 기찻길 시장부터 산호섬이 기다리는 파타야, 태국의 경주 같은 도시 아유타야, 휴양 도시 후아힌 등으로 여러분을 안내합니다.

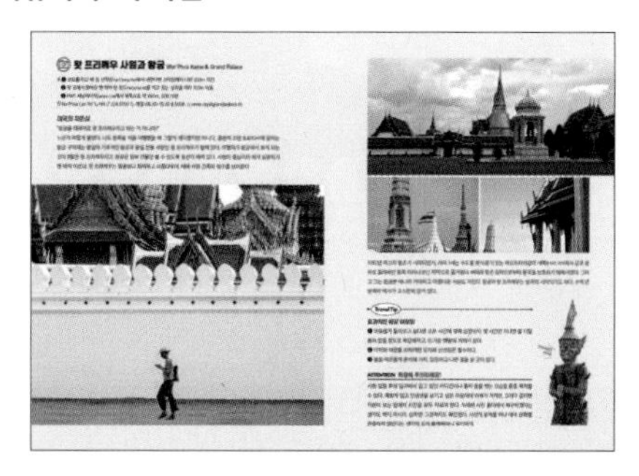

왓 프라깨우 사원과 왕궁

목차

Contents

PART 1
방콕 여행 준비 정보

PART 2
방콕 하이라이트

PART 3
올드 타운 Old Town

PART 4
카오산 로드 Khaosan Road

PART 5
싸얌 & 칫롬 Siam & Chit Lom

PART 6
실롬 & 사톤 Silom & Sathorn

PART 7
쑤쿰윗 Sukhumvit

PART 8
리버사이드 River Side

PART 9

차이나타운 China Town

PART 10

아리 Ari

PART 11

방콕 근교 Around Bangkok

아유타야

파타야

깐짜나부리

후아힌

PART 1

방콕 여행 준비 정보

여행 전에 꼭 알아야 할 필수 정보 15가지

아는 만큼 보이고 보이는 만큼 즐길 수 있다. 당신의 여행이 더 즐겁고 풍성해지길 바라며 방콕 여행지도부터 월별 날씨와 기온, 공항 교통편과 시내 교통편, 여행자가 꼭 알아야 할 상식과 에티켓, 일정에 따른 다양한 추천 코스까지 여행에 필요한 필수 정보를 모두 담았다.

포스트 바
팟타이 나나
라마 8세 다리
Rama 8 Bridge
프라 수멘 요새
Phra Sumen fort
쌈쎈 로드
Samsen Road
프라아팃 선착장
Tha Phra Arthit
카림 로띠 마따바
푸아끼
블루스 바
나이쏘이
코지 하우스
쿤댕 꾸어이짭 유안
카오산 로드
조조팟타이와 무명 노점상
찌라 옌타포
똠얌꿍 방람푸
사와디 하우스
카우톰 보원
왓 차나 쏭크람
Wat Chana Songkhram
아이싸롯디
왓 보원니
Wat Bowonniwet
차나 쏭크람 경찰서
소이 람부뜨리
Soi Rambuttri
빠이 스파
Pai Spa
카오산 로드
Khaosan Road
더 원 카오산
브릭 바
카오산 로드 맥도날드
버거킹
왓 벤차마보핏
Wat Benchamabophit
포 포차야
왓 벤차마보핏
Wat Benchamabophit
느어 뚠 낭릉
낭릉 시장
Nang Loeng Market
방콕 국립 박물관
Bangkok National Museum
코피 히아 타이 키
퀸스 갤러리
Queen Sirikit Gallery
민주기념탑
Democracy Monument
마하깐 요새
마하랏 선착장
Maharaj
부적 시장
Amulet Market
왓 마하탓
Wat Mahathat
싸남 루앙
크루아 압손
로하 쁘라쌋
Loha Prasat
올드타운
밋 코 유안
왓 사켓
Golden Mountain Temple
팁 싸마이
따 창 선착장
Tha Chang
왓 프라깨우 입구
코 파니치
나따폰 아이스크림
싸오칭차
Giant Swing
짜오프라야강
Chao Phraya River
왓 수탓
Wat Suthat
또 꾸어이짭
왓 프라깨우 사원과 왕궁
Wat Phra Kaew & Grand Palace
올드 타운 카페 방콕
쌈욧
Sam Yot
왓 포 매표소
롱 티안 방콕
온 록 윤
따 티엔 선착장
Tha Tien
왓 포
Wat Pho
더 식스드
쌀라 라타나코신
더 덱
에이크 미 망고
싸남 차이
Sanam Chai
어보브 리바
블루 웨일 카페
왓 아룬
Wat Arun
젝푸이 커리
왓 망콘 까말라왓
Wat Mangkon Kamalawat
타이행
왓 망콘
Wat Mangkon
차이나타운
빡끄렁 딸랏
Pak Khlong Talat
팍클렁 꽃시장
앗사당 선착장
Atsadang Pier
추짓 부아로이
야오와랏 로드
Yaowarat Road
바 하오 티안 미
왓 칼라야나밋 선착장
꾸웨이짭 우언 포차나
호텔 로열 방콕
티 엔 케이
씨푸드
카놈빵 짜우아러이텟
소이 나나
Soi Nana in Chinatown
이아쌔
빠퉁고
나이엑 롤 누들
차타 스페셜티 커피
오딘 크랩 완탄
포르투갈 마을
Portugal Legacy
메모리얼 브릿지
산타크루즈 성당 Santa Cruz Church
타누싱하 베이커리
랏차웡 선착장
Ratchawong Pier
왓 트라이밋
Wat Traimit
차이나타운 게이트(패루)
짜오프라야강
리버사이드
롱 1919
Lhong 1919
딸랏 너이 골목
Talad noi
씨암 상업 은행
Siam Commercial Bank
성 로자리 교회
Holy Rosary Church
네버엔딩섬머
캉디드
멀티레이블 스토어
더 잼 팩토리
The Jam Factory
밀레니엄 힐튼 호텔
리버시티
씨프라야 익스프레스 선착장
로열 오키드 쉐라톤
씨프라야 선착장
아이콘 시암 선착장
아이콘 시암
Icon Siam
캣 타워 선착장
리버사이드
만다린 오리엔탈 호텔
참고
BTS역
MRT역
크룽 톤부리
Krung Thonburi
아시아틱 2.2km
Asiatique
반 팟타이
Ratchadamnoen Klang Rd
Somdet Phra Pin Klao Rd
Phra Sumen Rd
Lan Luang Rd
Bamrung Mueang Rd
Charoen Krung Rd
Yaowarat Rd
Maha Rat Rd
Maha Chai Rd
Chakkraphet Rd
Somdet Chao Phraya Rd
La Yat Rd
Charoen Nakhon Rd
Krung Thon Buri Road
Prajadhipok Rd
Phra Pokklao Bridge
Rama IV Rd
Song Wat Rd
Luang Rd
Ratchabophit Rd
Chetuphon Rd
Na Phra Lan Rd
Arun Amarin Rd

방콕 여행 지도

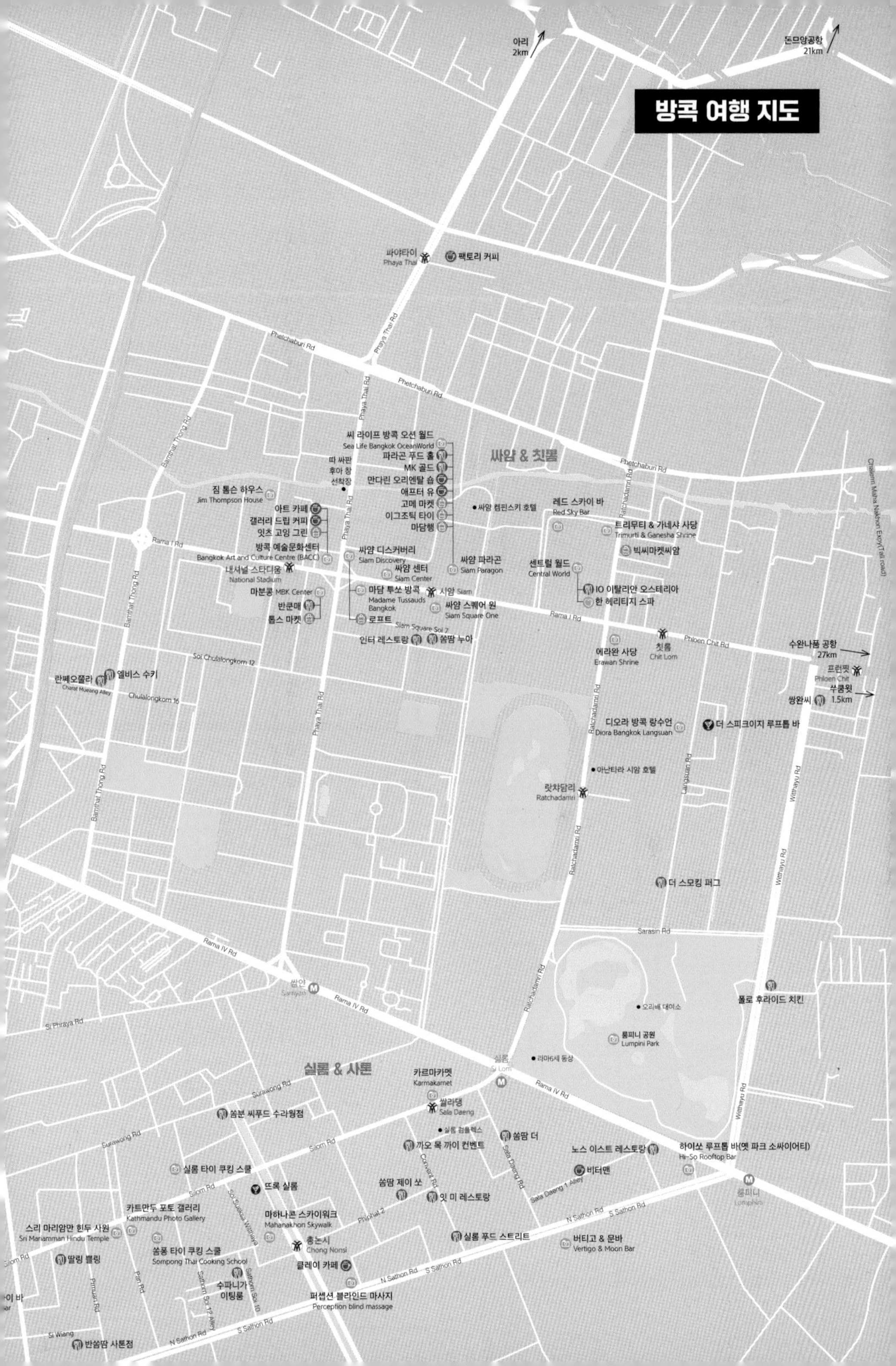

아리 2km
돈므앙공항 21km
파야타이 Phaya Thai
팩토리 커피
Phetchaburi Rd
Phaya Thai Rd
씨 라이프 방콕 오션 월드 Sea Life Bangkok OceanWorld
파라곤 푸드 홀
MK 골드
만다린 오리엔탈 숍
애프터 유
고메 마켓
이그조틱 타이
마담행
싸얌 & 칫롬
따 싸판 후아 창 선착장
짐 톰슨 하우스 Jim Thompson House
아트 카페
갤러리 드립 커피
잇츠 고잉 그린
방콕 예술문화센터 Bangkok Art and Culture Centre (BACC)
내셔널 스타디움 National Stadium
마분콩 MBK Center
반쿤매
톱스 마켓
싸얌 켐핀스키 호텔
레드 스카이 바 Red Sky Bar
트리무티 & 가네샤 사당 Trimurti & Ganesha Shrine
빅씨마켓씨암
싸얌 디스커버리 Siam Discovery
싸얌 센터 Siam Center
싸얌 파라곤 Siam Paragon
센트럴 월드 Central World
IO 이탈리안 오스테리아
한 헤리티지 스파
마담 투쏘 방콕 Madame Tussauds Bangkok
시암 Siam
싸얌 스퀘어 원 Siam Square One
로프트
Siam Square Soi 7
인터 레스토랑
쏨땀 누아
Rama I Rd
Phloen Chit Rd
칫롬 Chit Lom
에라완 사당 Erawan Shrine
수완나품 공항 27km
프런찟 Phloen Chit
쑤쿰윗 1.5km
쌍완씨
Soi Chulalongkorn 12
란쩨오쫄라 Charat Mueang Alley
엘비스 수키
Chulalongkorn 16
Banthat Thong Rd
디오라 방콕 랑수언 Diora Bangkok Langsuan
더 스피크이지 루프톱 바
아난타라 시암 호텔
랏차담리 Ratchadamri
Ratchadamri Rd
Langsuan Rd
Witthayu Rd
Chaloem Maha Nakhon Expy(Toll road)
더 스모킹 퍼그
Sarasin Rd
Rama IV Rd
쌈얀 Samyan
폴로 후라이드 치킨
오리배 대여소
룸피니 공원 Lumpini Park
Si Phraya Rd
실롬 & 사톤
라마6세 동상
실롬 Si Lom
카르마카멧 Karmakamet
Surawong Rd
쌀라댕 Sala Daeng
쏨분 씨푸드 수라웡점
실롬 컴플렉스
쏨땀 더
까오 목 까이 컨벤트
노스 이스트 레스토랑
하이쏘 루프톱 바(옛 파크 소싸이어티) Hi-So Rooftop Bar
Silom Rd
Convent Rd
Sala Daeng Rd
실롬 타이 쿠킹 스쿨
비터맨
뜨롱 실롬
쏨땀 제이 쏘
잇 미 레스토랑
Sala Daeng 1 Alley
룸피니 Lumphini
카트만두 포토 갤러리 Kathmandu Photo Gallery
마하나콘 스카이워크 Mahanakhon Skywalk
Phiphat 2
N Sathon Rd
S Sathon Rd
스리 마리암만 힌두 사원 Sri Mariamman Hindu Temple
실롬 푸드 스트리트
버티고 & 문바 Vertigo & Moon Bar
총논시 Chong Nonsi
쏨퐁 타이 쿠킹 스쿨 Sompong Thai Cooking School
딸링 쁠링
클레이 카페
수파니가 이팅룸
Pan Rd
Pramuan Rd
Sathon Soi 10
Sathon Soi 12 Alley
퍼셉션 블라인드 마사지 Perception blind massage
Si Wiang
반쏨땀 사톤점

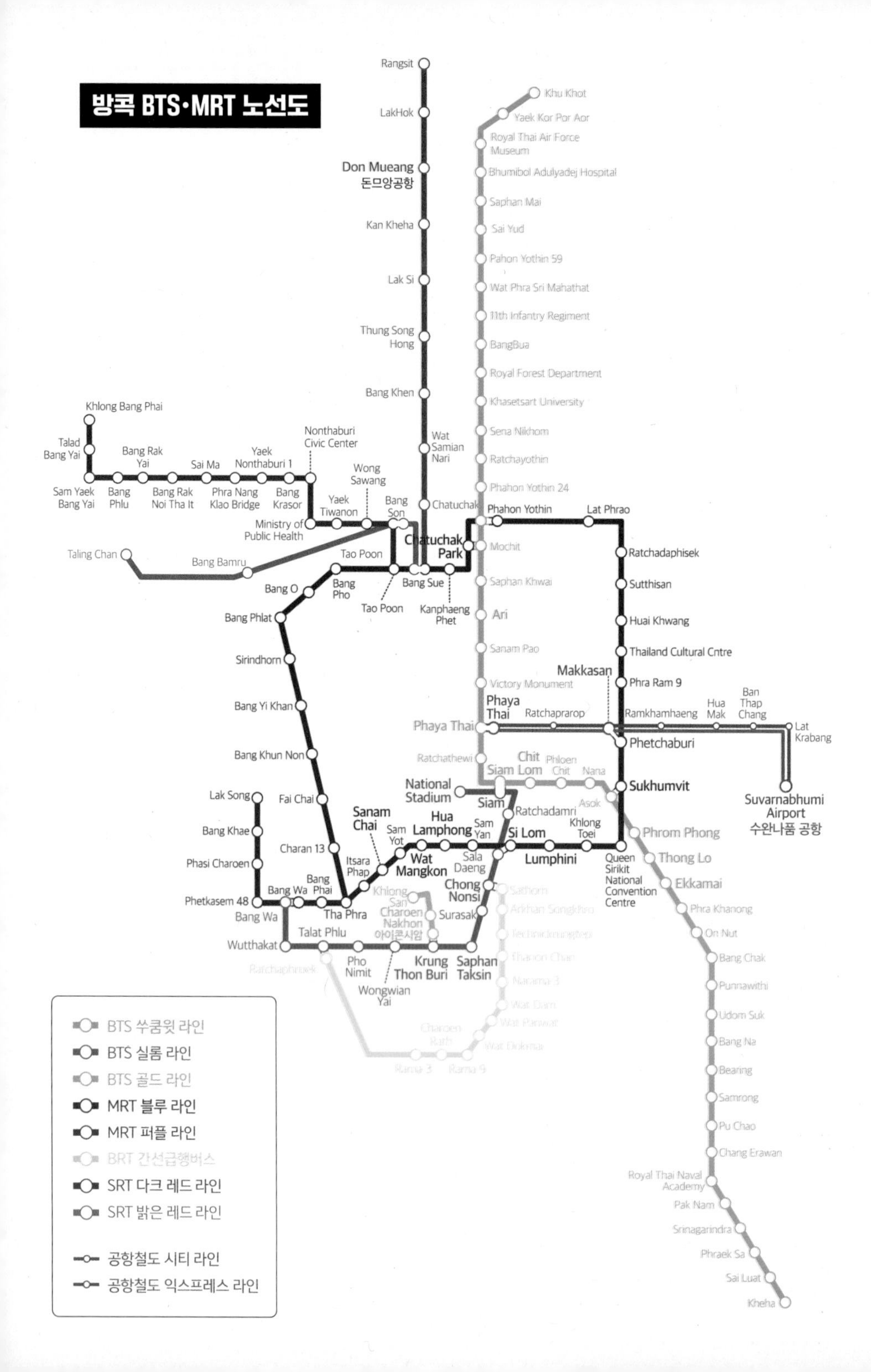

방콕 BTS·MRT 노선도
Rangsit
LakHok
Don Mueang
돈므앙공항
Kan Kheha
Lak Si
Thung Song Hong
Bang Khen
Wat Samian Nari
Chatuchak
Khu Khot
Yaek Kor Por Aor
Royal Thai Air Force Museum
Bhumibol Adulyadej Hospital
Saphan Mai
Sai Yud
Pahon Yothin 59
Wat Phra Sri Mahathat
11th Infantry Regiment
BangBua
Royal Forest Department
Khasetsart University
Sena Nikhom
Ratchayothin
Phahon Yothin 24
Phahon Yothin
Lat Phrao
Ratchadaphisek
Sutthisan
Huai Khwang
Thailand Cultural Cntre
Phra Ram 9
Makkasan
Khlong Bang Phai
Talad Bang Yai
Bang Rak Yai
Sai Ma
Yaek Nonthaburi 1
Nonthaburi Civic Center
Wong Sawang
Sam Yaek Bang Yai
Bang Phlu
Bang Rak Noi Tha It
Phra Nang Klao Bridge
Bang Krasor
Yaek Tiwanon
Bang Son
Ministry of Public Health
Taling Chan
Bang Bamru
Tao Poon
Chatuchak Park
Mochit
Bang Sue
Bang O
Bang Pho
Kanphaeng Phet
Saphan Khwai
Ari
Bang Phlat
Sirindhorn
Bang Yi Khan
Bang Khun Non
Fai Chai
Charan 13
Sanam Pao
Victory Monument
Phaya Thai
Ratchaprarop
Ramkhamhaeng
Hua Mak
Ban Thap Chang
Lat Krabang
Phetchaburi
Ratchathewi
Chit Lom
Phloen Chit
Nana
Siam
National Stadium
Sukhumvit
Asok
Suvarnabhumi Airport
수완나품 공항
Lak Song
Bang Khae
Phasi Charoen
Phetkasem 48
Bang Wa
Wutthakat
Sanam Chai
Sam Yot
Hua Lamphong
Sam Yan
Ratchadamri
Si Lom
Khlong Toei
Lumphini
Queen Sirikit National Convention Centre
Phrom Phong
Thong Lo
Ekkamai
Phra Khanong
On Nut
Bang Chak
Punnawithi
Udom Suk
Bang Na
Bearing
Samrong
Pu Chao
Chang Erawan
Royal Thai Naval Academy
Pak Nam
Srinagarindra
Phraek Sa
Sai Luat
Kheha
Itsara Phap
Wat Mangkon
Sala Daeng
Bang Phai
Tha Phra
Khlong San
Charoen Nakhon
아이콘시암
Chong Nonsi
Surasak
Talat Phlu
Pho Nimit
Krung Thon Buri
Saphan Taksin
Wongwian Yai
Ratchaphruek
Rama 3
Rama 9
BTS 쑤쿰윗 라인
BTS 실롬 라인
BTS 골드 라인
MRT 블루 라인
MRT 퍼플 라인
BRT 간선급행버스
SRT 다크 레드 라인
SRT 밝은 레드 라인
공항철도 시티 라인
공항철도 익스프레스 라인

방콕 수상보트 선착장
프라 아팃 선착장
Tha Phra Athit
소이 람부뜨리
Soi Rambuttri
카오산 로드
카오산 로드
Khaosan Road
톤부리 선착장
Tha Thonburi
Somdet Phra Pin Klao Rd
Ratchadamnoen Klang Rd
Nakhon Sawan Rd
따 마하랏 선착장
Tha Maharaj
올드타운
왓 사켓
Wat Saket
따 창 선착장
Tha Chang
Fueang Nakhon Rd
Bamrung Mueang Rd
Maha Chai Rd
Bamrung Mueang Rd
Maha Rat Rd
왓 프라깨우 사원과 왕궁
Wat Phra Kaew &
Grand Palace
BTS 시암역
2km
따 티엔 선착장
Tha Tien
Thai Wang Alley
Charoen Krung Rd
Luang Rd
왓 포
Wat Pho
왓 아룬 선착장
Wat Arun
Charoen Krung Rd
왓 아룬
Wat Arun
Yaowarat Rd
차이나타운
Phra Pokklao Rd
라치니 선착장
Tha Rajinee
야오와랏 로드
Yaowarat Road
Ratchawang Rd
메모리얼 브릿지 선착장
Tha Memorial Bridge Pier
Arun Amarin Rd
Song Wat Rd
Song Wat Rd
Charoen Krung Rd
왓 뜨라이밋
Wat Traimit
랏차웡 선착장
Ratchawongse Pier
롱 1919 선착장
LHONG 1919 Pier
롱 1919
LHONG 1919
마리네 선착장
Marine Dept. Pier
짜오프라야강 주요 선착장
사톤 선착장Sathorn Pier BTS 실롬 라인 사판탁신역Saphan Taksin과 연결. 투어리스트 보트 창구가 있다.
리버시티 선착장River City Pier 웨어하우스 30, 차이나타운과 연결.
롱1919 선착장Lhong1919 Pier 롱 1919 전용 선착장
랏차웡 선착장Ratchawongse Pier 차이나타운과 연결
따 티엔 선착장Tha Tien 왓 아룬-왓 포 연결
왓 아룬 선착장Tha Wat Arun Pier 왓 아룬-왓 포 연결
따 마하랏 선착장Tha Maharaj Pier 왕궁, 왓프라깨우와 연결. 투어리스트 보트 창구가 있다.
프라아팃 선착장Tha Phra Arthit Pier 카오산 로드와 연결.
아시아틱 선착장Asiatique Pier 아시아틱 전용 선착장. 16시 이후에만 아시아틱까지 연결된다.
리버사이드
리버사이드
La Yat Rd
더 잼 팩토리
The Jam Factory
리버시티 선착장
River City Pier
시 프라야 선착장
Si Phraya Pier
아이콘 시암 선착장
ICON Siam Pier
시 프라야 익스프레스
Si Phraya Express Pier
캣 타워 CAT Tower
아이콘 시암
Icon Siam
Charoen Nakhon Rd
오리엔탈 선착장
Oriental Pier
Charoen Krung Rd
Krung Thon Buri Rd
싸톤 선착장
Sathon Pier
N Sathorn
아시아틱 선착장
2.2km

태국 한눈에 보기

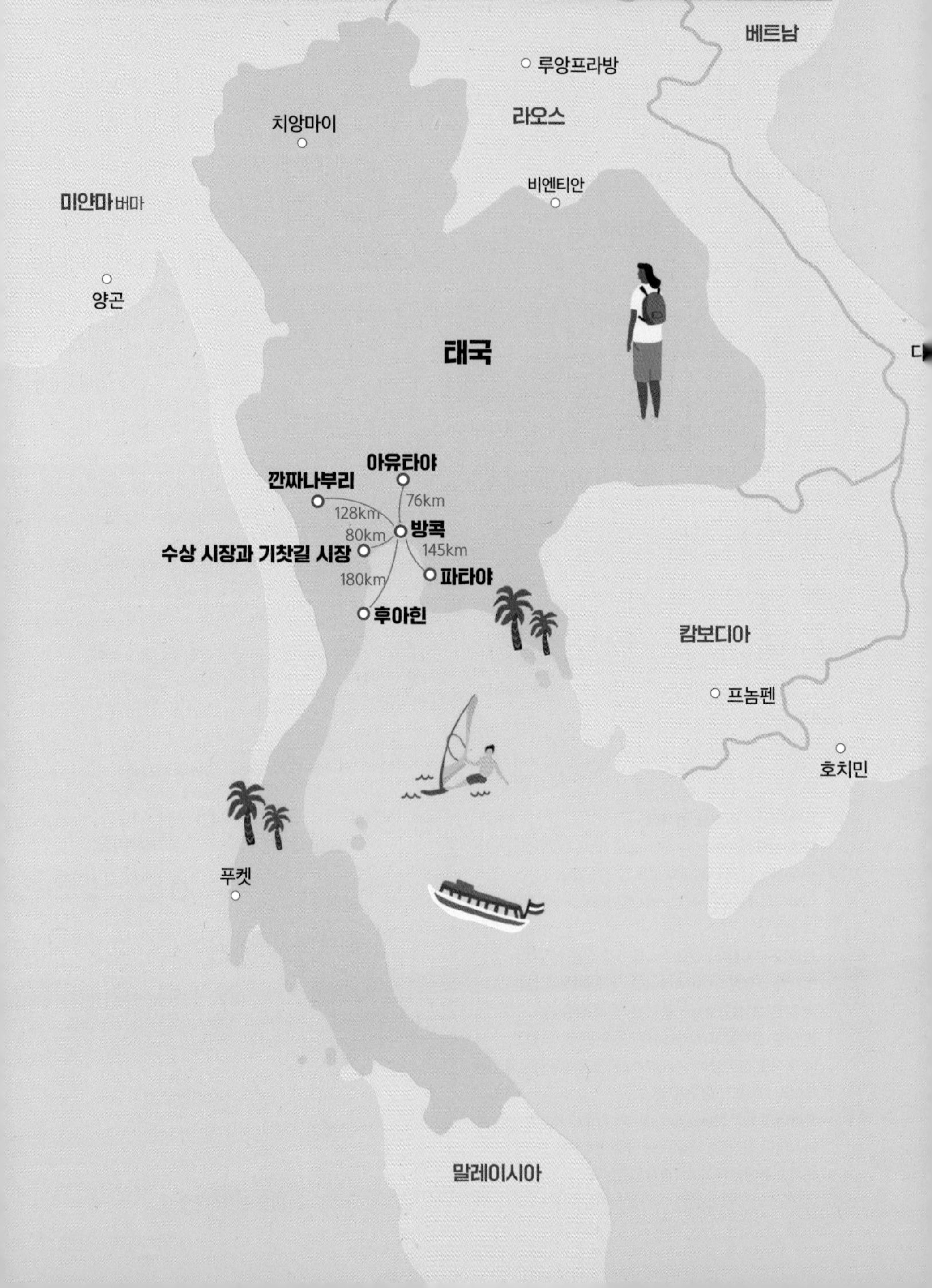

베트남

루앙프라방

라오스

치앙마이

비엔티안

미얀마 버마

양곤

태국

아유타야

깐짜나부리

76km

128km

방콕

80km

145km

수상 시장과 기찻길 시장

180km

파타야

후아힌

캄보디아

프놈펜

호치민

푸켓

말레이시아

방콕 Bangkok

#카오산 로드 #왕궁 #쇼핑과 미식 #루프톱 바

방콕은 매년 여행자 2천만 명이 찾는 관광도시이다. 수상 교통이 발달한 운하의 도시이자 불교 사찰 400여 개를 품은 사원 도시이다. 동남아 최고의 음식 천국이고, 최근에는 홍콩에 버금가는 쇼핑의 도시로 성장했다. 왕궁, 사원, 루프톱 바, 스파숍, 쿠킹클래스, 카오산 로드는 여행자 필수 코스이다.

아유타야 Ayutthaya

#아유타야 역사공원 #선셋 투어 #왓 프라 마하탓

아유타야는 세계문화유산으로 지정된 신비로운 역사 도시이다. 아유타야 왕조는 태국에서 가장 번성했던 왕조이다. 1767년 내부 혼란을 틈타 공격한 버마의 침입으로 아유타야 왕조는 막을 내렸다. 침략과 파괴의 흔적이 그대로 남아 있지만, 고대 도시는 옛 왕조의 영광을 곳곳에 간직하고 있다.

깐짜나부리 Kanchanaburi

#콰이강의 다리 #에라완 국립공원 #죽음의 철도

깐짜나부리는 미얀마와 국경을 마주한 도시이다. 한적하고 자연경관이 아름답기로 유명하며, 주변에 국립공원 5개를 거느리고 있다. 제2차 세계대전 당시 일본군이 만든 철도가 있는 곳이기도 하다. 철도 공사 중에 수많은 연합군 포로와 노동자 10만명 이상이 사망한 전쟁의 비극도 안고 있다. 깐짜나부리에는 천혜의 자연과 역사가 공존한다.

수상 시장과 기찻길 시장

#수상 시장 #로컬 느낌 #기찻길 시장

매끌렁강Mae Klong River을 따라 담넌 싸두억 수상 시장Damnoen Saduak floating market과 암파와 수상 시장Amphawa Floating Market이 있다. 운하 마을, 수로를 따라 꼬리에 꼬리를 물고 이어지는 나룻배, 현지 음식 등 생생한 삶의 현장이 당신을 기다린다. 위험천만하게 기찻길 위에 장이 서는 매끌렁 기찻길 시장도 기억하자.

파타야 Pattaya

#산호섬 #호캉스 #진실의 사원

파타야에는 최신식 리조트와 트렌디한 레스토랑이 가득하다. 꼬란 섬을 중심으로 해양 스포츠, 요트 투어 등 즐길 거리도 다채롭다. 방콕을 벗어나 푸른 바다를 만나고 싶다면 파타야로 가자. 차로 2시간 거리여서 당일 혹은 1박 여행으로 가뿐하게 다녀올 수 있다.

후아힌 Hua Hin

#왕실 휴양지 #호캉스 #야시장

1920년대 라마6세가 여름 별궁을 지으면서 왕실의 휴양지로 이름을 알렸다. 볼거리 중심의 여행보다는 편히 쉬며 머무르기에 좋은 휴양지이다. 해변은 고즈넉하고, 도시는 소박하면서도 여유로워 아날로그 감성이 묻어난다.

방콕 한눈에 보기

1 올드 타운 Old Town

#방콕 핵심 명소 #왕궁 #왓 아룬

방콕 역사의 시작점이자, 방콕 여행의 중심이 되는 곳이다. 왕궁, 왓 포, 주요 사원 등 방콕 핵심 명소가 모두 모여있다. 낮에는 옛 정취 가득한 거리가 여행자의 마음을 설레게 하고, 밤에는 사원을 밝히는 조명들로 한껏 고풍스러워진다.

2 카오산 로드 Khaosan Road

#여행자 거리 #소이 람부뜨리#쌈쎈로드 #핫 플레이스

태국 여행의 시작이자 배낭여행자들의 베이스캠프이다. 수많은 레스토랑과 바, 여행사, 저렴한 숙소가 몰려있다. 해가 지고 바의 조명이 하나, 둘 켜지면 이국적인 카오산의 밤이 시작된다. 일상에서 벗어나 자유의 열기를 만끽해 보자.

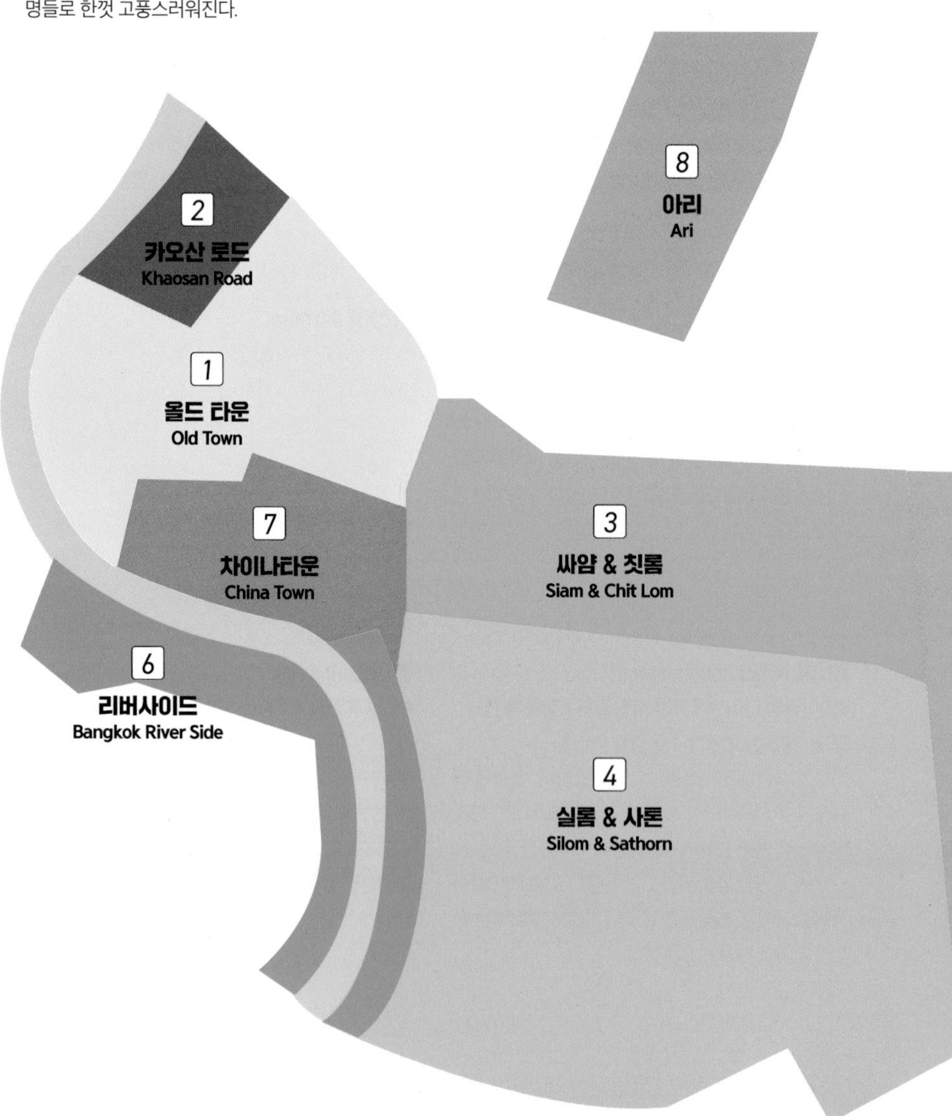

3 싸얌 & 칫롬 Siam & Chit Lom

#쇼핑 명소 #싸얌파라곤 #센트럴 월드

방콕의 대표 쇼핑 중심지이다. BTS 싸얌역Siam에서 칫롬역Chit Lom, 프런칫역Phloen Chit까지 이어지는 2km가 넘는 도로에 대형 쇼핑몰이 꼬리에 꼬리를 물고 늘어서 있다. 싸얌 파라곤을 시작으로 싸얌 센터, 싸얌 디스커버리, 센트럴월드, 게이손 빌리지 등 많은 쇼핑몰이 발길을 붙잡는다.

4 실롬 & 사톤 Silom & Sathorn

#방콕의 맨하튼 #루프톱 바
#마하나콘 스카이워크 #아시아틱

외국계 기업과 은행 본사, 고급 호텔이 밀집해 있는 상업 지역이다. 고층 빌딩이 많아 루프톱 바에서 바라보는 야경은 그 어느 곳보다 화려하다. 5성급 호텔과 유명 고급 레스토랑이 즐비하다. 동시에 50년이 넘는 노상 점포와 로컬 식당이 넘쳐나는 직장인 맛집의 성지이다.

5
쑤쿰윗
Sukhumvit

5 쑤쿰윗 Sukhumvit

#방콕의 강남 #터미널 21 #엠쿼티어 #루프톱 바

부유층이 많이 사는 방콕의 강남. 방콕의 가장 동쪽에 있다. 태국에서 제일 긴 도로인 쑤쿰윗 로드Thanon Sukhumvit를 중심으로 해외 유명 프랜차이즈 상점과 고급 호텔이 들어서 있다. 골목골목에는 방콕의 트렌드를 이끄는 세련된 가게가 즐비하다.

6 리버사이드 Bangkok River Side

#방콕의 성수동 #더 잼팩토리
#웨어하우스30 #롱1919 #아이콘 씨암

리버사이드는 짜오프라야 강변에 있는 클롱싼 지역Khlong San과 방락 지역Bang Lak을 말한다. 19세기부터 있던 대규모 창고 지대가 현대적인 감각이 돋보이는 창의적인 공간으로 재탄생했다. 'Creative District'창의적인 구역이라 불릴 만큼 독특하고 개성 넘치는 숍과 공간을 만날 수 있다.

7 차이나타운 China Town

#작은 중국 #야오와랏 로드 #푸드 스트리트
#소이 나나

300년 역사를 자랑하는 태국 속의 작은 중국. 샌프란시스코 차이나타운과 더불어 세계적인 규모를 자랑한다. 차이나타운의 중심인 야오와랏 로드에는 1700년대에 형성된 금 거래소, 시장, 약재상 등이 지금까지도 이어지고 있다. 밤이 되면 야오와랏 로드에 거대한 음식거리가 들어선다.

8 아리 Ari

#카페 호핑 #인스타 성지 #힙스터 #그린테리어

아리에는 카페 호핑Cafe Hopping 족이 원하는 모든 것이 모여있다. 거미줄처럼 얽힌 골목마다 그린테리어, 빈티지, 소녀 감성 등 저마다의 콘셉트와 독특한 시그니처 메뉴를 앞세운 카페가 가득하다. 방콕 힙스터들의 성지에서 하루쯤 여유롭게 카페 호핑을 즐겨보자.

태국과 방콕 기본정보

여행 전에 알아두면 좋을 태국과 방콕의 기본정보를 소개한다.
화폐, 시차, 서머타임, 전압, 물가 등 태국과 방콕의 일반 정보와 주요 축제,
날씨와 기온을 안내한다. 꼼꼼하게 챙기면 방콕 여행이 더 즐거울 것이다.

1 태국

공식 국가명 타이 왕국(Kingdom of Thailand)
수도 방콕 Krung Thep Maha Nakhon (Bangkok)
국기 통 뜨라이롱 ธงไตรรงค์
붉은색, 흰색, 청색, 흰색, 붉은색 순으로 가로줄 무늬로 이뤄졌다.
청색은 국왕을 의미하고 흰색은 불교를, 붉은색은 국민의 피를 나타낸다.
정치체제 입헌군주제
면적 51만 4,000㎢로 한반도의 약 2.3배
인구 약 7천 1백만 명
종교 95% 이상이 불교 신자이다. 이슬람교 4%, 기독교 1%이다.
언어 타이어
1인당 GDP 7,233 USD(2021년 기준, 대한민국 34,944 USD)
공휴일 태국의 공휴일 중 불교 관련 행사는 음력으로 쇠기 때문에 매년 날짜가 바뀐다.

- **1월 1일** 새해New Year's Day
- **2월 19일** 마카부차Makha Bucha 불교 행사, 주류 판매 금지
- **4월 6일** 짜끄리 왕조 기념일Chakri Day
- **4월 13일~15일** 쏭크란 축제Songkran
- **5월 18일** 부처님 오신날Visakha Bucha 주류 판매 금지
- **7월 16일** 아싼하 부차Asalha Bucha. 불교 행사, 주류 판매 금지
- **7월 17일** 완 카우판싸Buddhist Lent Day. 스님들이 3개월 동안 수련에 들어가는 종교 행사의 첫째 날. 주류 판매 금지
- **8월 12일** 씨리낏 왕비 생일, 어머니의 날
- **10월 14일** 라마 9세 애도의 날
- **11월 13일** 러이끄라통Loy Krathong. 태국의 한가위 축제. 강물에 연꽃 모양 등불을 띄우고, 흰색 천등을 날리며 물의 신에게 소원을 빈다
- **12월 5일** 라마 9세의 생일, 아버지의 날
- **12월 11일** 제헌절Constitution Day

비자 관광, 비즈니스 목적일 때 90일 무비자
화폐 이름 밧(Baht, THB로 표기)
환율 1 : 38(1밧은 약 38원, 100밧은 약 3,800원)
화폐 단위 지폐 20밧, 50밧, 100밧, 500밧, 1000밧 **동전** 1밧, 2밧, 5밧, 10밧

2 방콕

위치 태국 중부
면적 1,568㎢(서울의 약 2.6배)
인구 약 1천 7백만 명(2020년 기준)
시차 우리보다 2시간 늦다(한국 시각 12시/현지 시각 10시)
전압 한국과 같은 220V이다.
최저·최고 기온 방콕의 1년 최저 기온은 21℃이다. 주로 12월에 최저 기온을 보인다. 최고 기온은 35℃까지 오르는데 우기가 시작되는 4~5월에 나타난다.
물가 외식비, 숙박비, 교통비 등 전반적으로 한국보다 35%가량 저렴하다. 그러나 세계 유명 호텔의 레스토랑과 바의 물가는 한국보다 10~15% 정도 저렴하다. 맥도날드, 스타벅스 가격은 한국보다 500원~1000원 정도 저렴하다.

3 방콕의 주요 축제

춘절 2월 1일, 차이나타운
타이-차이니즈들이 음력으로 신년을 축하하는 축제

송끄란 4월 13일~15일, 방콕 전체
태국 새해를 축하하는 물 축제이다. 남녀노소 국적 불문하고 서로에게 물세례를 퍼부으며 액운을 씻어내고 축복을 기원한다.

방콕 아트 비엔날레 10월 중순~2월 중순, 방콕 전체
2년 주기로 열리는 아트 비엔날레

채식 축제 9월 24일 ~ 10월 4일, 차이나타운
중국식 채식 메뉴를 마음껏 맛볼 수 있다. 음식점과 노상에 채식 기간을 알리는 노란색 현수막이 내걸린다.

러이 끄라통 11월 1일~9일, 짜오프라야강 일대
태국의 한가위 축제, 연꽃 모양으로 만든 바나나 잎에 촛불을 피워 강에 띄우고 흰색 천등을 날린다.

아버지의 날 12월 5일, 왕궁 일대
전 국왕이었던 라마 9세의 탄생을 축하하는 날. 화려한 불꽃놀이가 펼쳐진다.

©John Shedrick

©John Shedrick

숫자로 알아보는 방콕

이번에는 방콕을 좀 더 재미있게 알아보자. 역사부터 오늘날에 이르기까지, 방콕의 스토리를 전해줄 숫자 15개 항목을 모아 보았다. 15개 항목을 다 읽고 나면 방콕이 당신에게 더 가까이 와있을 것이다.

1782년

1782년은 방콕이 타이의 수도가 된 해이다. 1767년 타이의 두 번째 왕국 아유타야1351~1767가 미얀마의 침입으로 무너졌다. 이때 영웅이 나타났다. 아유타야의 장수 탁신이 버마 점령군을 물리쳤다. 그는 아유타야를 떠나 짜오프라야 강 서쪽 톤부리에 새 왕조를 세웠다. 톤부리 왕조1767년~1782는 그러나, 오래 가지 못했다. 탁신 왕의 측근 짜오프라야 짜끄리 장군이 반란을 일으켰다. 1782년 그는 탁신 왕을 처형하고, 짜오프라야강 동쪽 라타나코신초기 방콕. 지금의 올드타운에 짜끄리 왕조를 세웠다. 1782년 6월 10일이었다. 방콕은 영어, 우리말, 중국어 등으로 부르는 이름이다. 태국에서는 끄룽텝 마하나콘이라고 부른다. 천사의 도시라는 뜻이다.

2시간과 6시간

우리나라와 시차는 2시간 느리다. 서울이 낮 12시면 방콕은 오전 10시이다. 우리나라에서 방콕까지 비행시간은 약 6시간이다.

220V

전압은 우리나라와 같은 220V이다. 간혹 콘센트 모양이 한국과 달라 당황하는 경우가 있는데, 별도의 어댑터 없이 그대로 사용하면 된다.

1:38

태국 화폐 밧과 우리의 환률 차이는 약 1:38이다. 1밧은 38원, 10밧은 380원, 100밧은 3,800원이다.

830만 명

방콕의 인구는 약 830만 명이다. 초기 방콕지금의 올드타운은 중국 상인이 사는 섬 같은 마을이었다. 강과 운하에 둘러싸인 요새 지형이었다. 짜끄리 왕조의 라마 1세는 운하를 확장해 방콕을 완벽한 섬으로 만들고 왕궁과 사원을 건립했다. 이 무렵 라타나코신지금의 올드타운엔 왕족과 건축, 토목, 자재 공급 등 왕실의 일을 돕는 화교만 살 수 있었다. 240년이 흐른 지금 방콕은 동서남북으로 확장을 거듭하여 동남아시아의 대표 도시가 되었다. 한국인 2만 명도 이 도시에 살고 있다.

21℃~35℃

방콕의 1년 최저기온은 21℃이다. 주로 12월에 최저기온을 보인다. 최고 기온은 35℃까지 오르는데 주로 우기가 시작되는 4~5월에 나타난다.

5월~10월

5~10월은 방콕의 우기이다. 이 기간엔 소나기가 내릴 확률이 높다. 한 달 중 16~21일은 30~60분 동안 스콜이 내린다. 이때엔 교통체증이 심하므로 BTS지상 도시철도나 MRT지하철를 이용하는 게 좋다. 건기는 11월부터 4월까지이다. 이때엔 한 달에 1~6일 정도 스콜이 내린다. 여행하기 제일 좋은 시기이다.

1,700만 명

방콕은 매년 여행자 1,700만 명이 찾는다. 동남아시아 최대 관광도시이다. 음식의 천국이고, 최근에는 홍콩에 버금가는 쇼핑의 도시로 성장했다. 왕궁, 사원, 루프톱 바, 스파숍, 쿠킹클래스, 카오산거리는 여행 필수 코스이다.

400개

방콕엔 사원이 400개나 있다. '동남아의 베네치아'라 불리는 물의 도시지만 동시에 사원의 도시이다. 짜끄리 왕조는 초기부터 사원을 집중적으로 건설했다. 왕실 사원인 왓프라깨우와 왓포, 새벽 사원 왓아룬, 유일하게 언덕에 세운 왓 사켓······. 방콕은 사원의 도시이다. 사원마다 천사가 사는 천사의 도시이다.

77층

방콕 최고층 건물은 77층, 높이 314m인 킹 파워 마하나콘이다. 2018년 말에 오픈한 방콕의 새로운 랜드마크로, 여행자의 버킷리스트로 손꼽힌다. 300m 상공에서 스릴과 환상 전망을 만끽할 수 있다.

1,568㎢

현재 방콕의 면적이다. 서울보다 3배 가까이 넓다. 서울은 한강이 도시를 남북으로 나누지만, 방콕은 짜오프라야강이 동서로 나눈다. 강의 동쪽이 도시의 중심이다. 올드타운, 카오산로드, 쇼핑과 고층 빌딩으로 유명한 싸얌, 실롬, 쑤쿰윗이 모두 강 동쪽에 있다.

4월 13일

태국의 구정 축제인 송끄란 축제가 시작되는 날이다. 4월 15일까지 전국에서 펼쳐진다. 왕궁 북쪽 싸남 루앙에서 열리는 축제가 가장 유명하다. 카오산로드의 방람푸 지역 남녀노소, 방콕 시민과 관광객이 물을 뿌리며 논다.

2m

방콕은 해발이 2m로 지대가 낮다. 열대 기후의 특성상 비가 많이 내리는 우기에는 종종 짜오프라야강이 넘쳐 홍수 피해를 보기도 한다.

92%

400개 사원이 말해주듯 방콕 인구의 92%가 불교를 믿는다. 이슬람교는 6%, 기독교는 1%, 힌두교는 0.6%이다.

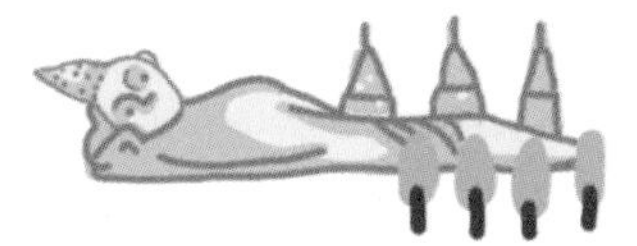

1992년

태국 민주주의가 동튼 해이다. 1992년 방콕 학생과 시민들이 군부의 권위주의 통치에 저항해 대대적으로 민주화 시위를 했다. 군부는 시위대를 유혈 진압했지만, 이때부터 태국의 민주주의가 시작되었고, 군부가 정치에서 물러났다. 하지만 아직도 군부의 정치 영향력은 센 편이다. 카오산로드와 올드타운 사이 대로 로터리에 1992년 민주화운동을 기념하는 민주기념탑을 세웠다.

방콕의 날씨와 기온

방콕은 연평균 기온이 29℃인 열대성 기후이다. 강수량에 따라 우기와 건기로 나뉜다. 우기는 5월부터 10월까지이며 열대성 소나기인 스콜이 자주 내린다. 건기는 11월부터 4월까지로 습도와 기온이 낮아 여행하기에 좋다. 방콕 사람들이 겨울이라 부르는 12월과 1월, 2월은 방콕 여행의 최적기이다.

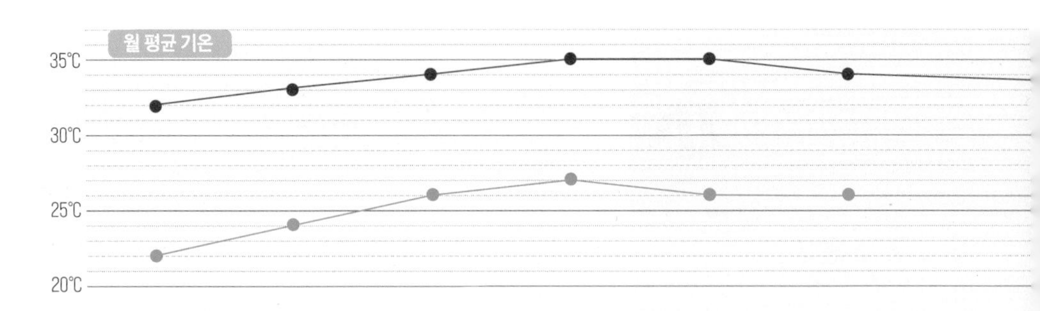

건기 11~4월

건기는 11월부터 4월까지다. 무서운 기세로 퍼붓던 비가 11월이 되면 현저히 줄어든다. 다른 달보다 습도와 기온이 낮은 편으로 여행하기에 좋다. 그중에서도 청량한 날씨가 이어지는 12월부터 2월은 방콕 여행의 최적기이다.

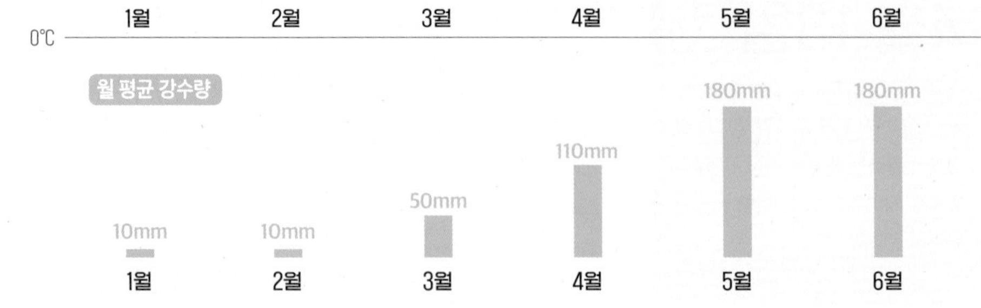

방콕의 월별 날씨와 기온

1월~2월 방콕 여행의 최적기

방콕 여행의 성수기이자 여행하기 가장 좋은 기간이다. 낮 기온이 30~32℃로 더운 날씨지만 비가 거의 오지 않는다. 건기11월~4월 중에서도 날씨가 가장 청량하고 쾌적하다. 자외선이 강한 시기이므로 자외선 차단제, 모자, 선글라스 등을 준비하고 이동 중에 물을 자주 마시자.

3월~4월 방콕의 여름

건기에서 우기로 넘어가는 시기로 본격적으로 무더위가 시작된다. 한낮 최고 온도가 33~35℃까지 올라가고 비가 오는 날이 점점 늘어난다. 그만큼 실내 에어컨 사용도 많아져 냉방병을 조심해야 한다. 우비나 작은 우산을 준비하면 유용하다.

5월~8월 방콕 여행의 비수기

우기에 해당하는 기간이지만 낮 기온이 30도를 훌쩍 넘는 날씨가 이어진다. 일조량이 하루 평균 5시간밖에 되지 않아 흐린 날씨가 대부분이다. 야외 활동이 어렵고 높은 습도로 인해 불쾌지수마저 상승한다. 이 시기에 여행한다면 호캉스 일정을 추가하자.

방콕의 월별 기온

1월 최저 22℃ 최고 32℃	**7월** 최저 26℃ 최고 33℃
2월 최저 24℃ 최고 33℃	**8월** 최저 25℃ 최고 33℃
3월 최저 26℃ 최고 34℃	**9월** 최저 25℃ 최고 33℃
4월 최저 27℃ 최고 35℃	**10월** 최저 25℃ 최고 33℃
5월 최저 26℃ 최고 35℃	**11월** 최저 24℃ 최고 32℃
6월 최저 26℃ 최고 34℃	**12월** 최저 22℃ 최고 32℃

평균 강수량

1월 10mm	**7월** 180mm
2월 10mm	**8월** 170mm
3월 50mm	**9월** 220mm
4월 110mm	**10월** 190mm
5월 180mm	**11월** 40mm
6월 180mm	**12월** 10mm

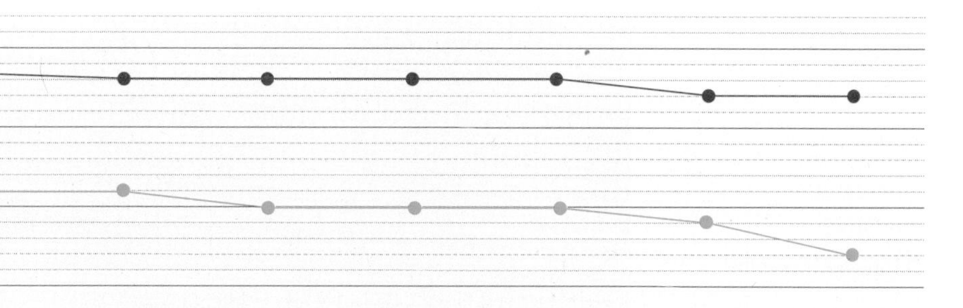

우기 5~10월

5~10월은 방콕의 우기이다. 이 기간엔 열대성 소나기인 스콜이 잦다. 한 달 중 15일 정도 비가 오고 우기가 절정에 달하는 9월에는 20일 이상 비가 내린다. 스콜은 짧게는 10분, 길게는 30~60분 동안 이어진다. 습도가 심해 야외 활동할 때 어려움을 겪는다.

7월	8월	9월	10월	11월	12월
180mm	170mm	220mm	190mm	40mm	10mm
7월	8월	9월	10월	11월	12월

9월~10월 이것이 스콜이다

한 달에 20일 이상 비가 오고 하루에 수차례의 열대성 소나기인 스콜이 내린다. 스콜은 짧게는 10분, 길게는 30분~60분가량 엄청난 강수량을 쏟아낸다. 습도가 매우 높은 기간이니 통풍이 잘되고 건조가 빠른 옷을 준비하는 것이 좋다. 우산과 우비 준비는 필수.

11월~12월 건기의 시작

11월에 들어서면 여행하기 좋은 계절이 시작된다. 비 오는 날이 현저하게 적어지고 온도와 습도가 낮아진다. 일교차가 큰 편이니 가볍게 걸칠 수 있는 겉옷을 준비하면 좋다. 최근에는 이상기후로 11월에도 비가 잦은 경우가 종종 있다.

10분 만에 읽는 태국 역사

아는 만큼 볼 수 있고, 보이는 만큼 즐길 수 있다고 했다.
방콕과 태국의 역사를 알면 명소와 거리, 건축물에 담긴 의미와 스토리를 더 깊이 즐길 수 있다.
더 특별한 방콕 여행을 위해 태국 속으로 한 걸음 더 들어가 보자.

타이족의 민족 대이동

태국을 형성하는 민족은 타이족이다. 타이족은 원래 중국 윈난성의 대리大理에 사는 부족이었다. 대리는 대리국大理國의 수도였으며, 대리국은 타이족과 소수민족이 연합해서 세운 나라였다. 대리국의 멸망과 타이족의 이동은 몽골 쿠발라이가 남송을 공격하면서 시작됐다. 몽골은 양쯔강 북쪽에서 남송을 수차례 공격했지만 완강하게 버텨냈다. 쿠빌라이는 방향을 바꿔 서쪽에서 남송을 공격하려 했으나 그곳엔 대리국이 버티고 있었다. 쿠빌라이는 1253년 대리국을 함락시키고 1279년엔 남송마저 무너뜨렸다. 몽골족은 끝까지 저항한 민족에 대해 씨를 말리는 잔혹함을 보여주었다. 타이족은 대리를 떠나야 했다. 그들은 급히 배를 띄워 강을 따라 남하했다.

소왕국의 시대

타이족은 13세기 후반 메콩강을 따라 남하하면서 지금의 버마, 라오스, 타이에 정착지를 마련했다. 그들은 현지 부족들과 전쟁을 벌였다. 타이족의 부족장 멩라이Mangrai가 태국 최북단 치앙라이에 란나Lan Na 왕국을 세웠고, 타이족에 속하는 라오족은 라오스 쪽으로 가서 란쌍Lan Xang을 세웠다. 부족과 부족, 도시와 도시를 이어 세운 소왕국들이 도시 국가의 형태로 발전했다.

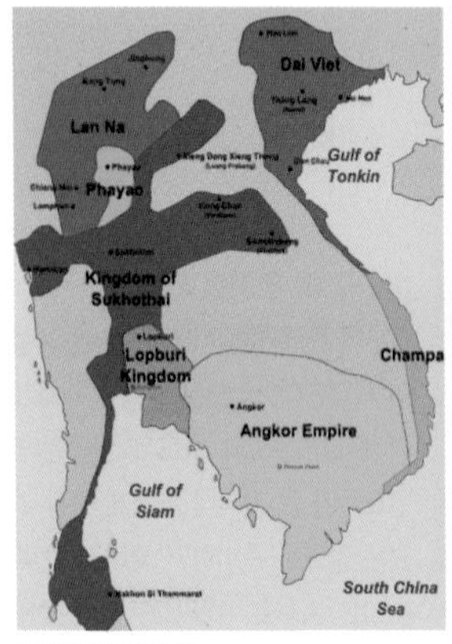

13세기 동남아시아

앙코르와트 부조에 그려진 샴족(타이족)

©wikipedia

수코타이 왕조 Sukhothai Kingdom, 1257~1350

몽골족이 남방으로 진출하며 크메르 제국을 압박하던 무렵, 짜오프라야강 중류에 타이족 최초의 왕국 수코타이가 세워졌다. 초대 왕은 스리 인드라딧야 Sri Indraditya, 재위 1238~1275로 앙코르 제국의 억압과 과중한 세금에 대해 저항하던 타이인들의 지지를 얻어냈다. 수코타이 왕조는 제3대 왕인 람캄행재위 1279~1298 시대에 전성기를 맞이했다. 람캄행은 현재 태국 영토 대부분을 차지하고 말레이반도까지 영토를 넓혔고, 스리랑카로부터 상좌부 불교를 받아들였다. 또한, 람캄행 대왕은 남인도에서 유래한 문자와 크메르 문자를 기초로 하여 1283년 타이 문자를 창제했다. 람캄행이 죽자 후계자들 사이에 왕위쟁탈전이 벌어졌고, 남쪽의 아유타야 왕국에 병합되었다.

인도차이나의 새 주인, 아유타야 왕조 Ayutthaya Kingdom, 1350~1767

1350년 라마티보디 1세재위 1350~1369는 짜오프라야강 하류에 위치한 아유타야를 수도로 정하고 아유타야 왕조를 세웠다. 이 일대는 농업 생산력이 높고 강을 따라 바다로 통하기 쉬운 이점이 있었다. 소승불교를 받아들이고 인도의 법률제도를 정착시키며 나라를 안정시켰다.

14세기 인도차이나반도의 패권은 크메르 제국앙코르 제국이 쥐고 있었다. 시엠립을 중심으로 앙코르와트, 앙코르톰 등 거대한 석조건축물을 만들어 제국의 위용을 자랑했다. 아유타야 왕조는 크메르제국을 끊임없이 공격했다. 오랜 전쟁 끝에 아유타야의 왕 보로마라차 2세는 자신의 아들을 통치자로 세우고 600년 역사를 자랑하는 앙코르 문화의 숨통을 끊어 놓았다. 동쪽의 크메르제국을 제압한 이후 북쪽의 수코타이, 란나 왕국을 속국으로 삼으며 세력을 확장해 나갔다. 중국에서 쫓겨나 국경을 넘어야 했던 타이족이 2세기 만에 인도차이나반도의 주인이 되었다.

버마의 침략과 탁신의 등장

아유타야 왕국은 보롬마콧Borommakot 왕 재위 25년1733~1758 동안에 황금기를 구가했다. 문학, 예술, 학문이 발전하고 대외무역이 활발했다. 그러나 영원한 것은 없었다. 국방에 소홀했고, 보름마콧 왕 사후에 왕위쟁탈전으로 정치는 뒷전이 되었다.
이 무렵 아유타야의 서쪽에 있는 버마에는 콘바웅 왕조가 세력을 확장하고 있었다. 콘바웅 왕조는 혼란스러운 정세를 틈타 아유타야를 침공했다. 첫 번째 침공은 콘바웅 왕의 갑작스런 죽음으로 중단되었으나, 두 번째 침공에서 아유타야를 함락했다. 도주했던 마지막 왕 에카탓Ekkathat은 시체로 발견되었고 남은 귀족들은 버마에 항복했다. 1767년 4월, 417년의 역사를 이어온 아유타야 왕국이 멸망했다.
버마는 태국을 오래 지배하지 못했다. 그해 11월 중국 청나라가 북쪽에서 버마를 침공하자 버마는 자국 방어를 위해 태국에 있는 군대를 철수시켰다. 버마군의 철수를 이용해 전국의 태국인들이 반란을 일으켰다. 그중 하나가 탁신Taksin이었다. 버마가 아유타야를 침공했을 때 그는 수도를 방위하며 버마군에 저항하던 장군으로 5,000명의 병력을 보유하고 있었다. 그는 저항군을 이끌고 버마군에 대항해 과거 영토를 회복하고 옛 수도 아유타야로 입성했다. 그러나 아유타야는 이미 잿더미로 변해 있었다.

톤부리 왕조 Thonburi Kingdom, 1767-1782

탁신은 아유타야를 재건하는 것보다 새 수도를 건설하는 것이 유리하다고 판단했다. 짜오프라야강 서쪽의 톤부리Thonburi를 수도로 정하고, 1767년 12월 28일 그곳에서 톤부리 왕조의 1대 왕이 되었다. 4개의 지방 정권으로 분열된 나라를 통일1771년하고, 전쟁을 통해 캄보디아와 라오스를 병합했다. 타이족은 영토와 왕조의 정통성을 회복한 탁신을 영웅으로 칭송했다.
그러나 재위 14년째가 되던 1781년, 탁신은 정신이상 증세를 보였다. 독실한 불교 신자이자 불교 개혁에 힘쓴 왕이었으나 자신이 해탈의 경지에 이른 불

교 성인, 미래의 부처라고 믿었다. 자신을 성인으로 숭배하지 않는 수도승의 승직을 박탈하고 핍박했다. 연이은 전쟁으로 민생이 어려워졌고 관료들의 부패도 심각했다. 민심이 들끓었다.
마침내 프라야 산Phraya San이라는 반란군이 쿠데타를 일으켰다. 반란군은 수도 톤부리를 장악하고, 탁신 왕의 항복을 받았다. 때마침 캄보디아와의 전쟁에 참전했던 짜오 프라야 짜크리Chao Phraya Chakri 장군이 톤부리로 돌아왔다. 그는 탁신 왕을 퇴위시키고 죽였다. 톤부리 왕조는 탁신 왕재위 1767~1782 1대로 끝이 났다.

라따나꼬신 왕조 Rattanakosin Kingdom, 1782~현재
탁신 왕을 죽인 짜끄리 장군은 스스로 왕위에 올라 라마 1세Rama I, 재위 1782-1809가 됐다. 이 왕조를 짜끄리 왕조 또는 라따나꼬신 왕조라고 하는데, 현 태국 왕실의 뿌리다. 그는 탁신의 흔적이 남아 있는 톤부리 지역을 떠나 짜오프라야 강 건너 방콕에 궁궐을 짓고 수도로 삼았다. 아유타야의 전통을 바탕으로 개혁 정책을 추진했으며 대외적으로는 미얀마버마의 끊임없는 침략을 성공적으로 물리쳤다.

방콕을 이해하는 핵심 키워드 4가지

아는 만큼 보이고, 아는 만큼 즐길 수 있다고 했다. 거리, 사원, 음식 등 방콕이 보여주는 텍스트뿐만 아니라 그 안에 담긴 역사와 이야기를 알면 여행이 더 풍부해질 것이다. 네 가지 키워드로 방콕을 설명한다.

방콕의 시작, 왓 프라깨우

태국에는 3000여 개 사원이 있다. 그중에 400여 개 사원이 방콕에 있다. 사원의 도시라고 해도 과언이 아니다. 400여 개 사원 중에 왓 프라깨우는 방콕의 시작이자 수백 년 방콕의 역사를 고스란히 간직한 사원이다. 1782년 짜끄리 왕조가 시작되면서, 라마 1세는 수도를 짜오프라야강의 서쪽 톤부리 지역에서 강과 운하로 둘러싸인 라타나코신 지역으로 옮겨왔다. 버마의 잦은 침략으로부터 왕국을 보호하기 위해서였다. 성곽을 쌓고 그 안에 궁궐과 왓 프라깨우 사원을 지었다. 태국에서 가장 신성시되는 본존불이자 국왕의 수호신인 에메랄드 불상이 안치되어 있으며, 화려한 태국 사원의 정수를 보여준다.

방콕의 젖줄, 짜오프라야강

짜오프라야강은 왕을 위해 흐른다는 말이 있다. 강 이름의 영문식 표현 'River of King'에서 유래한 말인데, 자세히 보면 이 말이 꼭 맞는 것은 아니다. 짜오프라야강은 왕이 아니라 방콕 시민을 위해 흐른다. 짜오프라야라는 이름이 생기기 전에 사람들은 이 강을 매남Mae Nam이라 불렀다. 태국어로 '매'는 어머니, '남'은 물이라는 뜻으로 어머니의 강, 즉 삶의 젖줄이었다. 풍요로운 자연은 인간과 함께 작물을 키워냈고, 바지선이 드나들 수 있는 물길을 내어주었다. 모습만 조금 바뀌었을 뿐, 지금도 방콕 사람들은 짜오프라야강과 함께 살아간다. 과일과 채소를 파는 보트와 일터로 가는 사람들을 실은 배가 쉴 새 없이 움직인다. 누군가는 친구, 연인과 함께 강 주변 바에 앉아 시원한 맥주 한잔으로 하루를 마감한다. 오늘도 짜오프라야강은 방콕 시민을 위해 흐른다.

배낭여행자의 성지, 카오산 로드

인도 델리에 빠하르간지, 바르셀로나에 람블라스 거리가 있다면 방콕에는 카오산 로드가 있다. 카오산 로드는 배낭여행자에게 태국 여행의 시작점이자 주변 국가로 가기 위한 동남아시아 여행의 베이스캠프이다. 카오산은 태국어로 쌀이라는 뜻으로 이 일대가 대규모 쌀 시장이었던 것에서 유래했다. 여행자 거리로 변모한 것은 1970년대 무렵이었다. 주머니가 가벼운 젊은 여행자들이 시장 주변의 저렴한 물가에 이끌려 모여들었다. 저렴한 숙소와 땡처리 항공권을 판매하는 여행사가 생기고 여행 물품을 판매하는 노점과 여독을 풀어줄 술집들이 들어서면서 지금과 같은 거리가 형성되었다. 미국의 한 작가는 카오산 로드를 '사라지기 위한 곳'이라고 표현했다. 일상을 벗어나 자유롭게 떠나고 돌아오는 곳, 밤새 이야기를 밤새 교환하고 낭만을 즐기는 여행자들. 카오산 로드에는 배낭여행자가 원하는 자유와 젊음의 열기가 가득하다.

미식의 도시

13세기 람캄행 왕의 치적비에는 "물에는 물고기가 있고 논에는 쌀이 있다."라고 쓰여있다. 오래전부터 육해공을 망라하는 식재료가 풍부하고 다양했다는 뜻이다. 태국은 중부, 북부, 북동부, 남부 등 4개 음식 문화권으로 나뉘는데, 지역마다 음식 종류와 문화가 다양하다, 여기에 향신료의 발달과 단맛, 쓴맛, 신맛, 짠맛 등 여섯 가지 미각을 추구하는 태국인의 성향까지 더해져 미식 문화가 발달했다. 방콕에는 이러한 미식 매력을 뽐내는 음식점이 가득하다. 미슐랭 스타와 빕구르망에 선정된 노점부터 파인 다이닝, 퓨전 레스토랑 등은 방콕에 머무는 내내 당신의 입을 즐겁게 해줄 것이다.

10문 10답, 여행 전에 꼭 알아야 할 방콕 Q&A

방콕 여행의 최적 시기, 방콕에서 꼭 해야 할 것들, 방콕의 치안과 화장실 이용법 등 여행 전에 꼭 알아두어야 할 정보를 10문 10답으로 풀었다. 필자가 들려주는 '이것만은 꼭 해라' 항목도 주목하자.

1. 최적 여행 시기는?

태국의 겨울에 해당하는 11월부터 2월까지 여행하기 좋다. 기온과 습도가 가장 낮고 맑은 날이 많다. 풍등 축제 러이끄라통11월 초이 이 기간에 속한다. 5월부터 10월까지는 우기로 습도가 높고 잦은 스콜열대 지방의 소나기로 여행하기 수월하지 않다.

2. 며칠 일정이 좋을까?

방콕부터 근교 수상 시장, 아유타야또는 파타야, 후아힌, 깐짜나부리까지 돌아볼 계획이면 5일 정도가 좋다. 현지 여행사의 투어 상품을 이용하면 시간을 절약할 수 있다. 방콕만 여행한다면 최소 3일을 추천한다.

3. 이것만은 꼭 해라, 세 가지만 꼽는다면?

❶ 나만의 사원 찾기 방콕은 사원의 도시이다. 400개가 넘는 사원의 숫자만큼 매력도 다양하다. 취향에 꼭 맞는 사원을 찾아 여유로운 시간을 보내고 나면 머릿속과 마음이 한결 가벼워진다. 방콕을 다시 찾게 되었을 때, 변함없이 맞아주는 사원이 있다는 것만으로도 멋지지 않은가.

❷ 로컬 바 즐기기 로컬 바에는 흥 많고 여유롭고 유머 감각 넘치는 태국 사람의 매력이 고스란히 담겨있다. 유명 호텔의 루프톱 바만큼 화려하진 않지만 방콕키안만의 멋과 미소를 만날 수 있다.

❸ 1일 1마사지 한국보다 훨씬 저렴한 가격에 실속 있는 마사지를 받을 수 있다. 현지인들이 엄지 척, 하는 소형 로컬 마사지 숍부터 대형 프랜차이즈 브랜드까지 선택의 폭이 다양하다. 일상에 지친 나에게 선물하는 1일 1마사지야말로 방콕 여행의 하이라이트!

4. 방콕 치안은?

한국보다 치안 상태가 불안한 것은 사실이지만 밤늦게 으슥한 골목을 혼자 다니지 않는 이상 크게 걱정할 정도는 아니다. 다만 카오산 로드와 차이나타운처럼 사람이 밀집된 곳에는 소매치기가 종종 있으니 주의하자.

5. 방콕 물가는?

태국의 주변 동남아 국가보다 물가가 비싸지만, 한국보다는 많이 저렴한 편이다. 맥도날드, 스타벅스와 같은 세계적인 프랜차이즈 가격은 대한민국 대비 500원

~1000원 정도 저렴하다. 주요 명소 입장료와 식대, 마사지, 교통비를 포함해 하루 최소 15,00~2,000밧6~7만 원의 경비가 든다.

6. 급하게 화장실을 이용하고 싶으면?

가장 좋은 방법은 숙소나 레스토랑을 나서기 전에 화장실을 미리 이용하는 것이다. 부득이한 경우라면 근처 쇼핑몰, 카페를 이용하는 것이 좋다. MRT 역에 화장실이 있지만, 직원에게 문의해야 사용 가능할 때가 있다.

7. 유심칩 구매는 어디서 할 수 있나?

수완나품 공항 2층에 있는 통신사 부스에서 구매할 수 있다. 시내 대리점에서도 구매가 가능하지만 언어가 통하지 않아 의사소통에 어려움을 겪을 수 있다. 태국 주요 통신사는 True, DTAC, AIS가 있다. 가격과 품질은 전반적으로 비슷하다.

8. 방콕에도 무료 와이파이가 있나?

숙소와 카페, 레스토랑, 쇼핑몰 등에서 무료 와이파이를 사용할 수 있다.

9. 전자담배 반입이 안 되나?

태국은 전자담배가 불법이다. 반입 또는 사용 적발 시 최대 50만 원까지 벌금을 낼 수 있다. 현지에서 전자담배를 판매하는 가게, 흡연자를 쉽게 목격하게 되겠지만 불법은 불법이다. 게다가 전자담배에 관해서는 외국인에게 엄격하니 피지도 소지하지도 말자.

10. 술 판매 시간이 따로 있다는데?

태국은 주류 판매 시간이 법적으로 정해져 있다. 11:00~14:00, 17:00~00:00에만 술을 구매할 수 있다. 24시간 편의점에서도 해당 시간 이외에는 주류를 판매하지 않는다. 또한 불교와 관련된 휴일, 왕의 생일에는 종일 술을 판매하지 않는다. 음식점, 편의점, 숙소 어느 곳에서도 술을 구매할 수 없으니 여행 전에 미리 확인하는 것이 좋다.

Travel Tip

태국의 대마 음식 & 음료 주의사항

태국 정부는 2022년 6월 대마를 마약류에서 제외하고 대마초 재배와 소비, 일정 한도 내의 거래를 합법화했다. 이에 따라 카페와 노점에서 모든 종류의 대마 제품을 공개적으로 판매할 수 있게 되었다. 심지어 편의점에서 다양한 대마 성분 음료를 판매하고 있다. 대마를 흡연하거나 THC가 0.2% 이상 들어간 대마 추출물을 만들어 판매하는 건 여전히 불법이다. 그러나 대마초라는 마약 성분이 대중에게 공개된 이상 여행자들의 각별한 주의가 필요하다.

대마 성분이 들어있는지 어떻게 구분할까?

대마 성분 식품은 포장에 성분과 경고 메시지를 반드시 명시해야 한다. 노점의 경우에도 메뉴에 대마초 그림 또는 명칭이 표시되어 있다. 대마초는 영문으로 Cannabis카나비스 또는 Marijuana마리화나이며 태국어로는 กัญชา 깐차 이다. 조금이라도 의심이 되면 포장재, 메뉴판 등을 꼼꼼히 살펴보자.

모르고 먹었어도 처벌 대상이 된다

우리나라는 형법 제3조에 따라 해외에서 대마를 섭취, 흡입한 후 국내에서 성분이 검출되면 국내법에 따라 5년 이하의 징역 또는 5천만 원 이하 벌금을 물린다. 현지에서 모르고 대마 성분이 들어간 음식을 먹은 것만으로도 처벌 대상이 된다.

방콕에서 꼭 지켜야 할 기본 에티켓

로마에 가면 로마의 법을 따라야 하듯 방콕에 가면 방콕의 상식과 예의범절을 지켜야 한다.
특히 태국은 불교 국가이기 때문에 종교와 관련해 지켜야 할 예절이 많은 나라다.
사원을 방문했을 때, 사진 촬영할 때 등 여행자가 알아야 할 기본 상식과 에티켓을 소개한다.

전통 인사법, 와이

와이는 태국 불교의 전통 인사법이다. 양 손바닥을 마주 붙인 다음, 얼굴 가까이 닿도록 머리를 숙여 인사한다. 상대방을 존중한다는 의미가 담겨있다. 나이가 어린 사람이 먼저 하고, 연장자가 같은 자세로 답례하는 것이 예의다.

머리를 만지거나 쓰다듬지 않는다

태국에서 남의 머리를 함부로 만지거나 쓰다듬는 행동은 절대 금물이다. 머리는 신체의 가장 높은 곳에 있는 부위로 신성하게 여긴다. 그래서 머리를 만지는 것은 곧 신성한 곳을 만지는 것으로 여기고 매우 불쾌하게 생각한다. 어린아이가 귀엽다고 머리를 쓰다듬는 행동도 삼가야 한다.

승려와 여성의 동석은 금기 사항

조선 시대에 유교의 영향으로 남녀칠세부동석이 있었듯, 태국에서는 여성과 승려를 엄격하게 분리한다. 대중교통을 이용할 때 승려 옆자리에 여성이 앉으면 안 되고 여성이 승려에게 악수를 청하거나 사진 촬영을 요청하는 것은 금기 사항이다.

왕실 모독죄

태국인의 왕과 왕실에 대한 존경과 사랑은 절대적이다. 그래서 왕과 왕실에 관한 험담이나 부정적인 표현을 삼가야 한다. 방콕의 상점, 길거리, 공원 등에 왕의 대형 초상이 걸려있는 것을 쉽게 볼 수 있다. 왕의 초상화에 손가락질을 하거나 훼손하면 즉시 왕실 모독죄로 체포될 수 있다.

사원에도 드레스 코드가 있다

불교 사원을 방문할 때는 복장에 신경을 써야 한다. 남녀노소 상관없이 길이가 너무 짧은 하의를 입으면 안 된다. 특히 여성의 경우 무릎이 드러나는 미니스커트, 핫팬츠나 어깨가 드러나는 상의는 사원 입구에서 제지를 받는다. 스카프나 로브를 들고 다니면 어깨와 무릎을 가릴 수 있어 유용하다.

사원을 배경으로 술에 관련된 사진 촬영은 NO!

사원과 노을을 배경으로 칵테일 사진 한 장 남기는 것이 여행자에겐 소중한 추억이 되지만 태국인에게 불쾌감을 줄 수 있다. 법으로 금지되어 있거나 벌금을 내지는 않지만 현지에서 중요한 문화이므로 존중이 필요하다.

흥정할 땐 웃으면서

웃는 얼굴에 침 못 뱉는다는 말이 태국보다 잘 통하는 나라가 또 있을까. 흥정을 하거나 문제가 있을 때 정색하기보다는 부드럽게 웃으며 말해보자. 미소의 나라, 천사의 도시란 애칭이 왜 생겼는지 실감하게 된다.

위급 상황 시 대처법

여행지에서 위급한 상황이 일어나지 않는 게 최선이지만, 혹시 일어나더라도 당황하지 말자.
하늘이 무너져도 솟아날 구멍이 있다고 했다. 만약을 위해 소매치기, 신용카드와 휴대전화 분실,
여권 분실 등 위급 상황 시 대처법을 소개한다.

1 소매치기 대처법

여행지에서는 소매치기를 당하고 나서 뒤늦게 알아차리는 경우가 대부분이다. 하지만, 이러한 사고를 방지하기 위한 최선책은 귀중품을 넣은 가방을 앞으로 메거나 바지 앞주머니에 소지하는 것이다. 옆 혹은 뒤로 맨 가방은 소매치기들의 표적이 되기 매우 쉽다. 대부분 소매치기를 당한 사실조차 알아차리기 힘들다. 유동인구가 많은 관광 명소에서는 조심 또 조심해야 한다.

2 휴대전화·신용카드 분실 시 대처법

경찰서에 방문하여 도난신고서를 작성해야 한다. 신용카드는 카드사에 전화하여 사용 정지를 요청해놓아야 2차 피해를 방지할 수 있다. 스마트폰은 통신사에 연락하여 사용 정지를 요청하는 게 좋다. 귀국 후 보험사에 도난신고서 및 여행자 보험 가입 증빙서를 제출하면 보상 금액을 받을 수 있다. 가입한 여행자 보험의 옵션에 따라 보상 금액은 다를 수 있다.

긴급 연락처 범죄 신고 102, 관광경찰 1155
마스터 카드 분실신고 센터 001-800-11-887-0663

3 여권 분실 시 대처법

여권을 분실하면 재발급 절차가 상당히 까다롭다. 우선 담당 지역 경찰서에서 여권 분실 신고 확인서를 발급받아야 한다. 그다음엔 한국 대사관에 가서 여행 증명서를 발급받아야 하는데, 경찰서에서 받은 여권 분실 신고 확인서가 필요하다. 또 대사관에서 분실 사유서와 여권 신청서를 써야 한다. 여권 사진 2매와 280밧의 수수료도 필요하다. 주말이나 공휴일에 여권을 분실한 경우 외교통상부 콜센터로 연락하면 된다. 번거로운 과정을 겪지 않는 좋은 방법은 여권 관리에 특별히 신경을 쓰는 것뿐이다. 그래도 만약을 위해 여권 사진 2매와 여권 사본을 미리 준비해두자.

여권 분실 시 필요 서류 여권 발급 신청서 1매, 여권용 컬러 사진(3.5 x 4.5cm, 얼굴 길이 2.5 x 3.5cm) 2매, 본인을 증명할 수 있는 증명서(주민등록증, 운전면허증, 호적등본 등), 여권 분실 확인서 1매(관할 경찰서 발행)

한국 대사관 23 Thiam Ruam Mit Rd +66 2 247 7537 월~금 8:30~12:00, 13:30~17:00

외교통상부 영사 콜센터 00 + 82-2-3210-0404 www.0404.go.kr

4 전화 거는 방법

이 책의 전화번호에서 66은 태국의 국가번호이다. 한국에서 국제 전화를 걸 때는 001 등 국제전화 접속 번호와 66을 누른 다음 책에 표기된 다음 숫자를 누르면 된다. 현지에서 맛집, 명소 등에 전화를 할 때는 국가번호를 건너뛰고 방콕의 지역 번호 02을 먼저 누른 후 그 다음 숫자를 차례로 누르면 된다.

한국에서 걸 때 001-66-2-247 7537 방콕에서 현지 맛집에 걸 때 02-247 7537

5 질병과 여행 사고 대처법

모기 기피제는 현지에서 사자 태국엔 모기가 많은 편이다. 모기에 물리면 지카 바이러스, 말라리아, 뎅기열, 뇌염에 걸릴 수 있으므로, 모기약과 모기 기피제를 준비하는 게 좋다. 모기 기피제는 한국 제품보다 현지 제품이 효과가 더 좋다.

물은 꼭 생수만 마시자 식중독과 콜레라, 장티푸스, 홍역 등 전염병도 조심해야 한다. 가능하면 생수 외에는 다른 물을 먹지 않도록 하자. 얼음도 함부로 먹지 않는 게 좋다. 감기, 또 다른 질병, 그리고 여행 중 사고를 당하면 지체 말고 병원으로 가자. 병원비는 우리보다 저렴하므로 치료비를 걱정할 필요는 없다.

건강과 안전 여행에 관한 더 자세한 내용은 외교부의 해외안전여행 홈페이지를 참고하자. 국가별 최신 안전 소식, 국가별 안전 정보, 위기 상황별 매뉴얼, 신속 해외송금 지원 등 다양한 안전 여행 정보를 얻을 수 있다 .

외교부 해외안전여행 홈페이지 www.0404.go.kr

6 교통안전 유의하기

방콕은 교통이 혼잡하기로 악명이 나 있다. 그만큼 교통사고도 많다. 오토바이는 가능하면 대여하지 않는게 좋다. 렌터카도 직접 운전하지 않는 게 안전하다. 택시에서 내릴 때는 문을 열기 전 주변을 꼭 확인하자.

7 긴급 연락처

범죄 신고 102

응급환자구급차 103, 1646(방콕 전용)

관광경찰 1155

화재신고 101

수완나품 국제공항 02-132-1888

돈므앙 공항 02-535-1111

여행 준비 정보 여권 만들기부터 출국까지

1 여권 만들기

여권은 해외에서 신분증 역할을 한다. 출국 시 유효기간이 6개월 이상 남아 있으면 된다. 유효기간이 6개월 이내면 다시 발급받아야 한다. 6개월 이내 촬영한 여권용 사진 1매, 주민등록증이나 운전면허증을 소지하고 거주지의 구청이나 시청, 도청에 신청하면 된다.

25세~37세 병역 대상자 남자는 병무청에서 국외여행허가서를 발급받아야 여권 발급 서류와 함께 제출해야 한다. 지방병무청에 직접 방문하여 발급받아도 되고, 병무청 홈페이지 전자민원창구에서 신청해도 된다. 전자민원은 2~3일 뒤 허가서가 나온다. 출력해서 제출하면 된다. 병역을 마친 남자 여행자는 예전엔 주민등록초본이나 병적증명서를 제출해야 했으나, 마이데이터 도입으로 2022년 3월 3일부터는 제출하지 않아도 된다.

외교부 여권 안내 www.passport.go.kr

여권 발급 시 필요 서류 여권발급신청서, 여권용 사진 1매(6개월 이내 촬영한 사진), 신분증(유효기간이 남아있는 여권은 반드시 지참해야 한다)

병역 관련 서류(해당자) 병역 미필자(남 18~37세)는 출국 시에 국외여행허가서를 제출해야 한다. 전역 6개월 미만의 대체의무 복무 중인 자는 전역예정증명서 및 복무확인서 제출하면 10년 복수 여권을 발급해준다.

우리나라 여권 파워 세계 2위

국제 교류 전문 업체 헨리엔드 파트너스에 따르면 2022년 기준 우리나라 여권 파워는 일본, 싱가포르(공동 1위)에 이어 독일과 함께 공동 2위이다. 덕분에 대한민국 여권은 여행지 내에서 소매치기의 표적이 되기 쉽다. 신분증 역할을 하니 언제나 지니고 다니되, 분실하지 않도록 잘 보관해야 한다. 분실 등 만약의 상황에 대비해 사진 포함 중요 사항이 기재된 페이지를 미리 복사하여 챙겨가면 도움이 될 수 있다.

2 항공권 구매

언제, 어디서 구매하는 게 유리한가?

방콕 여행의 극성수기는 7~8월과 12~1월로, 이때는 항공권이 비싼 편이다. 일정이 정해졌다면 최대한 일찍적어도 3개월 전에 구매하는 것이 좋다. 하지만 할인된 항공권의 경우 출발일 변경이나 취소 시 10만 원 안팎의 수수료를 내야 하므로 신중하게 결정하는 것이 좋다. 주요 항공권 구매 사이트를 활용하면 한 눈에 최저가 항공권을 찾아볼 수 있다.

주요 항공권 비교 사이트

스카이스캐너 https://www.skyscanner.co.kr

카약 https://www.kayak.co.kr

3 숙소 예약하기

Summary

지역별 숙소 특징 한 줄 요약

카오산 로드 여행자의 거리답게 저렴한 숙소가 많다. 공간이 좁고 오래된 편이다.

올드 타운 주변에 먹거리, 볼거리가 많고 현지 느낌 충만하다. MRT와 BTS가 연결되지 않는 곳이 많다.

싸얌 중고가 숙소가 많고 대부분 새로 지어 깔끔하다. 교통이 좋아 택시비가 적게 든다.

실롬 싱글룸, 더블룸을 갖춘 중저가 게스트하우스가 많다. 교통이 편리하다.

쑤쿰윗 가성비 좋은 호텔이 많다. 지역이 넓어 BTS역 주변 숙소가 아니라면 이동이 불편하다.

리버사이드 고급 유명 호텔이 모여있다. 크리에이티브 구역이라 불리는 만큼 주변에 독특한 분위기의 가게가 많다.

숙소 예약 사이트 호텔스닷컴 kr.hotels.com 아고다 www.agoda.co.kr 부킹닷컴 www.booking.com
호텔스컴바인 www.hotelscombined.co.kr 익스피디아 www.expedia.co.kr

숙소 타입별 가격과 장단점 비교

1 호텔

폭넓은 가격대의 호텔이 방콕 시내에 퍼져있다. 리버사이드 지역에 밀레니엄 힐튼 더 페닌슐라 방콕 같은 고급 호텔이 많다. 중고가 호텔은 주로 싸얌과 쑤쿰윗에 모여있다. 싸얌 지역은 신축 호텔이 많고 교통이 발달한 탓에 쑤쿰윗에 비해 가격대가 조금 높다.

©Roderick Eime

어떤 여행자에게 좋을까? 호텔 조식이 중요한 여행자와 아동 동반 여행자에게 추천한다. 쾌적한 환경은 기본이고 키즈 카페를 갖춘 호텔이 많다.
추천하는 지역은? 전망과 분위기가 중요하다면 리버사이드, 교통이 중요하다면 싸얌을 추천한다.
예산은? 1일 하루 숙박비가 6만 원에서 12만 원 정도이다. 고급 호텔은 15만 원 이상, 최고급 호텔은 30만 원 이상 예상해야 한다.
호텔의 장단점? 시설과 서비스를 일정 수준 이상 유지하기 때문에 숙소 선택에 실패할 확률이 적다. 단점은 대부분의 호텔 수영장이 당신의 기대보다 작다는 것.
예약 시 주의할 점이 있다면? 방콕은 호텔이라 해서 무조건 교통이 좋은 곳에 있지 않다. 대중교통과 접근성이 좋지 않다면 근처 BTS나 MRT 역까지 무료 셔틀을 운행하는지, 택시가 잘 잡히는지 확인하자.

2 콘도

실롬, 랑수언로드, 칫롬 등 고층 빌딩이 많은 지역에 몰려있다. 한국의 주거형 오피스텔과 구조가 비슷하고 넓은 수영장과 헬스장 등 부대 시설이 마련되어 있다. 숙박 업체나 소규모 호텔이 관리하는 곳은 부킹닷컴에서, 개인 소유의 콘도를 렌트하는 경우에는 에어비앤비에서 예약할 수 있다.

어떤 여행자에게 좋을까? 3성급 호텔과 비슷한 시설, 살아보는 여행 두 가지 모두 놓치고 싶지 않다면 콘도가 최적이다. 숙소 선택 기준에 수영장의 비중이 크다면 호텔보다 콘도가 탁월한 선택이다.
추천하는 지역은? 실롬, 사톤 지역을 추천한다. 신식 건물이 많고 직장인이 많은 곳이라 로컬 식당, 편의점, 카페가 많아 편리하다.
예산은? 1일 6만원에서 10만원 정도이다.
콘도의 장단점? 시설 대비 호텔보다 저렴하다는 게 최대 장점이다. 조식, 세탁서비스가 없다.
예약 시 주의할 점이 있다면? 부킹닷컴 같은 숙소 예약 사이트에서 예약하는 것을 추천한다. 에어비앤비의 경우, 상황에 따라서 수영장 헬스장 같은 부대 시설 이용이 어려울 수 있다. 체크인 시간이 호텔보다 1시간 늦은 곳이 많으니 꼭 확인해야 한다.

3 에어비앤비

직접 살아보고 체험하는 여행을 선호하는 여행자가 많아지면서 에어비앤비의 인기도 꾸준히 이어지고 있다. 콘도, 원룸, 하우스 쉐어 등 숙소 타입이 다양하고 가격과 수용 인원수도 천차만별이다.

어떤 여행자에게 좋을까? 3인 이상 되는 소규모 그룹 여행자에게 추천한다. 최대 5~6인까지 지낼 수 있는 숙소가 많다. 호텔에서 엑스트라 베드나 방을 두 개 예약하는 것보다 효율적이다.
추천하는 지역은? 에어비앤비의 가장 큰 목적은 현지인처럼 살아보기이다. 오고 가며 가장 방콕다운 모습을 볼 수 있는 올드타운을 추천한다.
예산은? 2인 기준에 4~9만원 정도이다. 다른 형태의 숙소보다 가격 편차가 크다.
에어비앤비의 장단점은? 동네 사람들과 눈인사도 하게 되고 여러 날 지내다 보면 숙소 이상의 경험을 하게 된다. 호스트가 무책임한 경우에는 지내는 동안 불편할 수 있다.
예약시 주의해야 할 점이 있다면? 숙소의 시설과 구비된 용품을 꼼꼼히 확인해야 한다. 호스트에 대한 리뷰도 중요하다. 무선 인터넷에 문제가 생겼을 때 빠르게 해결했는지, 체크인,체크아웃이 매끄러웠는지 등 이전 게스트의 평을 잘 읽어보자.

4 게스트하우스

항공료 다음으로 여행 경비의 대부분을 차지하는 것이 숙박료이다. 게스트하우스는 호텔보다 훨씬 저렴하기에 여행 경비 부담이 줄어든다. 여러 나라 여행자와 교류할 수 있는 장점이 있다.

어떤 여행자에게 좋을까? 숙소는 잠만 자는 곳이라고 생각하는 여행자에게 추천한다. 청결 상태만 잘 확인한다면 불편함 없이 지낼 수 있다.
추천 지역은? 방콕 여행이 처음이라면 카오산 로드 주변을 추천한다. 왕궁, 왓 아룬 등 핵심 명소와 가깝고 세계 여행자가 모인 곳이어서 여행 온 기분이 제대로 난다. 한산하고 깔끔한 분위기를 원한다면 실롬과 사톤 지역이 좋다.
게스트하우스의 장단점은? 세계 여행자들과 어울릴 수 있다는 점이 가장 매력적이다. 방이 좁고 시설이 매우 단조롭다는 점이 아쉽다.
예약시 주의해야 할 점이나 팁은? 화장실과 샤워실이 방 내부에 있는지 공용 시설인지 꼭 확인하자. 서양 여행자가 많이 머무는 게스트하우스의 경우 공용 화장실/샤워실이 당연하다고 생각해서 제대로 명시하지 않는 곳이 의외로 많다.

4 여행자 보험 가입하기

패키지여행의 경우 상품 안에 여행자 보험이 가입되어 있지만, 자유 여행을 준비한다면 여행자 보험에 직접 가입해야 한다. 보험료는 보상 범위에 따라 크게 다르지만 통상 1~5만원 정도이다. 최근에는 일부 신용카드로 항공권 구매 시 무료 여행자 보험 혜택을 주는 경우도 많으니 확인해보는 것이 좋다. 여행 중 현지에서 문제 발생 시 병원에서는 진단서 및 영수증을, 도난 및 분실물은 관할 경찰서에서 증명서를 받아와야 보상받을 수 있다. 공항에서 가입하는 여행자 보험료는 상대적으로 비싼 편이니 미리 가입하는 것을 추천한다.

5 예산 짜기

여행 스타일, 장소 선택에 따라 여행 경비가 천차만별이지만 대략적인 물가를 알아야 계획을 짜고 환전도 할 수 있다. 식비와 입장료 등은 성수기와 상관 없지만, 숙박비는 많이 오른다.

방콕 물가

생수 10~20B
과일주스 30~70B
로컬 레스토랑 100~300B
레스토랑 300~500B
맥주 60B~
루프탑 바 칵테일 400~500B
BTS 1회 요금 16B~
명소 입장료 20~500B(방콕 명소 중에서 왓프라깨우와 왕궁 입장료가 제일 비싸다.)
마사지 1시간 평균 500~1000B

방콕 3박 5일 평균 예산

항공 요금 50~70만원
수완나품 공항 왕복 교통비(공항철도 기준) 90B
숙박비 3,000~12,000B
시내 교통비 500B(대중교통 기준)
식비 2,000~3,500B(하루 로컬 음식점 1회, 레스토랑 2회 기준)
마사지 1,500B(2회 기준)
입장료 850B(왕궁, 왓 포, 왓 아룬)

7,940~18,440 + 항공요금 50~70만원

6 환전하기

4박 5일 정도의 짧은 여행이라면 여행 경비 전부를 환전하는 것이 가장 편하다. 잃어버리거나 소매치기 등 불미스러운 일이 걱정된다면 경비의 50~60%를 환전하고 나머지 금액은 현지에서 ATM기로 인출한다. ATM기는 당일 환율을 적용한다. 여행할 때 대부분 100밧 지폐를 사용하므로 환전할 때 소액권을 최대한 많이 달라고 하자.

태국의 화폐 정보

화폐 이름 밧(Baht, THB로 표기)
환율 1 : 38(1밧은 약 38원, 100밧은 약 3,800원)
화폐 단위 지폐 20밧, 50밧, 100밧, 500밧, 1000밧
동전 1밧, 2밧, 5밧, 10밧

Travel Tip

현지에서 현금 인출을 위한 EXK 카드

EXK 카드는 방콕에서 현금을 인출할 때 매우 유용한 국제 현금카드이다. 일반적인 국제 현금카드는 현금 인출 시 수수료가 220~250B인데 반해, EXK 카드는 300달러약 10,000바트 이하 인출 시 수수료가 1,000원, 300달러 이상 인출 시 수수료가 500원이다. 신한, 시티, 우리, 하나은행에서 발급받을 수 있다.

EXK 카드 홈페이지 http://exk.kftc.or.kr
EXK 카드를 사용할 수 있는 태국의 현금 지급기 SCB, TMB, UOB, KTB(Krungthai Bank), Thanachart Bank, KBank(Kasikorn Bank), Bangkok Bank PCL(BBL)

7 짐 싸기

무게 줄이는 법

짐은 꼭 필요한 물건만 체크리스트를 만들어 하나하나 점검하면서 싸는 게 좋다. 특히 항공사 수하물 무게 규정을 초과하는 경우 추가 비용을 지급해야 하기에, 아래 소개하는 필수 준비물 중심으로 챙기고 더 필요한 건 현지에서 구매하는 것도 괜찮다. 또한, 기내에 반입 가능한 물품과 수하물로 부쳐야 하는 용품을 꼭 구분해야 한다.

기본 준비물

여권유효기간 6개월 이상, 여권 사본 및 증명사진 2매여권 분실 시 필요, 신용카드해외 결제 가능용, 현금태국밧, 멀티탭, 휴대전화 및 보조 배터리수하물로 부칠 수 없고 기내에 가지고 탑승해야 한다

의류 및 신발

한국의 여름이라고 생각하고 옷을 챙기면 된다. 다만 실내 어디든 에어컨을 세게 틀기 때문에 가볍게 걸칠 얇은 카디건이나 긴 팔 상의 등을 가방에 넣고 다니는 것이 좋다. 휴대하기 좋은 얇은 상의는 사원 출입 시에도 유용하게 쓰인다. 호텔 루프톱 바, 파인 레스토랑에 갈 예정이라면 스마트 캐주얼을 챙겨가자.

상비약

만일에 대비해 지사제, 진통제, 상처 연고, 밴드 등 기본적인 상비약을 챙기자. 모기 퇴치제는 편의점, 드러그스토어 등에서 구입 가능하다. 한국 제품보다 현지에서 파는 모기 퇴치제가 더 잘 듣는다.

자외선 대비용

우산 혹은 양산, 모자, 선글라스, 선크림, 휴대용 선풍기

짐 싸기 체크 리스트

품목	비고	품목	비고
여권	유효기간 6개월 이상	속옷, 양말	우기에 방문 시 여분 필요
여권 사본	여권 분실 시 필요	우산·우의	방문 시기에 상관없이 필수
증명사진 2매	여권 분실 시 필요	자외선 차단제	방문 시기에 상관없이 필수
국제운전면허증	렌터카 이용 시 필요	선글라스	방문 시기에 상관없이 필수
코로나 음성 확인서	필요시 준비 ('22년 8월 1일 이후로 필요 없음)	샤워용품, 세면도구, 드라이기, 화장품	100ml 초과 시 기내반입 불가, 수하물로 부칠 것
마스크	방역을 위해 준비		
국제학생증	호스텔, 관광지, 교통수단 할인		
신용, 체크카드	해외 결제 가능용	휴대폰, 카메라, 보조배터리 등	-
현금	태국 밧	여행용 어댑터	한국과 동일한 220V. 필요 없음
지퍼백	기내에서 사용할 소량 액체류 물품 반입 시 필요	심카드	현지 공항과 시내에서
겉옷	사원 방문: 어깨와 무릎을 가릴 수 있는 스카프 루프톱 바: 스마트 캐주얼	멀티탭	핸드폰과 카메라 동시 충전 시 유용
		상비약	현지에서도 구매할 수 있으나, 평소 복용 약이 있다면 미리 챙겨두자.

* **제한적 기내반입 가능 품목** 소량의 액체류(개별 용기당 100ml 이하), 1개 이하의 라이타 및 성냥
* **기내반입 금지품목** 날카로운 물품(과도, 칼), 스포츠용품(야구 배트, 골프채) 등은 기내에 가지고 탈 수 없으며, 수하물로 부쳐야 한다.

8 출국하기

도심공항터미널이용법

서울역 도심공항터미널에 가면 일부 항공사 탑승객으로 한정되지만, 탑승 수속절차·수하물 부치기·출국 심사까지 사전에 처리할 수 있어 편리하다. 공항터미널에서 인천공항으로 이동하는 버스도 있어 더 좋다. 붐빌 것을 대비해 비행기 탑승 최소 3시간 전에는 수속절차를 마치는 게 좋다.

*삼성동 코엑스 도심공항터미널은 폐쇄되었다. 광명역 도심공항터미널에서는 리무진 버스만 운행한다.

서울역 도심공항터미널에서 탑승 수속 가능한 항공사

대한항공, 아시아나항공, 제주에어, 진에어, 티웨이, 에어서울, 에어부산

이용 가능 시간 05:20~19:00

홈페이지 www.arex.or.kr

출발 2시간 전 도착

항공사 사정이 수시로 변할 수 있으므로 출발 최소 2시간, 성수기나 연휴 기간에는 최소 3시간 전에는 공항에 도착하는 편이 안전하다. 항공사마다 제1여객터미널, 또는 제2여객터미널로 탑승 장소가 다르다. 탑승 장소를 미리 확인하자. 설령 원하는 터미널에 도착하지 못했더라도 걱정하지 말자. 무료 공항 셔틀버스로 어렵지 않게 이동할 수 있다.

인천공항 안내 : 제1, 제2터미널

인천공항은 제1여객터미널, 제2여객터미널이 운영되고 있다. 대한항공, KLM, 에어프랑스, 러시아항공 등 스카이팀 소속 항공사는 제2여객터미널을, 그 외 항공사는 기존의 제1여객터미널을 사용한다. 혹시 실수로 다른 터미널에 내렸다고 걱정하지 말자. 무료 공항 셔틀버스로 어렵지 않게 제1, 또는 제2터미널로 이동할 수 있다. 이동 시간은 20분 이내이다.

인천공항 터미널 간 셔틀버스 운행 정보

제1여객터미널에서는 3층 중앙 8번 승차장에서, 제2여객터미널에서는 3층 중앙 4~5번 승차장 사이에서 탑승한다. 제1여객터미널의 셔틀버스 첫차는 오전 05시 54분, 막차는 20시 35분에 출발한다. 제2여객터미널의 첫 셔틀버스는 오전 04시 28분, 막차는 00시 08분에 출발한다. 터미널 간 이동 시간은 약 15~18분이다. 배차 간격은 10분이다.

셔틀버스 운영사무실 032-741-3217

탑승 수속과 짐 부치기

E-티켓에 적힌 항공사와 편명을 공항 안내 모니터에서 확인 후 해당 항공사 카운터로 간다. 비행기 출발 시각 2~3시간 전부터 카운터를 연다. 카운터에 여권을 제시하고 수화물을 부치면 탑승권과 수화물 보관증을 준다. 항공사 및 좌석 그레이드에 따라 수화물을 개수와 무게가 다르므로 미리 해당 항공사 홈페이지를 통해 체크하자.

방콕 행 항공편 기내반입 및 위탁 수하물 규정

항공사	기내반입 수하물	위탁 수하물
대한항공	이코노미 클래스: 1개 10kg 이하, 수하물 3면의 합 115cm 이내 프레스티지&일등석: 총 2개 18kg 이하, 수하물 3면의 합 115cm 이내	일등석: 3개, 각 32kg 이하 프레스티지석: 2개, 각 32kg 이하 일반석: 1개, 23kg 이하
아시아나항공	이코노미 클래스: 1개 10kg 이하 비즈니스 클래스: 총 2개(각 10kg 이하), 수하물 3면의 합 115cm 이내	이코노미 클래스: 1개, 23kg 이하 비즈니스 클래스: 2개, 각 32kg 이하
타이항공	1개 7kg 이하	프리미엄 이코노미: 40kg 이하 이코노미: saver-20kg 이하, flexi-30kg 이하, full flexi-35kg 이하

진에어	1개 10kg 이하, 수하물 3면의 합 115 이하	15kg 이하
제주항공	10kg 이하	Biz Lite: 30kg 이하, 수하물 3면의 합 203cm 이하 Flybag: 15kg 이하, 수하물 3면의 합 203cm 이하
티웨이항공	일반, 스마트, 이벤트: 1개 10kg 이하 비즈니스: 2개, 각 10kg 이하, 각 수화물 3면의 합 115cm 이내	일반, 스마트: 23kg 이하 이벤트: 15kg 비즈니스: 32kg 이하

빠른 출국을 위한 유용한 팁 : 패스트트랙 이용법

자동 출입국 심사서비스

만 7세부터 대한민국 국민은 여권과 지문 인식만으로 출입국 수속을 마칠 수 있어 시간을 확실히 절약할 수 있다. 만 7세~만 18세 이하는 사전등록이 필요하다. 14세 미만까지는 법정 대리인을 확인할 수 있는 발급 3개월 이내의 신청인 상세 기본증명서 및 가족관계증명, 법정 대리인의 신분증을 가지고 등록한다.

사전등록 장소 인천공항(제1여객터미널, 제2여객터미널), 김포국제공항, 김해국제공항, 대구국제공항, 제주국제공항, 청주국제공항, 부산항·인천항(국제선), 서울역도심공항출장소

패스트트랙

노약자나 유아를 동반했다면 항공사 카운터에 패스트트랙 이용 여부를 확인하자. 긴 대기줄에 서지 않고 빠르게 입국 수속을 마칠 수 있어 편리하다. 만 7세 미만 유·소아, 70세 이상 고령자, 산모수첩을 지닌 임산부는 동반 3인까지 이용할 수 있다.

여행 실전 정보 수완나품 국제공항 도착부터 떠날 때까지

1 공항에 도착해서 할 일

입국 신고서는 기내에서

수완나품 국제공항은 동남아의 허브 공항이다. 규모가 크고 입국 심사대는 늘 붐빈다. 비행기에서 내려 입국 심사대까지 거리가 멀어 이래저래 공항에서 지체하는 시간이 길다. 신속하게 이동하기 위해 입국 신고서는 기내에서 미리 작성하자.

입국 심사받기

입국Immigration, 수화물Baggage Claim 표지판을 따라가면 외국인 여권심사Foreign Passport 카운터가 나온다. 여권과 출입국신고서를 제출하면 여권에 도장을 찍고 출국 카드는 돌려준다. 출국 카드는 출국할 때 작성해서 제출해야 하므로 여권에 끼워 잘 보관한다.

수하물 찾기

전광판에서 탑승했던 항공편과 수화물 컨베이어를 확인한다. 짐을 찾아 세관을 통과하면 된다. 신고할 물품이 없으면 신고할 물품 없음Nothing to Declare 라인을 통과한다.

유심칩 구매하기

휴대전화 자동로밍은 이용료가 비싼 편이므로 데이터 양도 넉넉하고 전화도 얼마든지 사용할 수 있는 SIM카드를 바꿔 이용하는 것이 이득이다. 한국에서 사용하던 휴대전화의 SIM카드를 빼고 그 자리에 현지에서 구매한 SIM카드를 넣으면 현지 임시 번호로 개통된다. 기존 휴대전화에 깔린 SNS나 앱들을 그대로 사용할 수 있으나, 기존 한국 번호로 오는 문자와 전화는 받을 수 없다.

입국 시 구매하려면 수완나품 공항 2층에서 구매할 수 있다. True, DTAC, AIS 등 태국의 주요 통신사 부스가 있다. 가격과 품질은 전반적으로 비슷하다.

공항에서 환전하기

공항에 환전소가 몇 군데 있다. 시내 환전소보다 환율이 좋지 않지만 큰 차이는 없다. 여행할 때 대부분 100밧 지폐를 사용하니 소액권을 최대한 많이 달라고 하자.

2 공항에서 시내 가는 방법

1 수완나품 국제공항 BKK, Suvarnabhumi Airport에서 방콕 시내 가기

Summary

나에게 꼭 맞는 교통편은?

저녁 8시 이전에 수완나품 국제공항 도착, 숙소가 카오산 로드에 있다면? **공항버스 S1**

목적지 근처에 BTS 또는 MRT 역이 있다면? **공항철도**

수완나품 국제공항에 밤늦게 도착했다면? **택시**

❶ 공항철도 ARL, Airport Rail Link

가장 빠르고 저렴하게 시내로 이동할 수 있는 교통편이다. 무엇보다 교통체증 걱정이 없다. 수완나품 공항 B층에 탑승장이 있다. 총 8개의 역에 정차하고, 파야타이역이 종착역이다. 막카산역은 MRT 펫차부리역과 연결되어 있고, 파야타이역은 BTS 파야타이역과 연결된다. 단, 한국의 환승 개념과 달라 BTS 또는 MRT 노선으로 갈아탈 때마다 목적지에 맞게 티켓을 다시 구매해야 한다.

요금 15~45B, 마카산역까지 35B, 파야타이역까지 45B

소요시간 종착역인 파야타이Phaya Thai역까지 26분

운행시간 05:54~24:00 홈페이지 www.srtet.co.th

❷ 공항버스 S1

수완나품 공항 1층 7번 게이트로 나오면 공항버스 정류장이 있다. 카오산 로드로 직행한다면 공항철도보다 나은 선택이다. 다만 막차 운행시간이 8시로 일찍 끊기는 단점이 있다. 카오산 로드를 지나 싸남 루앙왕궁 근처까지 운행한다.

노선 수완나품 공항-욤마랏-카오산 로드-싸남 루앙(왕궁 근처)

소요시간 50~60분 요금 60B

운행시간 06:00~20:00, 30분 간격으로 운행

❸ 택시

비행기가 밤 10시 넘어 수완나품 공항에 도착한다면 주저하지 말고 택시를 타자. 공항 1층에 퍼블릭 택시 정류장이 있다. 요금은 미터기 기준 300~350B 정도이며, 공항 수수료 50B와 톨게이트 요금 25~75B인원 수에 따라 상이이 추가된다. 약 1시간 소요

[택시 탑승법]

❶ 퍼블릭 택시Public Taxi 이정표를 따라 공식 택시 정류장으로 이동

❷ 키오스크의 화면에 'Press Here'라 적힌 버튼을 눌러 탑승권을 뽑는다.

❸ 택시 승차장 번호와 택시 기사의 정보가 적힌 바우처가 나온다.

❹ 해당 번호의 승차장으로 가면 배정된 택시가 기다리고 있다.

Travel Tip

택시 기사에게 바우처를 건네면 추가 요금에 설명해 준다. 공통적인 내용은 미터 요금에 공항 수수료 50바트 추가된다는 것과 톨게이트 요금은 톨게이트에서 승객이 직접 낸다는 것이다. 바가지를 씌우려는 것이 아니니 경계할 필요는 없다. 다만, 이때 은근슬쩍 미터기를 끄고 흥정하려는 기사가 간혹 있다. 이럴 땐 단호히 거절하고, 거절해도 흥정이 계속되면 바우처를 재발급받아 다른 택시를 이용하자.

One More 늦은 밤이라 택시가 부담된다면 픽업 서비스를!

새벽에 도착해서 택시 잡는 게 부담스럽다면 픽업 서비스를 이용하는 것도 좋은 방법이다. 클룩, 마이리얼트립 같은 여행 앱에서 사전에 예약할 수 있다. 현지 공항에서 픽업 업체 직원에게 바우처를 보여주고, 픽업 기사와 만나 호텔로 이동하는 방식이다. 승용차나 밴을 타고 프라이빗하게 방콕 시내까지 이동할 수 있는 게 장점이다. 가격은 승용차성인 1~3인 기준 2만 원 후반대이다. 혹시 모를 상황에 대비하여 상해 보험이 포함된 상품을 예약하자.

2 돈므앙 국제공항 Don Muang International Airport에서 방콕 시내 가기

태국 국내선과 동남아시아의 주요 도시로 가는 국제노선이 돈므앙 국제공항을 이용한다. 한국에서 출발하는 항공사 중에서는 에어아시아와 티웨이가 이곳으로 도착한다.

Summary

나에게 꼭 맞는 교통편은?

숙소가 카오산 로드에 있다면? **공항버스 A4**

숙소가 BTS 칫롬역이나 실롬 지역, 룸피니 공원 근처라면? **공항버스 A3 또는 리모버스**

짐이 많지 않고, 목적지 근처에 BTS 또는 MRT 역이 있다면? **SRT 다크 레드 라인**

돈므앙 국제공항에 밤늦게 도착했다면? **택시**

❶ 택시

입국장 바로 맞은 편에 택시 스탠드가 있다. 키오스크에서 번호표를 뽑고 대기하면 직원이 목적지를 확인한다. 목적지와 택시 번호, 기사의 이름이 적힌 바우처를 발급해준다. 바우처에 적힌 승차장 번호로 가면 된다. 일반적으로 도심까지의 소요시간은 약 40분 정도지만, 교통체증이 심할 때는 1시간 이상 소요된다. 요금은 약 450B 정도공항비 50B 포함이고, 고속도로 이용 시 톨게이트 요금은 승객이 별도로 지급한다.

❷ 공항버스

국제선 1터미널 1층 6번 게이트, 국내선 2터미널 1층 12번 게이트에 버스 정류장이 있다. 목적지에 따라 A1, A2, A3, A4 4개의 노선으로 나뉜다. 4개의 노선 모두 7시부터 23시까지 운행한다.

A1 BTS 모칫역과 MRT 짜뚜짝파크역을 지난다. 싸얌 지역으로 간다면 BTS로 환승하고, 쑤쿰윗과 실롬 지역으로 간다면 MRT로 환승하는 것이 편리하다.

요금 30B 운행시간 07:00~23:00, 10분 간격으로 운행

A2 BTS 아리역Ari, 싸남 빠오역Sanam Pao으로 가는 버스이다. 여행자에게 유용한 노선은 아니다.
요금 30B 운행시간 07:00~23:00, 30분 간격으로 운행

A3 BTS 칫롬역 근처의 빅씨 매장 앞과 시내 남부 실롬 지역에 있는 룸피니 공원에 정차한다.
요금 50B 운행시간 07:00~23:00, 30분 간격으로 운행(19:00 이후에는 1시간 간격 운행)

A4 민주기념탑에서 카오산 로드를 지나 싸남 루앙왕궁 근처까지 운행한다. 여행자들이 많이 이용하는 노선이지만 배차 간격이 길어서 오래 기다려야 하는 경우가 있다.
요금 50B 운행시간 07:00~23:00, 30분 간격으로 운행(19:00 이후에는 1시간 간격 운행)

❸ 리모버스

국제선 1터미널 1층 7번 게이트, 국내선 2터미널 1층 14번 게이트에 버스 정류장이 있다. 카오산 로드행과 실롬행 두 가지 노선이 있다. 짐칸이 따로 마련되어 있고 공항버스 A4 노선보다 배차 간격이 짧아 여행자들이 선호한다.
요금 150B 운행시간 10:00~23:30 소요시간 40~50분

❹ SRT 다크 레드 라인

교통체증 없이 시내까지 진입할 수 있는 장점이 있다. 하지만 공항에서 역까지, 환승역인 방쓰역Bang Sue에서 걷는 거리가 꽤 길어 짐이 많거나 유아 동반 여행자에게는 추천하지 않는다. 공항에서 방쓰역 까지 요금은 33밧이고, 환승 시에 목적지에 따라 승차권을 따로 구매한다.

3 방콕 시내 교통편

1 택시

여행자들이 가장 많이 이용하는 교통편이다. 기본요금은 35밧이고 2밧씩 올라간다. 2~3km는 50밧, 카오산에서 싸얌까지약 8km는 120~130밧 정도 생각하면 된다. 이 가격은 교통이 막히지 않을 때 가격이다. 방콕은 교통체증이 심하기로 유명하다. 도로가 막히면 위의 가격보다 더 많이 나온다. 하지만 주요 관광지 이동 시 아무리 멀어도 150밧을 넘는 경우가 드물다.
미터기를 이용하는 것이 정석이나, 운전기사가 흥정을 시도하는 경우가 많다. 흥정 가격은 미터기 가격보다 10~20% 높게 부르는 게 일반적이다. 금액이 잘 가늠이 안 될 때는 Grab이나 Uber 앱을 활용해 대략적인 금액을 알아보는 것이 좋다.

Travel Tip

목적지보다 주소를 말하자

방콕은 도로명 주소가 아주 잘 되어 있는 도시다. 목적지가 관광지 주변이 아니거나 영문명이라면 이름보다 주소를 말하는 편이 운전기사와 소통하기 쉽고 정확하다.

2 BTS

지상의 고가선로를 달리는 도시 철도이다. 방콕의 남-북을 이어주는 쑤쿰윗 라인Sukhumvit Line, 연두색과 짜오프라야강을 건너 동-서를 연결해주는 실롬 라인Silom Line, 녹색 두 가지이다. 두 라인은 싸얌역Siam에서 만난다. 실롬 라인은 쌀라댕역Sala Daeng에서, 쑤쿰윗 라인은 아속역Asok에서 지하로 운행되는 MRT와 연결된다. 역이 서로 가까이 있어 연결이 쉽다는 것이지 한국 지하철처럼 환승요금이 적용되거나, 역 내에서 환승이 가능한 것은 아니다. 요금은 목적지에 따라 다르지만, 기본 16밧에서 시작한다. 운행 시간은 05:30~24:00

Travel Tip

제대로 알고 사용하자! 스카이 트레인 패스

❶ 원데이 패스 One-day Pass

하루 동안 BTS를 무제한 사용할 수 있는 패스이다. 매표창구에서 구매할 수 있다. 짧은 기간 동안 여러 곳으로 이동하는 여행객에게 적합하다. 요금 140밧

❷ 스탠다드 래빗 카드 Standard Rabbit Card

BTS를 이용할 수 있는 선불 교통 카드이다. 할인율이 1~2밧 정도여서 크게 의미는 없지만, 매번 창구에서 줄 서서 잔돈을 교환하여 자동 매표기를 이용해야 하는 번거로움을 줄일 수 있다. 초기 발급과 충전할 때 여권이 필요하다. 첫 구매에 카드값 50밧이 추가되고 카드값은 환급이 안 된다. 장기 여행자에게 추천한다.

자동 매표기 사용 방법

❶ 매표기 옆에 있는 요금표Fare Information를 보고 목적지까지 요금을 확인한다. 원 안에 있는 숫자가 목적지까지의 요금이다.

❷ 자동 매표기의 SELECT FARE에서 해당 요금 버튼을 누른다.

❸ 동전을 넣는다. 대부분 1, 5, 10밧 동전만 사용 가능하다. 창구에서 동전을 교환해 준다.

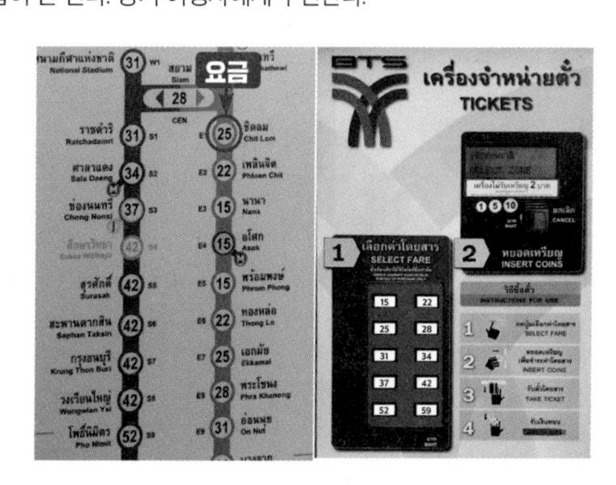

3 MRT

방콕의 지하철이다. 블루 라인과 퍼플 라인 두 가지 노선이 있다. 여행자들이 주로 이용하는 것은 싸남차이, 쑤쿰윗, 후알람퐁, 실롬, 룸피니역이 있는 블루 라인이다. 1회권 요금은 목적지에 따라 16~42밧, 일일 패스는 120밧이다. 운행시간은 06:00~24:00

Travel Tip

❶ BTS와 MRT는 서로 환승되지 않는다. 갈아탈 때마다 표를 사야 한다.
❷ BTS와 MRT역에서 티켓팅 이후 소지품 검사를 요구하는 경우가 종종 있다. 외국인을 검사하는 경우는 드물지만, 방콕에서는 일반적인 일이므로 당황하지 말자.
❸ MRT역 내에는 화장실이 있지만, BTS 역에는 화장실이 없다.

4 수상 보트

방콕 서쪽을 남북으로 가르는 짜오프라야강에는 다양한 수상 보트가 있다. BTS와 MRT 노선이 닿지 않는 지역에 촘촘한 교통망을 연결하는 역할을 한다. 수상 보트를 잘 활용하면 더 많은 지역을 쉽게 이동할 수 있다. 그러나 내가 타야 하는 배가 정확히 무엇인지, 어디에서 타는지 몰라서 겁을 먹는 여행자가 많다.
딱 세 가지만 기억하자. 뱃머리의 깃발 컬러를 구분할 것, 강줄기를 따라 이동할 것이냐 강을 건널 것이냐 선택할 것, 현지인에게 물어보면 친절하게 알려준다는 것만 기억하면 된다. 모든 선착장 이름 앞에 붙인 따Tha는 태국어로 선착장을 뜻한다.

❶ 짜오프라야 익스프레스_주황색 깃발 Chao Phraya Express

짜오프라야강을 따라 이동하는 배로 '르아 두언'이라고도 한다. 서울의 버스가 컬러로 큰 카테고리를 구분하듯이, 짜오프라야 익스프레스도 뱃머리의 깃발 컬러로 구분한다. 깃발 색에 따라 정차하는 선착장, 가격이 모두 다르다. 오렌지, 그린, 옐로우 등 세 가지 노선이 있는데, 여행자들이 가장 많이 이용하는 노선은 오렌지 라인이다. 티켓은 선착장에서 구매할 수도 있고, 배에 탑승한 후 안내원에게 구매할 수도 있다.

오렌지 라인 15B, 운행 시간 06:00~19:00
그린 라인 13~32B, 운행 시간 06:15~18:00
옐로우 라인 20~29B, 운행 시간 06:15~20:00

❷ 짜오프라야 투어리스트 보트_파란색 깃발 Chao Phraya Tourist Boat

파란색 깃발을 달고 운행하는 여행자 맞춤 보트이다. 주요 관광 명소로 이어지는 10개 선착장에만 정차하기 때문에 이동 속도가 빠르다. 아시아티크 선착장으로 가는 배는 프라 아팃 선착장에서 16:00~18:00, 사톤 선착장에서 16:30~18:30에만 운항한다.
1회 요금 60밧 1일 패스 200밧

Travel Tip

투어리스트 보트 원 데이 패스 Tourist Boat 1day Pass

올드 타운의 주요 명소와 현대적인 야시장 아시아티크, 롱 1919 등을 하루에 모두 방문할 계획이라면 투어리스트 보트 원 데이 패스를 추천한다. 200밧으로 하루 동안 무제한 탑승이 가능하다. 이동 범위가 좁다면 1회 탑승권60B을 사용하는 편이 낫다.

운행시간 원 데이 패스를 이용하여 투어리스트 보트에 탑승할 경우 사톤 선착장→프라아팃 선착장 방향은 09:00~17:30까지 30분 간격으로 운행한다. 원 나이트 리버 패스는 15:00~20:30까지 이용할 수 있다.

원 데이 패스 이용방법 온라인으로 구매하여 따 마하랏 선착장Tha Maharaj, 따 창 선착장과 약 300m 떨어진 선착장이나 사톤 선착장Tha Sathorn Pier, BTS 싸판탁신역 2번 출구에서 연결된 투어리스트 보트 창구에 가서 구매 바우처를 보여준다. 종이로 된 패스를 받아 탑승할 때마다 보여주면 된다.

온라인 구매 사이트 www.chaophrayatouristboat.com

❸ 르아 캄팍 Cross River Boat

르아 두언이 짜오프라야강의 남북으로 운행한다면 르아 캄팍은 강의 동쪽과 서쪽을 운행한다. 즉, 강을 건널 때 타는 배이다. 예를 들어, 왓 포 사원이 있는 따 티엔 선착장과 왓 아룬, 리버시티 방콕과 아이콘 시암, 리버시티 방콕과 클롱산을 잇는다. 요금은 편도 4밧

5 뚝뚝 TukTuk

뚝뚝은 일종의 삼륜 택시이다. 가성비와 앙증맞은 모습 덕에 여행자들에게 인기가 좋았으나 이마저도 이제는 옛말이 되었다. 가까운 거리에 100~150밧은 기본이고, 방콕의 더위와 매연, 교통체증을 그대로 피부로 느껴야 하는 불편함까지 더해져 터무니없이 비싸다. 경험 상 한 번쯤 타야 한다면 반드시 탑승 전에 금액을 확인하자. 과감한 흥정은 필수.

6 클롱보트 Khlong Boat

방콕을 동서로 가로지르는 쌘쌥 운하Saen Saep Canal를 오고 가는 보트이다. 방콕에서 가장 교통체증이 심하기로 악명 높은 싸얌 일대를 벗어나기 위해 현지인들이 애용한다.

운행시간 05:30~20:30(주말에는 19:00까지)
요금 거리에 따라 10~20B, 탑승 후 목적지를 말하고 지급하면 된다.

7 오토바이 택시

골목 초입에 숫자가 크게 적힌 컬러풀한 조끼를 입고 오토바이를 탄 아저씨들이 모여있다면 그들이 오토바이 택시 기사들이다. 오토바이 택시는 걷기에는 멀고 택시 타기에는 너무 가까운 거리일 때 이용하기 좋다. 출퇴근 시간에도 막힐 걱정이 전혀 없다.

4 방콕에서 유용한 스마트폰 어플리케이션

구글맵 Google Maps

해외 여행을 위한 최고의 어플리케이션이다. 지도를 따로 구매하지 않아도 스마트폰으로 편리하게 위치를 찾도록 도와준다. 미리 오프라인 지도를 다운받아 놓으면 별도의 인터넷 접속 없이도 지도를 이용할 수 있다.

구글 번역기

현지 언어를 몰라도 의사소통할 수 있도록 도와주는 번역기다. 언어를 선택한 후 글자 혹은 말로 입력하면 번역해준다. 사진에 찍힌 글자를 번역해주는 기능은 로컬 식당의 메뉴판을 읽을 때 유용하다.

그랩 Grab

택시 이용자를 위한 어플리케이션이다. 카카오택시나 우버와 비슷하다. 출발지와 목적지를 설정할 수 있고, 정확한 요금이 표시되어 편리하다. 단, 태국에서는 일반 차량을 이용하는 그랩카는 불법이고 그랩 택시만 합법이다. 그랩카는 단속이 많은 올드타운 진입에 제한이 많아 목적지까지 가지 못할 수 있으니 선택 시에 주의하자.

마이리얼트립 Myrealtrip

현지에서 급하게 투어를 예약하고 싶을 때 이용하기 좋은 어플리케이션이다. 근교 수상시장, 아유타야 반나절 투어, 쿠킹클래스 등 여행 상품 예약에 유용하다.

클룩 Klook

마이리얼트립처럼 현지에서 이용하기 좋은 투어 예약 어플리케이션이다. 태국 현지 투어 회사와 연계되어 있어 가성비가 좋다. 마사지 이용권, 유명 명소의 입장권 등을 할인가에 구매할 수 있다.

태사랑

자타 공인 태국 여행 필수 어플리케이션이다. 방대한 여행 정보와 현지 소식은 기본이고 예기치 못한 문제 발생 시 믿을만한 해결책을 얻을 수 있다.

5 방콕 떠나기

공항으로 가는 방법

기존 공항에서 시내로 왔던 방법을 역으로 활용하면 된다. 공항은 대부분 여행객으로 붐비므로, 탑승 3시간 전에는 공항에 도착해서 탑승 수속 및 짐 부치기를 진행하길 권한다.

탑승 수속과 짐 부치기

본인이 탑승할 항공사의 부스에서 탑승 수속 진행하면 된다. 다만 여행 후 짐이 많아 수하물 규정을 초과하면 추가 비용이 발생한다. 이럴 땐 사전에 무게를 측정한 후 본인이 부담해야 할 초과 비용을 예상해보고 미리 준비하자.

부가세 환급받기

❶ 세금 환급 서류와 여권을 들고 출국장Level 4에 있는 환급 창구VAT Refund or Tourist Information를 방문한다. 창구는 24시간 운영한다.

❷ 세관 도장을 받고, 창구에서 주는 스티커를 구매한 물품에 붙인다.

❸ 체크인 수속을 마치고 여권심사를 받은 후 부가세 환급 창구에서 부가세를 돌려받는다.

One More 세금 환급 시 주의 사항

❶ 한 상점에서 1일에 2,000밧 이상 구매해야 부가세를 환급받을 수 있다.

❷ 보안 검색 후에도 세관 환급 창구가 있으나, 구매한 물품을 보여달라고 하는 경우가 종종 있다. 되도록 보안 검색 전에 환급 신청을 끝내자.

❸ 공항에서 현금으로 환급받는 경우 줄을 길게 서서 기다려야 하거나, 환급 절차 진행이 더뎌 시간이 좀 걸릴 수 있다. 공항에서의 환급을 계획하고 있다면 만약을 대비해 비행기 탑승 최소 2시간 반~3시간 전에 공항에 도착하기를 권한다.

❹ 세금 환급을 받은 후, 태국 내의 국제공항을 통해 60일 이내에 귀국해야 한다.

❺ 도심에서 세금 환급을 받는 경우, 출발 14일 이전에 받아야 한다.

❻ 세관의 도장을 받은 텍스 리펀 서류는 만약을 대비해 사진을 찍어두자. 문제가 생길 시 증거 자료가 될 수 있다.

보안 검색과 출국 심사

입국과는 달리 출국 시에는 심사 및 보안 검색이 까다롭지 않다. 기내에 들고 갈 수 없는 휴대용 배터리, 날카로운 물건, 액체류 등은 사전에 비우고 보안 검색에 임하는 게 좋으며 출국 심사는 별다른 문제가 없다면 곧 출국 도장을 찍어줄 것이기에 크게 걱정하지 않아도 된다.

일정별 베스트 추천 코스

2일 코스

핵심 명소 압축 여행

Day 1
1일

09:00
왓 프라깨우와 왕궁

12:00
점심 식사
크루아압손

Day 2
2일

09:00
짐 톰슨 하우스

10:30
방콕 예술문화센터

12:00
점심 식사
반쿤매, 쏨땀누아

13:00
**싸얌 파라곤/
싸얌 디스커버리**

16:00
디오라 방콕

13:00

왓 싸켓 푸카오텅

14:30

올드타운

구경 및 간식

16:00

왓 포

18:00

저녁 식사

어보브 아룬

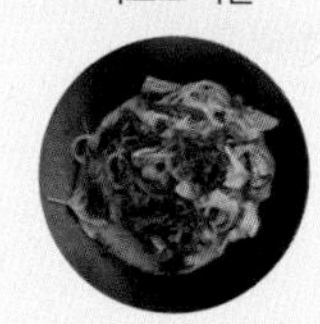

20:00

카오산 로드 빠이 스파

21:30

더원 카오산 or 에드히어 13바

18:30

저녁 식사

20:30

레드스카이 루프톱 바

3일 코스
방콕 권역별 명소 여행

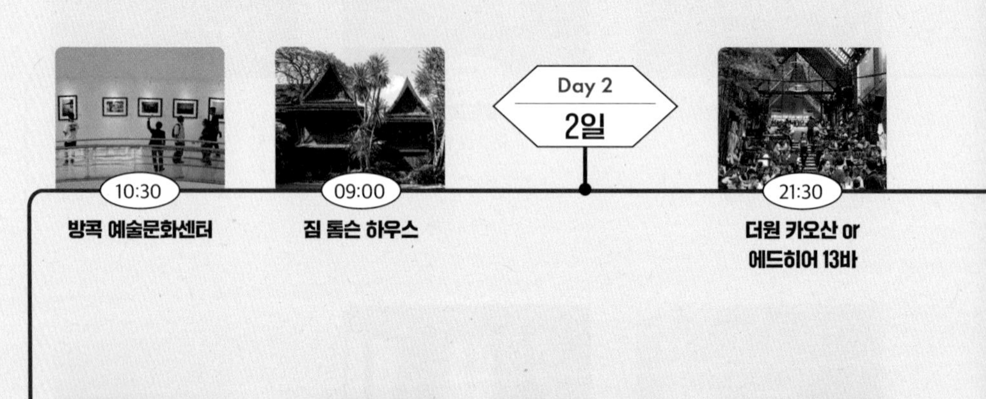

Day 2
2일

10:30
방콕 예술문화센터

09:00
짐 톰슨 하우스

21:30
더원 카오산 or
에드히어 13바

12:00
점심 식사
반쿤매, 쏨땀누아

13:00
싸얌 파라곤/
싸얌 디스커버리

16:00
디오라 방콕

18:30
저녁 식사

21:00
루프톱 바 즐기기 or
차이나타운 야오와랏
로드 구경하기

18:30
저녁 식사
쏨분 씨푸드

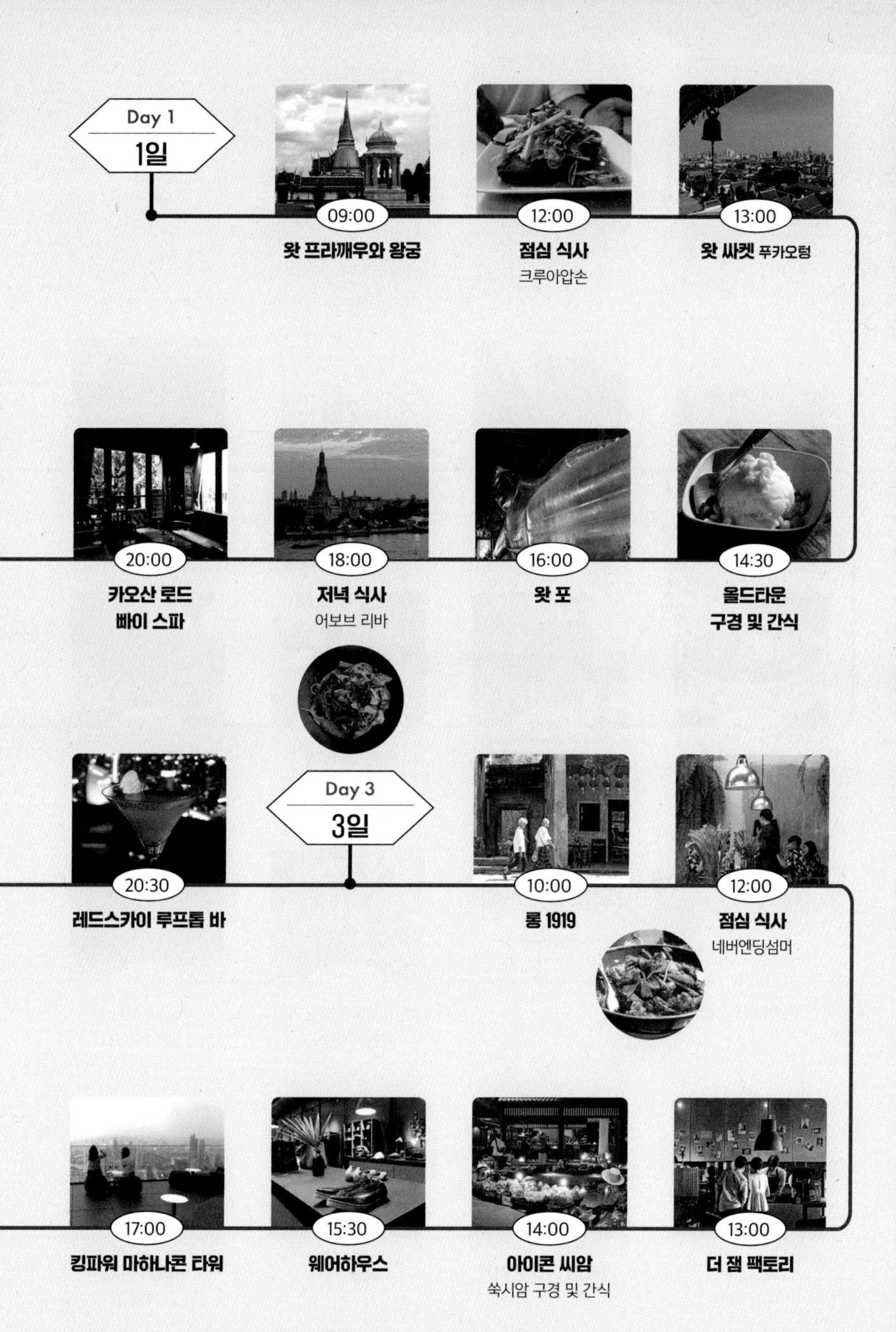

Day 1
1일
09:00
왓 프라깨우와 왕궁
12:00
점심 식사
크루아압손
13:00
왓 싸켓 푸카오텅
14:30
올드타운
구경 및 간식
16:00
왓 포
18:00
저녁 식사
어보브 리바
20:00
카오산 로드
빠이 스파
20:30
레드스카이 루프톱 바
Day 3
3일
10:00
롱 1919
12:00
점심 식사
네버엔딩섬머
13:00
더 잼 팩토리
14:00
아이콘 씨암
쑥시암 구경 및 간식
15:30
웨어하우스
17:00
킹파워 마하나콘 타워

4일 코스
방콕+수상시장&기차길 시장

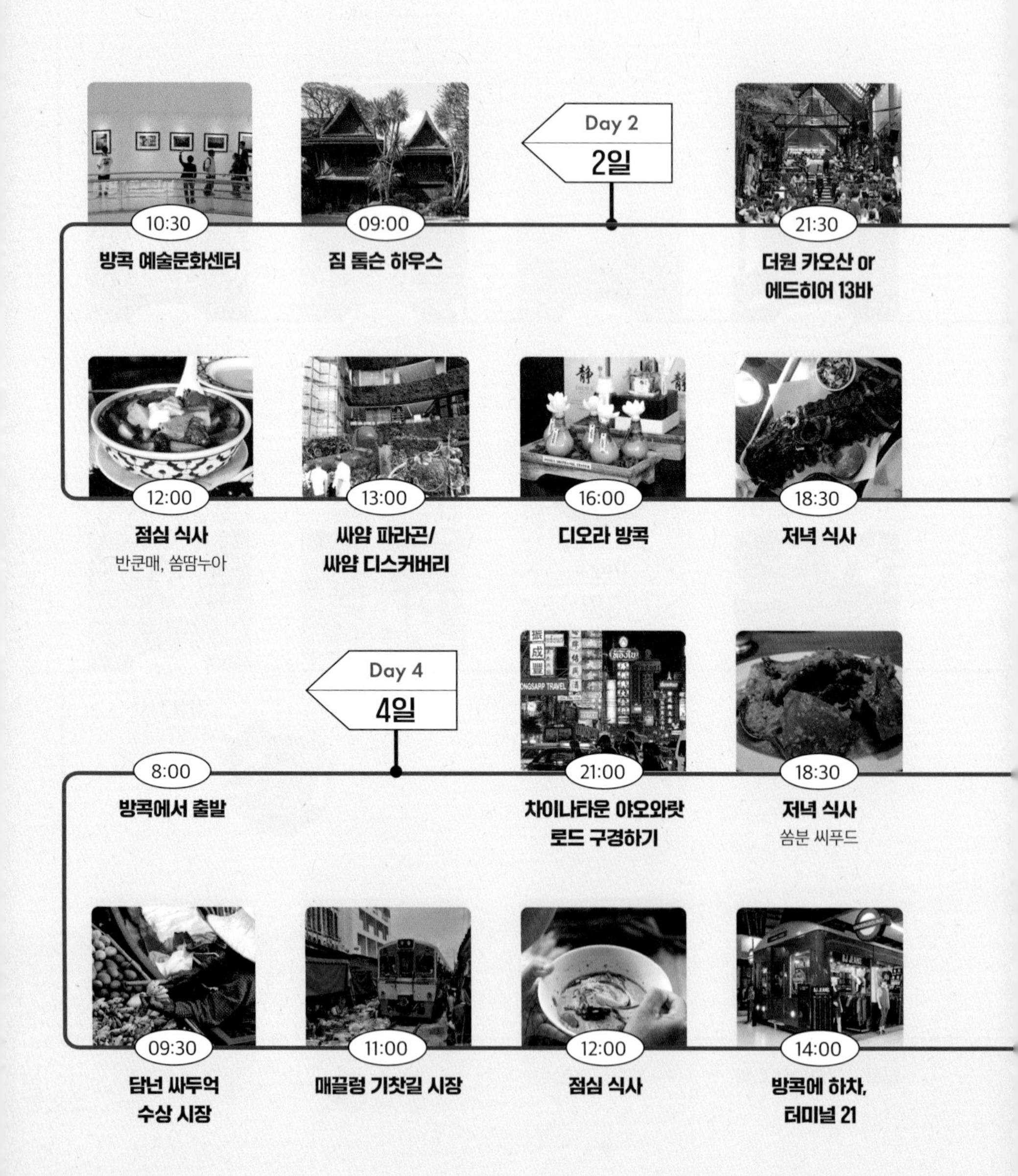

Day 1
1일
09:00
왓 프라깨우와 왕궁
12:00
점심 식사
크루아압손
13:00
왓 싸켓 푸카오텅
14:30
올드타운
구경 및 간식
16:00
왓 포
18:00
저녁 식사
어보브 리바
20:00
카오산 로드
빠이 스파
20:30
레드스카이 루프톱 바
Day 3
3일
10:00
롱 1919
12:00
점심 식사
네버엔딩섬머
13:00
더 잼 팩토리
14:00
아이콘 씨암
쑥시암 구경 및 간식
15:30
웨어하우스
17:00
킹파워 마하나콘 타워
16:00
마사지
18:00
저녁 식사
페더스톤
20:00
루프톱 바 즐기기
에이바 or 옥타브

4일 코스
방콕+아유타야

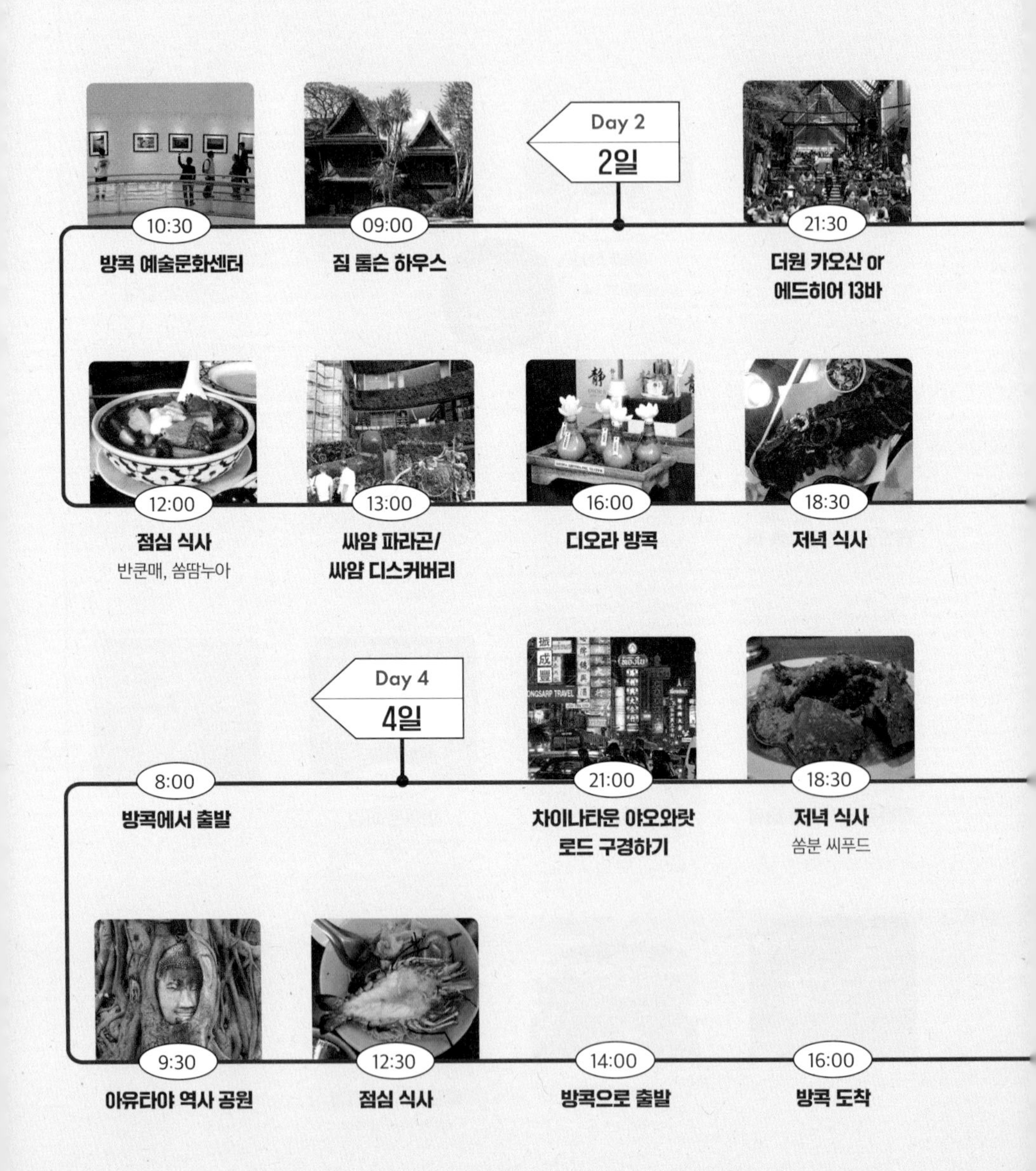
Day 2
2일
10:30
방콕 예술문화센터
09:00
짐 톰슨 하우스
21:30
더원 카오산 or
에드히어 13바
12:00
점심 식사
반쿤매, 쏨땀누아
13:00
싸얌 파라곤/
싸얌 디스커버리
16:00
디오라 방콕
18:30
저녁 식사
Day 4
4일
8:00
방콕에서 출발
21:00
차이나타운 야오와랏
로드 구경하기
18:30
저녁 식사
쏨분 씨푸드
9:30
아유타야 역사 공원
12:30
점심 식사
14:00
방콕으로 출발
16:00
방콕 도착

Day 1
1일
09:00
왓 프라깨우와 왕궁
12:00
점심 식사
크루아압손
13:00
왓 싸켓 푸카오텅
14:30
올드타운
구경 및 간식
16:00
왓 포
18:00
저녁 식사
어보브 리바
20:00
카오산 로드
빠이 스파
20:30
레드스카이 루프톱 바
Day 3
3일
10:00
롱 1919
12:00
점심 식사
네버엔딩섬머
13:00
더 잼 팩토리
14:00
아이콘 씨암
쑥시암 구경 및 간식
15:30
웨어하우스
17:00
킹파워 마하나콘 타워
16:30
터미널 21
간식 및 쇼핑
18:00
저녁 식사
페더스톤
20:00
루프톱 바 즐기기
에이바 or 옥타브

5일 코스
방콕+파타야

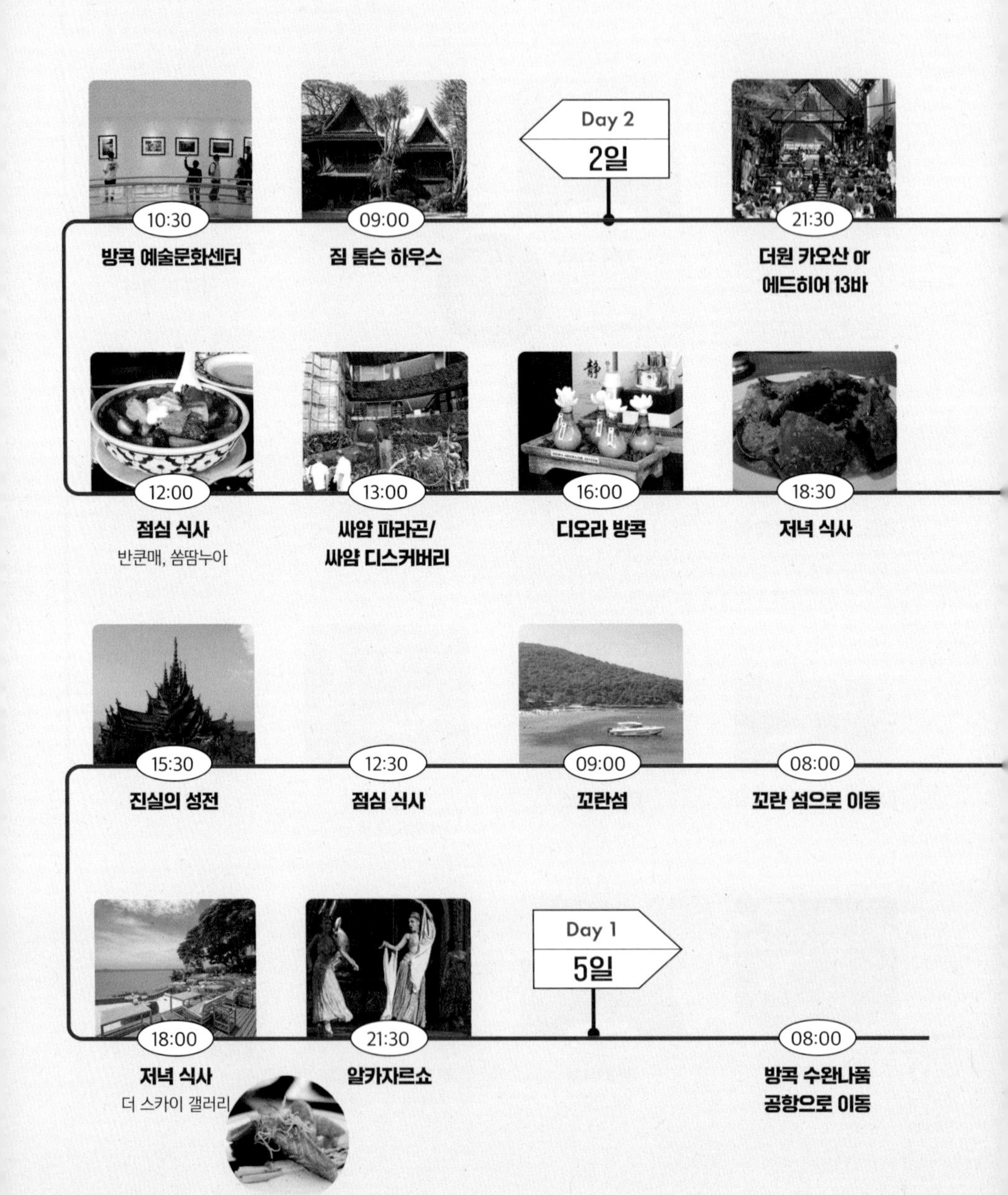

Day 2
2일
10:30
방콕 예술문화센터
09:00
짐 톰슨 하우스
21:30
더원 카오산 or
에드히어 13바
12:00
점심 식사
반쿤매, 쏨땀누아
13:00
싸얌 파라곤/
싸얌 디스커버리
16:00
디오라 방콕
18:30
저녁 식사
15:30
진실의 성전
12:30
점심 식사
09:00
꼬란섬
08:00
꼬란 섬으로 이동
Day 1
5일
18:00
저녁 식사
더 스카이 갤러리
21:30
알카자르쇼
08:00
방콕 수완나품
공항으로 이동

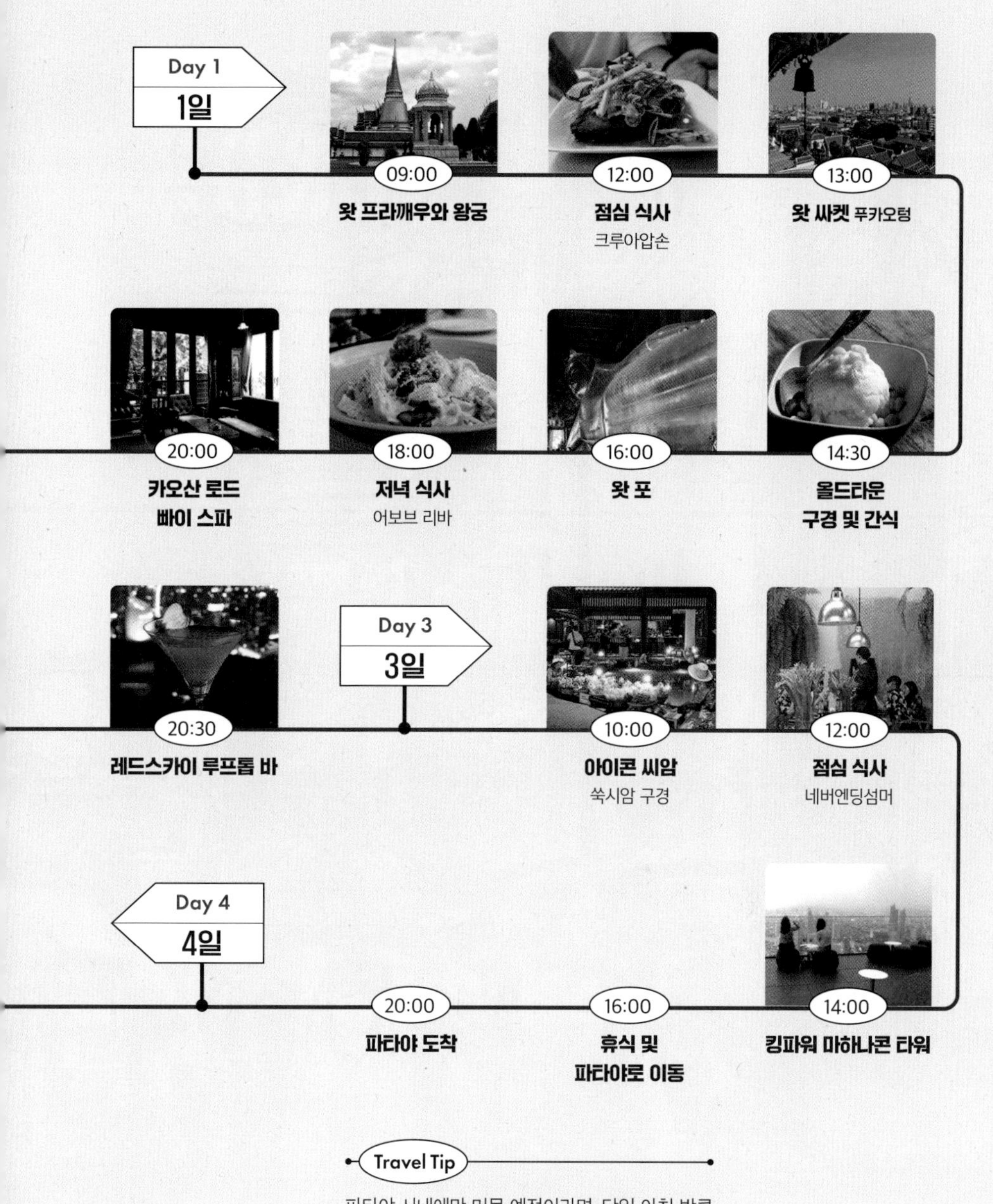

Travel Tip

파타야 시내에만 머물 예정이라면, 당일 아침 방콕에서 출발해도 무방하다. 그러나 에메랄드 빛깔 바다, 이국적인 해변을 원한다면 꼬란 섬을 가야한다. 꼬란 섬 방문시에는 추천 일정처럼 전날 저녁에는 파타야에 도착해야 한다. 따웬 선착장에서 꼬란 섬으로 가는 배는 08:00~13:00 까지 운행한다.

The best
on Khaosan Road
D&D INN
ธนาคารกรุงไทย
KRUNGTHAI BANK
Beauty Salon
Thai Massage
Shopping Plaza
Chang
N.S. TOUR
BURGER KING
50m.

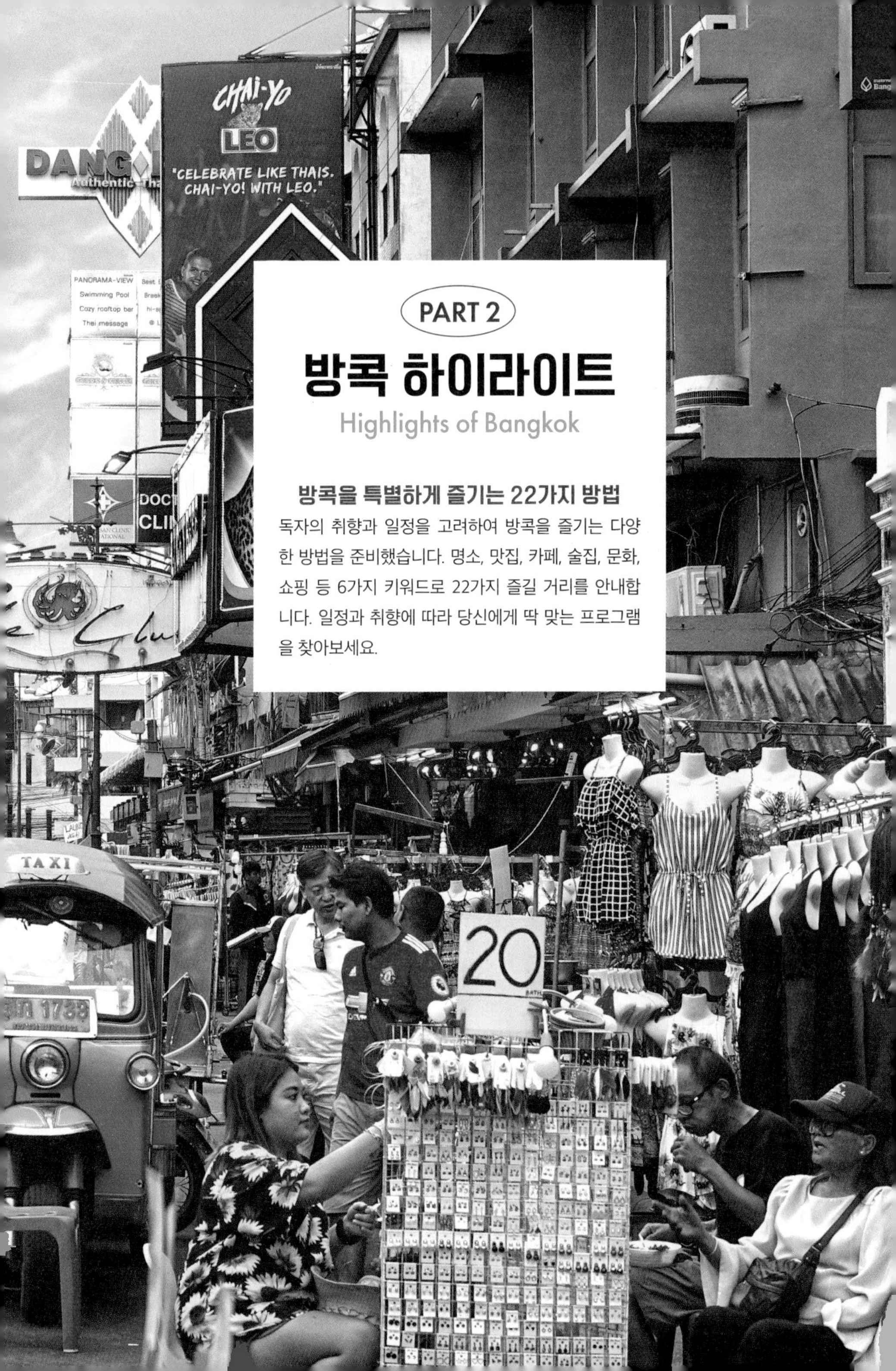

PART 2

방콕 하이라이트

Highlights of Bangkok

방콕을 특별하게 즐기는 22가지 방법

독자의 취향과 일정을 고려하여 방콕을 즐기는 다양한 방법을 준비했습니다. 명소, 맛집, 카페, 술집, 문화, 쇼핑 등 6가지 키워드로 22가지 즐길 거리를 안내합니다. 일정과 취향에 따라 당신에게 딱 맞는 프로그램을 찾아보세요.

Sightseeing 01

방콕의 인기 명소 베스트 10

방콕 여행 일정은 짧으면 3일, 길면 5일이 일반적이다. 갈 곳은 많은데, 제한된 시간이 아쉽기만 하다. 그래서 골랐다, 방콕의 인기 명소 베스트 10. 오랫동안 사랑받는 전통 명소부터 요즘 뜨는 핫 스폿까지 세심하게 선정했다.

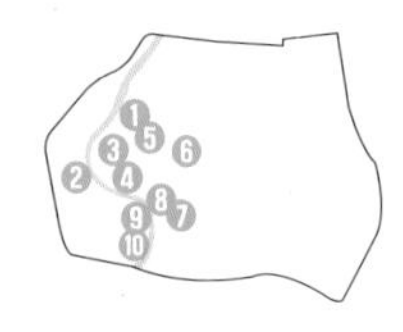

① **카오산 로드** Khaosan Road 카오산 로드 p172

전세계 배낭 여행자의 성지이자 방콕 여행의 핵심 명소이다. 최근에는 현지인들의 나이트 라이프 성지로 각광받고 있다. 주변의 소이 람부뜨리, 쌈쎈 로드까지 포함해 저렴한 레스토랑과 독특한 바가 가득하다. 밤이 되면 젊음과 자유의 열기가 넘쳐난다.

② **왓 아룬** Wat Arun 올드 타운 p126

방콕을 넘어 태국을 상징하는 사원이다. 10밧 동전에도 새겨져 있다. 왓 포 사원 건너편 짜오프라야강 서쪽 강변에 있다. '왓'은 사원, '아룬'은 새벽이라는 뜻으로, 동틀 때 가장 아름다운 새벽 사원이다. 동양의 단아함과 태국 사원다운 화려함을 모두 가졌다.

③ **왓 프라깨우&왕궁** Wat Phra Kaew & Palace 올드 타운 p130

올드 타운의 핵심 명소이다. 왓 프라깨우는 왕실 전용 사원이고, 왕궁은 말 그대로 왕실 거주지이다. 오늘의 방콕이 시작된 곳으로 1782년에 지어졌다. 왓 프라깨우는 태국 사원 건축의 정수를 보여준다. 태국에서 제일 신성시하는 에메랄드 불상이 이곳에 있다.

④ **왓 포** Wat Pho 올드 타운 p138

방콕에서 가장 크고 오래된 사원이다. 왓 프라깨우 남쪽에 있다. 높이 15m, 길이 46m에 이르는 태국 최대의 와불상Reclinning Buddha으로 유명하다. 왓 프라깨우와 왕궁, 왓 아룬과 함께 둘러보기에 좋다.

⑤ **왓 사켓** Wat Saket 올드 타운 p150

전망 명소로 유명한 사원이다. 60m 남짓한 나지막한 산 위에 있어 오르기에 부담이 없다. 10분쯤 계단을 오르면 방콕 시내가 눈 앞에 펼쳐진다. 도심의 소음은 줄고 한산한 분위기만 남는다. 나무 창에 담긴 방콕 풍경은 아름다움을 넘어 미학적이기까지 하다.

⑥ 짐 톰슨 하우스 Jim Thomson House
싸얌 & 칫롬 p204
태국 실크의 아버지라 불리는 짐 톰슨의 집이다. 미국인인 그는 동남아 예술품과 실크에 매료되어 1946년 태국에 정착했다. 티크 나무로 만든 태국 전통 가옥 6채와 정원으로 이루어져 있다. 실크 체험과 짐 톰슨이 모은 아시아 예술품을 감상할 수 있다.

⑦ 마하나콘 스카이워크 King Power Mahanakhon Sky-walk 실롬 p230
360도 파노라마 뷰를 자랑하는 방콕에서 가장 높은 전망대이다. 킹 파워 마하나콘 빌딩 78층에 있다. 높이 314m에서 온몸으로 맞는 바람은 시원하다 못해 서늘하다. 발아래로 방콕 시내가 보이는 유리 전망대는 방문객의 간담을 또다시 서늘하게 한다. 우천 시에는 이용 제한이 있다.

⑧ 야오와랏로드 Yaowarat Road 차이나타운 p302
차이나타운을 가로지르는 약 1.5km에 이르는 거리이다. 금 거래소, 약재상, 중국 음식점 등이 빼곡히 늘어서서 이국적인 분위기를 자아낸다. 밤에는 거대한 음식 거리로 변신한다. 로컬인 듯 로컬 아닌 독특한 거리가 매력적이다.

⑨ 더 잼 팩토리 The Jam Factory 리버사이드 p276
낡은 공장과 창고를 개조해 만든 복합 문화 공간이다. 문화를 사랑하는 젊은 방콕키안의 핫 플레이스로 자리 잡았다. 멀티숍, 독립서점, 레스토랑, 카페, 갤러리가 어우러져 있다. 여행자에게는 레스토랑 네버엔딩 섬머가 인기가 좋다.

⑩ 아이콘 씨암 Icon Siam 리버사이드 p280
짜오프라야강 서쪽의 클롱 산 지역Khlong San에 있는 멀티 쇼핑센터이다. 동남아시아 최대 규모와 화려한 시설을 자랑한다. 대표 볼거리는 쑥시암Sook Siam이다. 태국 전통 시장 중 하나인 수상 시장Floating Market을 거대한 실내 테마파크로 재해석 했다.

Sightseeing 02

걸으면 더 많이 보인다! 도심 산책 코스

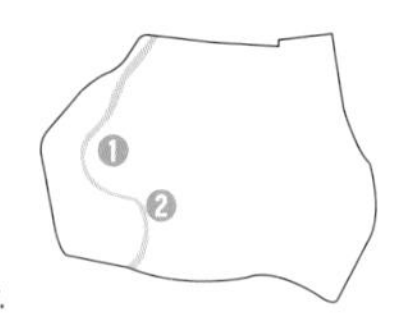

걷기의 매력은 풍경, 도시의 표정, 현지인의 일상까지 다 느낄 수 있다는 점이다. 방콕의 매력을 더 깊게 감각할 수 있는 도심의 산책 코스 두 곳을 소개한다. 좁은 골목을 지나고 평범한 가게 앞을 지나다 보면 어느새 당신만의 방콕을 만나게 된다.

① **왓 포~왓 사켓** 2.5km, 올드 타운

왓 포에서 출발해서 왕궁, 왓 수탓, 로하 쁘라삿, 왓 사켓까지 돌아보는 코스이다. 방콕의 핵심 명소를 두루 둘러보면서 방콕의 옛 정취를 만끽할 수 있다. 왓 프라깨우에서 동쪽으로 이동할 때 Bamrung Mueang Rd 근처로 걷기를 추천한다. 사방으로 연결된 좁은 골목에 오래된 로컬 맛집, 카페, 사원, 시장 등이 이어진다. 60년 된 코코넛 아이스크림 가게 나따폰과 망고 스티키 라이스 맛집 코 파니치가 이 근처에 있다. 걷고 맛보며 골목을 누비다 보면 가장 방콕다운 모습을 만나게 될 것이다.

② **만다린 오리엔탈 호텔 방콕 - 딸랏 너이 골목** 1.5km, 리버사이드

만다린 오리엔탈 호텔 방콕과 성모 승천 대성당이 있는 거리를 지나 북쪽으로 웨어하우스30, 묵주기도의 성모 성당, 딸랏 너이 골목까지 둘러보는 코스이다. 이 지역은 과거 무역의 중심지였던 곳으로 거대 창고와 서양식 건축물 등이 어우러져 이국적인 분위기가 난다. 방콕에서 쉽게 볼 수 없는 성당 두 곳도 만나볼 수 있다. 1800년 대에 지어진 성모 승천 대성당과 묵주기도의 성모 성당이다. 웨어하우스 30 근처의 Charoen Krung 32 거리는 벽화 거리로 재탄생해 많은 사랑을 받고 있다.

Travel Tip

걷기 부담스럽다면 바이크 투어로

방콕의 무더운 날씨 때문에 긴 거리를 걷기 부담스럽다면 바이크 투어를 추천한다. 걷기보다 편하고 가이드와 함께 다녀서 구석구석 돌아다녀도 걱정이 없다. 자칫 지나치기 쉬운 곳들을 콕 집어 설명해 주어 알차게 돌아볼 수 있다. 여행사 상품에 따라 코스와 소요 시간, 금액이 상이하다.

방콕 바이크 어드벤처 www.bangkok bike adventure.com
고 방콕 바이크 투어 www.gobangkokbiketours.com
코 반 케셀 www.covankessel.com

방콕의 밤을 더 아름답게, 야경 명소 베스트 4

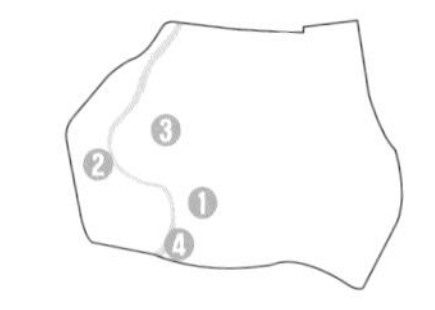

저녁이 되면 방콕은 화려한 불빛으로 단장을 한다.
사원의 황금 불빛과 현대적 건물의 스카이라인이 어우러져 독특한 풍경을 자아낸다.
방콕의 밤을 더욱 아름답게 만들어 줄 야경 명소 네 곳을 소개한다.

©wallpaperflare

① **마하나콘 스카이워크** King Power Mahanakhon Skywalk 실롬 p230

킹 파워 마하나콘 빌딩 78층, 높이 314m의 방콕에서 가장 높은 전망대이다. 가장 인기 있는 시간은 노을이 지기 전이다. 한쪽에 마련된 바에서 칵테일 한 잔을 사서 야외 계단에 자리를 잡고 여유를 즐기자. 핑크빛 노을이 방콕 시내와 짜오프라야강을 붉게 물들인다.

② **왓 아룬** Wat Arun 올드 타운 p126

방콕을 넘어 태국을 상징하는 사원이다. 10밧 동전에도 새겨져 있다. '왓'은 사원, '아룬'은 새벽이라는 뜻이다. 이름처럼 동틀 때 가장 아름다운 사원이지만 일몰 무렵의 모습은 더 아름답다. 사원의 건너편 따 티엔 선착장 근처에서 조망하는 것이 좋다.

③ **로하 쁘라삿** Loha Prasat 올드 타운 p152

왓 랏차낫다람의 내부 신전으로 명상을 위해 만들어졌다. 철로 만든 37개 첨탑이 솟아 있어 철의 신전이라 불린다. 방콕의 아름다운 건축물로 손꼽힐 만큼 미학적이다. 저녁이 되면 첨탑마다 불이 켜지고 왓 사켓의 황금불빛, 랏차담넌 로드의 가로등이 어우러져 올드 타운을 금빛으로 물들인다.

④ **아시아틱** Asiatique 사톤 p236

짜오프라야 강변에 있는 야시장 겸 쇼핑몰이다. 10개의 창고 건물에 1500개 상점, 40여 개 레스토랑이 입점해 있다. 쇼핑과 저녁 식사를 한 곳에서 즐길 수 있다. 강변 레스토랑에서 바라보는 야경이 꽤 로맨틱하다. 배를 타고 이동하면 짜오프라야강의 노을과 야경을 감상할 수 있다.

생동감 넘치는 매력, 방콕 야시장 베스트 4

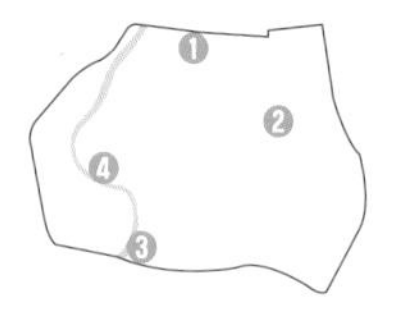

방콕의 야시장은 별나고 재미나다. 더운 날씨 탓에 밤에 열려 새롭고 생생한 현지의 모습을 가감없이 볼 수 있어 즐겁다. 먹을거리, 볼거리, 즐길거리 가득한 야시장 투어를 떠나보자.

① **짜뚜짝 주말 시장** Chatuchak Market

방콕 북쪽 p323

방콕에서 가장 큰 주말 시장이다. 도매 시장과 소규모 바, 현지 식당 등 15,000개 이상의 상점이 들어서 있다. 의류, 수공예품, 골동품, 주방용품 등 없는 것이 없다. 라탄 가방, 법랑도시락, 컵 등을 구매하기 좋다. 금요일에는 오후 6시부터 자정까지, 토요일에는 자정부터 다음 날 오후 6시까지 영업한다.

② **랏차다 롯파이 야시장** Talad Rot Fai Ratchada

쑤쿰윗 p262

현지인과 여행객 모두에게 인기 있는 야시장이다. 빈티지 소품과 수공예품, 현지에서 핫한 먹거리가 많기로 유명하다. 땡모반과 인기 메뉴 랭쌥을 꼭 기억하자. 시장 전체를 재정비한 이후로 이곳의 상징이었던 알록달록한 지붕들은 더 이상 볼 수 없게 됐다.

③ **아시아틱** Asiatique

사톤 p236

사톤 서남쪽 짜오프라야 강변에 있는 신개념 야시장이다. 야시장과 쇼핑몰을 절묘하게 섞어 재미와 쾌적함 두 마리 토끼를 모두 잡았다. 1,500개가 넘는 상점과 레스토랑이 입점해 있어 쇼핑과 외식을 원스톱으로 즐길 수 있다. 여권 케이스, 비누, 가죽 제품을 구매하기 좋다.

④ **빡끄렁 딸랏(방콕 꽃 시장)** Pak Khlong Talat

올드 타운 p148

24시간 운영하는 꽃 시장이다. 관광지에서 볼 수 없는 생생한 삶의 모습이 밤낮없이 흘러넘친다. 한국과 다른 꽃의 종류와 동남아답게 얼음 위에 꽃을 보관하는 모습 등 소소한 볼거리가 가득하다. 채소 시장과 연결되어 있어 열대과일과 채소를 저렴한 가격에 구매할 수 있다.

나를 위한 여유, 1일 1 마사지

태국 마사지는 서비스와 마사지 수준에 비해 가격이 저렴하기로 유명하다. 타이 마사지, 아로마 오일 마사지, 보디 디톡스 등 다양하게 경험해보자. 여독도 풀리고 일상에 지친 몸에 힐링을 선사한다.

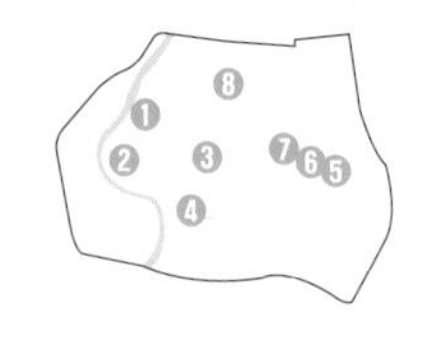

① **빠이 스파** Pai Spa 카오산로드 p177

카오산 로드 일대에서 제대로 된 타이 마사지를 경험할 수 있는 곳이다. 시내에 있는 유명 브랜드보다 저렴하지만, 마사지 퀄리티는 절대 뒤지지 않는다. 목조 가옥을 개조해서 실내 분위기가 운치 있다. 시설이 깔끔하다. 100밧 정도를 추가하면 프라이빗 룸으로 업그레이드가 가능하다.

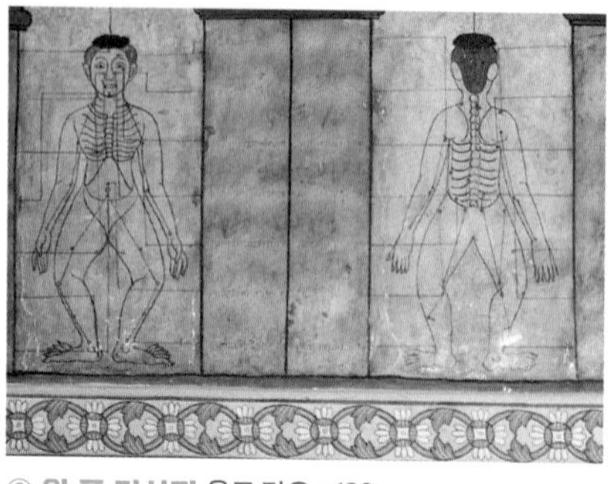

② **왓 포 마사지** 올드 타운 p139

왓 포 사원 안에 타이 마사지 학교가 있다. 시내의 유명 마사지 숍처럼 화려한 시설을 갖추진 않았지만 몸의 혈자리를 중심으로 하는 고대 타이 마사지를 경험할 수 있다. 마사지 시간에 비해 가격이 비싼 편이다.

③ **디오라 방콕 랑수언** Diora Bangkok Langsuan 칫롬 p216

칫롬 지역 랑수언 로드에 있는 중고가 마사지 가게이다. 고급스러운 인테리어와 시설이 깔끔해서 방문객들의 만족도가 높다. 디오라에서 자체 제작한 마사지 용품을 매장에서 판매한다. 홈페이지에 오전 시간대 손님을 위한 다양한 프로모션이 안내되어 있다.

④ **퍼셉션 블라인드 마사지** Perception blind massage 실롬&사톤 p229

"볼 수는 없지만 느낄 수 있다."라는 콘셉트의 맹인 마사지 숍이다. 손님의 몸 상태에 따라 종류가 다른 타이 마사지를 제공한다. 마사지보다 치료에 가깝다. 극진한 서비스나 강한 마사지를 선호한다면 실망스러울 수 있다. 실롬과 사톤에 지점이 있으며 두 곳 모두 시설이 깔끔하다.

⑤ **헬스랜드** Health Land 쑤쿰윗 p265

방콕에만 8개 지점이 있는 스파 브랜드이다. 합리적인 가격으로 꾸준한 인기를 누리고 있다. 프라이빗 룸을 갖춘 실내는 깔끔하고 차분하다. 타이 마사지와 스파 프로그램 둘 다 만족도가 높다. 할인율이 적용된 10회 쿠폰도 있다. 여행자들이 주로 찾는 지점은 아속점, 에까마이점, 사톤점이다.

⑥ **디바나 디바인 스파** Divana Divine Spa 쑤쿰윗 p265

방콕에서 꽤 이름난 고급 스파 브랜드이다. 프로그램과 분위기가 조금씩 다른 디바나 버츄, 디바나 네이처, 디바나 스파 지점이 있다. 디바나 마사지 & 스파는 주택가에 있어 조용한 힐링에 초점을 맞추고 있다. 품격 있는 서비스와 수준 높은 마사지로 완벽한 힐링을 선사한다.

⑦ **오아시스 스파&마사지** Oasis Spa&Massage 쑤쿰윗 p264

쑤쿰윗에 있는 최고급 스파이다. 오일 마사지, 타이 마사지, 피부관리 등 다양한 상품이 있다. 가장 인기가 좋은 코스는 핫 아로마테라피 오일 마사지와 오아시스 포 핸즈 마사지이다. 핫 아로마테라피 오일 마사지는 60분 코스로 타이마사지와 아로마테라피를 제공한다. 오아시스 포 핸즈 마사지는 마사지사 2명이 고객 한 명을 케어하기 때문에 시간 대비 집중도가 매우 높다.

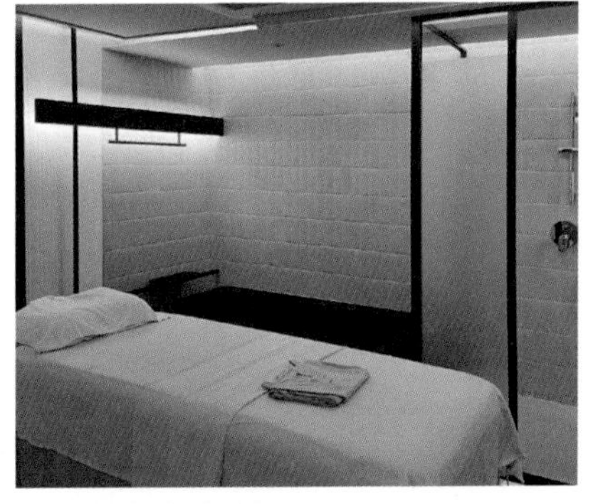

⑧ **이키가이 스파 방콕** Ikigai Spa Bangkok 아리 p322

호텔 건물에 들어선 스파라서 모든 공간이 깨끗하고 고급스러우며 직원들도 매우 친절하다. 마사지를 받고 싶은 부위와 받고 싶지 않은 부위 등을 사전에 체크하여 맞춤형 서비스를 제공한다. 타이 마사지와 아로마 마사지를 받을 수 있고 바디 스크럽이 포함된 패키지도 유명하다. 화장실, 샤워실까지 갖춘 프라이빗 룸에서 마사지를 받을 수 있다.

쿠킹 클래스 Cooking Class

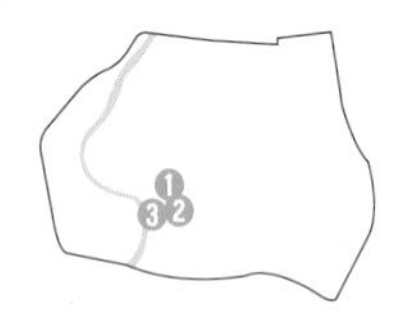

요즘 들어 타이 쿠킹 클래스를 신청하는 여행자가 늘고 있다.
여행하면서 맛있게 먹었던 타이 음식을 직접 요리하고 싶은 사람과
방콕을 여러 번 온 터라 새로운 체험 여행을 원하는 사람이 많이 찾는다.

① **쏨퐁 타이 쿠킹 스쿨** Sompong Thai Cooking School 실롬 p234

기본부터 충실하게 알려주는 수업으로 유명하다. 태국 음식에 사용되는 기본 재료와 각 재료의 특징과 맛을 설명해 준다. 오전 수업과 오후 수업 두 타임이 있다. 네 가지 태국 요리, 커리 페이스트, 디저트를 배운다. 수업은 영어로 진행된다.

② **실롬 타이 쿠킹 스쿨** Silom Thai Cooking School 실롬 p235

10명 이내 소규모 클래스를 운영한다. 일주일 내내 강좌가 있다. 수업이 오전, 오후, 저녁 세 번 있어서 시간 선택이 자유롭다. 수강생의 만족도가 높다. 소규모 수업이라 꼼꼼하게 알려준다는 평이 많다.

③ **블루 엘리펀트 타이 쿠킹 클래스** Blue Elephant Thai Cooking Class 실롬 p235

태국의 스타 셰프가 운영하는 블루 엘리펀트 레스토랑의 쿠킹 클래스이다. 블루 엘리펀트 레토르 제품도 이곳에서 개발한다. 이런 기대감 때문인지 비싼 수업료에도 불구하고 인기가 좋다. 수업료는 2800밧 정도이다. 포멜로 샐러드, 똠얌꿍, 농어볶음, 소고기 커리를 배운다.

Food 01

방콕에서 꼭 먹어야 할 베스트 음식 16

여행의 최고 묘미는 먹는 것이다. 새로운 것을 맛 보며 문화를 알아가는 재미가 있고
제대로 알고 먹으면 그 재미는 배가 된다. 그래서 준비했다. 방콕에서 꼭 먹어야 할 음식 16가지!

① **쏨땀** Somtum

파파야 샐러드라고도 한다. 덜 익은 그린 파파야를 가늘고 길게 썰어 남쁠라피시 소스, 고추, 설탕, 마늘, 라임, 건새우 등을 넣고 빻아 만든다. 주로 찹쌀밥과 함께 먹으며 기름진 음식과 잘 어울린다.

② **미앙캄** Miang Kham

태국 전통 애피타이저이다. 쌉싸름한 판단 잎타이 허브의 하나에 마늘, 건새우, 샬롯, 라임, 생강, 양념장을 넣어 싸서 먹는다. 판단 잎 때문에 첫맛이 꽤 쓰다. 씹을수록 짭짤한 맛과 알싸한 허브 향의 조화가 일품이다.

③ **카오카무** Kao Ka Moo

태국식 족발 덮밥이다. 간장 양념에 재운 족발을 오랜 시간 끓여 기름기가 적고 육질이 부드럽다. 간이 세지 않은 장조림과 비슷한 맛이다. 태국에서는 주로 아침 식사로 즐겨 먹는다.

④ **팟타이** Pad Thai

팟타이를 직역하면 '타이를 볶다'라는 뜻으로 태국식 볶음 또는 태국을 대표하는 맛을 의미한다. 쌀국수와 닭고기, 해산물 등을 함께 볶은 뒤 아삭한 숙주와 함께 먹는다. 단짠단짠한 맛이 중독성 있다. 한 끼 식사로, 길거리 간식으로 인기가 높다.

Gourmet Tip

이름을 보면 재료와 조리법이 보인다!

태국 음식 이름에는 재료와 조리법이 그대로 표현되어 있다. 볶음밥을 카오팟이라 하는데 '카오'는 밥, '팟'은 볶음이란 뜻이다. 기본 조리법과 닭, 돼지, 새우 등 대표 재료 이름만 알아도 메뉴 선택에 큰 도움이 된다.

재료

닭 까이 Gai
돼지 무 Moo
소 느아 Nua
오리 뻿 Phed
새우 꿍 Goong
게 뿌 Puu
생선 쁠라 Pal
달걀 카이 Kai

조리 방법

볶음 팟 Pad
끓임 똠 Tom
튀김 텃 Tod
구이 양 Yang
무침 얌 Yum
다짐 쌉 Saap

Travel Tip

실패 확률 제로! 향신료 걱정 없는 메뉴 Best 5

모닝글로리
까이양과 무양 닭 숯불구이와 돼지고기 구이
카오팟 볶음밥
카이찌여우 태국식 오믈렛
카오만까이 닭고기 덮밥

⑤ 팟 카파오무쌉 Pad Krapow Moo Saap

한국 여행자에게 인기 좋은 메뉴이다. 남쁠라피시 소스와 간장을 넣고 다진 돼지고기를 볶다가 타이 바질을 넣어 마무리한다. 달걀프라이를 얹어 밥과 함께 먹으면 밥도둑이 따로 없다.

⑥ 모닝글로리

팟 카파오무쌉과 함께 여행자에게 가장 인기 많은 메뉴이다. 시금치과 채소인 모닝글로리를 남쁠라, 굴 소스 등을 넣고 아삭하게 볶는다. 돼지고기, 닭고기, 두부 등의 토핑을 선택할 수 있다.

⑦ 똠얌꿍 Tom Yum Goong

매콤하면서도 톡 쏘는 신맛이 감도는 국물 요리이다. 새우, 고추, 라임, 레몬그라스, 갈랑갈태국 생강, 버섯 등이 기본으로 들어간다. 부드러운 맛을 위해 코코넛 밀크를 넣기도 한다. 중국의 샥스핀, 프랑스의 부야베스와 함께 세계 3대 수프로 손꼽힌다.

⑧ 똠카 Tom Kha

코코넛 덕후에게 추천하고 싶은 코코넛 크림수프이다. 코코넛 밀크와 코코넛 크림에 갈랑갈, 레몬그라스, 버섯 등을 넣고 끓인다. 달콤하고 부드러우며 뒷맛이 살짝 새콤하다. 닭이 들어가면 똠 카 까이, 새우가 들어가면 똠 카 꿍이다.

⑨ 꾸어이띠여우 Kuay Teaw

쌀국수를 말한다. 국물이 있는 쌀국수 '남'과 국물이 없는 쌀국수 '행'으로 나뉜다. 면의 두께에 따라 식감이 조금씩 다르고 토핑과 육수에 따라 소고기 국수, 돼지 국수, 어묵 국수, 똠얌 국수로 나뉜다.

⑩ 수키 Suki

태국식 샤부샤부이다. 팔팔 끓는 닭육수에 채소, 고기, 해산물 등을 데쳐서 먹는다. 먹는 법과 맛 모두 한국의 샤부샤부와 크게 다르지 않지만, 찍어 먹는 남찜 소스에서 강한 향신료 맛이 난다. 향신료를 좋아하지 않는다면 데리야키 소스나 스윗 칠리소스에 찍어 먹으면 된다.

⑪ 뿌팟퐁커리 Puu Pad Pong Curry

뿌Poo는 게, 팟Pod은 볶다, 퐁Pong은 가루라는 뜻으로 카레 가루에 볶은 게 요리를 말한다. 향신료 향이 적고 달짝지근해 한국 여행자들이 좋아한다. 게 요리이다 보니 어느 식당이나 가격이 비싼 편이다.

⑫ 어쑤언과 허이텃 Or San & Hoi Tot

어쑤언은 굴전, 허이텃은 홍합전이다. 원래는 대만 음식으로 화교들에 의해 동남아시아에 소개되었다. 밀가루와 쌀가루를 섞은 반죽에 굴, 홍합을 버무려 부친다. 어쑤언은 부드럽고 허이텃은 기름에 튀기듯이 부쳐 식감이 바삭하다.

⑬ 까이텃 Gai Tod

태국식 프라이드 치킨이다. 맛은 한국 프라이드 치킨과 비슷하지만, 튀김 옷이 훨씬 얇아 바삭하다. 옛날 시골 통닭 같은 식감이다. 쏨땀과 함께 먹으면 저절로 맥주를 부르는 마법의 메뉴가 된다.

⑭ 까이양과 무양 Gai Yang & Moo Yang

까이양은 튀긴 양파, 마늘을 고명으로 올린 닭구이를 말한다. 담백하고 밥과 술에 곁들이기에 좋다. 무양은 양념에 재운 돼지고기를 구운 요리이다. 애플민트와 곁들여 먹으면 향긋하고 개운하다. 두 메뉴 모두 한국인 입맛에 잘 맞는다.

⑮ 꿍파오 Goong Pao

비주얼부터 식욕을 자극하는 새우구이 요리이다. 이미 다 아는 맛이지만 먹을 때마다 입가에 미소가 번진다. 가성비도 좋아 여행자들이 선호한다. 레스토랑, 야시장에서 쉽게 접할 수 있다.

⑯ 망고 스티키라이스

찹쌀밥에 망고를 큼직하게 썰어 넣고 코코넛 밀크나 연유를 뿌려 먹는 음식이다. 난감한 조합으로 보이지만, 약밥처럼 달콤해서 당 떨어질 때마다 찾게 된다.

태국의 소스와 향신료

동남아시아 음식이 우리나라 음식과 가장 크게 다른 점은 향신료와 소스이다.
이 두 가지를 잘 활용하면 태국 음식을 더 맛있게 즐길 수 있다.
즐거운 한 끼 식사를 위한 태국 향신료와 소스에 대한 모든 것!

대표적인 태국 소스

① 프릭 남쁠라 Prik Nam Pla

태국 식당은 테이블마다 남쁠라 또는 프릭 남쁠라가 놓여있다. 남쁠라는 태국식 액젓으로 흔히 피시 소스라고 부른다. 남쁠라에 송송 썬 월남 고추를 넣어 매운맛을 더한 것이 프릭 남쁠라이다. 입맛에 따라 음식에 첨가해 먹는다. 볶음밥, 팟타이처럼 기름진 음식 또는 국물 요리와 잘 어울린다.

② 프릭 남쏨 Prik Nam Som

고추를 넣은 식초이다. 프릭 남쁠라보다 크고 덜 매운 고추가 들어있다. 시큼한 맛 좋아하는 태국인들은 어느 음식에나 한 스푼 더하고 본다. 소고기 국수에 넣으면 육수의 감칠맛이 배가 된다.

③ 프릭 퐁 Prik Pon

태국식 고춧가루로 무척 맵다. 팟타이는 물론이고 국물 요리에 뿌려 먹으면 한국인도 울고 갈 칼칼한 맛이 완성된다.

④ 설탕 Nam Tan 남딴

태국인의 설탕 사랑은 유별나다. 과일도 설탕에 찍어 먹고 팟타이에도 한 스푼 더해 먹고 국수, 볶음 모든 종류에 설탕을 추가한다. 습하고 무더운 날씨 때문에 생긴 식습관이다.

대표 향신료 5가지

① 고수

이탈리아의 파슬리처럼 대부분의 태국 음식에 들어가는 향신료이다. 소화를 돕고 항균작용이 탁월하지만 강한 향과 맛 때문에 호불호가 갈린다. 튀긴 음식과 함께 먹으면 특유의 맛이 줄어든다. '고수 넣지 마세요'라고 말하고 싶을 땐 '마이 싸이 팍치카'라고 말하면 된다.

② 레몬그라스

파 뿌리, 혹은 말린 대나무 잎처럼 생겼다. 상큼한 시트러스 향과 신맛이 특징이며 똠얌꿍, 커리 등에 사용된다. 고수만큼 호불호가 강한 향신료이다.

③ 타이 바질

팟 카파오무쌉을 비롯한 볶음 요리에 자주 사용한다. 유럽 바질보다 향이 약하고 크기는 조금 더 크다. 태국 향신료 중에서 가장 거부감이 적다.

④ 애플민트

우리에겐 모히토로 친숙한 허브지만 태국에서는 고기 요리나 샐러드에 많이 사용된다. 무양, 까이텃 같은 기름기 있는 음식과 함께 먹으면 입안이 산뜻해진다.

⑤ 갈랑갈

태국 음식에서 생강이 보인다면 그것은 대부분 갈랑갈이다. 생강보다 맛이 세고 시큼한 향이 난다. 똠카, 똠얌에 반드시 들어가며 고기 요리에도 자주 쓰인다.

⑥ 판단잎

태국 전통 전채 요리 미앙캄에 있는 허브이다. 주로 음식을 싸 먹을 때 사용한다. 특유의 향은 없지만 쌉싸름한 맛이 난다. 간이 센 음식과 잘 어울린다.

여기가 최고! 방콕 레스토랑 베스트 10

맛있는 음식은 여행을 더 즐겁고 특별하게 만들어 준다. 방콕은 아시아에서 손에 꼽히는 음식의 도시이다. 방콕 여행을 더 즐겁고, 더 행복하게 해줄 베스트 레스토랑을 소개한다.

① **크루아 압손** Krua Apsorn 올드 타운 p160

왕실의 단골집이자 타이 가정식 맛집이다. 한국의 백반집처럼 소박하지만 음식은 정갈하다. 태국 음식을 잘 먹지 못하는 사람도 거부감 없이 즐기기 좋고 음식 솜씨가 훌륭해 생소한 메뉴에 도전하기 좋다. 시그니처 메뉴인 플러피 크랩 오믈렛을 추천한다.

② **어보브 리바** Above Riva 올드 타운 p128

왓 아룬과 올드 타운이 훤히 보이는 테라스형 레스토랑 겸 바이다. 부티크 호텔 리바 아룬Riva Arun 5층에 있다. 따 티엔 선착장 주변의 다른 레스토랑에 비해 한산하다. 퓨전 음식과 음료, 주류 메뉴가 있다. 야경과 함께 분위기 있는 저녁 식사를 하고 싶을 때 안성맞춤이다.

③ **수파니가 이팅룸** Supanniga Eating Room 실롬, 올드타운 p244

팟타이, 모닝글로리 같은 무난한 음식에서 벗어나 다채로운 태국 미식을 경험할 수 있다. 할머니가 전수한 조리법으로 만든 태국 전통 음식을 선보인다. 방콕에 3개의 지점이 있으며 모두 깔끔하고 분위기가 편안하다.

④ **반쿤매** Ban Khun Mae 싸얌 p210

반쿤매는 '어머니의 집'이라는 뜻이다. 이름에서 느껴지듯이 음식이 집밥처럼 정갈하고 깔끔하다. 전반적으로 향신료를 강하게 사용하지 않는다. 해외 유명 가이드북에도 소개되었고, 현지인이 외국인에게 태국 음식을 선보일 때 추천하는 곳이다.

⑤ **쏨땀더** Somtum Der 실롬 p240

태국 북동부의 이싼 지방 음식 전문점이다. 호불호가 강한 메뉴를 대중적인 맛으로 요리해 외국인과 현지인 모두에게 평이 좋다. 15가지가 넘는 쏨땀파파야 샐러드과 이싼 식 튀김텃, 숯불구이양 등 다양한 메뉴를 맛볼 수 있다.

⑥ 잇 미 레스토랑 Eat Me Restaurant 실롬 p241

미슐랭이 뽑은 '아시아의 베스트 레스토랑 50'에 선정되었다. 독창적이고 개성 강한 메뉴가 특징이다. '캐주얼한 분위기에 품격 있는 요리'를 추구한다. 메뉴는 크게 육류, 생선류, 채소류로 구분되어 있고 전 세계의 다양한 메뉴를 선보인다. 디저트도 정평이 나 있다. 칠리 다크 초콜릿 아이스크림은 놓치지 말아야 할 별미이다.

⑦ 쏨분 씨푸드 Somboon Seafood 실롬 p245

해산물 요리 전문점이자 푸팟퐁커리의 원조이다. 푸짐한 양과 신선한 재료는 기본이다. 게살이 더해져 부드럽고 달콤한 커리는 원조의 품격을 보여준다. 마늘새우볶음, 해산물 스프링롤 등 다양한 해산물 메뉴가 있다. 센트럴월드, 씨암 스퀘어에도 지점이 있지만 미슐랭 플레이트를 수상한 수라웡 지점을 추천한다.

⑧ 네버엔딩섬머 The Never Ending Summer 리버사이드 p278

방콕에서 가장 핫한 타이 레스토랑이다. 얼음 공장을 멋스럽게 개조했다. 맛과 멋 어느 것 하나 부족함이 없다. 신선한 태국산 먹거리를 고집한다. 전통적인 메뉴에 현대적 감각을 더한 요리는 눈과 입을 모두 즐겁게 한다. 전면이 유리로 된 오픈 주방은 또 다른 볼거리를 제공한다.

⑨ 페더스톤 Featherstone 쑤쿰윗 p270

여심을 홀리는 빈티지 레스토랑이다. 메뉴도 실내 장식도 다 멋스럽다. 파스타, 피자, 그라탱, 쇼트립 등 서양식 비스트로 메뉴가 있다. 담백하고 깔끔하며 요리에 정성이 느껴진다. 시그니처 음료인 클래식 스파클링 워터Sparkling Apothecary는 여성들에게 인기 만점이다.

⑩ 에르 Err 쑤쿰윗 p269

혼자 여행하는 사람이나 연인에게 꼭 추천하고 싶은 타이 레스토랑이다. 테이블 세팅, 인테리어, 음식까지 섬세하고 편안하다. 메뉴는 자극적이지 않고 담백하며, 비비큐 폭립BBQ Pork Rib과 오징어 튀김을 추천한다.

Food 04

미슐랭이 극찬한 로컬 맛집 베스트 7

로컬 맛집은 현지 식문화를 경험하는 최고의 방법이다. 여기에 현지 맛집의 독특한 분위기가 더해져 여행자를 매료시킨다. 미슐랭은 매년 저렴하고 맛있는 로컬 맛집빕구르망을 선정해 여행자들에게 공유한다. 미슐랭이 극찬한 방콕 로컬 맛집을 소개한다.

① 폴로 후라이드 치킨 Polo Fried Chicken

실롬 p239

룸피니 공원 근처에 있는 이싼 음식 전문점이다. 대표 메뉴는 쏨땀과 까이 텃태국식 프라이드 치킨이다. 까이 텃 위에 바싹하게 튀긴 마늘 토핑을 올려 낸다. 무조건 마늘 토핑을 추가하자. 마늘 향이 배가 되고 식감도 훨씬 좋아진다. 음식이 조금 짠 편이다.

② 짜런쌩 실롬 Charoensang Silom

동쪽 리버사이드 p293

미슐랭이 인정하고 백종원도 극찬한 태국식 족발 덮밥 카우카무, Kao Ka Moo 맛집이다. 족발과 양념을 푹 끓여 기름기가 적고 맛이 부드럽다. 족발 대신 내장과 부속 고기로 요리한 메뉴도 있다. 내장을 좋아한다면 도전해보자.

③ **룽 르엉** Rung Reung 쑤쿰윗 p266

엠포리움 백화점 근처의 어묵 국수 맛집이다. 진한 육수와 담백한 수제 어묵 조합이 일품이다. 면은 쌀국수 면과 에그 누들 두 가지가 있고, 육수는 똠얌 육수와 일반 육수 중에서 선택하면 된다. 생선 껍질을 튀긴 피시 크래커Fish Cracker를 얹어 먹기도 한다.

④ **포 포차야** Por. Pochaya 올드 타운 p163

4년 연속 미슐랭 빕구르망에 선정됐다. 30년 이상 인기를 유지해 온 태국식 중식당답게 볶음 요리가 주를 이룬다. 센 불에 요리해 재료의 식감은 살리고 진한 불 향을 더한다. 미슐랭은 크랩 오믈렛을 최고 메뉴로 꼽았다. 태국식 오믈렛에 게살이 푸짐하게 들어있다.

⑤ **쌍완씨** Sanguan Sri 칫롬 p219

BTS 프런칫역 근처 직장인 맛집이다. 요일별로 5가지 추천 메뉴가 있다. 메뉴판에 사진이 있어서 선택하기 어렵지 않다. 어느 메뉴를 시켜도 후회 없는 맛이다. 특히 고기볶음류와 태국식 커리는 깔끔하고 담백하다.

⑥ **와타나파닛** Wattanapanit 쑤쿰윗 p268

방콕 소고기 국수 최강자이다. 인기 메뉴는 '꾸어이띠여우 툭차닛'이다. 소고기와 내장, 소고기 완자를 고명으로 얹어낸다. 진하고 감칠맛 나는 국물 뒤에 옅은 약재 향이 배어 나와 먹고 나면 건강까지 챙긴 느낌이 든다.

⑦ **나이엑 롤 누들** Nai Ek Roll Noodle 차이나타운 p308

미슐랭 가이드 빕 구르망에 선정된 꾸어이짭돼지고기 국수 가게이다. 1960년부터 차이나타운을 지켜왔다. 푸실리 면처럼 짧게 말린 쌀 면과 후추 맛이 진한 돼지고기 육수가 잘 어울린다. 고명으로 바싹 튀긴 돼지고기와 내장이 더해진다.

Food 05

1일 1팟타이! 방콕 3대 팟타이 맛집

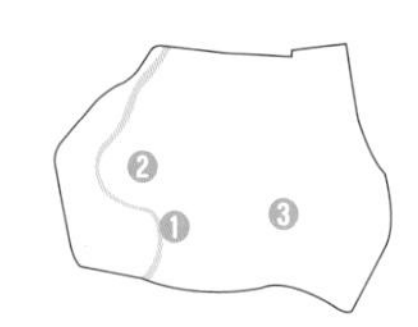

팟타이의 팟은 볶다, 타이는 태국 사람이다.
가장 태국다운 볶음요리, 태국의 맛이라는 뜻이다.
골목마다 팟타이 노상이 있고 지역마다 유명한 팟타이 레스토랑이 넘쳐난다.
그중에서 자타공인 모두가 인정하는 방콕 3대 팟타이 맛집을 소개한다.

① **반 팟타이** Baan Padthai 리버사이드 p294

반 팟타이는 22가지 재료를 혼합한 비법 소스와 신선한 재료를 고집한다. 면과 고기, 해산물 어느 것 하나 소홀함이 없다. 과하게 달거나 기름지지 않고 담백하다. 맛은 기본이고 플레이팅, 인테리어 모두 세심하게 신경 쓴 흔적이 보인다.

② **팁 싸마이** Thipsamai Phad Thai 올드 타운 p164

3대 팟타이 맛집 중에서 한국인에게 가장 인기가 좋다. 그만큼 맛 평가가 엇갈리는데, 관건은 단맛이다. 단 음식을 얼마나 좋아하느냐에 따라 호불호가 극명하게 갈린다. 생과즙 오렌지 주스와 팟타이를 함께 먹는 것이 이 집의 시그니처 조합이다. 시간대에 상관없이 대기 1시간은 기본이다.

③ **허이 텃 차우래** Hoi Tod Chaw Lae 쑤쿰윗 p267

해산물 팟타이로 유명하다. 굴, 새우, 오징어가 아낌없이 들어간다. 태국식 굴전인 어쑤언과 어루어가 인기가 좋다. 어쑤언은 식감이 부드럽고, 어루어는 튀기듯이 익혀 식감이 바삭하다. 태국 음식을 잘 먹지 못하는 사람에게도 거부감이 없는 친숙한 맛이다.

Food 06

방콕에서 꼭 맛 봐야 하는 국수 베스트 5

방콕의 다양한 면 요리 중에서 한국 여행자가 유독 좋아하는 것은 국수이다. 지역에 따라 특징이 조금씩 다르고 재료에 따라 맛이 천차만별이다. 태국 국수 요리 입문을 위해 가장 기본적인 국수 다섯 가지를 소개한다.

① **꾸어이띠여우 느아** 소고기 국수

소고기 고명이 푸짐하게 올라간 쌀국수이다. 가게에 따라 내장과 고기 완자가 더해지기도 한다. 갈비탕과 비슷한 맛으로 남녀노소 누구나 부담없이 즐길 수 있다. 현지인처럼 남쁠라피시 소스와 프릭쏨식초을 가미하면 감칠맛이 두 배가 된다.

추천 맛집 나이소이, 느어 뚠 낭릉, 와타나파닛

② **꾸어이짭** 돼지고기 국수

돼지고기 육수에 후추를 넣어 칼칼한 맛이 나는 것이 특징이다. 튀긴 돼지고기와 내장을 고명으로 올린다. 꾸어이짭을 제대로 즐기고 싶다면 센렉 면폭 3mm의 기본 면보다 끼엠이푸실리면처럼 가운데가 비어 있는 면를 추천한다. 육수가 더 깊게 배어있고 식감도 독특하다.

추천 맛집 나이엑 누들, 쿤댕 꾸어이짭 유안

③ **꾸어이띠여우 룩친** 어묵 국수

맑은 육수에 어묵 토핑을 한가득 올린 쌀국수이다. 깔끔하고 담백하다. 고춧가루를 가미하면 소주 한 잔이 생각나는 칼칼하고 시원한 국물이 된다. 태국 음식이 입에 잘 맞는다면 똠얌 육수를 기본으로 하는 어묵 국수에 도전해보자.

추천 맛집 룽르엉, 쎄우, 찌라 옌타포

④ **까오소이** Khao Soi

태국 북부 음식으로 방콕에는 전문점이 많지 않다. 하지만 커리를 좋아한다면 놓치지 말아야 할 메뉴이다. 고기 육수에 코코넛 밀크와 커리를 넣어 국물이 진하고 달걀이 들어간 바미 면을 사용해 담백하다. 고명으로 튀긴 면과 절인 채소를 올려 식감이 아삭하다.

⑤ **옌타포** Yentafo

태국 여행 고수들이 사랑하는 국수이다. 붉은색 육수가 특징이다. 오묘한 색의 비밀은 옌타포 소스에 있다. 고춧가루를 넣은 두부를 발효시켜서 만든다. 살짝 새콤하면서 달짝지근하다. 옌타포는 서너 번은 먹어야 그 매력을 알 수 있다.

추천 맛집 찌라옌타포

Travel Tip

현지 맛집에서 국수 주문하기 방콕엔 두 종류의 국숫집이 있다. 한국처럼 메뉴판에서 원하는 음식을 골라 주문하는 식당이 있고, 면의 종류, 육수, 토핑을 선택해야 하는 식당이 있다. 후자는 메뉴판이 꽤 복잡해서 여행자를 곤혹스럽게 한다. 당황하지 말고 아래 내용대로 차근차근 주문해 보자.

STEP 1. 면 선택하기

아래의 여섯 가지 면 중에서 하나를 선택한다.

센미 Sen Mee 폭 1mm 정도의 얇은 면이다. 소면과 비슷하게 생겼으나 식감이 거칠다. 주로 샐러드, 볶음면에 사용된다.

센렉 Sen Lek 넓이 3mm 정도의 중간 면으로 식감이 쫄깃하다. 팟타이와 소고기 국수 등 일반적인 면 요리에 많이 쓰인다.

센야이 Sen Yai 넓이 1cm 정도의 굵은 면이다. 한국에서 유행하는 중국 당면과 식감이 비슷하다.

바미 Ba Mee 달걀이 들어간 노란색 에그누들이다. 쌀국수보다 쫄깃함은 떨어지지만 고소하고 담백하다.

운센 Woon Sen 녹두와 전분으로 만든 면으로 한국의 당면과 비슷하다. 식전 샐러드에 많이 사용된다.

끼엠이 Kiem Ee 푸실리 면처럼 돌돌 말린 쌀국수로 면 가운데가 비어있다. 꾸어이짭 국수에 주로 사용된다.

STEP 2. 토핑 선택하기

소고기 느아 한국인이 가장 좋아하는 토핑이다. 육질이 부드럽고 담백하다.

돼지고기 무 가장 대표적인 토핑이다. 살코기, 다짐육, 완자 등 형태가 다양하다.

닭고기 까이 돼지고기와 함께 태국인이 즐겨 먹는 토핑이다. 모든 메뉴에 잘 어울린다.

어묵 룩친 한국 어묵보다 기름기가 적고 쫀득하다. 담백한 음식을 좋아하는 여행자에게 추천한다.

해산물 탈래 새우, 홍합, 오징어 등 종류가 다양하다. 부드러운 식감을 위해 살짝 데치듯이 조리한다.

STEP 3. 국물 유무 선택

국물 있는 국수 Nam, 남 소고기, 돼지고기, 닭고기, 양 등 다양한 육수가 있다. 대부분 육수가 한 종류로 통일되어 있지만 선택 가능한 가게도 있다.

국물 없는 국수 Heng, 행 비빔국수를 선택하면 삶은 면과 토핑만 주거나 육수를 자작하게 조금만 넣어준다. 입맛에 따라 남쁠라, 프릭 남쏨, 고춧가루, 설탕을 추가한다.

Food 07

방콕 길거리 음식 즐기기

방콕은 미식의 도시답게 길거리 음식도 다양하다.
골목마다 자리한 노상에서 풍기는 음식 냄새가 여행자의 출출한 배를 자극한다.
여행하는 동안 놓치지 말아야 할 대표 먹거리를 소개한다.

① 무삥

돼지 꼬치구이이다. 돼지갈비와 비슷한 맛이라 누구나 좋아한다. 숙소로 돌아가는 여행자들은 대개 비닐봉지를 하나씩 들고 있다. 그 속에는 십중팔구 무삥이 들어있다.

② 닭튀김

한 마리를 통째로 튀긴 프라이드와 돈가스처럼 튀겨낸 닭튀김 등 종류가 다양하다. 쏨땀과 함께 먹으면 프라이드 치킨과 치킨 무 이상의 궁합을 자랑한다.

③ 이싼 소시지

다진 돼지고기에 발효된 찹쌀을 넣어 만든 태국 소시지이다. 풍부한 육즙과 시큼한 향이 특징이다. 느끼할 때쯤 함께 나온 양배추와 월남 고추 한입 먹으면 입안이 정리된다.

④ 싸테이

커리 양념에 재운 돼지 꼬치구이. 달콤한 땅콩 소스에 찍어 먹는다. 함께 주는 샬롯, 칠리 피클도 예술이다. 무삥보다 단맛이 적다.

⑤ 로띠

태국식 팬케이크이다. 기름을 가득 두른 팬에 밀가루 반죽을 넓게 펴 구운 뒤, 연유와 설탕을 뿌려 먹는다. 바나나 토핑이 인기가 좋다.

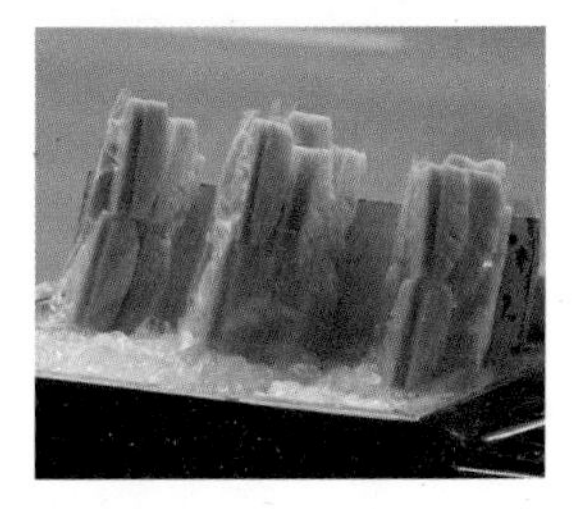

⑥ 열대과일

더운 날씨에 수분 보충용으로 최고다. 수박, 메론, 파인애플, 망고 등을 먹기 좋게 손질해서 봉투에 넣어 판매한다. 가격은 15~30밧.

⑦ 과일주스

과일과 시럽, 얼음을 한데 넣고 스무디처럼 갈아준다. BTS 역 근처, 나이트 마켓 등에 과일 주스 상점이 많다. 가격도 맛도 모두 착한 먹거리이다.

⑧ 타이 티와 마차 티

달콤한 홍차 타이 티와 녹차보다 진한 마차 티도 과일 주스 못지않게 인기가 좋다. 타피오카 알갱이를 추가하면 더욱 맛있다.

⑨ 카놈크록

달콤한 태국식 붕어빵이다. 코코넛 밀크와 쌀가루로 만든 반죽에 쪽파나 옥수수를 올려 굽는다. 겉은 바삭하고 속은 쫀득하다.

Food 08

방콕 편의점의 인기 만점 간식

사원이 많은 도시 방콕. 그러나 방콕에 사원보다 더 많은 게 편의점이다. 생필품과 간단한 야식을 구매할 수 있고, 가격도 저렴하다. 게다가 전자레인지, 토스트 기계, 전기 그릴 등을 갖추고 여행자들에게 빵이나 크루아상, 소시지 등을 구워준다. 조리하는 모습을 구경하는 재미도 쏠쏠하다.

① 햄치즈 크루아상 샌드위치

꼭 크루아상으로 만든 샌드위치여야 한다. 냉장식품 매대에 있는 수많은 샌드위치 중에서 제일 맛있다. 계산할 때 따뜻하게 데워달라고 하자.

② 김 과자

부담없는 가격과 가벼운 무게때문에 기념품으로 인기가 좋다. 간식거리, 맥주 안주로도 제격이다. 와사비 맛과 똠얌꿍 맛이 대세다.

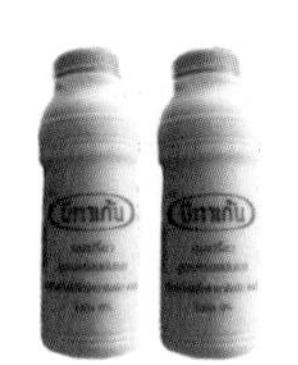

③ 야쿠르트

당신이 아는 야쿠르트와 조금의 오차도 없이 똑같은 맛이다. 한국과 다른 점이라면 용량이 천차만별이라는 것이다.

④ 소시지

계산대 옆이나 냉장식품 매대 근처에 가면 소시지 메뉴와 소시지 굽는 기계가 있다. 기계가 작동하고 있지 않다면 직원에게 문의하면 된다.

⑤ 벤또

어릴 적 학교 앞에서 팔던 얇은 쥐포와 비슷한 맛이다. 표면에 양념이 발라져 있어 매콤하면서 짭조름하다. 비릿한 향 때문에 호불호가 갈린다.

⑥ 푸딩

코코넛, 망고, 타이 티 등 다양한 맛의 푸딩이 있다. 생각보다 달지 않고 양도 많아 간식으로 좋다. 생 과육을 넣어 씹는 맛을 살린 제품도 있다.

⑦ 아이스티

방콕답게 다양한 열대 과일 맛을 내세운 아이스티가 많다. 역시 만족도가 제일 높은 것은 망고 맛이다.

⑧ 맥주

싱하, 창, 레오가 태국 브랜드 맥주이다. 동남아 맥주는 얼음에 부어 먹어야 제맛. 작은 팁을 주자면 셀프 탄산음료 기계에서 음료는 빼고 얼음만 컵에 담아 캔맥주와 함께 구매하자. 이렇게 시원한 얼음 맥주를 저렴하게 즐길 수 있다.

Cafe 01

방콕 커피의 자존심, 카페 베스트 3

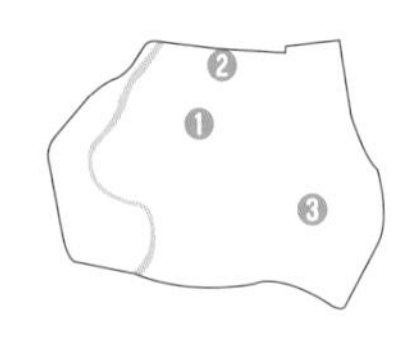

요즘 방콕은 스페셜티 커피가 유행이다.
카페 홉핑 성지로 유명한 아리를 비롯해 싸얌, 쑤쿰윗을 중심으로 발전하고 있다.
그 중에서 유행을 선도하고 방콕 커피의 자존심을 지키는 카페 세 곳을 뽑았다.

① **팩토리 커피** Factory coffee 싸얌 p220

파야 타이역Phaya Thai, BTS & 공항철도 근처에 있는, 월드 바리스타 챔피언이 운영하는 카페이다. 핸드드립, 콜드브루 등 종류가 다양하다. 과일의 맛과 향을 더한 콜드브루를 주문하면 바리스타가 직접 테이블로 와서 커피를 준비해 준다. 일등 바리스타의 퍼포먼스에 감동하고, 커피 맛에 또 한 번 감동한다.

② **루츠** Roots 쑤쿰윗 p257

커피 마니아의 발길이 끊이지 않는 커피 전문점이다. 메뉴는 단순하지만, 원두에 집중하여 완성도 높은 커피를 내온다. 전 세계의 유명한 원두와 태국 북부에서 생산된 원두로 만든 수준 높은 커피를 맛볼 수 있다. 루츠의 매력을 느끼고 싶다면 필터 커피를 추천한다. 깐깐하게 선택한 원두, 정성을 다하는 로스팅, 드립의 세심함이 그대로 느껴진다.

③ **사티 핸드 크래프트 커피** SA-TI Handcraft Coffee 아리 p319

사티 커피는 카페 호핑 족에게 추천하고 싶은 매력적인 카페이다. 퀄리티 좋은 커피는 기본이고, 피넛 버터 라떼, 마살라 차이 라테 같은 창의성이 돋보이는 음료도 선보인다. 인테리어와 분위기도 감각적이다. 천장이 높은 글라스 하우스는 현대적이면서도 편안하다.

Cafe 02

디저트 카페 베스트3

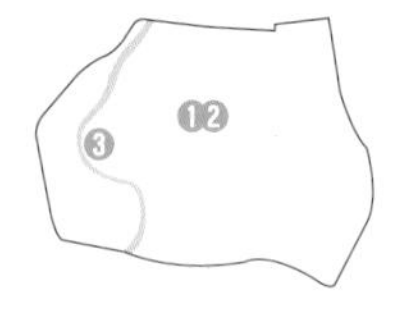

'디저트'는 식탁을 '치우다'라는 뜻의 프랑스어 'Desservir'에서 유래했다. 식사를 마치고 난 뒤 먹는 음식이라는 뜻이다. 디저트는 방콕 여행에서 결코 빠질 수 없다. 눈과 입을 모두 즐겁게 해주는 방콕의 디저트 카페를 소개한다.

① 만다린 오리엔탈 숍 Mandarin Oriental Shop
싸얌 p198

만다린 오리엔탈 호텔의 디저트와 차를 파는 숍이다. 케이크, 페이스트리, 마카롱, 초콜릿 등 디저트 종류가 다양하고, 어느 것 하나 소홀함 없이 정교하고 세심하게 맛을 냈다. 차 애호가들에게는 익히 유명한 마리아쥬 프레르Mariage Frères teas의 유기농 차도 준비되어 있다.

② 메이크미 망고 Make me mango
올드타운, 싸얌 p164

망고 디저트 전문점이다. 망고 빙수와 1리터짜리 자이언트 망고 스무디가 인기가 좋다. 색다른 메뉴를 즐기고 싶다면 망고 스티키 라이스와 뜨겁게 달군 철판 위에서 익힌 망고, 바나나, 코코넛 밀크를 내오는 'Hot Plate grilled mango'를 추천한다.
생소한 조합이지만
당분 충전에는 최고다.

③ 애프터유 After You p199

여행자와 현지인에게 빙수 맛집으로 사랑받는 곳이다. 밀크티 빙수와 망고 빙수가 가장 인기가 좋다. 싸얌파라곤, 센트럴월드, 터미널21, 아이콘씨암 등 유명 쇼핑몰에 입점해 있다. 지점에 따라 주말과 저녁 시간에는 웨이팅을 해야 하는 경우가 있다.

Drink 01

방콕의 핫한 루프톱 바 베스트 5

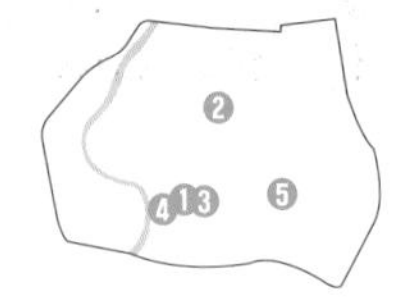

루프톱 바는 방콕 여행의 필수 코스이다. 지상에서 바라보는 화려한 야경과 황금빛 사원은 언제 보아도 아름답다. 방콕 여행을 더욱 특별하게 만들어 줄 루프톱 바 다섯 곳을 소개한다.

① 마하나콘 방콕 스카이바 Mahnakhon Bangkok Skybar 실롬 p230

킹파워 마하나콘 빌딩 76층에 위치한 루프톱 바이다. 방콕에서 가장 높은 건물에서 보는 일몰과 야경은 단연 독보적이다. 5시 무렵부터 방문객들이 급격히 많아진다. 근사한 분위기와 수준 높은 음식 퀄리티, 멋진 뷰와 함께 기억에 남는 저녁을 보낼 수 있다. 다른 호텔 루프톱 바와 비교해 가격 또한 합리적인 편이다.

② 레드 스카이 바 Red Sky Bar 싸얌 p215

센트럴 월드의 센타라 그랜드 호텔 56층에 있다. 360도 파노라마 뷰를 자랑한다. 사방이 통유리로 되어있어 어느 자리에서든 낮에는 시내 풍경을, 밤에는 야경을 감상할 수 있다. 해피 아워16:00~18:00를 이용하면 조금 저렴하다.

③ 버티고 & 문바 Vertigo & Moon Bar 실롬 p232

시로코 & 스카이 바와 함께 두터운 마니아를 가지고 있는 바이다. 반얀트리 호텔 61층에 있다. 배의 갑판을 연상케 하는 구조가 인상적이다. 건물의 가장자리 쪽이 바이고, 나머지는 버티고 레스토랑이다. 해가 질 무렵 이곳에 있으면 호화 유람선이 핑크빛으로 물든 도시를 항해하는 듯한 착각이 든다.

④ 시로코 & 스카이 바 Sirocco & Sky Bar 동쪽 리버사이드 p291

르부아 앳 스테이트 타워 63층에 있다. 가운데는 시로코 레스토랑이고 가장자리가 스카이 바이다. 이곳은 미국 코미디 영화 〈행오버 2〉의 촬영 장소였다. 바에서 영화 이름을 딴 시그니처 칵테일 '행오버티니'Hangovertini를 만들었다.

⑤ 에이 바 A Bar 쑤쿰윗 p253

마르퀴스 메리어트 호텔 37층에 있는 신생 루프톱 바이다. 편안하면서도 모던한 분위기다. 널찍한 소파 베드가 있어 머무는 내내 편안하다. 칵테일은 진을 베이스로 하여, 주류 느낌에 무게를 실어 개성 있게 만든다. 아시아 유즈Asia Yuzu와 시그니처 칵테일No. 1, 2, 3, 4을 추천한다.

자유 그 자체, 분위기 좋은 바 베스트 5

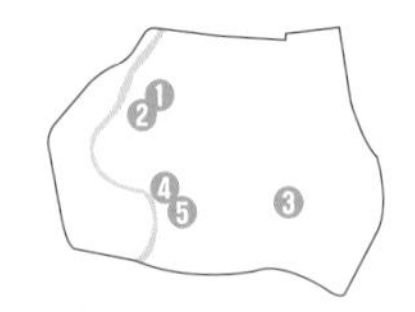

여행지의 밤은 낮보다 아름답다. 한 잔 술과 좋은 사람들,

그리고 이야기가 어우러질 때 특별한 하루가 완성된다.

당신의 여행을 더 아름답게 만들어줄 방콕 최고의 바를 소개한다.

① **블루스 바** Adhere The 13th Blues Bar
카오산 로드 p189
자타공인 방콕 최고의 라이브 바다. 무대가 따로 없고 가게 중앙에서 공연한다. 테이블과 거리가 가까워 악기의 작은 울림까지 온몸으로 전해진다. 매일 저녁 9시 무렵에 공연이 시작된다. 올드 타운의 유명한 인디 밴드 방람푸 밴드가 공연하는 금요일이 분위기가 가장 핫하다.

② **더 원 카오산** The One Khaosan
카오산 로드 p188
카오산 로드의 자유로움이 엿보이는 오픈 바이다. 건물 사이 좁은 공간에 계단을 놓고, 지붕만 얹어 만들었다. 근데 그 모습이 꽤 근사하다. 거대한 오두막을 단면으로 잘라 놓은 모습이다. 맥주 한잔 마시며 각양각색의 여행자를 구경하다 보면 시간 가는 줄 모른다.

③ **이스케이프 방콕** Escape Bangkok 쑤쿰윗 p255
엠쿼티어 5층에 있는 야외 오픈 바이다. 이름처럼 방콕을 탈출하여 남부 해안 지역에 온 듯한 기분이 든다. 라탄 의자, 이국적 패턴의 쿠션, 방갈로 모양의 디제이 부스가 어우러져 남국의 정취를 물씬 풍긴다. 다양한 태국 IPA 맥주와 칵테일이 있고, 해산물 요리가 유명하다. 가격이 비싼 편이다.

©TEP BAR

④ **텝 바** TEP BAR_Cultural Bar of Thailand
차이나타운 p313
태국의 전통문화를 현대적으로 재해석한 독창적인 바이다. 태국에서 쉽게 볼 수 없는 음식들을 스페인의 타파스처럼 선보인다. 칵테일은 홈 메이드 시럽과 타이 허브를 베이스로 만든다. 매일 저녁 7시 반 이후에는 태국 전통 악기 라이브 공연도 열린다.

⑤ **뜨록 실롬** Trok Silom 실롬 p247
BTS 선로가 내려다보이는 로컬 루프톱 바이다. 기차 지나가는 소리의 따뜻한 정취를 선물한다. 커브를 돌아 무심히 사라지는 열차를 하염없이 보고 있으면 시인이라도 된 듯 감상에 젖게 된다. 분위기 때문에 혼술족이 많다.

Shopping 01

여행자에게 사랑받는 기념품 리스트

쇼핑은 여행에 또 다른 즐거움을 안겨준다. 방콕은 백화점, 야시장, 감각적인 멀티숍 등 쇼핑 스폿이 다양하다. 매년 6월 초에는 어메이징 타일랜드 그랜드 세일이 시작된다. 2달간 대형 쇼핑센터, 호텔과 스파, 레스토랑까지 참여한다. 평소보다 최대 80%까지 세일을 한다.

① 여권 케이스

야시장과 카오산 로드에서 인기 좋은 기념품이다. 원하는 가죽 색깔과 펜던트를 고른 뒤, 영문 이니셜을 적어주면 나만의 여권 케이스가 완성된다.

② 코코넛 바디 용품

코코넛을 원료로 만든 립밤, 보디 로션, 오일, 샴푸, 스크럽 등 종류가 다양하고 저렴하다. 대형 슈퍼마켓 톱스TOPS, 고메마켓Gourmet market 등에서 구매할 수 있다.

③ 레토르트 제품

방콕의 맛이 그리울 때를 대비하자. 팟타이, 똠얌꿍 등 다양한 메뉴를 구매할 수 있다. 로보Lovo 브랜드 제품이 저렴하다. 블루 엘리펀트 제품은 가격이 비싸지만 품질이 그만큼 좋다.

④ 코코넛 칩 & 과일 칩

망고, 코코넛, 두리안 등을 건조한 제품으로 맥주 안주로 제격이다. 쿤나KUNNA 브랜드 제품 평이 제일 좋다. 대량 포장을 구매할 계획이라면 빅씨나 고메마켓 등을 추천한다.

⑤ 과일 비누

방콕 기념품 가운데 스테디셀러이다. 망고, 리치 같은 열대과일부터 플루메리아까지 그 모양이 다양하다. 지인들 선물로 부담이 없다. 야시장, 마분콩 등에서 저렴한 가격에 구입할 수 있다.

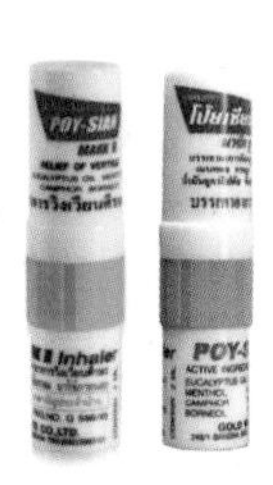

⑥ 야돔

시원한 향의 아로마 제품이다. 코끝에 대고 숨을 들이마시면 막힌 코를 뻥 뚫어준다. 공기가 메케한 방콕에서도 유용하고 미세먼지 많은 한국에서도 유용하다. 한국에서도 구매 가능하지만 현지 가격이 훨씬 저렴하다.

⑦ 마그넷

뚝뚝, 왓 아룬, 태국어 등 방콕의 상징적인 이미지를 활용한 마그넷이 많다. 주변 지인들에게 선물하기 좋다. 카오산 로드나 야시장에서 사는 것이 저렴하지만, 독특한 디자인을 원한다면 멀티숍을 추천한다.

⑧ 액세서리&태국 느낌 나는 의류

디자인이 이국적인 핸드메이드 제품이 많다. 카오산 로드 일대에는 10개, 20개씩 저렴하게 판매하는 숍도 있다. 히피 느낌 물씬 나는 옷 하나쯤 여행 기념으로 장만하자. 코끼리 프린트 냉장고 바지, 피셔맨 팬츠, 문양이 화려한 블라우스 등 종류가 다양하다.

여성 여행자에게 인기 좋은 아이템 Top 5

방콕에는 아기자기한 소품부터 품질 좋은 보디 용품 기념품까지 여성 여행자들이 좋아할 만한 제품들이 가득하다. 여기에 저렴한 물가까지 더해지면 지갑을 사수하기 쉽지 않다. 수많은 제품 중에서 여성 여행자들에게 꾸준히 사랑받는 제품 다섯 가지를 소개한다.

① **라탄 가방**

일명 왕골 가방이라 불리는 인기 아이템이다. 여행 중에는 동남아 분위기가 물씬 풍겨서 좋고 한국에서는 사용하기 부담이 없어 좋다. 여름만 되면 방콕을 떠올리며 꺼내게 된다. 카오산로드, 짜뚜짝 마켓 등에서 구매할 수 있다.

② **법랑 도시락**

레트로 감성 가득한 제품이다. 대부분 피크닉 도시락으로 사용하려고 구매한다. 라탄 가방과도 찰떡궁합이다. 짜뚜짝 마켓의 주방용품 구역과 B 데코레이션 구역 Decoration, 차이나타운 등에서 구매할 수 있다.

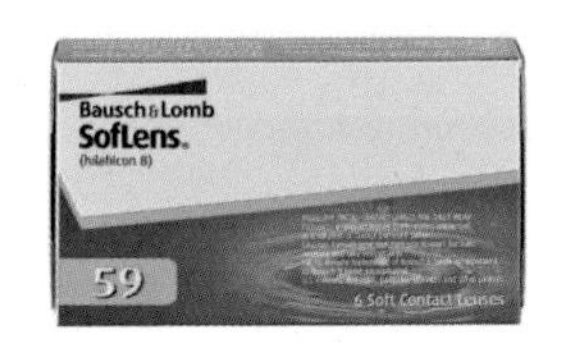

③ **일회용 콘택트렌즈**

한국보다 가격이 훨씬 저렴하다. 컬러렌즈는 일반 렌즈에 비해 가격차가 크지 않지만 종류가 더 다양하다. 싸얌파라곤, 센트럴월드 같은 대형 쇼핑몰의 안경점에서 쉽게 구매할 수 있다. 시력이 낮은 경우에는 주문을 하고 2~3일 후에 수령한다.

④ **소피 생리대** Sofy Cooling Fresh

더운 나라의 여성용품은 뭔가 달라도 다르다. 소피 생리대는 한 번 구매해본 사람은 잊지 못한다는 완소 아이템이다. 시원한 착용감과 민트 향으로 구매자들의 후기가 칭찬 일색이다. 드럭 스토어, 세븐일레븐, 대형 슈퍼마켓 등에서 구매할 수 있다.

⑤ **폰즈 BB파우더**

파우더는 무더운 날씨에도 태국 여성들의 얼굴을 보송하게 유지해주는 비밀 병기이다. 가장 인기 있는 제품은 폰즈 BB파우더이다. 좋은 리뷰와 엄청난 인기에 힘입어 한국에도 수입되고 있지만 현지 가격이 훨씬 저렴하다. 슈퍼마켓과 드럭 스토어에서 구매 가능하다.

방콕의 쇼핑 핫 플레이스

아시아 쇼핑의 중심지로 거듭난 방콕. 당신의 쇼핑 본능을 채워줄 핫 플레이스를 소개한다.
명품, 중저가 브랜드, 슈퍼마켓 상품까지 원스톱 쇼핑이 가능한 대형 쇼핑몰은 눈여겨 봐야할 필수 코스이다.

백화점과 쇼핑몰

① 싸얌 파라곤 Siam Paragon

싸얌 p194

방콕을 대표하는 고급스럽고 품격 있는 쇼핑 공간이다. 7층 건물에 명품관, 중고가 의류 브랜드, 고메 마켓, 푸드홀, 유명 레스토랑, 아쿠아리움 등이 있다. 한마디로 쇼핑, 미식, 엔터테인먼트까지 원스톱으로 해결할 수 있는 곳이다.

② 센트럴 월드 Central World

싸얌 p212

칫롬역에 있는 태국에서 가장 큰 쇼핑몰이다. 호텔과 일본의 이세탄 백화점까지 연결되어 있어 규모가 어마어마하다. 500개가 넘는 패션 브랜드 매장과 100여 개 음식점, 카페 등이 입점해 있다. 1층에는 야외로 개방된 레스토랑과 바가 모여 있다.

③ 엠쿼티어 & 엠포리움 The Emquartier & Emporium

쑤쿰윗 p254

BTS 프롬퐁역Phrom Phong 양쪽에 자리한 고급 쇼핑센터이다. 엠포리움은 벤차시리 공원 옆에 있고, 길 건너에 더 엠쿼티어가 있다. 엠포리움은 명품 매장 중심 쇼핑센터이고, 더 엠쿼티어에는 태국 디자이너 브랜드, 라이프스타일숍, 야외 테라스를 갖춘 레스토랑 등이 입점해 있다.

멀티숍

① 웨어하우스30 Warehouse 30
리버사이드 p286

웨어하우스 30은 창고 건물에 들어선 복합문화공간이다. 이곳의 멀티숍에는 오가닉 제품, 소수 민족의 수공예품, 생활 소품, 빈티지 의류 등 매력적인 소품이 가득하다. 높은 퀄리티와 독특한 디자인을 원하는 여행자에게 추천한다.

② 더 잼팩토리 The Jam Factory
리버사이드 p276

더 잼팩토리 안에 멀티레이블 스토어Multi-label Store가 있다. 업사이클 가방, 핸드메이드 가죽 제품, 그릇 등 구매욕을 자극하는 제품들로 가득하다. 태국 디자인 브랜드 제품이 주를 이룬다. 가격이 저렴한 편은 아니지만 제품 퀄리티가 뛰어나다.

③ 잇츠 고잉 그린
It's Going Green 싸얌 p207

방콕 예술문화센터 1층에 있는 소품 숍이다. 친환경 콘셉트에 맞춰 태국 재료로 만든 국내 디자이너와 아티스트의 제품을 소개한다. 유기농 비누, 세제, 화학 약품 공정을 최소화한 린넨 제품 등 다양한 친환경 제품이 가득하다.

슈퍼마켓

① 고메 마켓 Gourmet Market

p196

주요 쇼핑센터에 입점해 있는 대형 슈퍼마켓이다. 태국의 식료품뿐만 아니라 코코넛 바디용품, 반려동물 제품까지 없는 게 없다. 싸얌 파라곤의 고메 마켓은 유독 규모가 크고 제품 종류가 다양해서 여행자에게 안성맞춤이다.

② 톱스 마켓 Tops Market

p210

마분콩, 센트럴 월드, 로빈슨 백화점 등에 입점해 있는 대형 슈퍼마켓 브랜드이다. 고메 마켓만큼 화려하진 않지만, 스파와 바디용품 브랜드 'Koconae'와 'Khaokho'가 톱스에만 있어 선호하는 여행자들이 꽤 있다.

③ 빅씨 BigC

p221

빅씨는 홈플러스 같은 대형 할인 마트이다. 건망고, 김 과자, 치약, 폰즈 비비크림, 와코루 속옷 등 먹거리부터 생필품까지, 필수 기념품 리스트에 담긴 것들을 논스톱으로 구매할 수 있다.

ONE MORE 슈퍼마켓 필수 쇼핑 리스트

① 태국 소스

쿠킹 클래스를 들었다면 반드시 사야 한다. 피시 소스남쁠라, 남찜 소스가 있어야 한국에서 태국의 맛을 재현할 수 있다. 화장품 샘플 크기만한 미니 사이즈 제품도 많다.

② 코코넛 파우더

코코넛 파우더는 태국 스타일 음식을 만들 때 유용하다. 단맛을 더해주는 기능도 한다. 액상 타입도 있지만 짐 무게를 생각하면 파우더가 더 편하다.

③ 향신료

향신료를 좋아한다면 건조 레몬그라스, 스타아니스, 갈랑갈 등을 구매하자. 특히 갈랑갈은 한국에서 구하기 어려운 재료이다. 한국 음식에 조금만 더해도 이국적인 맛이 난다.

④ 마마 똠얌꿍 라면

현지인들이 똠얌 마마라 부르는 국민 라면이다. 똠얌꿍 특유의 맛과 향이 강하지 않아 아쉽지만, 그래서 대다수 여행자에게 인기가 좋다.

⑤ 코케 땅콩 Koh Kae

비행기에서 먹던 꿀 땅콩, 새우 과자 맛이 나는 꿍 땅콩, 와사비 땅콩 등 종류가 다양하다. 골라 먹는 재미가 있다. 맥주 안주와 간식으로 최고다.

⑥ 차

태국은 차 산지로 유명하다. 레몬그라스, 재스민, 블랙 티 등 종류도 다양하다. 두세 가지 차를 혼합한 제품도 반응이 좋다. 가격이 저렴하다.

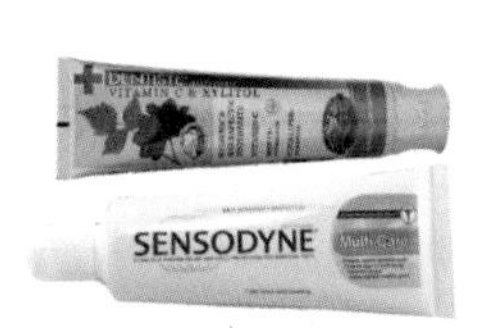

⑦ 치약

한국인이 가장 많이 구매하는 제품은 덴티스테와 센소다인이다. 한국에서 구매할 수 있지만, 방콕이 훨씬 저렴하다.

⑧ 도이퉁 커피&마카다미아

도이퉁Doi Tung은 왕실에서 태국 북부 고산족 지원 사업으로 시작한 브랜드이다. 커피와 견과류가 인기 제품이다. 신선하고 품질 좋기로 유명하다.

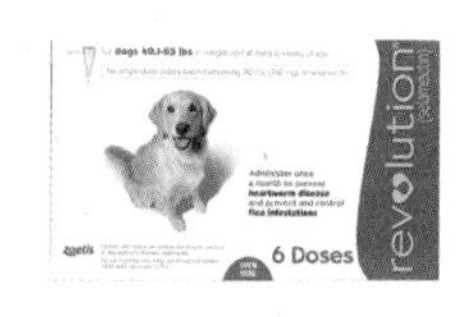

⑨ 반려동물 용품

강아지, 고양이 집사들은 절대 내 물건만 살 수 없다. 한국에 수입되지 않은 해외 유명 브랜드의 간식이 많다. 심장사상충 약 레볼루션은 한국보다 저렴하다.

돈이 되는 부가세 환급제 100% 활용법

알뜰한 쇼핑을 위해 꼭 챙겨야 하는 게 바로 부세금 환급, 즉 일명 택스 리펀이다.
부가세 환급 제도만 잘 활용하면 쇼핑 금액의 10% 이상 되돌려받을 수 있다.
야무진 쇼핑을 위해 부가세 환급 정보를 세세하게 안내한다.

꼭 알아야 할 부가세 환급 정보

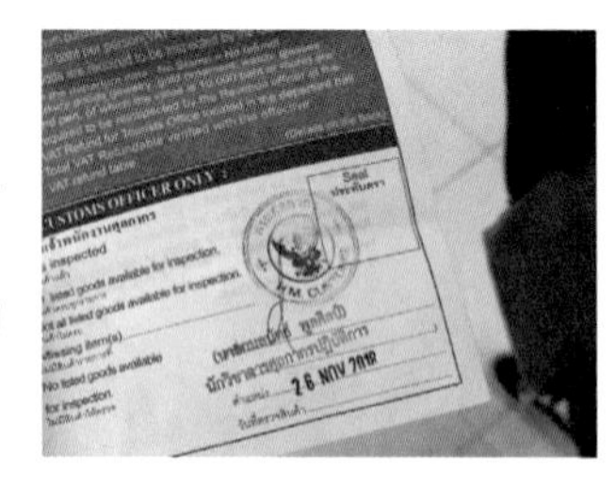

❶ 환급을 받으려면 'VAT Refund for Tourists' 표시가 있는 상점에서 구매한 상품만 환급해 준다.

❷ 택스 리펀 가맹점에서 최소 2,000밧VAT 포함의 상품을 구입해야 부가세를 환급받을 수 있다.

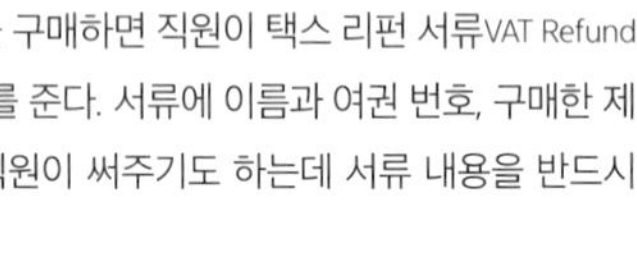

❸ 2,000밧 이상의 물품을 구매하면 직원이 택스 리펀 서류VAT Refund Application for Tourists Form를 준다. 서류에 이름과 여권 번호, 구매한 제품명, 가격 등을 적는다. 직원이 써주기도 하는데 서류 내용을 반드시 확인한다.

❹ 환급은 공항, 백화점의 세금 환급 창구에서 받을 수 있다.

세금 환급 신청 시 준비물

여권, 항공권 이티켓, 제품 구매 매장에서 증빙한 여행자용 세금환급신청서(P.P.10), 영수증, 구매 물품

Travel Tip

VRT 애플리케이션으로 세금 환급을 더욱 손쉽게!

VAT 앱을 사용하면 구매 내역이 자동으로 업데이트 되고 앱에 연동해 둔 계좌로 환급을 받을 수 있다는 장점이 있다. 계산대에서 여권과 함께 직원에게 보여주면 된다.

❶ 앱스토어 또는 구글 플레이에서 Thailand VRT 앱 다운로드, 정보 입력

❷ 계산할 때 직원에게 여권과 함께 보여주기

❸쇼핑몰의 택스 리펀 카운터에서 확인서 받기

❹ 세금 환급 카운터 또는 공항에서 현금 돌려받기

공항에서 부가세 환급받는 방법

❶ 세금 환급 서류와 여권을 들고 출국장Level 4에 있는 환급 창구VAT Refund or Tourist Information를 방문한다. 창구는 24시간 운영한다.

❷ 세관 도장을 받고, 창구에서 주는 스티커를 구매한 물품에 붙인다.

❸ 체크인 수속을 마치고 여권 심사를 받은 후 부가세 환급 창구에서 부가세를 돌려받는다.

ONE MORE

세금 환급 시 주의 사항

❶ 보안 검색 후에도 세관 환급 창구가 있으나, 구매한 물품을 보여달라고 하는 경우가 종종 있다. 되도록 보안 검색 전에 환급 신청을 끝내자.

❷ 공항에서 현금으로 환급받는 경우 줄을 길게 서서 기다려야 하거나, 환급 절차 진행이 더뎌 시간이 좀 걸릴 수 있다. 공항에서의 환급을 계획하고 있다면 만약을 대비해 비행기 탑승 최소 2시간 반~3시간 전에 공항에 도착하기를 권한다.

❸ 세금 환급을 받은 후, 태국 내의 국제공항을 통해 60일 이내에 귀국해야 한다.

❹ 도심에서 세금 환급을 받는 경우, 출발 14일 이전에 받아야 한다.

❺ 세관의 도장을 받은 텍스 리펀 서류는 만약을 대비해 사진을 찍어두자. 문제가 생길 시 증거 자료가 될 수 있다.

Special Tip

가성비와 가심비를 모두 잡자

❶ 어메이징 타일랜드 그랜드 세일 Amazing Thailand Grand Sale

홍콩에 박싱 데이, 싱가포르에 메가 세일이 있다면 방콕에는 어메이징 타일랜드 그랜드 세일이 있다. 매년 6월 초에 시작해서 약 2달 동안 이어진다. 대형 쇼핑센터는 최대 80%까지 할인 행사가 있고 호텔과 스파, 레스토랑까지 참여한다. 이름 그대로 어메이징한 쇼핑 천국을 만날 수 있다. 쇼핑몰 홈페이지를 방문하면 행사 계획과 할인율 등 정보를 얻을 수 있다.

❷ 투어리스트 카드 Tourist Card

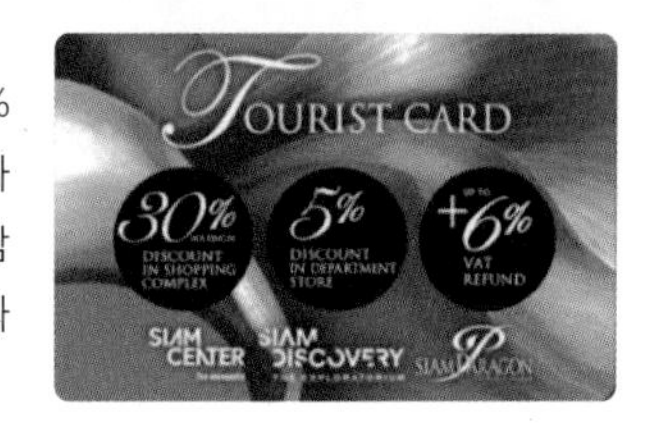

싸얌 파라곤과 아이콘 씨암에 투어리스트 카드가 있다. 쇼핑몰 5~30% 할인, 택스 리펀이 6% 까지 되는 유용한 카드다. 전자 제품, 가방 등 고가의 물건을 살 계획이라면 발급은 필수다. 발급비는 무료이고 여권을 지참해야 한다. 싸얌 파라곤의 투어리스 카드는 싸얌 파라곤 근처에 있는 싸얌 디스커버리와 싸얌 센터에서 함께 사용할 수 있다.

올드 타운

Old Town

왕궁과 사원, 이곳에서 방콕이 시작되었다

올드 타운은 짜오프라야강 동쪽의 라타나코신 지역Rattanakosin을 말한다. 1782년, 라마 1세는 톤부리 왕조를 무너뜨렸다. 그는 짜끄리 왕조를 건국하고 짜오프라야강 서쪽의 톤부리에서 동쪽 라타나코신으로 수도를 옮겼다. 짜오프라야강과 운하에 둘러싸여 있어 주변국의 침입을 막기에 지리적으로 좋았기 때문이다. 그는 운하를 확장해 라타나코신을 완벽한 섬으로 만들고 왕궁과 사원을 건립했다. 왕궁, 왓 포, 주요 사원 등 방콕 핵심 명소가 모두 라타나코신에 모여 있는 이유가 이 때문이다.

구시가는 낮과 밤 모두 아름답고 매력적이다. 낮에는 옛 정취 가득한 거리가 마음을 간지럽히고, 밤에는 사원을 밝히는 조명들로 한껏 고풍스러워진다. 이곳에선 천천히 여행하자. 짜끄리 왕조와 방콕의 오래된 이야기, 현재를 살아가는 사람들의 모습, 어느 것 하나 쉬이 지나치기에는 너무 아름답다.

올드타운 가는 법

❶ MRT 후알람퐁역Hua Lamphong까지 운행했던 MRT 노선이 강 건너 서쪽까지 연장되었다. 덕분에 싸얌과 쑤쿰윗을 비롯한 시내와의 접근성이 한결 편해졌다. 올드타운의 핵심 명소인 왓 프라깨우와 왓 포 방문 시에는 싸남차이역Sanam Chai을 이용하면 된다. 각각 도보로 5분, 15분 거리이다.

❷ 수상 보트 카오산로드 근처에서 올드타운으로 가는 가장 빠르고 유용한 방법이다. 프라아팃 선착장Phra Arthit에서 익스프레스 보트와 차오프라야 투어리스트 보트를 타면 된다. 왕궁은 따 창 선착장Tha Chang, 왓 포는 따 티엔 선착장Tha Tien에서 내린다. 왓 아룬으로 갈 경우에는 따 티엔 선착장에 내려서 르아캄팍Cross Boat으로 갈아타고 강을 건넌다.

수상 보트 비용 익스프레스 보트(주황색 깃발) 15B, 짜오프라야 투어리스트 보트(파랑 깃발) 60B, 르아캄팍 3.5~4B

올드 타운 여행 지도
Somdet Phra Pin Klao Rd
카오산 로드
Khaosan Road
방콕 국립 박물관
Bangkok National Museum
Ratchadamnoen Klang Rd
마하랏 선착장
Maharaj
Phra Chan Alley
Soi Na Phra That
싸남 루앙
부적 시장
Amulet Market
왓 마하탓
Wat Mahathat
Ratchadamnoen Nai Rd
Maha Rat Rd
Thanon Tanao
출발
따 창 선착장
Tha Chang
Na Phra Lan Rd
왓 프라깨우
입구
코 파니치
Kor Panich Sticky Rice
나따폰 아이스크림
Natthaphon coconut Ice Cream
Bamrung Mueang Rd
짜오프라야강
Chao Phraya River
왓 프라깨우 사원과 왕궁
Wat Phra Kaew & Grand Palace
Sanam Chai Rd
Ratchabophit Rd
Ban Mo
Maha Rat Rd
올드 타운 카페 방콕
Old Town Cafe
Bangkok
Thai Wang Alley
Charoen Krung Rd
왓 포 매표소
따 티엔 선착장
Tha Tien
롱 티안 방콕
Long Tian BKK
왓 포
Wat Pho
Ban Mo
Sanam Chai Rd
더 식스드
The Sixth
Chetuphon Rd
쌀라 라타나코신
Sala Rattanakosin
더 덱
The Deck by
Arun Residence
메이크 미 망고
Make me mango
블루 웨일 카페
Blue Whale Cafe
Arun Amarin Rd
왓 아룬
Wat Arun
어보브 리바
Above Riva
싸남 차이
Sanam Chai
Maha Rat Rd
빡끄렁 딸랏
(방콕 꽃 시장)
Pak Khlong Talat

포 포차야
Por. Pochaya
왓 벤차마보핏
Wat Benchamabophit
낭롱 시장
Nang Loeng Market
느어 뜬 낭롱
Neua Tun Nang Loeng
Phra Sumen Rd
Ratchadamnoen Nok Rd
Nakhon Sawan Rd
코피 히야 타이 키
Kope Hya Tai Kee
퀸스 갤러리
Queen Sirikit Gallery
민주기념탑
Democracy Monument
Ratchadamnoen Klang Rd
Lan Luang Rd
Lan Luang Rd
Thanon Chakkraphatdi Phong
크루아 압손
Krua Apsorn
마하깐 요새
로하 쁘라쌋
Loha Prasat
도착
밋 코 유안
Mit Ko Yuan
왓 사켓
Golden Mountain Temple
Maha Chai Rd
팁 싸마이
Thipsamai Phad Thai
Dinso Rd
싸오칭차
Giant Swing
Bamrung Mueang Rd
Bamrung Mueang Rd
또 꾸어이짭
왓 쑤탓
Wat Suthat
Ti Thong
Worachak Rd
Maha Chai Rd
Luang Rd
Unakan Rd
쌈욧Sam Yot
Charoen Krung Rd
온 록 윤
On Lok Yun
Burapha Rd
Phra Pokklao Rd
하루 여행 추천코스
왓 프라깨우 사원과 왕궁 ⇨ 도보 10분 + 페리 5분 ⇨
왓 아룬 ⇨ 페리 5분 + 도보 3분 ⇨ 왓 포 ⇨ 도보 25분 ⇨
왓 사켓 ⇨ 도보 5분 ⇨ 로하 쁘라쌋

짜오프라야강 선착장 지도
프라 아팃 선착장
Tha Phra Athit
소이 람부뜨리
Soi Rambuttri
카오산 로드
카오산 로드
Khaosan Road
Somdet Phra Pin Klao Rd
톤부리 선착장
Tha Thonburi
Ratchadamnoen Klang Rd
Nakhon Sawan Rd
따 마하랏 선착장
Tha Maharaj
올드타운
왓 사켓
Wat Saket
따 창 선착장
Tha Chang
Fueang Nakhon Rd
Bamrung Mueang Rd
Maha Chai Rd
Bamrung Mueang Rd
왓 프라깨우 사원과 왕궁
Wat Phra Kaew &
Grand Palace
Maha Rat Rd
BTS 시암역
2km
따 티엔 선착장
Tha Tien
Thai Wang Alley
Charoen Krung Rd
Luang Rd
왓 포
Wat Pho
Charoen Krung Rd
왓 아룬 선착장
Wat Arun
왓 아룬
Wat Arun
Yaowarat Rd
차이나타운
Phra Pokklao Rd
야오와랏 로드
Yaowarat Road
라치니 선착장
Tha Rajinee
Ratchawang Rd
메모리얼 브릿지 선착장
Tha Memorial Bridge Pier
Arun Amarin Rd
Song Wat Rd
Song Wat Rd
Charoen Krung Rd
왓 뜨라이밋
Wat Traimit
랏차웡 선착장
Ratchawongse Pier
롱 1919 선착장
LHONG 1919 Pier
마리네 선착장
Marine Dept. Pier
롱 1919
LHONG 1919
짜오프라야강 주요 선착장
사톤 선착장Sathorn Pier BTS 실롬 라인 사판탁신역Saphan Taksin과 연결. 투어리스트 보트 창구가 있다.
리버시티 선착장River City Pier 웨어하우스 30, 차이나타운과 연결.
롱1919 선착장Lhong1919 Pier 롱 1919 전용 선착장
랏차웡 선착장Ratchawongse Pier 차이나타운과 연결
따 티엔 선착장Tha Tien 왓 아룬-왓 포 연결
왓 아룬 선착장Tha Wat Arun Pier 왓 아룬-왓 포 연결
따 마하랏 선착장Tha Maharaj Pier 왕궁, 왓프라깨우와 연결. 투어리스트 보트 창구가 있다.
프라아팃 선착장Tha Phra Arthit Pier 카오산 로드와 연결.
아시아틱 선착장Asiatique Pier 아시아틱 전용 선착장. 16시 이후에만 아시아틱까지 연결된다.
리버사이드
리버사이드
La Yat Rd
더 잼 팩토리
The Jam Factory
리버시티 선착장
River City Pier
아이콘 시암 선착장
ICON Siam Pier
시 프라야 선착장
Si Phraya Pier
시 프라야 익스프레스
Si Phraya Express Pier
아이콘 시암
Icon Siam
Charoen Nakhon Rd
캣 타워 CAT Tower
오리엔탈 선착장
Oriental Pier
Charoen Krung Rd
Krung Thon Buri Rd
싸톤 선착장
Sathon Pier
N Sathorn
아시아틱 선착장
2.2km

Travel Tip 수상보트 이용 전에 꼭 알아두세요!

01 투어리스트 보트 원 데이 패스 Tourist Boat 1day Pass

올드 타운의 주요 명소와 현대적인 야시장 아시아틱, 롱 1919 등을 하루에 모두 방문할 계획이라면 투어리스트 보트 원 데이 패스를 추천한다. 200밧으로 하루 동안 무제한 탑승이 가능하다. 이동 범위가 좁다면 1회 탑승권60B을 사용하고, 나머지 경로는 도보로 이동하는 편이 낫다.

❶ 원 데이 패스 이용방법

온라인으로 구매하여 따 마하랏 선착장Tha Maharaj, 따 창 선착장과 약 300m 떨어진 선착장이나 사톤 선착장Tha Sathorn Pier, BTS 싸판탁신역 2번 출구에서 연결의 투어리스트 보트 창구에 가서 구매 바우처를 보여준다. 종이로 된 패스를 받아 탑승할 때마다 보여주면 된다. 온라인 구매 사이트 www.chaophrayatouristboat.com

❷ 투어리스트 보트 운행시간

원 데이 패스를 이용하여 투어리스트 보트파란색 깃발에 탑승할 경우 사톤 선착장→프라아팃 선착장 방향은 09:00~17:30까지 30분 간격으로 운행한다.

02 짜오프라야 익스프레스 Chao Phraya Express

짜오프라야강을 따라 이동하는 배로 '르아 두언'이라고도 한다. 서울의 버스가 컬러로 큰 카테고리를 구분하듯이, 짜오프라야 익스프레스도 뱃머리의 깃발 컬러로 구분한다. 깃발 색에 따라 정차하는 선착장, 가격이 모두 다르다. 오렌지, 그린, 옐로우 등 세 가지 노선이 있는데, 여행자들이 가장 많이 이용하는 노선은 오렌지 라인이다. 왕궁과 왓 포로 가는 따 티엔 선착장Tha Tien, 왓 아룬 선착장Tha Wat Arun Pier, 무료 셔틀 보트가 많은 사톤 선착장Tha Sathorn Pier 등 주요 선착장에서 탈 수 있다. 티켓은 선착장에서 구매할 수도 있고, 배에 탑승한 후 안내원에게 구매할 수도 있다.

오렌지 라인 15B, 운행 시간 06:00~19:00 그린 라인 13~32B, 운행 시간 06:15~18:00
옐로우 라인 20~29B, 운행 시간 06:15~20:00

ATTENTION!

뚝뚝! 바가지요금 주의!

카오산 로드 주변에서 출발하는 경우 뚝뚝을 많이 이용하지만 비싸고 바가지요금이 심하니 주의하자. 특히 실롬이나 차이나타운에서 출발할 때엔 택시를 추천한다. 비용은 넉넉잡아 200밧 이내이다. 만약 뚝뚝을 타면 사기에 가까운 요금으로 1000밧을 그냥 날릴 가능성이 90% 이상이다. 뚝뚝 기사의 단골 사기 멘트는 이렇다. "길이 막히니 선착장까지 가서 보트로 갈아타라. 뚝뚝 요금은 1000밧이다."

길이 막히니까
선착장까지 가서
보트로 갈아타.
1000밧에 해줄게

왓 아룬 Wat Arun

왓 포 사원 부근에 있는 따 티엔 선착장에서 르아 캄팍Cross Boat, 4밧을 타고 왓 아룬 선착장에서 하차
158 Thanon Wang Doem, Wat Arun +66 2 891 2185
08:00~18:00 ฿ 100B

동틀 때 가장 아름다운 새벽 사원

10밧 동전에 등장하는, 태국을 상징하는 사원이다. 왓 포 사원 건너편, 짜오프라야강 서쪽 강변에 있다. 원래 이름은 왓 마꺽Wat Mokot으로, 14세기 무렵 아유타야 시대부터 존재했다. 탁신 왕아유타야 왕조를 멸망시킨 버마군에 대항해 과거 영토를 회복하고 톤부리 왕조를 세운 왕은 수도를 톤부리의 왓 마꺽 사원 근처로 정하면서 사원 이름을 왓 챙Wat Chaeng, 날이 밝아오는 사원이라 명명했다. 그리고 동이 트는 새벽녘 신에게 사원을 봉헌하겠다고 맹세했다. 아마도 사원 봉헌을 통해 톤부리 왕조의 정통성과 자신이 세운 나라의 안녕을 기리지 않았을까. 짜끄리 왕조가 들어선 뒤로는 왓 아룬이라 불렀다. '왓'은 사원, '아룬'은 새벽이라는 뜻이다. 일출 때 해가 도자기로 만든 사원을 비추면 더 영롱한 빛을 낸다고 하여 이런 이름을 갖게 되었다. 그래서 '새벽 사원'Temple of Dawn이라 불리기도 한다.

사원 중앙에는 높이 86m의 거대한 탑 프랑Phrang, 옥수수처럼 생긴 크메르 스타일의 탑. 앙코르와트의 탑을 떠올리면 이해하기 쉽다.이 있고, 이 중앙탑을 중심으로 작은 프랑 4개가 사방을 호위하고 있다. 다른 사원에는 대개 황금색 쩨디종 모양 석탑가 있는데, 이곳엔 도자로 만든 프랑이 있어 새롭다. 프랑은 도자에서 느껴지는 단아함과 태국 사원다운 화려함을 모두 가지고 있다. 중앙탑 상단에는 에라완흰색 코끼리을 탄 힌두신 인드라 상이, 하단에는 다양한 표정을 가진 도깨비약들이 자리하고 있다. 중앙 탑을 둘러싼 네 개의 프랑은 위령탑이다. 이 위령탑은 33개의 극락을 상징하는 것으로, 바람의 신 프라파이에게 봉헌된 것이다.

새벽 사원을 바라볼 때 가장 매력적인 순간은 중앙탑 상단의 힌두신과 프랑 동쪽에 자리하고 있는 석가모니가 한눈에 들어올 때이다. 모든 신에 대한 봉헌과 염원을 열반으로 이끌고 있는 듯하여 가슴이 뭉클해진다.

Travel Tip

춧 타이Chut Thai 입고 기념사진 찍기

춧 타이는 태국 전통 의상이다. 왓 아룬 사원 입구에 춧 타이 대여점이 여러 곳 있다. 가격은 150~200밧 정도이고, 여러 명이 대여하면 할인된다. 춧 타이는 신축성이 적고 사이즈도 다양하지 않다. 혹시나 너무 빡빡하다고 속상해하지 마시길.

ONE MORE
Restaurants
around River

왓 아룬을 멋지게 감상할 수 있는 강변 레스토랑

어보브 리바
Above Riva

야경 감상하기 좋은 테라스형 레스토랑

왓 아룬과 올드 타운이 훤히 보이는 테라스형 레스토랑 겸 바이다. 왓 아룬 건너편 올드 타운에 있다. 부티크 호텔 리바 아룬Riva Arun에서 운영하는 곳으로 호텔 건물 5층 루프톱에 있다. 왓 아룬과 짜오프라야강 일대가 한눈에 들어오고, 올드 타운과 왕궁 야경까지 덤으로 즐길 수 있다. 따 티엔 선착장 주변의 레스토랑에 비해 비교적 한산하고 분위기가 여유롭다. 퓨전 음식과 커피, 스무디 등의 음료, 주류 메뉴가 있고 맛도 뛰어나다. 야경과 디너 메뉴로 한껏 분위기를 내고 싶은 날에 추천한다.

따 티엔 선착장에서 나와 사거리에서 우회전해서 마하랏 로드Maha Rat Rd를 따라 250m 직진. 우측 첫 번째 골목 끝에 위치. 리바 아룬 호텔 골목 입구에 안내판이 있다. 392, 27 Maha Rat Rd +66 2 221 1859
매일 07:00~24:00 ฿ 트러플 알리올리오 215B, 스파게티 120B, 스무디 140B(부가세와 서비스 차지 17% 별도)
www.nexthotels.com/hotel/riva-arun-bangkok/

따 티엔 선착장에서 나와 사거리에서 우회전해서 마하랏 로드Maha Rat Rd를 따라 100m 직진. 우측 첫번째 골목으로 진입 39 Maha Rat Rd
+66 2 622 1388 매일 07:00~22:30(루프톱 바는 16:00~22:30)
฿ 250~350B + TAX 17%

쌀라 라타나코신
Sala Rattanakosin

강변 최고의 뷰

왓 아룬 건너편 올드 타운의 수많은 강변 레스토랑 중에서 최고의 뷰를 자랑한다. 쌀라 라타나코신 호텔에 있다. 건물의 1, 2층이 레스토랑이며 루프톱 바도 있다. 창문이 통유리여서 모든 자리에서 왓 아룬을 조망할 수 있다. 하지만 바깥 풍경을 오롯이 즐길 수 있는 창가 좌석을 원한다면 예약 필수. 음식과 서비스는 전망에 비해 떨어진다. 음식 맛은 보통이고, 서비스는 불친절한 편이다.

🚶 따 티엔 선착장에서 나와 사거리에서 우회전해서 마하랏 로드Maha Rat Rd를 따라 200m 직진. The Deck 이정표를 따라 우측 골목으로 진입

📍 36-38 Pratu Nokyung Alley

📞 +66 2 221 9158

🕓 매일 11:00~22:00

฿ 200~300B + TAX 17%

③ 더 덱
The Deck by Arun Residence

자부심 넘치는 음식과 서비스

더 덱은 강변 레스토랑의 원조 격이라 할 수 있다. 정갈한 태국 음식을 선보인다. 음식과 서비스에서 자부심이 느껴진다. 데크가 넓게 깔린 야외 테라스는 분위기가 좋다. 실내에도 테이블이 있다. 더위에 취약한 여행자에게 추천한다. 쌀라라타나코신만큼 자리 경쟁이 치열하지 않지만 6시 이후에는 자리 잡기 힘들다.

⊘ ATTENTION!

사원 배경 술 사진 NO!

사원을 배경으로 술 사진을 찍으면 안 된다. 강변 레스토랑 테이블에 안내문이 적혀있지만 이를 무시해 눈살 찌푸리는 경우가 종종 발생한다. 벌금을 내는 것은 아니다. 하지만 태국에선 중요한 문화이다. 세계 시민답게 타국 문화를 존중하자.

④ 롱 티안 방콕
Long Tian BKK

현지 분위기 물씬

현지인에게 인기 만점인 레스토랑 겸 바이다. 따 티엔Tha Tien 선착장 바로 옆에 있다. 2층엔 에어컨이 설치된 실내 좌석이, 3층엔 루프톱 바가 있다. 음식, 음악, 분위기에서 태국 느낌을 제대로 경험할 수 있다. 음식 가격이 저렴한 편이다. 현지 분위기를 찾는 여행자에게 추천한다. 규모가 작아 시야를 방해받지 않고 새벽 사원을 감상할 수 있는 좌석 수가 적은 편이다.

🚶 따 티엔 선착장에서 나오자마자 보이는 우측의 골목Gloria Jean's Coffee 전 골목으로 진입

📍 246 Thai Wang Alley

📞 +66 80 856 9492

🕓 일·화·수·목 16:00~23:30,
금·토 16:00~24:00, 월요일 휴무

฿ 80~200B

왓 프라깨우 사원과 왕궁 Wat Phra Kaew & Grand Palace

❶ 따 창 선착장Tha Chang Pier에서 200m 직진
❷ 왓 포에서 찾아갈 땐 마하 랏 로드Maha Rat Rd를 끼고 있는 성곽을 따라 700m 이동
❸ MRT 싸남차이역Sanam Chai에서 북쪽으로 약 950m, 도보 15분
Na Phra Lan Rd +66 2 224 3290 매일 08:30~15:30 ฿ 500B www.royalgrandpalace.th

태국의 자존심

"왕궁을 태국어로 왓 프라깨우라고 하는 거 아니야?"
누군가 이렇게 물었다. 나도 방콕을 처음 여행했을 때 그렇게 생각했지만 아니다. 총면적 21만 8,400㎡에 달하는 왕궁 구역에는 왕실의 거주지인 왕궁과 왕실 전용 사원인 왓 프라깨우가 함께 있다. 여행자가 왕궁에서 보게 되는 것의 8할은 왓 프라깨우이고, 왕궁은 일부 건물만 볼 수 있도록 동선이 짜여 있다. 사원이 중심이라 해서 실망하기엔 아직 이르다. 왓 프라깨우는 왕궁보다 화려하고 아름다우며, 태국 사원 건축의 정수를 보여준다.

1782년 짜끄리 왕조가 시작되면서, 라마 1세는 수도를 왓 아룬이 있는 짜오프라야강의 서쪽톤부리 지역에서 강과 운하로 둘러싸인 동쪽 라타나코신 지역으로 옮겨왔다. 버마의 잦은 침략으로부터 왕국을 보호하기 위해서였다. 그리고 그는 왕궁뿐 아니라 거대하고 아름다운 사원도 지었다. 왕궁과 왓 프라깨우는 방콕의 시작이기도 하다. 수백 년 방콕의 역사가 고스란히 담겨 있다.

Travel Tip

효과적인 왕궁 여행법

❶ 여유롭게 둘러보고 싶다면 오픈 시간에 맞춰 입장하자. 몇 시간만 지나면 발 디딜 틈이 없을 정도로 복잡해지고, 뜨거운 햇볕에 지치기 쉽다.

❷ 더위와 태양을 피하려면 모자와 선크림은 필수이다.

❸ 물을 여유롭게 준비해 가자. 입장하고 나면 물을 살 곳이 없다.

ATTENTION 복장에 주의하세요!

사원 입장 후에 입구에서 입고 있던 카디건이나 롱지 등을 벗는 모습을 종종 목격할 수 있다. 예쁘게 입고 인생샷을 남기고 싶은 마음이야 이해가 가지만, 그러다 걸리면 직원이 보는 앞에서 사진을 모두 지워야 한다. 삭제된 사진 폴더에서 복구하겠다는 생각도 하지 마시라. 심하면 그것까지도 확인한다. 사진의 문제를 떠나 태국 문화를 존중하지 않았다는 생각에 심히 불쾌해하니 유의하자.

왓 프라깨우와 왕궁 상세지도

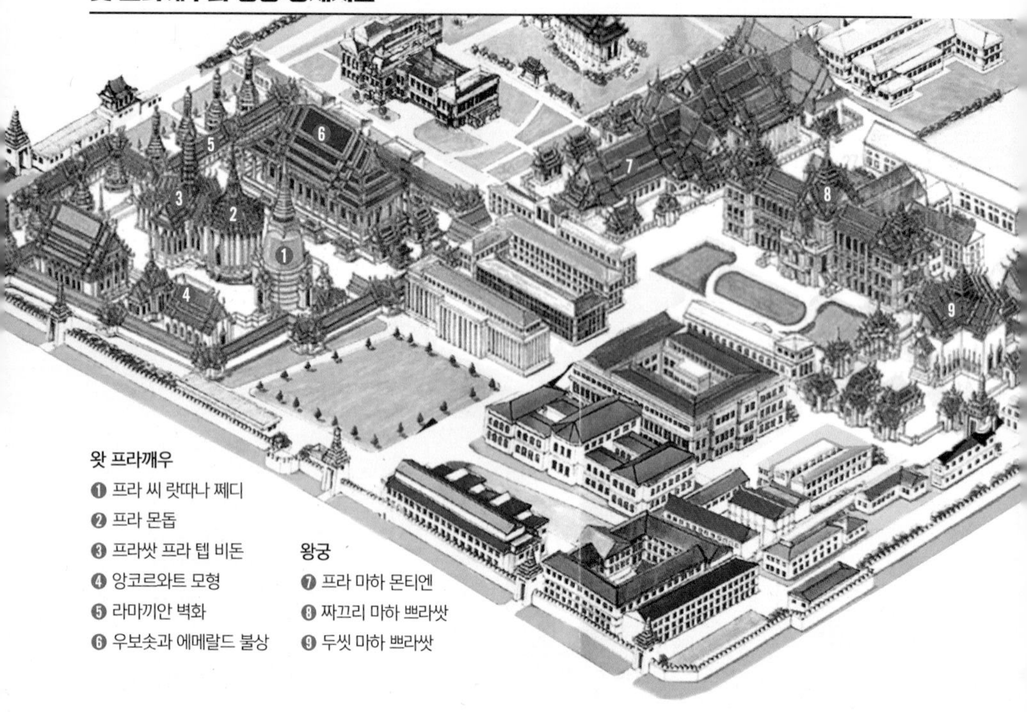

단번에 왕궁과 왓 프라깨우 입장하는 방법

STEP 1. 입구 찾기

입구는 Viman Deves Gate왕궁 입구 한 군데이다. 싸남루앙왓 프라깨우 맞은 편에 있는 광장이 있는 나 프라 란 로드Na Phra Lan Rd에 있다. 보트를 타고 따 창 선착장Tha Chang Pier에서 내린다면 선착장에서 나와 200m 직진하면 된다.

STEP 2 .드레스 코드

❶ 복장 규정이 엄격하다. 무릎이 보이는 반바지와 짧은 치마, 어깨가 드러나는 상의, 샌들, 플립플롭 중 하나라도 착용했다면 입장 불가. 몸을 다 가렸다 해도 과하게 꽉 끼는 원피스, 레깅스 등을 입었을 땐 입장이 어렵다.

❷ 복장 규정에 어긋나면 바지나 롱지긴 천을 랩 스커트처럼 두르는 것를 빌려야 한다. 땀에 찌든 롱지를 돈 주고 빌리지 않으려면 출발 전 복장을 한 더 확인하자. 카디건, 로브 등을 준비하는 것도 좋은 방법이다.

STEP 3. 티켓

외국인 입장료는 500밧이고, 신용카드는 받지 않는다. 아난따 싸마콤 궁전, 퀸 씨리낏 박물관, 왕실 동전 박물관 등의 입장권도 포함이 되어있다. 티켓을 구매하면 오디오 가이드를 대여할 수 있다.

Travel Tip

오디오 가이드 대여

한국어는 지원되지 않고, 영어, 일본어, 중국어, 프랑스어 등을 지원한다. 대여료는 200밧이고, 여권 혹은 신용카드를 맡겼다가 오디오를 반납할 때 돌려받는다.

ONE MORE 1
Wat Phra Kaew

왓 프라깨우 자세히 둘러보기

태국 종교 건축의 정수를 보여주는 짜끄리 왕조의 왕실 사원이다. 수코타이 왕조의 왓 마하탓Wat Mahathat, 아유타야 왕조의 왓 프라 시 산펫Wat Phra Si Sanphet에 버금가는 대표 사원을 건립하여 과거 왕조의 정통성과 번영을 이어받고자 지은 것이다. 태국 전역을 통틀어 가장 신성한 불상으로 여겨지는 에메랄드 불상이 본당Phra Ubosot에 안치되어 있다. 5m가 넘는 수호 도깨비약, Yaksha, 황금빛 체디석탑, 벽화 등 화려한 볼거리가 가득하다.

왓 프라깨우의 조각상들

❶ 약 Yaksha

왓 프라깨우 입구를 지키는 수호 도깨비이다. 본당 회랑 입구 곳곳에 있다. 수완나품 공항 출국장에 있는 거대한 약 조각상은 왓 프라깨우의 약을 재현한 것이다.

❷ 낀넌

신화 〈라마끼안〉에 등장하는 반인반조의 신이다. 본당 주변의 건물들 사이에 있으며, 저마다 모양이 조금씩 다르다.

❸ 가루다

인간과 독수리가 오묘하게 섞여 있는 신으로 신화에 자주 등장한다. 석탑과 우보솟Ubosot, 본당, 대웅전 외부 기단부 곳곳에서 쉽게 찾아볼 수 있다.

❹ 헤르밋 Hermit

막걸리 한잔 걸친 듯 아주 편안한 자세로 앉아 있는 조각상이다. 힐링의 능력을 갖춘 치유의 사제로 알려져 있다.

왓 프라깨우 핵심 볼거리 베스트 6

1

프라 씨 랏따나 쩨디

Phra Sri Rattana Chedi

사원에 들어서면 제일 먼저 만나게 되는 종 모양의 황금색 탑이다. 왓 프라깨우를 찾은 여행자들의 첫 번째 포토 스폿이기도 하다. 라마 4세재위 1851~1868 때 만들어졌으며 내부에는 부처의 진신사리가 안치되어 있다.

2

프라 몬돕

Phra Mondop

조선 시대의 장서각처럼 짜끄리 왕조의 자료를 모아둔 도서관이다. 황금색 프라 씨 랏따나 쩨디 옆에 있다. 건물 전체가 금빛 패턴으로 장식되어 화려하고, 내부는 진주로 장식했다. 아쉽게도 내부는 일반인에게 공개하지 않는다.

3

프라쌋 프라 텝 비돈

Prasat Phra Thep Bidon

십자형 구조의 왕실 신전이다. 내부에는 짜끄리 왕조의 역대 왕들을 실물 크기로 제작한 동상이 있다. 짜끄리 왕조 기념일4월 6일에만 일반인에게 개방한다.

4

앙코르와트 모형

The Model of Angkor Wat

크메르 왕국의 앙코르와트 모형 건축물이다. 1860년대, 라마 4세가 세웠다. 크메르 왕국은 싸얌시암, 태국의 속국이었다. 크메르캄보디아와 짜끄리 왕조는 동일한 문화와 정치를 기반으로 한다는 의미로 만들었는데, 사실은 당시 캄보디아를 식민지 삼으려 했던 프랑스를 의식하여 제작한 것이다.

5

라마끼안 벽화

Ramakian Mural Cloisters

사원을 둘러싸고 있는 회랑 내부 벽면에 힌두교의 대서사시 <라마끼안>을 그린 벽화가 있다. 보존 상태가 좋고 설화를 바탕으로 한 것이다 보니 표현과 구성이 흥미진진하다. 라마끼안의 내용을 잘 몰라도 권선징악의 결론을 금방 눈치챌 수 있다.

©Flickr - Jarvis

라마끼안을 아시나요?

라마끼안은 인도의 장편 서사시 라마야나Ramayana를 태국 버전으로 각색한 신화이다. 라마야나를 요약하자면, 비슈누힌두교의 보존과 유지의 신. 창조의 신 브라마, 파괴의 신 시바와 더불어 힌두교 3대 신이다.가 인간 라마로 환생하여 악마 라바나를 응징하는 영웅담이다. 당시 스리랑카는 악마 라바나가 통치하고 있었는데, 인간을 괴롭히는 악행이 나날이 심해졌다. 그러나 라바나는 창조의 신 브라마조차 해할 수 없는 특권을 가지고 있어, 신들은 골치가 아팠다. 이에 브라마는 비슈누에게 인간의 모습으로 환생해 라바나를 죽이라고 지시하고, 비슈누는 라마로 환생해 라바나를 무찌른다. 세상에 평화를 가져온 라마, 짜끄리 왕조의 왕을 칭하는 라마가 여기서 유래했다.

6

우보솟과 에메랄드 불상

Ubosot & Emerald Buddha

왓 프라깨우의 하이라이트는 에메랄드 불상이 있는 본당우보솟이다. 사원의 이름도 에메랄드를 의미하는 프라깨우에서 따다 지었다. 에메랄드 불상은 높이 66cm, 폭 48cm 크기로 목각 옥좌 위에 가부좌를 틀고 앉아 있다. 왓 프라깨우의 본존불을 넘어서서 태국의 본존불로 신성시되는 불상이다. 매년 계절이 바뀔 때3월과 7월, 11월마다 국왕이 손수 불상의 승복을 갈아입히는 예식을 한다. 전 국민이 애지중지하는 곳이라 예절에 민감한 게 좋다. 내부에서는 사진 촬영 금지이니 반드시 유의하자.

ONE MORE 2
Grand Palace

왕궁 자세히 둘러보기

왕실 사원의 본당 우보솟을 마지막으로 보고 왓 프라깨우를 벗어나면 왕궁으로 들어서게 된다. 왕궁은 라마 1세재위 1782~1809 때부터 왕족의 거주지였으나, 라마 8세재위 1935~1946가 이곳에서 살해되면서 라마 9세 때 거주지를 옮겼다. 현재는 나라의 중요한 행사를 치를 때만 사용한다. 일반인에게는 왕궁의 일부 건물만 공개한다.

왕궁 핵심 볼거리 베스트 3

1 프라 마하 몬티엔

Phra Maha Montien

왕궁으로 들어서면 가장 먼저 보이는 궁전 건물이다. 라마 1세의 명으로 두씻 마하 쁘라쌋과 함께 왕궁에서 제일 먼저 준공되었다. 접견실, 주거 공간, 대관식이 행해지던 곳으로 구성되어 있다.

2 짜끄리 마하 쁘라쌋

Chakri Maha Prasat

태국과 서양의 건축 양식이 섞여 있는 매력적인 건축물이다. 전체적으로 르네상스 양식으로 지어졌지만 지붕과 첨탑은 태국식으로 마무리했다. 라마 5세재위 1868~1910가 유럽 순방을 마치고 돌아와 짜끄리 왕조 100년을 기념하기 위해 지었다.

3 두씻 마하 쁘라쌋

Dusit Maha Prasat

태국의 전통 건축 양식을 아름답게 표현한 미학적인 건축물로 평가받는다. 멀리서 보아도 단연 돋보인다. 내부에는 라마 1세의 즉위식에 사용했던 왕좌가 남아있다.

느낌 있는 왕궁 사진을 원한다면 성곽 밖으로!

열과 성의를 다해 사진을 찍어도 나중에 확인해 보면 이게 왕궁인지, 그냥 사원인지 황당할 수 있다. 수많은 인파를 피해 찍다 보면 지붕만 나오기 일쑤이고, 건축물 사이 간격이 좁아 왕궁다운 사진을 얻기 어렵다. 이럴 땐 나 프라 란 로드Na Phra Lan Rd 동쪽 끝 사거리로 가자. 왓 프라깨우의 건축물 상단부가 다각도로 보인다. 간결한 흰색 성곽과 그 위로 보이는 화려한 첨탑의 대조가 멋스럽다.

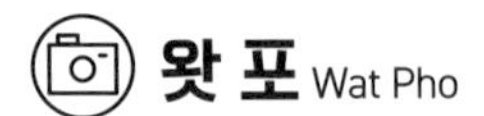

왓 포 Wat Pho

MRT 싸남차이역Sanam Chai에서 북쪽으로 약 400m, 도보 7분
Wat Pho, 2 Sanam Chai Rd
+66 2 226 0335
월 08:30~18:30, 화~일 08:30~17:00(공휴일 휴무)
฿ 200B ☰ www.watpho.com

태국 최대 와불상이 있는 사원

방콕에서 가장 크고 오래된 사원으로 왓 프라깨우 남쪽에 자리하고 있다. 방콕 여행의 핵심 명소 중 하나로 꼽히며, 높이 15m, 길이 46m에 이르는 태국 최대 와불상Reclining Buddha으로 유명하다. 사원의 공식 이름은 '왓 프라 체투폰 위몬 망클라람 랏차워람아하위한'으로 와불상 길이 만큼이나 길지만, 줄여서 왓 포라 부른다.
왓 포는 16세기 무렵 아유타야 양식으로 지어졌다. 라마 1세재위 1782~1809가 방콕을 짜끄리 왕조의 수도로 정하면서, 왕실 사원으로 증축되었다. 라마 3세재위 1824~1851 때 다시 확장하여 현재의 모습을 갖추었다. 왕실의 전폭적인 지지를 받던 시기에는 1,300명 이상의 승려가 이곳에서 수행했으며, 또 태국 최초로 대학 기능을 하며 다양한 학문을 교육하기도 했다. 왓 포는 태국인에게는 신성시되는 사원이다. 짧은 바지, 민소매 등 노출이 심한 옷은 피하도록 하자.

ONE MORE

왓 포 도깨비 VS 왓 아룬 도깨비

태국 주요 사원에는 사원을 지키는 도깨비 약Yak 또는 Yaksha이 있다. 왓 포와 왓 아룬에도 있는데, 이들에 관련된 재미난 동화가 전해지고 있다. 왓 포 도깨비와 왓 아룬 도깨비는 친구 사이였다. 어느 날, 왓 포 도깨비가 왓 아룬 도깨비에게 돈을 빌렸다. 돈을 갚을 날이 지나도 소식이 없자 왓 아룬 도깨비는 강을 건너 왓 포에 왔다. 그러나 왓 포 도깨비는 돈을 갚을 생각이 없었다. 왓 아룬 도깨비는 크게 분노했다. 둘의 다툼은 점점 심해져 왓 포와 왓 아룬 일대가 부서지고 모든 생물이 죽어갔다. 보다 못한 이수언 신시바의 현신이 둘을 돌로 만들어 더는 강을 건너지 못하게 하였다.

Travel Tip

고대 타이 마사지를 경험해보자

왓 포에는 유명한 마사지 학교가 있다. 혈 자리에 대한 방대한 자료와 사원 뜰에서 키운 약초를 개방하면서 수많은 마사지사가 이곳으로 모여들었고 현재의 타이 마사지 학교로 발전했다. 시내의 유명 마사지 가게처럼 화려한 시설을 갖추진 않았지만, 몸의 혈 자리를 중심으로 하는 고대 타이 마사지를 경험할 수 있어 매력적이다. 가격은 발 마사지가 280밧, 전신 마사지가 420밧이다.

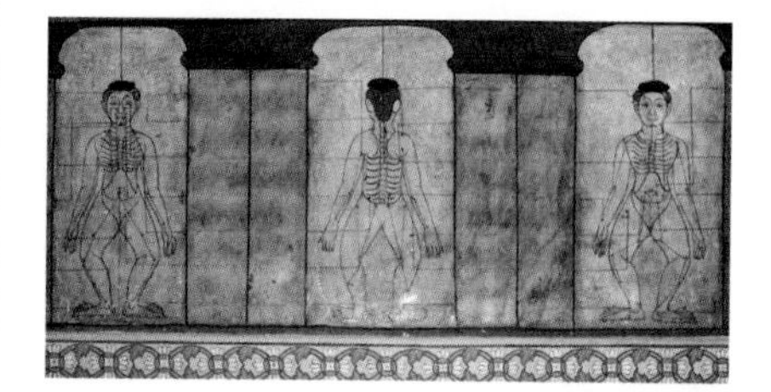

ONE MORE Wat Pho

왓 포 핵심 볼거리 베스트 4

1

와불상

The Reclining Buddha

태국에서 제일 큰 와불상으로 왓 포에서 여행자와 현지인 모두에게 인기가 많다. 프라 논Vihan Phra Non이라 불리는 법당 안에 있는데, 높이 15m, 길이 46m에 이르며, 법당 안을 가득 채우고 있다. 한 손으로 머리를 받치고 여유롭게 누워있는 모습은 열반에 오른 부처를 보여준다. 이 때문에 왓 포는 열반 사원이라는 애칭을 얻었다. 발바닥에는 자개로 지문 모양을 표현해 놓았는데, 이는 108번뇌를 의미한다. 와불 뒤에는 108개 금속 공양 그릇이 일렬로 늘어서 있다. 그릇에 동전을 하나하나 담으며 번뇌를 없애라는 의미이다. 와불 뒤쪽으로 가서 20밧을 시주하면 동전 그릇에 담을 1밧짜리 동전 100개가 담긴 그릇을 준다. 그러나 여행자들은 대부분 100개가 넘는 공양 그릇에 1밧짜리 동전을 하나씩 넣지 못하고 그릇 몇 군데에 나누어 동전을 들이붓는다. 역시 깨달음은 어렵다.

2

프라 마하 쩨디 씨 랏차깐

Phra Maha Chedi Si Rajakan

와불이 있는 불당 뒤편에 있는 높이 42m의 거대한 석탑Chedi 네 개를 말한다. 탑 표면을 도자기 타일로 화려하게 장식했다. 녹색은 라마 1세, 흰색은 라마 2세, 노란색은 라마 3세, 파란색은 라마 4세를 상징한다. 주변의 작은 쩨디에는 왕족들의 유해가 보관되어 있다.

3

프라 우보솟

Phra Ubosot

왓 포의 본당으로 아유타야에서 가져온 불상을 본존불로 모시고 있다. 내부에는 불교의 세계관을 표현한 벽화가 있고, 외부 기단부에는 '라마끼얀'힌두교의 영웅 '라마'의 일생을 그린 대서사시을 표현한 부조 조각이 있다.

4

프라 라비양

Phra Rabieng

본당 프라 우보솟을 사방으로 둘러싼 회랑이다. 회랑에는 아유타야와 수코타이 양식으로 만들어진 불상 394개가 놓여있다. 라마 1세 때 북부에서 가져온 불상으로, 금박은 현대에 입힌 것이다.

 방콕 국립 박물관 Bangkok National Museum

🚶 왕궁에서 나 프라탓 길Na Phra That Alley 따라 북쪽으로 600m 직진
Bangkok national museum, Soi Na Phra That +66 2 224 1370
수~일 08:30~16:00(매표 마감 15:30) ฿ 200B, 350B(국립 박물관, 태국 왕실 선박 박물관, 국립 미술관 포함)

별궁이 타이 최초 국립박물관으로 바뀌다

방콕 국립 박물관은 왕궁의 북쪽, 싸남루앙왓 프라깨오 북쪽 건너편 광장과 탐마삿 대학교 사이에 있다. 라마 1세 때 별궁으로 지었으나 1874년 라마 5세가 그의 아버지 라마 4세의 유품을 전시하면서 용도가 박물관으로 바뀌었다. 박물관은 붉은 집Red House, 역사관, 붓다이싸완 사원으로 구성되어 있다. 붉은 집은 라마 1세의 여자 형제인 수다락Sri Sudarak 공주가 거주하였던 곳이다. 지금은 수다락 공주가 생전에 사용했던 물품을 전시하고 있다. 라따나코신 왕조1782~1932의 생활상을 엿볼 수 있다. 다른 전시실엔 타이 전역에서 발굴된 선사시대 유물부터 수코타이, 아유타야를 거쳐 라따나코신 왕조에 이르는 조각상과 불상, 예술품을 전시하고 있다. 천여 점이 넘는 유물을 전시하고 있는 타이 최초 국립박물관이다. 동남아시아에서 손꼽히는 규모를 자랑한다.

©flickr Laughlin Elkind

ONE MORE
Bangkok National Museum

꼭 봐야 할 전시 작품 셋

©wikimedia

1

람캄행 비문 The King Ram Khamhaeng Inscription

람캄행은 수코타이 왕조1238~1438. 타이의 최초 왕조의 3대 왕이다. 람캄행 시대에 수코타이 고유 문자가 만들어졌는데, 이 비문도 당시의 문자로 새겨져 있다. 현존하는 가장 오래된 타이어 문자이다. 왕권, 정치, 종교, 생활사 등 다양한 내용이 담겨있다. 역사적 사료가 부족한 동남아시아에서 람캄행 비문은 존재 자체만으로도 고대 왕조 연구에 중요한 역할을 한다. 2003년에는 그 가치를 인정받아 유네스코 세계기록유산에 등재되었다.

2

왕실 장례 가마 Royal Funeral chariot

화려하고 아름다운 모습의 왕실 가마지만 교통수단이 아닌 장례용이다. 왕실 가마가 사용되기 시작한 것은 아유타야 왕조 때부터였는데, 그 전통이 오늘까지 이어졌다. 2017년에 서거한 푸미폰왕의 장례식에는 거대한 가마를 들기 위해 성인 남성 200명 이상이 동원되었다. 장례가 끝난 후에는 방콕 국립 박물관이 보존, 관리한다.

3

왓 붓다이싸완 Wat Buddhaisawan

박물관 안에 있는 사원이다. 왓 프라깨우의 에메랄드 불상 다음으로 신성시하는 황금 불상 프라씽Phra Singh이 안치되어있다. 황금색 불상과 내부를 빼곡히 수놓은 붉은 벽화가 화려하다.

왓 마하탓 Wat Mahathat

왕궁에서 나 프라탓 길Na Phra That Alley 따라 북쪽으로 350m 직진
3 Soi Na Phra That +66 2 222 6011 매일 07:30~18:00
฿ 금액에 상관없이 기부금으로 대신한다

©Wikimedia

부처의 명상법을 배우자

왓 마하탓은 명상으로 유명한 사원이다. 왕궁에서 북쪽으로 약 350m 떨어진 곳에 있다. 사원 안에 불교 대학과 비파사나Vipassana 명상센터가 있어 젊은 승려와 일반인 수행자들로 늘 붐빈다. 비파사나는 부처의 명상 수행법으로, 한 가지에 집중하여 평화를 얻기보다는 여러 현상을 관조하여 통찰력을 얻는 수행법이다. 사원에서 이 명상법을 배울 수 있다. 호흡을 통해 내 몸과 생각을 들여다보는 시간을 갖는다. 수업은 매일 07:00~10:00, 13:00~16:00, 18:00~21:00에 영어로 진행되며, 누구나 참여할 수 있다. 수업료는 무료지만, 대체로 기부금으로 고마움을 대신한다.

©Allie Caulfield

 부적 시장 Amulet Market

따 마하랏Tha Maharaj 선착장에서 도보 100m
8 sanam phra, Phra Borom Maha Ratchawang

©Imola Gracia Marjai

목걸이와 피규어를 닮은 부적

이름 그대로 부적을 판매하는 시장이다. 왓 마하탓 서쪽, 왕궁과 탐마삿 대학교 사이를 잇는 마하랏 로드Maharat Rd에 있다. 길 이름을 따서 딸랏 마하랏이라고도 부른다. 이곳의 부적들은 한국 부적 같은 형태가 아니라 목걸이와 피규어Figure 모양을 하고 있다. 태국은 부적의 종류가 무척 다양하다. 불교와 힌두교의 영향을 골고루 받아 다양한 신과 미신이 공존하기 때문이다. 시장을 구경하다 보면 골동품 시장에 온 듯한 기분이 든다. 펜던트와 줄을 직접 고르는 재미가 남다르다. 나름 시장이니 적당한 흥정은 필수다. 마하랏 로드는 옛 방콕의 모습이 많이 남아 있어 거리 자체만으로도 색다른 즐거움이 있는 곳이니 놓치지 말고 즐겨보자.

©wikimedia

짜오프라야강 Chao Phraya River

방콕의 젖줄

짜오프라야강은 왕을 위해 흐른다는 말이 있다. 강 이름의 영문식 표현 'River of King'에서 유래된 말인데, 자세히 알고 보면 이 말이 꼭 맞는 것은 아니다. 짜오프라야강은 왕이 아니라 방콕 시민을 위해 흐른다. 짜오프라야라는 이름이 생기기 전 사람들은 이 강을 매남Mae Nam이라 불렀다. 태국어로 '매'는 어머니, '남'은 물이라는 뜻으로 어머니의 강 즉 삶의 젖줄이었다. 이 풍요로운 자연은 인간과 함께 작물을 키워냈고, 바지선이 드나들 수 있는 물길을 내어 주었다. 모습만 조금 바뀌었을 뿐, 지금도 방콕 사람들은 짜오프라야강과 함께 살아간다. 과일과 채소를 파는 상인들의 보트와 일터로 가기 위해 페리에 몸을 실은 사람들이 쉴 새 없이 움직인다. 누군가는 친구, 연인과 함께 강 주변의 바에 앉아 시원한 맥주 한잔으로 하루를 마감한다. 오늘도 짜오프라야강은 방콕 시민을 위해 그리고 당신을 위해 흐른다.

ONE MORE
Chaophraya River Cruise

짜오프라야 리버 크루즈

저녁 무렵 짜오프라야강에서 바라보는 올드 타운은 퍽 인상적이다. 수많은 사원이 화려한 불빛으로 멋을 더하면서 타운 전체가 금빛으로 물든다. 번잡스러웠던 도시는 잠잠해지고 고풍스러운 매력을 뽐낸다. 넘실대는 배 위에서 이 풍경을 지켜보면 방콕에 빠져들지 않을 이가 누가 있을까. 방콕에서 잊지 못할 저녁을 원한다면 크루즈 여행이 답이다.

1 압사라 디너 크루즈 Apsara Dinner Cruise

호텔 반얀트리에서 운영하는 빈티지 스타일 크루즈이다. 고급스러운 태국 음식과 반얀트리의 명성에 어울리는 극진한 서비스를 자랑한다. 샹그릴라 호텔의 크루즈보다 약 10달러 정도 비싸지만 서비스와 만족도는 압사라가 훨씬 뛰어나다.

가격 약 3000B 픽업 쇼핑몰 리버시티River City에 모여 선착장으로 이동. 20:00에 출발. 정확한 미팅 장소와 모이는 시간은 예약 후에 확인할 수 있다. 크루즈 시간 2시간 정도(22:15에 리버시티에 내려준다.)
예약 구글에 Apsara Dinner Cruise를 검색하면 클룩, 몽키트래블, 익스피디아, 호텔스닷컴 등에서 판매하는 상품이 많다. 같은 상품 가격도 훨씬 저렴할 수 있으니 비교 후 예약 진행하자.

2 짜오프라야 리버 디너 크루즈 Chao Phraya River Dinner Cruise

뷔페와 라이브 공연이 있는 디너 크루즈이다. 저렴한 가격이 강점이지만, 중국인 단체 관광객이 압도적으로 많아 조금 소란스럽다. 그래도 짜오프라야강 야경이 아름답기는 마찬가지!
가격 1000B 픽업 리버시티 1번 선착장에서 18:30에 출발 크루즈 시간 19:00~21:00 예약 chaophrayacruise.com

Travel Tip

저렴하게 짜오프라야 야경 즐기기
투어리스트 보트 올 데이 패스

칵테일과 함께 즐기는 짜오프라야의 야경도 좋지만, 야경만 즐기고 싶다면 투어리스트 보트 올 데이 패스Tourist Boat all day Pass를 활용하자. 하루 종일 교통편으로 보트를 이용하고, 해가 지고 난 뒤 저렴하게 짜오프라야의 야경을 즐길 수 있다. 밤에 사톤 선착장에서 프라아팃 선착장으로 가는 보트에 탑승하여 야경과 왕궁, 왓 아룬의 멋진 모습을 마음껏 감상하면 된다. 시원한 땡모반수박 주스 한 잔 사서 탑승하자! 올 데이 패스는 해지기 전까지 사용할 수 있는 원 데이 패스와 다르다. 올 데이 패스는 09:00~20:30까지 30분 간격으로 운행하며, 가격은 300밧이다.
온라인 구매 사이트 www.chaophrayatouristboat.com

빡끄렁 딸랏 방콕 꽃 시장 Pak Khlong Talat

🚶 ❶ Pak Khlong Talat Flower market 선착장에서 바로 연결된다
❷ MRT 싸남차이역 Sanam Chai에서 도보 5분
◎ 72-66 Chakkraphet Rd 🕓 24시간

©Ninara
©Jen Hunter
©Ninara
©Irene

낮보다 밤에 더 매력적인 꽃 시장

빡끄렁 딸랏은 24시간 운영하는 꽃 시장이다. 관광지에서 볼 수 없는 생생한 방콕키안의 모습과 현지 분위기가 밤낮없이 흘러넘친다. 이국적인 꽃과 동남아답게 얼음 위에 꽃을 보관하는 모습 등 소소한 볼거리가 가득하다. 삼삼오오 모여 앉아 꽃잎을 엮어 사당과 사원에 놓을 꽃 부적을 만드는 모습도 재미난 볼거리다. 꽃 시장은 채소 시장과 연결되어 있다. 코코넛, 망고 등 다양한 열대과일과 싱싱한 채소를 저렴한 가격에 판매한다. 왕궁과 왓포가 있는 올드타운 남쪽이나 차이나타운과 함께 돌아보기에 좋다.

싸오칭차 Giant Swing

왓 쑤탓 입구 앞 광장 239 Dinso Rd

올드 타운의 이정표 '싸오칭차'

왓 쑤탓 앞 광장에 있는, 티크 나무로 만든 대형 그네Giant Swing이다. 높이가 20m 가량 되는 거대한 빨강색 그네는 올드 타운 곳곳에서 눈에 띈다. 올드 타운에서 길을 잃었다면 싸오칭차를 바라보며 내 위치를 가늠하자. 이 그네는 18세기 말, 힌두교의 연례행사를 위해 만들어졌다. 시바 신이 하늘에서 내려오는 날, 젊은 남자들이 모여 기둥 끝에 달린 금 동전을 넣은 주머니를 잡는 경쟁을 했다고 전해진다. 그네가 너무 높아서 사고가 잦아 지금은 탈 수 없다.

왓 사켓 왓 푸 카오통 Golden Mountain Temple

민주기념탑구글좌표 방콕 민주기념탑에서 동쪽으로 300m 직진.
다리 건너 우측의 소이 담롱 락 골목Soi Damrong Rak으로 진입해 200m 직진
344 Thanon Chakkraphatdi Phong +66 62 019 5959
매일 07:00~19:00(연중무휴) ฿ 50B thegoldenmount.com

짠내투어에 나온 그곳, 올드타운을 그대 품안에

방콕을 걷다 보면 수많은 사원을 만나게 된다. 도심 곳곳에서 만나는 사원 덕분에 방콕의 표정은 한층 더 풍부하지만, 사원 특유의 평온함이 적어 아쉬울 때가 많다. 그러나 척박한 사막에도 오아시스가 존재하듯 방콕에도 평온한 사원이 있다. 나지막한 산 위에 있는 왓 사켓 왓 푸 카오통이다. 평지로만 이루어진 방콕에 웬 산인가 싶겠지만, 실은 의도치 않게 만들어진 인공산이다. 라마 3세재위 1824~1851는 불심을 과시하듯 이곳에 높이 100m, 넓이 500m의 거대한 쩨디Chedi, 종 모양 석탑를 세우려 했으나 약한 지반이 무게를 견디지 못해 무너져 버렸다. 수십 년 동안 방치된 쩨디 잔해더미는 흙이 쌓이고 나무가 자라면서 작은 산이 되었다. 라마 4세가 그 위에 작은 쩨디를 세우고 스리랑카에서 가져온 부처의 유물을 탑에 안치하면서 지금과 같은 모습이 되었다.

긴 세월 이곳을 지켜온 나무들이 만들어주는 그늘과 완만하게 깔린 344개 계단을 따라 10분 정도 오르면 사원에 도착한다. 도심의 소음은 점차 사라지고 바람에 흔들리는 청아한 풍경 소리가 귓가에 맴돈다. 나무 창문에 담긴 방콕의 모습은 풍경을 넘어 미학적이기까지 하다.

로하 쁘라쌋 Loha Prasat

왓 사켓 서쪽 라마 3세 공원 남쪽에 위치 2 Maha Chai Rd, Wat Bowon Niwet
+66 2 224 8807 매일08:00~17:00
฿ 매표소가 없다. 입장료를 사원 입구 기부금 박스에 넣으면 된다

힐링하기 좋은 신전

방콕에 갈 때마다 왓 아룬과 로하 쁘라쌋에 들르는 것을 잊지 않는다. 왓 아룬은 언제 보아도 아름다워 좋고, 로하 쁘라쌋은 여행지에서 받은 선물같아 특별하다. 로하 쁘라쌋은 왓 랏차낫다람 내부에 있는 신전이다. 신전을 걷다 보면 일상에 지쳤던 몸과 마음이 편안해진다. 로하 쁘라쌋이 걸으면서 명상하도록 설계되었다는 공식적인 기록은 없다. 하지만 라마 3세가 조카의 명상을 목적으로 이 사원을 지었다고 전해진다. 또 신전의 구조를 따라 걷다 보면 걷기를 위한 명상 센터가 아니었을까 짐작하게 된다. 장식적인 요소를 최대한 비워냈고, 수많은 기둥이 있는 방과 복도가 미로처럼 연결되어 있다. 마음은 차분해지고 걸음은 느려진다.

로하 쁘라쌋은 건축적으로도 큰 의미가 있다. 3층으로 지어졌으며, 철로 만들어진 37개의 첨탑이 높이 솟아 있다. 인도와 스리랑카에 이와 같은 형태의 건축물이 있었는데, 자연재해로 모두 파손되고 전 세계에서 로하 쁘라쌋 하나만 남았다. 태국어로 로하는 금속, 쁘라쌋은 성이라는 뜻이다. 일정 중 한두 시간쯤 나에게 명상의 시간을 선물하자. 사원에서 나와 향긋한 커피 한 잔까지 더하면 호캉스보다 더 큰 힐링이 된다.

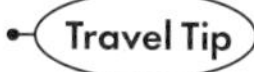

아름답기로 소문난 로하 쁘라쌋 야경

로하 쁘라삿이 있는 랏차담넌 클랑 로드Ratchadamnoen Klang Rd 주변의 야경은 방콕 시내에서 손꼽힐 만큼 아름답다. 이 거리에 서면 조명을 밝힌 왓 사켓왓 푸 카오 통과 로하 쁘라삿을 한눈에 담을 수 있다. 팟타이 맛집 팁싸마이나 왕실 단골 태국 음식점 크루아 압손에서 가까우니 저녁 식사 후 산책 겸 꼭 들려보자.

왓 쑤탓 Wat Suthat

🚶 ❶ 왕궁 동쪽 성벽에서 깔라야나 매트리 로드Kalayana Maitri Rd.를 따라 약 750m 직진
❷ MRT 삼욧 역Sam Yot 3번 출구로 나와서 Unakan Rd를 따라서 북쪽으로 500m 이동, 도보 약 5분 거리
📍 146 Bamrung Mueang Rd 📞 +66 2 622 2819 🕒 매일 08:30~21:00 ฿ 100B

뜰이 아름다운 사원

왓 쑤탓은 대표적인 왕실 사원이자 오랜 역사를 자랑하는 건축물이다. 라마 1세 때 짓기 시작해서1782년 십수 년이 지나 라마 3세 때1847년 완공되었다. 우보솟Ubosot, 법당에는 수코타이Sukhothai, 방콕에서 북서쪽으로 370km 떨어진 도시에서 가져온 800년 된 불상이 안치되어 있고, 부처의 생과 방콕 옛 구시가지의 모습이 담긴 벽화가 그려져 있다. 왓 쑤탓은 사원 뜰이 아름답기로 유명하다. 근사한 회랑과 불상, 조각상들이 멋스럽게 뜰을 장식하고 있다. 우보솟 주변을 담처럼 둘러싼 긴 회랑에는 150개가 넘는 불상이 놓여있다. 금색 혹은 검은색 불상들이 만들어 낸 시각적인 패턴과 오래된 회랑의 조화가 멋스럽다. 아기자기하게 꾸며진 정원에는 18세기 중국에서 가져온 크고 작은 조각상이 가득하다. 이국적인 분위기를 내면서, 동시에 각 조각상이 배치된 모습이 한 편의 연극처럼 스토리가 있어 상상력을 자극한다. 왓 쑤탓은 왕궁왓 프라깨우과 왓 포 동쪽 그리 멀지 않은 곳에 있어 산책하듯 들르기 좋다.

퀸스 갤러리 Queen Sirikit Gallery

왕비의 후원으로 오픈했다

2003년 시리낏 왕비의 후원으로 오픈한 아트 갤러리이다. 로하 쁘라쌋 사원과 왓 사켓에서 가까워 시간적 여유가 있다면 오고 가는 길에 들르기 좋다. 시리낏 왕비는 자선 사업을 많이 하기로 유명했다. 그녀는 푸미폰 아둔야뎃라마 9세, 재위 1946~2016의 왕비이다. 그녀는 태국 아티스트에게 더 많은 전시 기회를 주고자 갤러리를 설립했고, 초기 의도대로 국내의 무명 아티스트는 물론 유명 아티스트들에게도 공간을 제공하고 있다. 4층까지 전시 공간이고, 5층은 사회적 모임과 학회 수업을 위해 사용된다. 전시가 바뀔 때마다 홈페이지에 업데이트된다.

민주기념탑에서 동쪽 방면으로 300m 직진. 다리 건너기 전 좌측에 위치

101 Ratchadamnoen Klang Rd +66 2 281 5360

10:00~19:00, 수요일 휴무 ฿ 50B www.queengallery.org

민주기념탑 Democracy Monument

민주주의의 열망을 담다

1932년 6월 24일, 태국은 절대 왕정이 무너지고 입헌군주제로 바뀌었다. 민주기념탑은 이를 기념하기 위해 세운 탑이었다. 하지만 실상은 군부에서 세운 탑으로 민주항쟁 기념물로 평가되지 못했다. 가운데에는 희생자들을 기리는 위령탑이 세워져 있고, 사방으로 4개의 날개 모양 탑이 있다. 탑의 높이는 24m로 6월 24일을 상징한다. 1992년 민주기념탑이 태국 민주화 운동의 근거지로 활용된 후부터 새로운 의미를 얻었다. 지금은 태국 정치에 어려움이 있을 때마다, 사람들은 시위하기 위해 이 탑으로 모인다. 우리나라로 치면 서울의 광화문광장과 시청 광장 같은 곳이다.

랏차담넌 로드 중앙에 위치

Ratchadamnoen Avenue

낭릉 시장 Nang Loeng Market

퀸스갤러리에서 Nakhon Swan Rd를 따라서 북동쪽으로 약 700m 이동
49-77 Nakhon Sawan Road
08:00~15:00

120년 역사를 자랑하는 태국 최초의 시장

낭릉 시장은 1900년 라마 5세 때 문을 연 태국 최초의 시장이다. 18세기 짜끄리 왕조 때 이곳에 자리를 잡은 무역 상인들에 의해 운영되었다. 현재는 그들의 후손이 몇 대에 걸쳐 가게와 시장 문화를 이어간다. 낭릉 시장은 독특한 먹거리로 유명하다. 이주민들이 각자의 레시피를 고수하기 때문이다. 80년 넘게 고수해 온 전통 소시지 노점부터 3대를 이어 온 커리 가게 등 다양하다. 최근에는 바이크 투어, 방콕 푸드 투어의 필수 코스로 떠오르고 있다.

ONE MORE
Food at Nang Loeng Market

낭릉 시장에서 꼭 가야 할 맛집

카오 깽 랏타나
Khao Kaeng Ruttan

중국계 태국 가족이 운영하는 카오 깽 식당이다. 태국 왕실 요리사였던 선대의 레시피를 그대로 유지하고 있다. 카오 깽은 한국의 반찬 가게와 식당을 합친 것과 비슷하다. 날마다 여러 가지 메뉴를 준비해 놓으면 원하는 것을 골라 먹는다. 카레 요리와 가지볶음을 추천한다.

사이 끄록 남
Sai Krok Naem

고대 태국 소시지 레시피를 고집하는 소시지 가게이다. 낭릉 시장에서 110년 이상 같은 자리를 지켜왔다. 돼지고기와 쌀을 넣어 발효시킨 소시지에 절임 마늘, 땅콩 가루, 샬롯, 태국 고추를 곁들여 먹는다. 이를 한데 넣어 채소에 싸서 쌈처럼 먹기도 한다. 현지인에게도 신기한 간식거리라서 늘 가게 앞이 분주하다.

야 챔스 카놈 브앙 유안
Ya Chaem's Kanom Bueang Yuan

80년 된 카놈 브앙 맛집이다. 카놈 브앙은 태국식 크레페로 쌀가루 반죽을 기름에 부치고 코코넛 크림을 채운 간식거리이다. 이 집은 코코넛 크림 대신에 숙주, 절임 무, 땅콩 등을 넣고 튀긴 두부와 함께 먹는다. 카놈 브앙보다는 베트남의 반 쎄오에 가까운 모습이다. 겉은 바삭하고 내용물은 고소하다.

Travel Tip

재생을 앞둔 옛 영화관, 살라 샬롬 타니 Sala Chaloem Thani

살라 샬롬 타니는 낭릉 시장 바로 옆에 있는 영화관이다. 낭릉 시네마라고도 한다. 1918년에 첫 문을 열어 75년 동안 영화관으로 사용하다가 1993년에 문을 닫았다. 현재는 낭릉 커뮤니티에서 창고로 사용하고 있다. 과거에 수많은 사람이 드나들었던 생기는 사라지고 없지만 여전히 낭릉 커뮤니티 문화의 랜드마크로 남아있다. 정부는 이곳을 재생 공간으로 활용하는 방안에 대해 논의 중이지만 아직은 미지수이다.

왓 벤차마보핏 Wat Benchamabophit

퀸스 갤러리에서 북동쪽으로 약 1.5km
69 Rama 5 Road 08:30~17:30
฿ 외부 관람 무료, 내부 관람 50B

©Mark Ehr

태국 동전에 나오는 대리석 사원

왓 벤차마보핏은 방콕 북쪽 두씻Dusit 지역에 있다. 5밧 동전에 등장하는 사원이다. 1899년, 라마 5세가 두씻 지역에 왕궁을 지으면서 함께 만들었다. 이탈리아에서 수입한 대리석으로 지어 대리석 사원Marble Temple이라 불린다. 회랑에는 라마 5세가 국내에서 수집한 불상 53개가 전시되어 있고, 입구에는 사원을 지키는 사자상인 싱하가 서 있다. 왓 벤차마보핏이 다른 사원과 확연히 다른 점은 스테인드글라스로 표현된 유리창이다. 스테인드글라스는 가톨릭에서 종교의 신비로움을 더하고 성당 건축의 미학 요소로 쓰였다. 라마 5세는 스테인드글라스에 성모마리아와 12제자 대신 부처의 이미지를 그려 넣고, 화려한 황금색으로 태국스러움을 더했다. 서양 건축에 관심이 많았던 그의 취향이 엿보인다.

©Marco Numberger

올드타운의 맛집과 카페

더 식스드 The Sixth

따 티엔 선착장에서 왓 포 가는 방향으로 나와서 마하랏 로드Maha Rat Rd와 만나는 사거리에서 우회전하여 100m 직진. 따 티엔 골목길Tha Tian Alley로 진입 6 Soi Tha Tian, Maha Rat Road, Phra Borom Maha
+66 64 078 7278 월~목 10:30~16:45, 토·일 10:30~17:00, 매주 금요일 휴무

매력적인 분위기, 정성스러운 음식

방콕보다는 파리의 좁은 골목에 있을 법한 타이 음식점이다. 푸른색 벽, 다양한 소품과 식물 그리고 은은한 조명이 어우러져 매력적이다. 음식은 전반적으로 슬로우 푸드 느낌이 강하다. 신선한 재료를 사용하고, 향신료를 과하게 사용하지 않아 자극적이지 않다. 요란하지 않지만 정성스러운 음식을 대접받는 기분이 든다. 테이블이 5개밖에 없는 작은 가게이지만, 방콕에 거주하는 외국인들이 멀리서도 찾아올 만큼 인기가 높다. 식사 시간대에는 자리 잡기 쉽지 않다. 그만큼 가치가 있다는 뜻이니 왓 포 근처에서 식사할 곳을 찾는다면 꼭 한번 들려보자.

크루아 압손 Krua Apsorn

왕실 단골 타이 가정식 맛집

왕실 단골집이라는 것이 알려지면서 현지인만큼 여행자들이 많이 찾는다. 내부는 한국의 백반집처럼 평범하고 소박하다. 그러나 음식은 어느 것을 시켜도 후회하지 않을 만큼 맛있고 정갈하다. 향신료를 잘 먹지 못하는 사람도 거부감 없이 즐기기 좋으며, 워낙 음식 솜씨가 훌륭해 생소한 메뉴도 도전하기 좋다. 시그니처 메뉴인 게살로 만든 플러피 크랩 오믈렛을 추천한다. 촉촉한 오믈렛과 아낌없이 넣은 게살이 입에서 살살 녹는다. 저렴한 가격도 이 집의 매력 중 하나이다.

🚶 ① 싸오칭차Giant Swing에서 북쪽 민주기념탑 방향으로 딘소 로드Dinso Rd. 따라 350m 직진
② 민주기념탑이 있는 광장에서 남쪽의 딘소 로드로 진입 📍 169 Dinso Rd, Wat Bowon Niwet
📞 +66 80 550 0310 🕒 10:30~19:30, 일요일 휴무 ฿ 플러피 크랩 오믈렛 100B,
스튜드 포크 앤 에그 80B, 딥 프라이드 킹 피쉬 250B ≡ www.kruaapsorn.com

밋 코 유안 Mit Ko Yuan

태국 맛 물씬 나는 똠얌꿍

똠얌꿍과 해산물을 좋아하는 여행자에게 추천한다. 다만 향신료 레벨이 중급 이상이어야 한다. 여행자가 주요 고객인 식당에서는 맛볼 수 없는 태국 맛 물씬 나는 똠얌꿍을 경험할 수 있다. 고수, 레몬그라스, 갈랑갈 등 태국 허브와 향신료가 듬뿍 들어간 육수에 통통하게 살이 오른 새우를 넣는다. 고기와 함께 볶은 채소 메뉴Stir Fried Vegetable, 살짝 볶은 새우에 허브를 곁들인 파꿍Pha Kung이 인기 메뉴이다.

🚶 싸오칭차Giant Swing에서 북쪽 민주기념탑 방향으로 딘소 로드Dinso Rd. 따라 200m 직진 📍 186 Dinso Rd
📞 +66 92 434 9996 🕒 11:00~14:00, 16:00~22:00 ฿ 80~120B

©Streets of Food

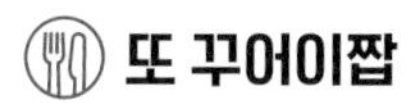

또 꾸어이짭

🚶 팁 싸마이에서 마하 차이 로드Maha Chai Rd. 따라 남쪽으로 200m 직진
📍 447 Maha Chai Rd 📞 +66 65 926 3869 🕓 17:00~01:00, 월요일 휴무 ฿ 40~50B

얼큰하고 맛있는 해장 국수

올드 타운에서 술을 마신 날에는 꼭 들러야 하는 해장 국숫집이다. 블루스 바에서 신나게 놀고 숙소로 돌아가던 길에 택시 기사님이 추천해주어 알게 되었다. 저녁에 오픈해서 새벽까지 영업하는 곳이라 소위 술밥 고픈 현지인이 많이 찾는다. 센 끼엠이돌돌 말린 쌀국수 면으로 만든 꾸어이잡 국수와 새우 눙찌다진 새우로 소를 채운 찐 만두가 인기 메뉴이다. 꾸어이짭의 생명이라 할 수 있는 육수에 배인 후추 맛이 얼큰하고, 돈가스처럼 생긴 돼지고기 고명도 바삭하고 맛있다.

Travel Tip

태국식 만두, 눙찌 또 꾸어이짭 가게 앞에 동일한 상호의 눙찌를 파는 노점이 있다. 눙찌는 태국식 만두로 돼지고기, 다진 새우 등 다양한 소를 넣어 쪄낸다. 또 꾸어이짭 길 건너편에 있는데, 낮에는 노점에서 눙찌를 만들어 판매하고, 저녁에는 또 꾸어이짭과 함께 영업한다. 눙찌는 3개에 30B, 찐빵처럼 생긴 파오는 1개에 20B이다.

느어 뜬 낭릉 Neua Tun Nang Loeng

퀸스갤러리에서 Nakhon Swan Rd를 따라서 북동쪽으로 약 700m 이동
11 Soi Nakhon Sawan 2 +66 2 282 0608
월~토 10:00~14:00, 일요일 휴무 ฿ 50~80B, 밥 10B

©Streets of Food

©Streets of Food

©Streets of Food

현지인이 애정하는 푸짐한 소고기 국수

카오산 로드에 나이소이가 있다면 올드타운에는 느어 뜬 낭릉이 있다. 영업시간이 짧고, 줄 서서 기다려야 해서 불편한데도 현지인에게 무한한 사랑을 받는 찐 로컬 맛집이다. 태국식 소고기 국수 마니아에게 강력 추천한다. 부드러운 소고기와 힘줄, 미트볼 등이 푸짐하게 들어있다. 진한 국물을 한 입 먹으면 흰쌀밥 생각이 간절해진다. 테이블마다 놓인 고추를 넣은 남쁠라 소스를 한 스푼 정도 더하면 감칠맛이 배가 된다. 같은 고명이 들어가는 비빔국수도 있지만, 한국인 입맛에는 썩 맞지 않을 수 있다.

포 포차야 Por. Pochaya

퀸스갤러리에서 북쪽으로 Ratchadamnoen Nok Rd를 따라 450m 이동 후 좌회전
654 656 Wisut Kasat Road +66 2 282 4363
월~금 09:00~14:30, 주말 휴무 ฿ 100~250B

미슐랭이 인정한 태국식 중식당

4년 연속 미슐랭 빕구르망에 선정된 로컬 맛집이다. 왓 사켓에서 도보로 10분 정도 떨어진 곳에 있다. 30년 이상 인기를 유지해 온 태국식 중식당답게 볶음 요리가 주를 이룬다. 센 불에 조리해 재료의 식감은 살리고 진한 불 향을 더한다. 소고기볶음과 돼지고기볶음은 현지인과 여행자 모두에게 인기 만점인 메뉴이다. 미슐랭은 크랩 오믈렛을 이 집의 최고 메뉴로 꼽았다. 크루아 압손처럼 부드러운 오믈렛이 아닌 기름에 튀기듯이 요리한 태국식 오믈렛에 가깝다. 겉은 바삭하고 속은 촉촉한 식감이 매력적이다.

팁 싸마이 Thipsamai Phad Thai

방콕의 3대 팟타이 맛집

방콕의 3대 팟타이 맛집이자, 여행자에게 가장 인기가 많은 팟타이 전문점이다. 말도 많고 평도 엇갈리는 팟타이는 '단맛'이 관건이다. 단 음식을 얼마나 좋아하느냐에 따라 호불호가 극명하게 갈린다. 개인적으로 이 집의 팟타이는 반 팟타이나 팟타이 나나에 비해 너무 많이 달았다. 〈짠내투어〉에도 나왔듯이, 생 과즙으로 만든 오렌지 주스와 팟타이를 함께 먹는 것이 이 집의 시그니처 조합이다. 워낙 인기가 많다 보니 오픈 전부터 사람들이 기다리는 건 기본이고, 대기 줄에 합류하기 시작하면 기본 1시간이다. 밤 11시가 넘으면 손님이 줄어들지만 그래도 30분 대기는 각오하고 가야 한다.

왓 사켓 입구에서 서남쪽으로 도보 3분. 왓 쑤탓 사원에서 동북쪽으로 도보 6분 313 315 Maha Chai Rd
+66 2 226 6666 10:00~24:00, 화요일 휴무 ฿ 팟타이 120B 정도 thipsamai.com

메이크 미 망고 Make me mango

인기 만점! 망고 디저트 전문점

왓 포 사원 근처에 있는 망고 디저트 전문점이다. 인기 메뉴인 망고 빙수와 1리터짜리 자이언트 망고 스무디는 방콕의 끈적이는 더위를 한 방에 날려준다. 색다른 메뉴를 즐기고 싶다면 망고 스티키 라이스와 뜨겁게 달군 철판 위에서 익힌 망고, 바나나, 코코넛 밀크를 내오는 'Hot Plate grilled mango'를 추천한다. 생소한 조합이지만 당분 충전에는 최고다. 아이콘 씨암에도 입점해 있다.

따 티엔 선착장에서 나와 사거리에서 우회전해서 마하랏 로드Maha Rat Rd를 따라 150m 직진. KTB은행(하늘색 간판) 있는 골목으로 진입하여 직진 67 Maha Rat Rd, Phra Borom Maha Ratchawang +66 2 622 0899 10:30~21:00 ฿ 1리터짜리 망고 스무디 175B

블루 웨일 카페 Blue Whale Cafe

천상의 음료 맛보기

올드 타운의 좁고 오래된 상점을 개조해 만든 카페이다. 물고기 비늘 모양의 푸른색 타일 벽과 오래된 나무 계단이 어우러져 멋스럽다. 시그니처 음료는 나비 콩 꽃 추출물로 만든 버터플라이 피 라테Butterfly Pea Latte이다. 남보라 빛 꽃을 올린 푸른색 라테는 이 세상 음료가 아니다. 마시면 사랑에 빠지거나 이상한 나라의 앨리스라도 될 것만 같은 비주얼이다. 맛은 의외로 고소한 것이 옥수수 맛 아이스크림과 비슷하다.

따 티엔 선착장에서 나와 사거리에서 우회전해서 마하랏 로드Maha Rat Rd를 따라 250m 직진, 리바아룬 호텔의 초록색 간판이 보이는 곳에서 골목으로 진입(리바아룬 호텔과 같은 골목에 있다.) 392, 37 Maha Rat Rd +66 96 997 4962 09:00~18:00, 월요일 휴무 ฿아메리카노 90B, 버터플라이 피 라테 120B 인스타그램 @bluewhalebkk

온 록 윤 On Lok Yun

달콤한 타이 브런치

레트로 감성 가득한 80년 된 카페이다. 이제는 쉽게 경험할 수 없는 오래전 방콕을 상상하게 만든다. 아침 일찍부터 손님들로 북적인다. 커피를 포함한 이 집의 모든 메뉴는 엄청나게 달다. 인기 메뉴는 카야 잼에 찍어 먹는 커스터드 빵Egg Custard Bread with Kaya과 타이식과 미국식을 융합한 아침 메뉴이다. 구운 베이컨과 달걀, 소시지 등이 나온다. 음료는 타이 밀크티, 커피 등이 있다. 아이스와 따뜻한 것 중에서 선택할 수 있다. 달고 맛있다.

왓 포Wat Pho에서 도심 방향으로 차은 크룽 로드Chaoen Krung Rd 따라 도보 10분 72 Charoen Krung Rd, Samphanthawong +66 85 809 0835 06:00~14:30 ฿ 커스터드 브레드 28B, 올 데이 브랙퍼스트 55~95B, 음료 20~25B

나따폰 아이스크림 Natthaphon coconut Ice Cream

60년 된 아이스크림 가게

왕궁 동쪽 구역에 있다. 야외 테이블 두 개가 전부인 60여 년 된 아이스크림 가게이다. 꼬마 손님들에게는 달콤한 아이스크림으로, 훌쩍 커버린 어른들에게는 어린 시절 추억의 장소로 사랑받고 있다. 최근에는 루이뷔통 가이드, 트립어드바이저 등에 소개되면서 가장 태국다운 아이스크림으로 평가받았다. 나따폰은 동물성 우유 대신 100% 순수 코코넛 우유만 사용한다. 작은 파란색 그릇에 한 스쿱 무심히 담아내지만 맛이 꽤 근사하다. 소프트아이스크림보다 셔벗Sorbet에 가깝고, 코코넛 향이 달콤하게 퍼진다. 코코넛, 망고, 타이티, 두리안 등 다양한 맛이 있다. 옥수수, 땅콩, 젤리 등 토핑을 추가할 수 있다.

왕궁 동쪽 성벽에서 깔라야나 매트리 로드Kalayana Maitri Rd.를 따라 약 350m 직진, 운하를 지나 나오는 첫 번째 골목 프라앵 푸톤 로드Phraeng Phuthon Rd로 진입하여 우회전 94 Phraeng Phuthon Rd +66 89 826 5752
월~토 09:00~17:00, 일요일 휴무 ฿ 30~50B

코 파니치 Kor Panit's Sticky Rice

레전드급 망고 스티키 라이스

망고 스티키 라이스는 찹쌀밥에 망고를 곁들여 먹는 태국 전통 간식거리다. 레스토랑에서는 디저트로도 많이 활용된다. 코 파니치는 70년이 넘게 올드 타운을 지켜온 레전드급 망고 스티키 라이스Mango Sticky Rice 가게이다. 왕실 주방에서 일했던 아주머니가 그 레시피 그대로 직접 조리해 판매한다. 그 맛이 그리워 아직도 왕실에서 정기적으로 구매해 간다. 과즙 많기로 유명한 남똑마이Nam Tok Mai 망고와 치앙라이타이 북부지방에서 재배한 최상품 찹쌀을 고집한다. 타이 커스터드 스티키 라이스와 전통 과자 같은 다른 달콤한 메뉴도 있다.

왕궁 동쪽 성벽에서 깔라야나 매트리 로드Kalayana Maitri Rd.를 따라 약 500m 직진. 사거리에서 타논 타나노 길Thanon Tanano로 진입. 진행 방향 우측 50m 전방에 위치 431 433 Thanon Tanao +66 2 221 3554 07:00~18:00, 일요일 휴무
฿ 망고 스티키 라이스 135B

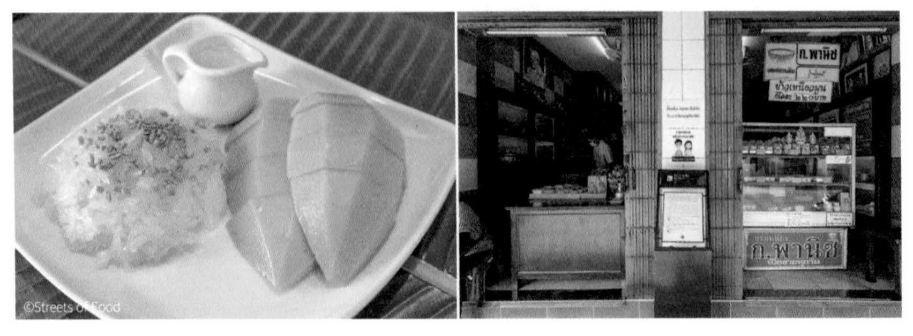

©Streets of Food

올드 타운 카페 방콕 Old Town Cafe Bangkok

커피 한 잔의 여유

왓 포 사원에서 동쪽으로 약 700m 떨어진 거리에 있다. 조용히 쉬면서 커피 한 잔의 여유를 즐기고 싶은 여행자에게 추천한다. 커피 맛은 기본이고, 베트남 샌드위치 반미는 칭찬 일색이다. 내부는 <응답하라 1988> 을 보는 듯하다. 빛바랜 액자, 장난감과 빈티지 그릇으로 채운 오래된 찻장이 세월을 말해준다. 내부에서 사진 촬영을 할 수 없고, 와이파이가 없으나, 그래서 그만큼 나에게 집중할 수 있는 시간을 보장한다.

왓 포에서 동쪽 시내 방면으로 약 700m 직진
166 Thanon Fueang Nakhon +66 81 810 8456
월·화 08:00~14:30, 토·일 08:00~16:00,
매주 수·목·금 휴무 ฿ 50~70B

©Old Town Cafe Bangkok

©Old Town Cafe Bangkok

©Old Town Cafe Bangkok

코피 히야 타이 키 Kope Hya Tai Kee

올드 타운의 오래된 커피숍

싸오칭차 북쪽에 있는 오래된 커피숍이다. 올드 타운의 예스러움을 느끼기 좋다. 커피, 타이 티 등의 음료와 미국 스타일 아침 메뉴를 판매한다. 납작한 양은 냄비처럼 생긴 그릇에 달걀 프라이드와 베이컨, 토스트를 내오는 모습이 정겹다. 아침 7시부터 현지인과 서양 여행자들로 북적인다. 에어컨이 없고 천장에서 커다란 선풍기가 돌아간다. 더울 수 있으니 오전에 방문하길 추천한다.

싸오칭차에서 북동쪽으로 약 150m
35-65 Thanon Siri Phong +66 62 678 3003
매일 07:00~20:00 ฿ 80~160B

PART 4

카오산 로드

Khaosan Road

여행자의 베이스 캠프

태국 여행의 시작점이자 배낭여행자들의 베이스캠프이다. 카오산 로드를 중심으로 소이 람부뜨리, 쌈쎈 로드 같은 여행자 거리가 형성되어 있다. 셀 수 없이 많은 레스토랑과 바, 여행사, 저렴한 숙소가 몰려있다. 해가 지고 마음을 간지럽히는 조명이 하나, 둘 켜지면 카오산의 밤이 시작된다. 사람들은 국적, 나이를 떠나 일상 탈출을 탐닉한다. 카오산에서 자유의 열기를 만끽해 보자.

air conditioned
room
Chang

카오산 로드 여행 지도

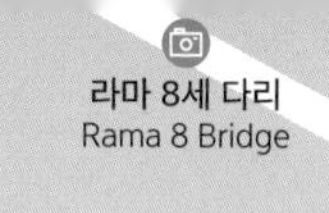

라마 8세 다리
Rama 8 Bridge

Rama VIII Bridge
포스트 바
Post Bar
팟타이 나나
Padthai Nana
프라 쑤멘 요새
Phra Sumen fort
쌈쎈 로드
Samsen Road
블루스 바
Adhere
The 13th Blues Bar
카림 로띠 마따바
Karim Roti Mataba
푸아끼
Pua Kee
코지 하우스
Cozy House
Thanon Samsen
Samsen 2 Alley
Phra Athit Rd
프라아팃 선착장
Tha Phra Arthit
나이쏘이
Nai Soie Beef Noodle
쿤댕 꾸어이짭 유안
Khun Daeng
Guay Jub Yuan
Soi Rabuttri
Phra Sumen Rd
조조팟타이와
무명 노점상
찌라 옌타포
Jira Yentafo
Soi Kraisi
똠얌꿍 방람푸
Tom Yum Goong
Banglamphu
사와디 하우스
Sawasdee Restaurant
카우똠 보원
Khao Tom Bowo
Thanon Tani
아이싸롯디
Areesaa Lote Dee
왓 보원니
Wat Bowonniwet
왓 차나 쏭크람
Wat Chana Songkhram
Soi Rabuttri
차나 쏭크람 경찰서
소이 람부뜨리
Soi Rambuttri
빠이 스파
Pai Spa
카오산 로드
Khaosan Road
더 원 카오산
the ONE at Khaosan
Khaosan Road
Somdet Phra Pin Klao Rd
브릭 바
Brick Bar
ThanonTanao
카오산 로드 맥도날드
버거킹
출발 & 도착
Ratchadamnoen Klang Rd

하루 여행 추천코스

카오산 로드 ⇨ 도보 3분 ⇨ **소이 람부뜨리** ⇨ 도보 7분 ⇨ **프라 쑤멘 요새** ⇨ 도보 8분 ⇨ **쌈쎈 로드** ⇨ 도보 10분 ⇨ **카오산 로드**

카오산 로드 가는 방법

01 시내에서 가기

❶ 택시 시내에서 30~40분 정도 걸린다. 간혹 카오산 로드 어느 곳에 내려줄지 묻는 경우가 있다. 왓 차나 쏭크람Wat chana Songkhram을 말하면 카오산과 소이 람부뜨리 사이에 내려준다.
❷ 수상 보트 프라아팃 선착장Phra Athit Pier에서 내린다. 짜오프라야강 익스프레스 보트주황색 깃발, 15B와 투어리스트 보트파랑 깃발, 50B가 정차한다. 보트에서 내린 후, 프라아팃 거리로 나와 길을 건너면 소이 람부뜨리와 카오산 로드로 진입할 수 있다.

02 수완나품 공항에서 가기

❶ 공항버스 S1 가장 효율적인 방법은 S1버스를 이용하는 것이다. 공항 1층 7번 게이트에 버스 정류장이 있다. 06:00~20:00까지 30분 간격으로 운행하고, 요금은 60B이다. 차가 막히지 않는다면 카오산까지 1시간 정도 걸린다.

❷ 택시 비행기가 밤 10시 넘어 수완나품 공항에 도착한다면 주저하지 말고 택시를 타자. 공항 1층에 퍼블릭 택시 승강장이 있다. 요금은 300~350B 정도이며, 공항 수수료 50B와 톨게이트비 25~75B인원수에 따라 상이가 추가된다.
❸ 공항철도+택시 공항 B층에서 공항철도운행시간 06:00~24:00 탑승해서 파야타이역Phaya Thai에서 하차, 택시로 환승해 카오산 로드로 갈 수 있다. 택시로만 이동하는 것보다는 저렴하지만, 예측할 수 없는 교통체증을 고려하면 효율적인 방법은 아니다. 편리함을 원한다면 택시를, 여행 경비를 아끼기 위해서라면 버스를 이용하자.

03 돈므앙 공항에서 가기

❶ 택시 요금은 300~350B 정도 나오며, 공항 수수료 50B와 톨게이트 통행료 75B 정도가인원수, 통과하는 톨게이트 수에 따라 상이 별도로 추가된다.
❷ 공항버스 A4 공항 내부에 있는 A4 버스 안내판을 따라가면 승차장이 나온다. 07:00~23:00까지 운행하며 요금은 50B이다. 19:00까지는 30분 간격으로, 19:00~23:00에는 1시간 간격으로 운행한다.

Wisut Kasat
Phra Sumen Rd
Ratchadamnoen Klang Rd

카오산 로드 Khaosan Road

프라아팃 선착장Phra Athit Pier에서 나와 건너편 소이 람부뜨리 거리로 진입. 소이 람부뜨리를 따라 도보로 약 5분 이동 후, 버거킹 사거리에서 우회전

나이트 라이프의 성지

인도 델리에 빠하르간지, 바르셀로나에 람블라스 거리가 있다면, 방콕에는 카오산 로드가 있다. 태국 여행의 시작점이자 주변 국가로 가기 위한 베이스캠프가 되는 곳이다. 카오산이라는 이름은 쌀이라는 뜻으로 이 일대가 대규모 쌀 시장이었던 것에서 유래했다. 여행자 거리로 변하기 시작한 것은 1970년대이다. 주머니가 가벼운 젊은 여행자들이 시장 주변의 저렴한 물가에 이끌려 모여들었다. 저렴한 숙소와 땡처리 항공권을 판매하는 여행사가 생기고 여행 물품을 판매하는 노점과 여독을 풀어줄 술집들이 들어서면서 지금과 같은 거리가 형성되었다.
카오산 로드의 매력은 저녁부터 시작된다. 밤이 되면 여행자들이 쏟아져 나와 인산인해를 이룬다. 다닥다닥 붙은 바의 음악이 뒤섞이면 거리 전체가 클럽을 방불케 한다. 밤이 깊어갈수록 젊음과 자유의 열기가 넘쳐난다. 미국의 한 작가는 카오산 로드를 "사라지기 위한 곳"이라고 표현했다. 열정과 젊음으로 가득했던 거리는 날이 밝으면 다시 평온을 되찾는다.

ONE MORE
Bucket List in Khaosan Rd

카오산 로드 버킷 리스트 8

카오산 로드는 300m 정도 되는 짧은 거리지만 먹고 마시고 즐길 거리가 가득하다.
완벽한 방콕 여행을 위해 카오산 로드에서 반드시 해야 할 8가지를 소개한다.

Tuk Tuk

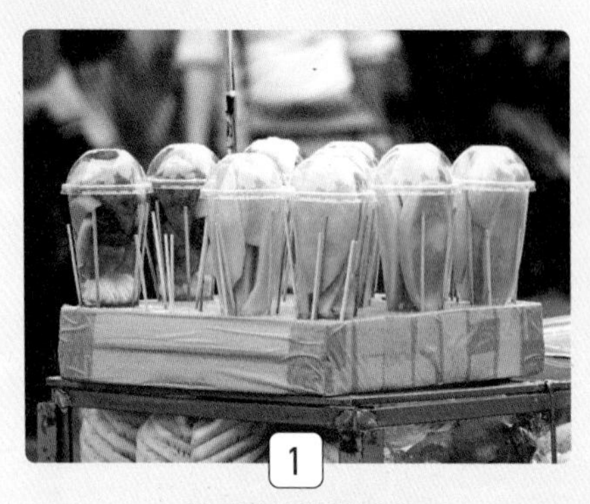

1

길거리 음식 즐기기

방콕 먹킷리스트 1번은 역시 팟타이이다. 신기하게도 팟타이는 카오산 로드에서 서서 먹을 때가 가장 맛있다. 팟타이 외에도 열대과일, 태국식 소시지, 곤충 튀김까지 먹을거리가 가득하다.

2

노천 바에서 맥주 즐기기

카오산의 진정한 즐거움은 노천 바에 있다. 얼음을 가득 채운 잔에 맥주를 따라 마시면 더위쯤은 아무래도 상관없다. 낮술도 오케이! 그러나 두통으로 고생하고 싶지 않다면 한낮은 피하는 것이 좋다.

3

달다구리, 코코넛 아이스크림

생 코코넛의 속을 파내고 그 안에 아이스크림을 가득 담아준다. 쫄깃하게 씹히는 코코넛 과육과 달콤한 아이스크림이 피로를 잊게 한다. 코코넛을 눈 깜짝할 사이에 능숙하게 손질하는 모습을 보는 재미도 있다.

4

방콕 스타일 쇼핑

이국적인 패턴의 원피스, 태국 맥주 로고가 그려진 티셔츠, 코끼리 바지 등 사야 할 것이 너무 많다. 예뻐서라기보다 이들이 있어야 방콕 분위기가 완성된다. 지인들 선물로도 좋다.

Travel Tip

옥수수 콘 파이 드시고 가세요~

맥도날드에서 국가별로 다른 맛의 파이를 출시한다. 태국은 옥수수 파이를 판매한다. 한국에는 없는 콘 파이까지 잊지말고 즐기자. 콘 파이 알러이 막막~

5

맥도날드 앞에서 기념사진 찍기

맥도날드 앞에 I Love Khaosan 문구와 와이태국식 합장를 한 맥도날드 마스코트가 있다. 남녀노소 국적 불문하고 이곳에서 인증샷을 찍는다. 사진 한 장이면 당신이 지금 어디에 있는지 모든 게 설명된다.

구글맵 카오산 로드 맥도널드

6

여권 케이스 만들기

방콕 여행을 기념하면서 실용성까지 챙길 수 있는 완소 아이템이다. 원하는 컬러와 펜던트를 고르고 영문 이니셜을 적어주면 나만의 여권 케이스가 완성된다. 차나 쏭크람 경찰서Chana Songkhram Police 근처 카오산 로드 초입에 가게가 있다.

7

발 마사지 받기

종일 방콕을 돌아다니느라 지친 발과 다리에 휴식을 선물하자. 선베드에 누워 한숨 자고 나면 피로도 풀리고 카오산의 밤을 즐길 에너지 충전 완료. 가격은 한 시간에 300B 이하이다.

8

일탈의 시작, 헤나와 드레드 헤어

헤나는 천연염료를 사용해 손과 발에 그림을 그리는 것을 말한다. 2주쯤 지나면 지워져 부담 없다. 레게 머리드레드 헤어, 드레 드락스도 저렴하다. 단점이라면 다른 여행자들의 구경거리가 될 수도 있다는 것.

소이 람부뜨리 Soi Rambuttri

🚶 프라아팃 선착장Phra Athit Pier에서 카오산 로드 방향으로 걸어서 5분

아기자기한 음식점과 바가 가득

짜오프라야강과 카오산 로드 사이 구역을 소이 람부뜨리라고 한다. 음식점과 바가 주를 이루고 분위기가 카오산 로드보다 좀 더 아기자기하다. 유명한 국숫집과 한국 여행사가 이 길 끝에 있어 한국 여행자들이 많이 머무는 편이다. 밤이 되어 곳곳에 걸린 수많은 등이 불을 밝히면, 하늘하늘 흔들리는 불빛이 거리를 아름답게 수놓는다.

Travel Tip

태국의 대마 음식 & 음료

태국 내 대마 합법화가 시작되면서 카페와 노점에서 모든 종류의 대마 제품을 공개적으로 판매할 수 있게 되었다. 특히 소이 람부뜨리에 이런 노점이 많아져 한국 여행자들의 걱정이 이만저만이 아니다. 그러나 대마를 흡연하거나 대마 추출물을 만들어 판매하는 건 여전히 불법이며, 대마 성분 식품은 포장에 성분과 경고 메시지를 반드시 명시해야 한다. 노점의 경우에도 메뉴에 대마초 그림 또는 명칭이 표시되어 있다. 대마초는 영문으로 Cannabis카나비스 또는 Marijuana마리화나이며 태국어로는 กัญชา(깐차) 이다. 조금이라도 의심이 되면 포장재, 메뉴판 등을 꼼꼼히 살펴보자.

빠이 스파 Pai Spa

합리적인 가격, 퀄리티 있는 마사지

카오산 로드 일대에서 편안하게 제대로 된 마사지를 받기는 쉽지 않다. 생전 처음 보는 사람들과 나란히 누워서 혹은 선베드에 누워서 마사지를 받아야 하기 때문이다. 카오산이기에 이런 경험도 나쁘지 않지만, 제대로 된 타이 마사지를 받고 싶다면 빠이 스파를 추천한다. 시내 유명 브랜드보다 저렴하지만, 마사지 퀄리티는 절대 뒤지지 않는다. 목조 가옥을 개조해 만들었는데, 실내 분위기가 운치 있고 시설도 깔끔하다. 100밧 정도를 추가하면 프라이빗룸으로 업그레이드가 가능하다.

빠이 스파 차나 쏭크람 경찰서에서 소이 람부뜨리(카오산 로드 방면)로 진입하여 300m 직진 156 Ram Buttri
+66 2 629 5155 금~일 12:00~08:00, 월~목 휴무 ฿ 타이 마사지 1시간+발 30분 550B, 오일마사지 1시간 1000B

왓 차나 쏭크람 Wat Chana Songkhram

프라아팃 선착장으로 가는 지름길

차나 쏭크람 경찰서 맞은 편에 사원이 하나 있다. 자유로운 카오산 로드에 사원이라니 안어울리는 느낌이겠지만, 꽤나 많은 여행자들이 쉴새 없이 드나든다. 사원을 가로질러 후문으로 나가면 프라아팃 선착장이 가깝기 때문이다. 사원은 의외로 한산하고 여유롭다. 알아들을 순 없지만 리듬감 있는 불경 소리도 정겹다. 한번쯤 소이 람부뜨리 대신 지나가보자. 저녁 6시까지 정문, 후문 모두 개방해 둔다.

카오산 로드 초입에 있는 차나 쏭크람 경찰서 맞은 편
77 Chakrabongse Rd, Chana Songkhram
+66 2 281 9396
매일 08:00~17:00

©photonetworkgroup

 프라 쑤멘 요새 Phra Sumen fort

🚶 프라아팃 선착장에서 나와 프라아팃 로드에서 좌회전하여 2분 직진 🕓 08:00~21:00

로맨틱한 산책로

방콕에 남아 있는 2개의 요새 중 하나이다. 라마 1세 재위 1782~1809는 짜오프라야강 서쪽 톤부리에서 강 동쪽 방콕으로 수도를 옮긴 후 도시를 방어하기 위해 14개 요새를 중심으로 성벽을 쌓았다. 모두 파손되고 프라 쑤멘 요새와 올드 타운에 있는 마하깐 요새만 남았다. 8각의 벽돌 지붕에 새하얗고 낮은 담이 아담하다. 이렇게 낮은 요새로 어떻게 도시를 지켰는지 의문이 든다. 저녁에 조명이 켜지면 꽤 로맨틱한 분위기가 연출된다. 카오산에 연인과 함께 머문다면 저녁 산책하러 나가면 어떨까.

쌈쎈 로드 Samsen Road

쏭크람 경찰서에서 차크라봉스 거리Chakrabongse Rd 따라 북동쪽으로 500m 직진

방콕의 연남동

쌈쎈 로드는 카오산 로드 위쪽북동쪽에 있다. 카오산 로드가 홍대라면 쌈쎈 로드는 연남동이다. 카오산 로드가 일터인 현지인은 많지만 이곳에 거주하는 경우는 드물다. 반면 쌈쎈 로드는 현지인들의 일상 공간에 여행자 거리가 적절히 섞여 있어 매력적이다. 아침에는 출근하는 현지인들로 활기가 넘치고, 저녁에는 퇴근하는 현지인과 여행자들이 뒤섞여 저녁을 먹고 라이브 공연을 즐긴다. 아직은 이 부근에 머무는 한국 여행자가 많지 않지만, 서양 여행자들은 쌈쎈 주변으로 모여들기 시작한 지 오래다.

왓 보원니웻 Wat Bowonniwet

중국풍 색채의 지붕, 황금색 쩨디

카오산 로드에서 5분 거리에 있는 사원이다. 중국 색채가 강한 기와 지붕에 한번 놀라고, 높이 50m의 거대한 황금색 쩨디에 또 한번 놀란다. 왓 보원니웻은 왕실과 깊은 인연으로 유명한 사원이다. 태국인이 가장 존경하는 푸미폰 아둔야뎃라마 9세을 포함해 현 왕조의 여러 왕들이 이곳에서 출가를 하고 승려 생활을 했다. 쩨디 아래에는 왕실 유물이 보관되어 있다. 카오산에 머무른다면 더위도 식힐겸 들려보자. 그냥 지나치기에는 아쉬운 사원이다.

차나 쏭크람 경찰서에서 짜크라퐁 로드Chakrabongse Rd. 따라 북동쪽으로 400m 직진 후 사거리에서 우회전

248 Phra Sumen Rd +66 2 281 2089

©pol tatham

라마 8세 다리 Rama 8 Bridge

야경 명소, 포토 스폿

라마 8세 다리는 카오산 로드에서 짜오프라야 강 방향으로 약 1km 떨어진 곳에 있다. 악명 높은 방콕의 교통 체증을 줄이기 위해 2002년에 세워졌다. 하지만 현재는 야경 명소로 더 유명하다. 짜오프라야 강 크루즈의 주요 스폿이자, 사진 작가들에게 포토 스폿으로 인기가 좋다. 강변으로 밤데이트 나온 연인들에게도 인기 만점이다.

Rama 8 Bridge

카오산 로드에서 북쪽으로 약 1km

카오산로드의 맛집과 바

쿤댕 꾸어이짭 유안 Khun Daeng Guay Jub Yuan

끈적 국수와 칼칼한 육수

짠내투어에 소개된 끈적 국수 가게이다. 나이쏘이와 함께 한국인에게 열렬한 지지를 받는 국숫집이다. 베트남식 쌀국수지만 면의 식감이 살짝 녹은 듯 끈적하다 해서 끈적 국수라고 불린다. 굵은 후추가 들어간 돼지고기 소시지와 바싹 튀긴 양파를 고명으로 얹고, 육수에 진한 후추 맛을 더해 맛이 칼칼하다. 현지인들은 계란을 추가10바트해서 먹는데, 우리에게 익숙한 수제비 맛이 난다. 기다릴 때가 대부분이지만 회전율이 높아 곧 자리를 얻을 수 있다.

① 소이 람부뜨리Soi Ram Buttri의 동대문식당여행사(13.761848, 100.494479)가 있는 골목 끝에서 좌회전 ② 프라아팃 선착장Phra Arthit Pier에서 나와 프라아팃 로드에서 우회전하여 130m 직진. 68-70 Phra Athit Rd +66 85 246 0111
매일 09:30~20:30 ฿ 60~70B, 달걀 추가 10B

나이쏘이 Nai Soie Beef Noodle

카오산 대표 소고기 국수

방콕에서 꼭 먹어야 하는 3대 국수 중 하나인 소고기 국숫집이다. 짠내투어에 소개되면서 인기가 더 많아졌지만, 오래전부터 카오산을 대표하는 로컬 맛집이었다. 소고기 고명이 푸짐하게 올려져 나오는 꾸어이띠여우 느어쏫Fresh Beef이 가장 인기가 좋다. 갈비탕과 맛이 비슷해 한국 사람에게는 익숙한 맛이다. 전날 과음을 했다면 다음 날 아침은 이곳에서 시작하자. 모든 국수는 레귤러, 라지 두 가지 사이즈가 있으며, 영어 메뉴가 있어 주문하기 어렵지 않다. 간판의 글자는 '나이쏘이'라고 한국어로 되어 있다.

① 소이 람부뜨리의 동대문식당여행사가 있는 골목 끝에서 우회전 ② 프라아팃 선착장에서 나와 프라아팃 로드에서 우회전하여 50m 직진.
100/4 Phra Athit Rd +66 63 923 8074
매일 07:00~21:00 ฿ 120~150B

조조팟타이와 무명 노점상

한국 여행자에게 인기 만점!

노상이기는 하지만 카오산에 머물러 봤다면 누구나 알만한 곳이다. 첫번째는 카오산 로드의 조조팟타이. 차나 쏭크람 경찰서 근처에 있다. 한글로 대문짝 만하게 'JOJO 팟타이'라고 쓰여 있어서 찾기 어렵지 않다. 카오산 로드 버킷 리스트로 꼽을만큼 한국 여행자에게 인기가 좋다. 오후 5시 무렵 부터 새벽까지 영업한다.

다른 한 곳은 쏘이 람부뜨리에 있는 이름 없는 노상이다. 쏘이 람부뜨리 중간쯤, 동대문 여행사가 있는 골목 초입에 있다. 골목 담벼락 옆에 테이블을 죽 늘어 놓고 영업한다. 없는 메뉴가 없다. 해외 유명 가이드북에 꾸준히 소개될 만큼 맛있고 카오산 분위기가 물씬 난다. 무려 24시간 영업. 두 곳 모두 저렴하고 맛있지만, 위생 상태는 빵점이다.

조조팟타이 🚶 차나 쏭크람 경찰서에서 카오산 로드로 진입해서 약 50m 직진

📍 46 Khaosan Rd 🕓 매일 17:00~01:00

찌라 옌타포 Jira Yentafo

베테랑 여행자들이 사랑하는 국수

어묵 국수 맛집이냐, 옌타포 국수 맛집이냐 의견이 분분한 곳이다. 사실 둘 다 수준급으로 맛있다. 개인적으로는 옌타포를 추천한다. 옌타포는 빨간색 두부 발효 장으로 만들어 육수가 핑크빛이다. 썩 식욕이 당기는 느낌은 아니지만, 태국 여행 베테랑들이 아끼는 국수이다. 새콤하면서 달짝지근한 맛이 중독성 있다. 카오산에 들르면 꼭 한번 방문해 보시길.

🚶 차나 쏭크람 경찰서에서 짜크라퐁 로드Chakrabongse Rd. 따라 북동쪽으로 200m 📍 118 Chakrabongse Rd

🕓 07:30~15:00, 매주 화·수요일 휴무 ฿ 50~70B

카림 로띠 마따바 Karim Roti Mataba

내공 만점 로띠 전문점

1943년부터 영업해온 내공 만점의 로띠 전문점이다. 늘 맛이 있다, 없다 의견이 분분하다. 둘 다 맞는 말이다. 로띠는 난의 일종으로 태국의 대표 간식 가운데 하나이다. 바나나, 초콜릿 등을 속에 넣은 로띠는 별로 특색이 없다. 그러나 커리 양념과 해산물, 고기로 로띠 속을 채운 비프 마타바, 씨푸드 마타바는 정말 맛있다. 인도식 커리를 주문해서 아무것도 들어가지 않은 플레인 로띠를 찍어 먹는 것도 끝내준다. 개인적으로 인도 맛을 좋아해서 10점 만점에 10점을 주고 싶다.

프라 쑤멘 요새 맞은편 136 Phra Athit Rd +66 80 770 7080
매일 09:00~22:00 ฿ 29B~85B

푸아끼 Pua Kee

완탄, 화교, 면 요리

화교가 운영하는 국수 전문점이다. 처음 간 여행자라면 어마어마하게 많은 국수 종류에 놀라게 될 것이다. 국수는 크게 완탕Wantan, 완자을 넣은 것과 해산물 고명을 넣은 것, 맑고 깔끔한 육수, 똠얌 맛이 나는 매운 육수로 나뉜다. 맛은 두말하면 잔소리! '완탄, 화교, 면 요리'. 맛이 없을 수 없는 삼박자를 완벽하게 갖췄다. 태국 음식을 잘 못 먹는 여행자라면 맵지 않은 새우 완탄 국수에 고수를 빼서 주문할 것을 추천한다.

프라 쑤멘 요새에서 동남쪽으로 도보 1분
22, 24-26 Phra Sumen Rd +66 2 281 4673
월~토 09:00~16:00, 일요일 휴무
฿ 65B~90B

사와디 하우스 Sawasdee House

카오산 분위기 즐기기 좋은 바

카오산의 밤을 즐기기 좋은 레스토랑 겸 바이다. 호텔 사와디 하우스에서 운영한다. 배틀트립에서 신주아가 추천한 곳이기도 하다. 어마어마하게 많은 태국 음식과 웨스턴 메뉴가 있지만, 수준 이상의 맛을 기대하긴 어려우니 안주 정도로만 생각하고, 식사는 주변 맛집에서 하는 편이 좋다. 이곳의 장점은 분위기다. 저녁이 되면 테이블마다 하늘하늘 촛불이 켜지고 가게 앞에 노상 테이블이 깔린다. 분위기가 술 마시기에 딱이다. 람부뜨리를 지나던 여행자들이 분위기에 이끌려 들어오면 본격적인 카오산의 밤이 시작된다.

왓 차나 쏭크람 사원 앞에서 동북쪽으로 도보 1~2분. 호텔 사와디 하우스 1층
147 Soi Rambuttri, Khwaeng Chana Songkhram +66 2 281 8138
09:00~01:00 ฿ 태국식 메뉴 150~380B, 맥주 80~150B

마이 달링 My Darling

낮에는 노천카페, 밤에는 강렬한 바

사와디 하우스와 함께 여행자들의 열렬한 지지를 받는 바이다. 맛과 메뉴 구성이 사와디 하우스와 비슷하다. 낮에는 노천카페이고 밤이 되면 분위기가 강렬한 바로 변한다. 이곳의 시그니처는 야외 테라스에 있는 조각상이다. 3m 정도 높이에 도깨비 얼굴을 하고 있는데, 화려한 조명이 더해지면 분위기가 묘하다. 어쩐지 조금 무섭기도 하고, 몽롱하기도 하다. 테라스에 앉아 지나가는 여행자들을 구경하며 차가운 비아씽Singha Beer, 태국 맥주을 즐겨보자.

소이 람부뜨리 거리 중간 즈음에 위치
106 Ram Buttri Aly 24시간
฿ 태국식 메뉴 150~380B, 맥주 80~150B

아이싸롯디 Areesaa Lote Dee

중독성 있는 치킨 커리밥과 카레 양념 꼬치구이

아이싸롯디는 타이-무슬림 음식점이다. 태국 음식에 인도, 인도네시아의 커리를 더한 메뉴를 맛볼 수 있다. 태국 향신료보다 커리에 익숙한 한국인에게 친숙한 메뉴가 많아 좋은 평을 받고 있다. 대표 메뉴인 까우목까이Chicken Buriyani는 볶음밥에 가깝고 까우목느아Beef Buriyani는 카레 덮밥과 비슷하다. 두 메뉴 모두 호불호가 크지 않다. 땅콩 소스에 찍어 먹는 사테커리 양념 꼬치구이도 잊지 말자. 사이드 메뉴와 맥주 안주로 손색이 없다. 함께 나온 샬롯과 고추를 함께 곁들여 먹으면 속까지 개운해진다.

🚶 소이 람부뜨리 동쪽 끝에서 그 윗길인 따니 거리Thanon Tani 초입에 위치

📍 103 105 Thanon Tani 📞 +66 81 307 0654

🕓 화~일 08:00~20:00, 월요일 휴무

฿ 70~120B

©Streets of Food

©Streets of Food

똠얌꿍 방람푸 Tom Yum Goong Banglamphu

인기 만점 똠얌꿍 노포

카오산 로드에서 도보 5분 거리에 있다. 방람푸 시장 근처에 있어 생생한 현지 분위기가 넘쳐흐른다. 골목에 들어서면 한국의 포장마차 같은 가게들이 줄지어 있다. 그중에서 간판에 오리지널Original이라 쓰여있는 곳이 똠얌꿍 방람푸이다. 허름한 외관에 실망하지 마시라. 미슐랭 가이드와 해외여행사이트 '타임아웃', 태국 미식 여행 크리에이터 마크 비엔이 극찬한 곳이다. 맛은 방람푸 지역에서 타의 추종을 불허한다. 인기 메뉴는 새콤달콤한 맛이 매력적인 새우 똠얌꿍이다. 현지 맛집답게 진한 레몬그라스 향이 나지만 맛은 의외로 개운하다. 마늘과 불 향을 더한 해산물 볶음도 추천한다.

🚶 카오산로드에서 쌈센 방향으로 300m 이동 후 Soi Kraisi로 진입하여 100m 직진

📍 198 soi Kraisi 🕓 매일 08:00~20:00 ฿ 150~250B

©Streets of Food

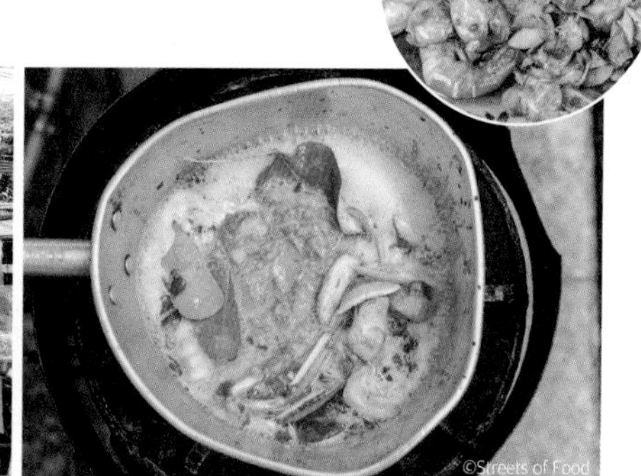
©Streets of Food

카우똠 보원 Khao Tom Bowon

60년 된 로컬 식당

왓 보원니웻Wat Bowonniwet 사원 북동쪽 건너편에 있는 60년 넘은 로컬 식당이다. 한국의 죽에 해당하는 카오똠Khao Tom, 끓인 밥과 여기에 곁들여 먹는 반찬을 판매한다. 입구부터 가득 쌓여 있는 음식과 커다란 솥을 보면 시골 잔칫집에라도 온 듯하다. 오래되어 낡았음에도 불구하고 내부는 깔끔하다. 에어컨이 있는 홀도 있다. 카우카무돼지 족발, 모닝글로리, 새우 등 어느 메뉴를 시켜도 기대 이상으로 맛있고, 부드러운 카오똠하고도 잘 어울린다. 가격이 저렴해 여러 가지 메뉴를 부담 없이 즐길 수 있다.

왓 보원니웻Wat Bowonniwet 사원 북동쪽 길 건너편
243 Phra Sumen Rd
+66 2 629 1739 매일 15:30~23:00
฿ 카오똠 10B, 모닝글로리 50B, 팟 카파오무쌉 100B

코지 하우스 Cozy House

태국 요리에 맥주 한잔

소이 쌈쎈 2번 길 안쪽에 자리한 레스토랑 겸 펍이다. 깔끔한 태국 음식에 맥주를 마시고 여유로운 시간을 보내고 싶다면 이곳을 추천한다. 코지 하우스에는 똠얌꿍, 팟 카파오무쌉 등 여행자가 좋아하는 태국 메뉴가 가득하다. 음식은 전체적으로 깔끔하고 향신료 맛이 강하지 않아, 태국 음식 초보자에게도 부담이 없다. 코코넛 덕후라면 태국식 코코넛 수프 똠카 까이Tom Kha Kai를 추천한다. 저렴한 가격에 다양한 세계 맥주를 즐길 수 있는 것도 이곳의 매력 중 하나이다.

방람푸 운하를 건너 전방 30m 우측으로 난 소이 쌈쎈 2Soi Samsen 2로 진입. 100m 직진
126 Samsen 2 Alley +66 97 237 8455 10:30~24:00(화요일09:00~24:00)
฿ 무끄랍 140B, 똠카 150B, 똠얌 140B

포스트 바 Post Bar

음악이 흐르는 곳에서 수제버거를

근사한 음악이 흐르는 맛있는 수제버거 가게이다. 방콕 더위에 지쳐 에어컨이 있는 곳을 원한다면 포스트 바로 가자. 여행자보다는 현지인과 방콕에 거주하는 외국인에게 인기 있는 곳이다. 2층으로 된 아담한 내부엔 태국 느낌 물씬 나는 소품들로 가득하다. 음악 선곡 나무랄 데 없고, 음식도 깔끔하니 맛있다. 대표 메뉴는 수제버거와 무끄럽돼지고기 요리, Stir fried pork with Basil이다. 버거는 토핑을 원하는 대로 조합할 수 있다. 간단한 저녁 겸 1차로 들렀다가 블루스 바로 이동하는 사람들이 많다.

블루스 바에서 길 따라 북동쪽으로 도보 3분. 팟타이 나나 건너편
153 Thanon Samsen, Wat Sam Phraya, Phra Nakhon, Bangkok 10200 +66 84 665 8659 19:00~01:00 ฿ 버거 125B, 패티 추가 90B, 쌤쏭 위스키 240B작은 병

팟타이 나나 Padthai Nana

소문난 팟타이 맛집

현지인에게 인기 만점인 팟타이 맛집이다. 가게 앞엔 늘 긴 줄이 늘어서 있다. 3~4개씩 포장은 기본이다. 최근에는 여행자들 사이에서도 입소문을 타며 찾는 이들이 많아졌다. 메뉴는 기본 팟타이와 새우를 넣은 팟타이 꿍으로 단출하지만, 예상했겠지만 맛은 훌륭하다. 국수가 깔끔하게 잘 볶아졌다. 팟타이에 이 이상의 설명이 뭐가 필요할까. 조금 심심하다고 느껴지면 테이블 위에 있는 소스를 적극적으로 활용하자.

방람푸 운하를 지나 쌈쎈 로드Samsen Rd 진입하여 도보 3분. 포스트 바 건너편 152 Thanon Samsen, Ban Phan Thom +66 64 720 2502 10:00~20:00(재료 소진 시 마감), 토·일 휴무 ฿ 팟타이 40B, 팟타이 꿍 70~75B

더 원 카오산 the ONE at Khaosan

사람 구경하기 좋은 오픈 바

카오산 로드는 바Bar마저도 자유롭다. 건물 사이 좁은 공간에 계단을 놓고, 지붕만 얹어 만든 오픈 바이다. 근데 그 모습이 꽤 근사하다. 거대한 오두막을 단면으로 잘라 놓은 모양이다. 커다란 조명을 달아 포인트를 주고 계단마다 초록빛 화초로 생기를 더했다. DJ의 음악이 가게에서 흘러나와 카오산 로드까지 이어진다. 이 바의 재미는 사람 구경이다. 몇 계단 올라온 높이에서 맥주 한잔 마시며 각양각색의 여행자를 구경하다 보면 시간 가는 줄 모른다.

차나 쏭크람 경찰서Chana Songkhram Police에서 카오산 로드로 진입해 150m 직진. 좌측에 위치
131 Khaosan Rd +66 61 415 8990 매일 13:00~02:00

브릭 바 Brick Bar

흥이 넘치는 라이브 바

흥이 넘치는 라이브 바이다. 매일 저녁 8시, 10시, 자정에 공연이 있으며 장르도 타이 인디 음악, 레게, 팝 등 다양하다. 독일의 비어 홀처럼 벽돌과 긴 나무 벤치로 꾸며져 있는데, 분위기가 무르익을수록 벤치는 앉는 용도보다 관객들이 흥을 표출하는 무대로 바뀐다. 워낙 인기가 많아 주말에는 첫 공연부터 테이블이 꽉 찬다. 카오산 로드까지 긴 줄이 이어질 때도 있다. 평일에는 입장료가 무료지만 주말과 유명 밴드의 공연이 있는 날에는 300밧을 받는다.

카오산 로드 맥도날드 세움간판 뒤 버디 로지 호텔Buddy Lodge Hotel 건물 지하 265 Thanon Khao San
+66 2 629 4556 매일 18:30~02:00 맥주 140B
www.brickbarkhaosan.com

 블루스 바 Adhere The 13th Blues Bar

방람푸Banglumphu 운하에서 35m 지나 쌈쎈 로드Samsen Rd 좌측
13 Thanon Samsen, Wat Sam Phraya, Phra Nakhon +66 89 769 4613
18:00~00:00 ฿ 맥주, 칵테일 120~300B

술과 음악 그리고 자유!

나에게 방콕의 모든 곳 중 딱 한 군데만 선택하라고 한다면 주저 없이 블루스 바를 선택할 것이다. 블루스 바에서는 일상의 긴장을 내려놓고 자유를 만끽하기에 충분하다. 블루스 바에 가면 홍대의 라이브 바가 생각난다. 무대는 따로 없다. 그냥 가게 중앙에서 공연한다. 테이블과 밴드의 거리가 가깝다 보니 악기의 작은 울림까지 온몸으로 전해진다. 매일 저녁 9시 무렵에 공연이 시작되는데, 금요일에는 블루스 바 주인이 기타리스트로 활동하는 방람푸 밴드가 공연한다. 리드미컬하면서도 끈적이는 블루스 음악에 취하지 않는 사람이 있을까?

SIAMPA
GODIV
PIER N°5
ESPRESSO
OUT

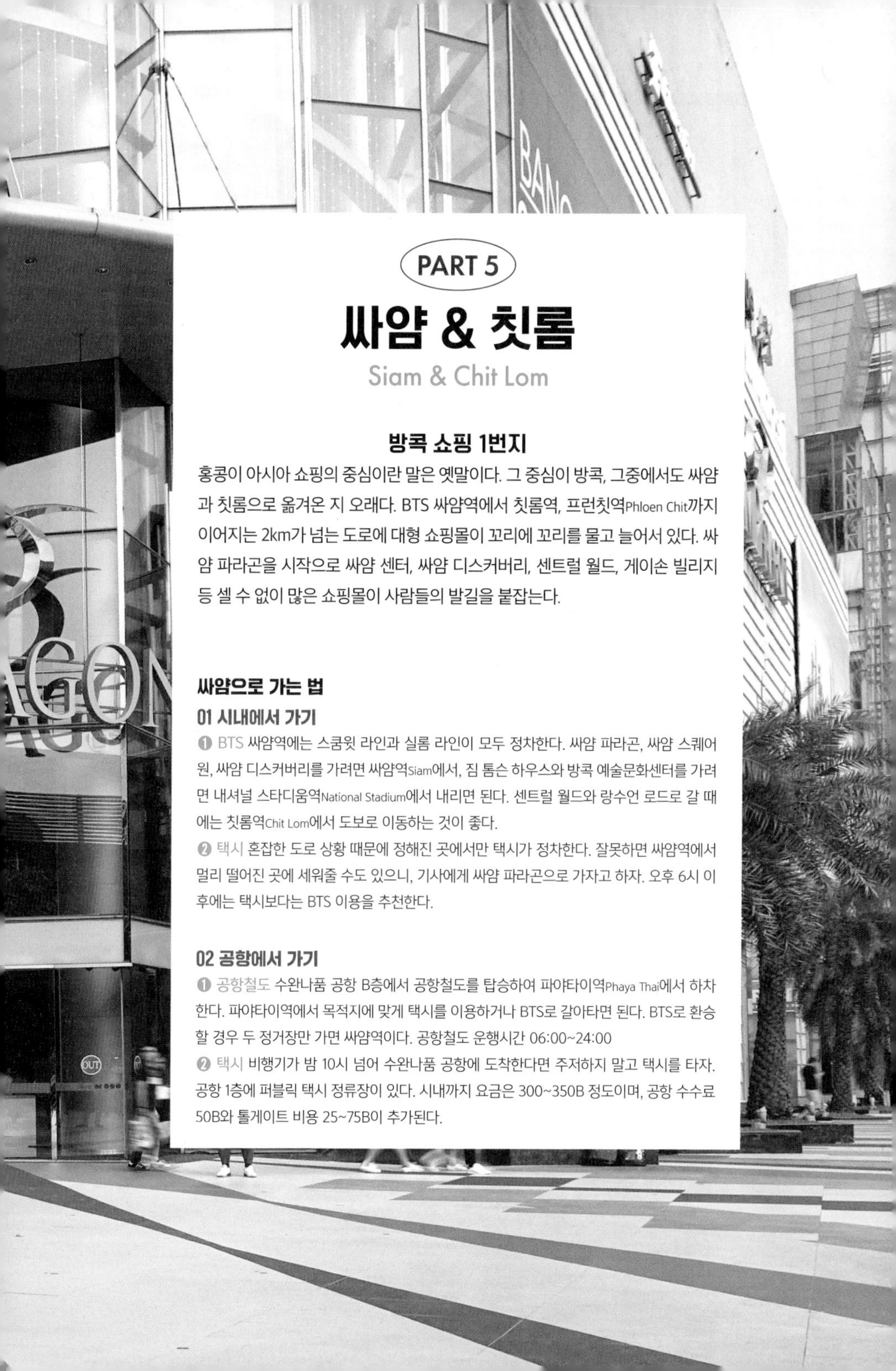

PART 5

싸얌 & 칫롬

Siam & Chit Lom

방콕 쇼핑 1번지

홍콩이 아시아 쇼핑의 중심이란 말은 옛말이다. 그 중심이 방콕, 그중에서도 싸얌과 칫롬으로 옮겨온 지 오래다. BTS 싸얌역에서 칫롬역, 프런칫역Phloen Chit까지 이어지는 2km가 넘는 도로에 대형 쇼핑몰이 꼬리에 꼬리를 물고 늘어서 있다. 싸얌 파라곤을 시작으로 싸얌 센터, 싸얌 디스커버리, 센트럴 월드, 게이손 빌리지 등 셀 수 없이 많은 쇼핑몰이 사람들의 발길을 붙잡는다.

싸얌으로 가는 법

01 시내에서 가기

❶ BTS 싸얌역에는 스쿰윗 라인과 실롬 라인이 모두 정차한다. 싸얌 파라곤, 싸얌 스퀘어 원, 싸얌 디스커버리를 가려면 싸얌역Siam에서, 짐 톰슨 하우스와 방콕 예술문화센터를 가려면 내셔널 스타디움역National Stadium에서 내리면 된다. 센트럴 월드와 랑수언 로드로 갈 때에는 칫롬역Chit Lom에서 도보로 이동하는 것이 좋다.

❷ 택시 혼잡한 도로 상황 때문에 정해진 곳에서만 택시가 정차한다. 잘못하면 싸얌역에서 멀리 떨어진 곳에 세워줄 수도 있으니, 기사에게 싸얌 파라곤으로 가자고 하자. 오후 6시 이후에는 택시보다는 BTS 이용을 추천한다.

02 공항에서 가기

❶ 공항철도 수완나품 공항 B층에서 공항철도를 탑승하여 파야타이역Phaya Thai에서 하차한다. 파야타이역에서 목적지에 맞게 택시를 이용하거나 BTS로 갈아타면 된다. BTS로 환승할 경우 두 정거장만 가면 싸얌역이다. 공항철도 운행시간 06:00~24:00

❷ 택시 비행기가 밤 10시 넘어 수완나품 공항에 도착한다면 주저하지 말고 택시를 타자. 공항 1층에 퍼블릭 택시 정류장이 있다. 시내까지 요금은 300~350B 정도이며, 공항 수수료 50B와 톨게이트 비용 25~75B이 추가된다.

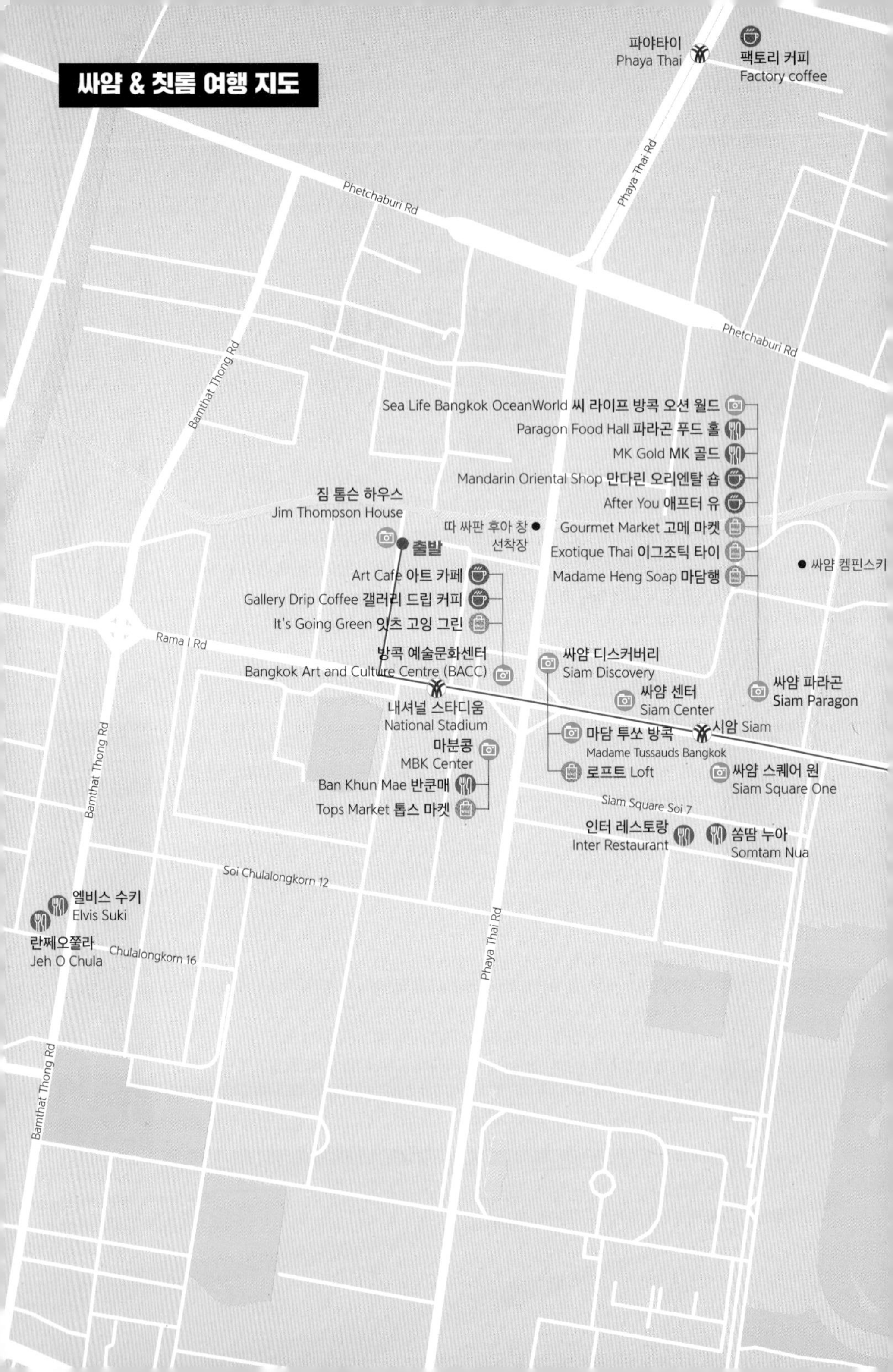

싸얌 & 칫롬 여행 지도
파야타이
Phaya Thai
팩토리 커피
Factory coffee
Phaya Thai Rd
Phetchaburi Rd
Phetchaburi Rd
Bamthat Thong Rd
Sea Life Bangkok OceanWorld 씨 라이프 방콕 오션 월드
Paragon Food Hall 파라곤 푸드 홀
MK Gold MK 골드
Mandarin Oriental Shop 만다린 오리엔탈 숍
After You 애프터 유
Gourmet Market 고메 마켓
Exotique Thai 이그조틱 타이
Madame Heng Soap 마담행
싸얌 켐핀스키
짐 톰슨 하우스
Jim Thompson House
따 싸판 후아 창 선착장
출발
Art Cafe 아트 카페
Gallery Drip Coffee 갤러리 드립 커피
It's Going Green 잇츠 고잉 그린
Rama I Rd
방콕 예술문화센터
Bangkok Art and Culture Centre (BACC)
싸얌 디스커버리
Siam Discovery
싸얌 센터
Siam Center
싸얌 파라곤
Siam Paragon
내셔널 스타디움
National Stadium
마분콩
MBK Center
Ban Khun Mae 반쿤매
Tops Market 톱스 마켓
마담 투쏘 방콕
Madame Tussauds Bangkok
시암 Siam
로프트 Loft
싸얌 스퀘어 원
Siam Square One
Siam Square Soi 7
인터 레스토랑
Inter Restaurant
쏨땀 누아
Somtam Nua
Bamthat Thong Rd
Soi Chulalongkorn 12
엘비스 수키
Elvis Suki
란쩨오쭐라
Jeh O Chula
Chulalongkorn 16
Phaya Thai Rd
Bamthat Thong Rd

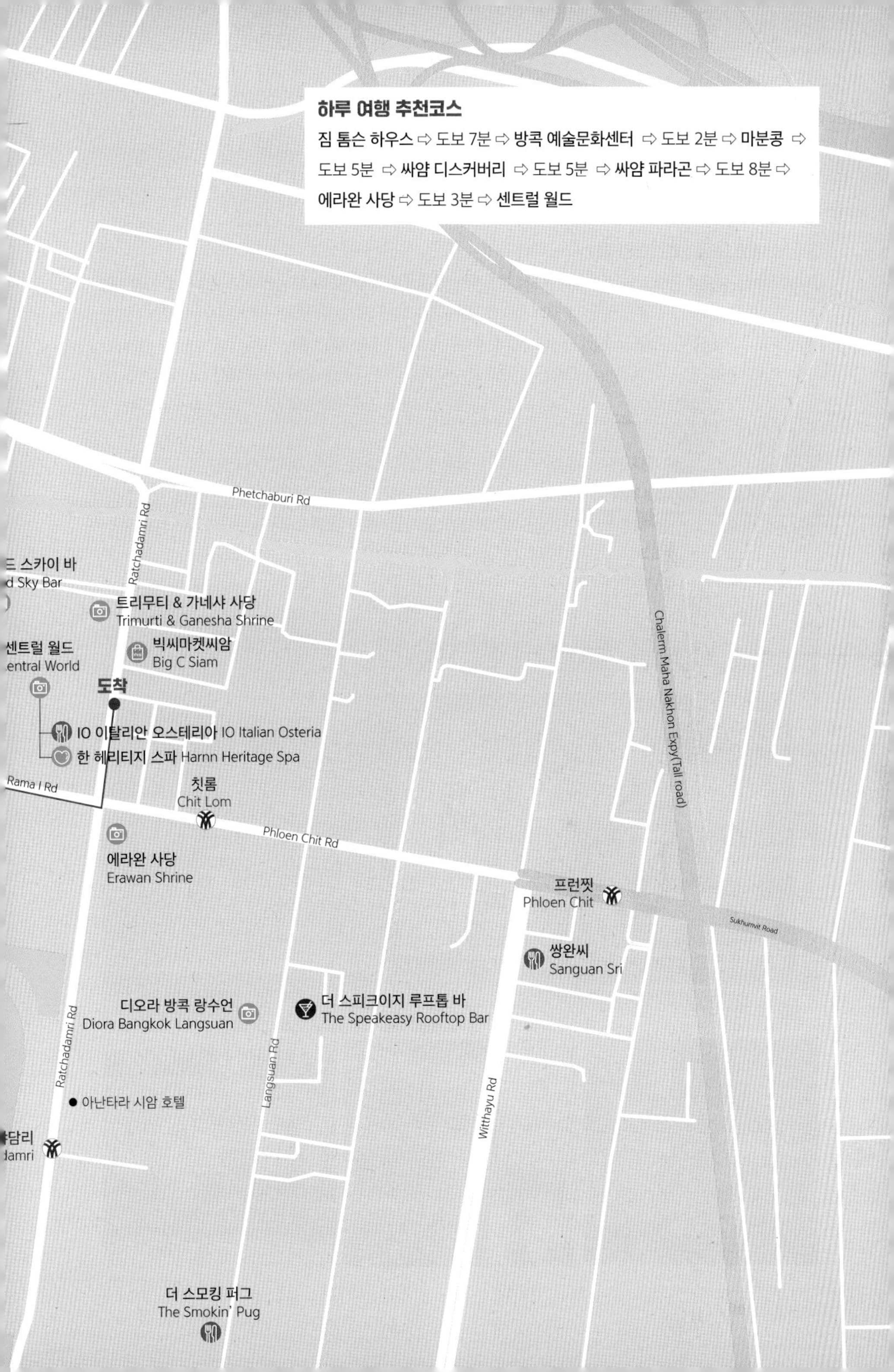

하루 여행 추천코스
짐 톰슨 하우스 ⇨ 도보 7분 ⇨ 방콕 예술문화센터 ⇨ 도보 2분 ⇨ 마분콩 ⇨ 도보 5분 ⇨ 싸얌 디스커버리 ⇨ 도보 5분 ⇨ 싸얌 파라곤 ⇨ 도보 8분 ⇨ 에라완 사당 ⇨ 도보 3분 ⇨ 센트럴 월드
Phetchaburi Rd
Ratchadamri Rd
트리무티 & 가네샤 사당
Trimurti & Ganesha Shrine
빅씨마켓씨암
Big C Siam
센트럴 월드
entral World
도착
IO 이탈리안 오스테리아 IO Italian Osteria
한 헤리티지 스파 Harnn Heritage Spa
Rama I Rd
칫롬
Chit Lom
Phloen Chit Rd
에라완 사당
Erawan Shrine
프런찟
Phloen Chit
Sukhumvit Road
Chalerm Maha Nakhon Expy(Tall road)
쌍완씨
Sanguan Sri
디오라 방콕 랑수언
Diora Bangkok Langsuan
더 스피크이지 루프톱 바
The Speakeasy Rooftop Bar
Langsuan Rd
Witthayu Rd
아난타라 시암 호텔
더 스모킹 퍼그
The Smokin' Pug

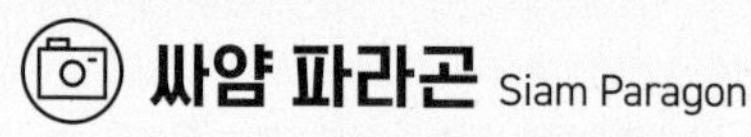

싸얌 파라곤 Siam Paragon

🚶 BTS 싸얌역Siam에서 하차하여 싸얌 파라곤으로 연결되는 출구 이용
📍 Siam Paragon, Rama 1 Road 📞 +66 2 610 8000 🕓 10:00~22:00, 연중무휴
≡ http://www.siamparagon.co.th (Tourist Card 안내와 각종 프로모션 정보가 있다.)

고급스럽고 품격 있는 쇼핑 공간

2015년 무렵, 싸얌에 대형 쇼핑몰이 들어서면서 이 일대는 방콕 쇼핑의 중심지로 변모했다. 그 변화의 중심에 싸얌 파라곤이 있다. 2018년 말에 오픈한 아이콘 씨암에게 '방콕 최대 럭셔리'라는 타이틀은 빼앗겼지만, 싸얌 파라곤은 여전히 고급스럽고 품격 있는 쇼핑 공간이다. 7층 건물이며 명품관이 있는 메인 층Main Floor, 태국에서는 1층 개념이지만 한국으로 치면 2층이 BTS 싸얌역과 바로 연결된다. 메인 층 아래에는 고메 마켓슈퍼마켓과 푸드 홀이 있는 그라운드 층Ground Floor, 한국으로 치면 1층이 있다. 푸드 홀은 규모가 방대하다. 그라운드 층 아래층을 베이스먼트Basement라고 하는데, 이곳에 아쿠아리움이 있다.

명품관을 시작으로, 지상 3층까지 다양한 패션 브랜드 매장이 입점해 있다. 4, 5층엔 태국에서 유명한 중·고가 외식 브랜드 매장과 영화관 등이 있다. 싸얌 파라곤은 한마디로 쇼핑, 미식, 엔터테인먼트까지 원스톱으로 해결할 수 있는 곳이다. H&M부터 스포츠 카 페라리까지, 맥도날드부터 만다린오리엔탈까지, 선보이지 않는 브랜드가 없을 정도이다.

ONE MORE 1
Shops in Siam Paragon

싸얌 파라곤의 인기 매장

마담행
Madame Heng Soap

식물성 천연 허브 비누

70년 넘게 태국인의 사랑을 받아 온 국민 비누 브랜드이다. 인공 계면활성제나 화학 첨가물을 사용하지 않고, 100% 식물성 오일과 천연 허브로 만든다. 오리지널 메리벨 솝이 가장 인기 좋은 제품이다. 패키지에 브랜드를 만든 마담 행 여사의 얼굴이 새겨져 있어 일명 '할머니 비누'라고 불린다. 🚶싸얌 파라곤 3층

이그조틱 타이
Exotique Thai

화장품과 스파 용품 멀티숍

태국의 유명 스파 용품과 코스메틱 브랜드가 모여 있는 멀티숍이다. 싸얌 파라곤 4층에 있다. 탄TAHNN, 디바나Divana, 판퓨리Panpuri 등 우리나라 여행자에게 인기 많은 브랜드를 모두 만날 수 있다. 1층에 이들 브랜드 제품을 판매하는 팝업 스토어가 있기는 하지만, 이그조틱 타이에서 더 다양한 제품을 만날 수 있다. 🚶싸얌 파라곤 4층

파라곤 푸드 홀
Paragon Food Hall

남다른 푸드 코트

싸얌 파라곤은 푸드 코트도 남다르다. 태국 음식은 물론이고, 스시, 파스타, 리소토 등 전 세계 음식과 맛있는 디저트를 즐길 수 있다. 맛도 일반 푸드 코트보다 뛰어나다. 대신 다른 푸드 코트보다 메뉴당 가격이 10~20B 정도 비싸다. 🚶싸얌 파라곤 Ground Floor에 위치

푸드 홀 이용방법

❶ 푸드 홀 입구에 있는 쿠폰 센터에서 정액제 카드를 구매한다.
❷ 결제 시, 구매한 카드로만 계산한다.
❸ 쿠폰 센터에 카드를 반납하면 남은 금액을 돌려준다.

고메 마켓
Gourmet Market

대형 슈퍼마켓

주요 쇼핑센터에 입점해 있는 대형 슈퍼마켓이다. 싸얌 파라곤 점은 유독 규모가 크고 제품 종류가 다양해서 여행자에게 안성맞춤이다. 태국 식료품뿐만 아니라 코코넛 바디 용품, 반려동물 제품까지 없는 게 없다.

싸얌 파라곤 M층

Shopping Tip 1 고메 마켓 필수 쇼핑 아이템

레토르트 제품

한국에 돌아가면 방콕에서 먹었던 음식들이 그리워진다. 그때를 대비해서 팟타이, 똠얌꿍, 카레 등 몇 가지 상품을 구매해 두자. '블루 엘리펀트'Blue Elephant 브랜드가 맛있다. 저렴한 것을 원한다면 'LOBO' 제품도 괜찮다.

바디 용품

가성비 좋은 보디 제품이 다양하다. 대부분 코코넛과 아로마 오일을 원료로 해 품질이 좋은 편이다. 립밤, 바디 스크럽, 핸드크림 등 정신없이 담다 보면 바구니가 부족하다.

타이밤Thai Balm

중화권에 호랑이 연고타이거 밤가 있다면 태국에는 타이밤이 있다. 타이밤은 허브 성분으로 만든 꾸덕꾸덕한 제형으로 주로 마사지할 때 사용한다. 중화권 여행자를 위해 호랑이 연고를 진열해 놓는 경우도 많으니 꼼꼼히 확인하고 구매하자.

말린 망고 칩 & 코코넛 칩

국적 불문, 모든 여행자가 쓸어 담는 바로 그 제품. 간식으로, 맥주 안주로 딱이다. 'KUNNA' 브랜드를 추천한다.

차

태국은 차 산지로 유명하다. 레몬그라스, 재스민, 블랙 티 등 종류도 다양하다. 두세 가지 차를 혼합한 제품도 평이 좋다.

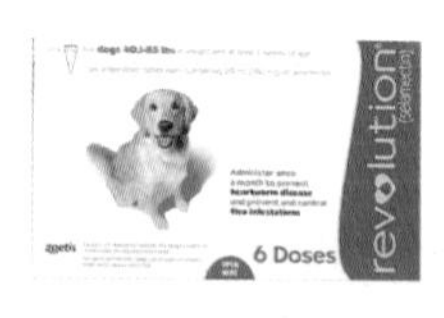

반려 동물 용품

강아지, 고양이 집사들은 절대 내 물건만 살 수 없다. 한국에 수입되지 않는 간식도 많고, 한국과 동일한 제품의 경우 조금 저렴하다.

Travel Tip

록커 박스 셀프 서비스Locker Box Self-service

귀국 당일 체크 아웃 후에 호텔에 짐을 보관해도 되지만, 숙소와 시내의 거리가 먼 경우 유료 로커 박스Locker Box를 이용하면 편리하다. 싸얌 파라곤에 유료 로커가 있다. 싸얌 파라곤 건물 외부 동쪽 측면에 있다. 싸얌 파라곤을 정면으로 보았을 때 칫롬 방향이 동쪽, 방콕 예술문화센터가 서쪽이다. 내부에서 길을 잃었다면 푸드 홀이 있는 Ground Floor를 찾아가자. 그곳에서 연결로를 따라 외부로 나오면 된다.

이용요금 시간당 S 30B, M 40B, L 50B
하루 요금 S 180B, M 240B, L 300B

Shopping Tip 2 합리적 소비를 위한 쇼핑 팁

쇼핑 전에 꼭 알아두세요!

투어리스트 카드 Tourist Card

쇼핑몰 5~30% 할인, 고메 마켓슈퍼마켓 5% 할인, 택스 리펀이 6%까지 되는 유용한 카드다. 고가 제품을 쇼핑하거나 기념품을 많이 살 계획이라면 카드 발급은 필수! 푸드 홀이 있는 Ground Floor와 BTS에서 바로 연결되는 Main Floor에 안내데스크가 있다. 발급비는 무료이고, 여권을 지참해야 한다. 싸얌 파라곤 부근의 또 다른 쇼핑몰 싸얌 디스커버리와 싸얌 센터에서도 사용할 수 있다. 쇼핑센터 내의 식당에서도 할인을 적용해 주는 곳이 있으니, 어디서든 계산할 때 무조건 카드를 함께 보여주자.

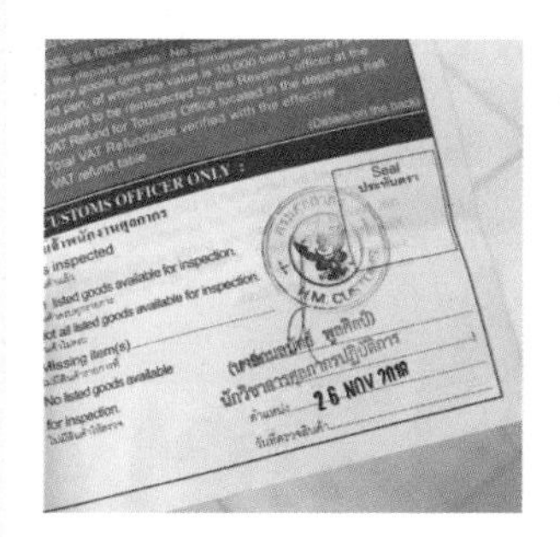

택스 리펀 Tax Refund

2000밧 이상을 쇼핑했다면 택스 리펀을 받을 수 있다. 단, 한 쇼핑몰에서 사용한 금액이 2000밧 이상이어야 한다. 매장에서 바로 환급 서류를 준비해 주기도 하는데, 그게 아니라면 VAT Refund for Tourist라고 쓰여있는 안내 데스크를 이용하면 된다. 당일 쇼핑한 영수증과 여권을 제출하면 환급 서류를 만들어 준다. 그 서류를 보관하고 있다가 귀국 당일 공항에서 환급받으면 된다.

ONE MORE 2
Shops in Siam Paragon

싸얌 파라곤의 카페와 맛집

만다린 오리엔탈 숍
Mandarin Oriental Shop

고품격 디저트와 차

만다린 오리엔탈 호텔의 디저트와 차를 파는 숍이다. 케이크, 페이스트리, 마카롱, 초콜릿 등 디저트 종류가 다양하고, 어느 것 하나 소홀함 없이 정교하고 세심하게 맛을 냈다. 블루베리 치즈 케이크Soft Blueberry Cake 인기가 제일 좋다. 다크 초콜렛 향이 일품인 초코 트리오 큐브Choco-Trio Cube, 스트로베리 쇼트 케이크Strawberry Short Cake도 추천한다. 차 애호가들에게는 익히 유명한 마리아쥬 프레르Mariage Frères teas의 유기농 차도 준비되어 있다. 숍 이름과 딱 어울리는 동양적인 티폿Tea Pot에 담겨 나온다. 명성 때문에 비쌀 것이라 오해하는 사람도 많은데, 맛과 퀄리티를 생각하면 절대 그렇지 않다. 쇼핑에 지쳐 달콤함이 생각날 때, 품격 있는 스위츠를 즐겨보자. 백화점 엠포리움Emporium, 센트럴 칫롬Central Chidlom, 게이손 빌리지Gaysorn Village, 만다린 오리엔탈 방콕 호텔에도 매장이 있다.

싸얌 파라곤 G Floor
10:00~20:00
฿ 블루베리 치즈 케이크 200B, 허브 티 140~175B

2 애프터 유
After You

방콕의 가장 핫한 디저트

현지인도 인정하는 디저트 전문점이다. Ground Floor에 있다. 2007년 오픈 당시 시부야 허니 토스트라는 디저트로 인기를 얻기 시작해, 현재는 싸얌 스퀘어 원을 비롯해 싸얌 파라곤, 터미널21, 센트럴 월드, 아이콘 시암 등 방콕 유명 쇼핑몰에만 10여 개 매장이 있다. 어느 지점을 가도 웨이팅을 감수해야 한다. 한국의 빙수와 비슷한 메뉴 카키고리Kakigori가 가장 인기가 좋으며, 타이티, 스트로베리, 마일로 등 다양한 맛으로 즐길 수 있다. 빙수 외에 크레페, 초콜릿 라바, 망고 주스도 맛볼 수 있다. 양과 비교해 가격이 다소 비싼 편이지만, 방콕의 가장 핫한 디저트를 맛볼 수 있어 인기가 좋다. 트렌드에 민감한 젊은 층을 위해 시즌별 메뉴도 추가된다. 센트럴 월드 2층에도 매장이 있다.

싸얌 파라곤 G floor

매일 10:00~22:00 ฿ 카키고리 260B

MK 골드
MK Gold

향신료 부담 없이 즐기는 수키

MK는 태국에서 가장 유명한 수키 레스토랑이다. MK 골드는 MK의 고급 버전으로 가격이 조금 비싸고 서비스가 좋다. 수키는 육수에 각종 재료를 데쳐 먹는 태국식 샤부샤부이다. 향신료 때문에 태국 음식이 부담스러운 여행자들에게 추천한다. 한국식 샤부샤부와 거의 비슷한 맛이고, 찍어 먹는 남찜 소스만 좀 다르다. 남찜 소스에는 라임과 향신료가 들어간다. 이마저도 부담스럽다면 데리야키 소스나 스윗 칠리소스를 주문하면 된다.

싸얌 파라곤 G Floor ฿ 소고기 샤부샤부 세트 510B(부가세 7%와 봉사료 10% 별도)

씨 라이프 방콕 오션 월드 Sea Life Bangkok OceanWorld

싸얌파라곤 지하 1층 10:00~20:00
฿ 990B, 어린이(3~11세) 790B, Glass Bottom Boat 350B(1인당)
www.visitsealife.com

이국적인 아쿠아리움

태국에서 가장 큰 규모를 자랑하는 아쿠아리움이다. 싸얌 파라곤 지하 1, 2층에 자리하고 있다. 해마, 펭귄, 수달, 상어 등 400여 종 이상의 해양 생물을 만날 수 있다. 이곳의 하이라이트는 대형 수족관 안에 조각상태국 신화에 등장하는 신 중 하나을 설치한 오션 터널이다. 수십 마리 상어와 물고기 무리가 조각상 주변을 돌아다니는 모습이 웅장하면서도 신비롭다. 마치 내가 탐험가가 되어 전설 속에 존재하는 심해의 고대 도시를 발견한 기분이다. 투명 보트 타기, 잠수복을 입고 수중 터널 내부를 직접 걷는 오션 워커Ocean Walker 등 다양한 액티비티도 준비되어 있다.

Travel Tip

통합 티켓은 인터넷 예매로 저렴하게

홈페이지에서 통합 티켓을 할인된 가격에 예매할 수 있다. 당일 구매보다 40% 정도 저렴하다. 마담투소는 오션월드 방문일로부터 7일 이내에 사용하면 된다.

빅 티켓(Big Ticket) 마담투쏘 방콕+오션 월드

콤보 팩(Combo Pack) 오션 월드+4D 시네마+유리 보트 투어+마담투쏘 방콕

싸얌 디스커버리
Siam Discovery

① BTS 실롬 라인 내셔널 스타디움역National Stadium에서 내려 구름다리로 이동 ② 싸얌역Siam 1번 출구로 나와 싸얌 센터를 가로질러 싸얌 디스커버리로 이동.
194 Phaya Thai Rd, Pathum Wan
+66 2 658 1000 매일 10:00~22:00
www.siamdiscovery.co.th

독특한 생활 소품과 디자인 제품을 원한다면

싸얌 센터 옆에 있는 쇼핑몰로 생활 소품과 디자인 제품이 강점이다. Ground Floor부터 2층까지는 다른 쇼핑몰과 크게 다르지 않지만, 3층Creative Lab과 4층Play Lab에 가면 싸얌 디스커버리만의 개성을 발견할 수 있다. 3층에 일본의 로프트Loft와 무인양품, 다양한 가구 브랜드 쇼룸이 있다. 인테리어 소품과 아이디어가 돋보이는 주방용품 등이 구매욕을 자극한다.

ONE MORE
Shops in Siam Discovery

싸얌 디스커버리의 명소와 숍

로프트
Loft

없는 것 빼고 다 있는 잡화점

로프트는 일본의 유명 잡화점인데, 방콕에도 매장이 있다. 여행 필수 코스로 꼽힐 정도로 한국인에게 인기가 좋다. 사무용품, 뷰티 용품, 리빙, 잡화까지 없는 게 없다. 가격도 저렴하니 부담 없이 둘러보자.

싸얌 디스커버리 2층

마담 투쏘 방콕
Madame Tussauds Bangkok

셀럽들의 밀랍 인형을 구경하는 재미

유명 인사의 밀랍 인형을 만들어 전시하는 마담 투소의 방콕 전시관이다. 실물처럼 느껴지는 생생한 표현력과 똑 닮은 모습이 놀라울 따름이다. 여행자들은 인형 앞에서 연예인을 만난 듯 사진찍기 바쁘다. 홈페이지를 통해 예약하면 할인 혜택이 있고, 싸얌 파라곤의 씨 라이프 방콕 오션 월드와 함께 이용하는 콤보 티켓도 있다.

싸얌 디스커버리 4층 매일 10:00~19:00
฿ 어른 990B, 어린이(3~11세) 790B www.madametussauds.com

싸얌 센터 Siam Center

트렌디하고 개성 넘치는 숍이 가득

싸얌 파라곤 서쪽에 있는 트렌디한 쇼핑몰이다. 개성 넘치는 멀티숍과 디자이너 브랜드가 다수 입점해 있어, 유행에 민감한 젊은 사람들에게 인기가 많다. 디스플레이 구경만으로도 시간이 훌쩍 지나간다. 한국인 여행자에게 인기 있는 디저트 전문점 옌리 유어스Yenly Yours, 4층, 아로마 숍 카르마카멧Karmakamet, 3층 등이 입점해 있다.

BTS 싸얌역Siam 1번 출구로 나오면 바로 연결 979 Rama I Rd
+66 2 658 1000 매일 10:00~22:00 www.siamcenter.co.th

싸얌 스퀘어 원 Siam Square One

저렴하지만 만족도 높은

싸얌역과 바로 연결되는 쇼핑몰이다. 지상으로 나오면 싸얌 파라곤이 길 건너에 있다. 싸얌 스퀘어 원은 현지인들에게 만남의 장소 같은 곳이어서 BTS와 연결되는 층이 늘 붐빈다. 스트리트 패션 브랜드, 레스토랑, 마사지 가게 등이 입점해 있다. 저녁에는 주변 거리에 액세서리, 티셔츠 등을 판매하는 플리마켓도 열린다. 싸얌 센터와 함께 젊은이들에게 인기가 좋다.

BTS 싸얌역Siam 4번 출구에서 바로 연결 388 Rama I Rd +66 2 255 9999
매일 10:00~22:00 www.siamsqureone.com

짐 톰슨 하우스 Jim Thompson House

BTS 실롬 라인 내셔널 스타디움역National Stadium 1번 출구로 나와 우측의 카셈산 소이2길Kasemsan Soi 2로 진입. 골목 끝까지 직진
6 Kasem San 2 Alley +66 2 216 7368 매일 10:00~17:00
฿ 성인 200B, 22세 이하 100B, 10세 미만은 부모 동반 시 무료

태국 실크의 아버지가 살던 전통 가옥

태국 실크의 아버지라 불리는 짐 톰슨의 집이다. 미국인 짐 톰슨은 2차 세계대전 당시 태국으로 파병된 육군 장교였다. 동남아 예술품과 실크에 매료되어, 1946년 제대와 동시에 태국에 정착했다. 타고난 색채 감각으로 저평가되었던 태국 실크를 세계에 알리는 데 공을 세웠다. 짐 톰슨 하우스는 티크 나무로 만든 태국 전통 가옥 6채와 정원으로 이루어져 있다. 집만 보면 태국 귀족이 살았다 해도 믿을 만큼 고급스럽고, 너무도 태국적이다. 내부에는 짐 톰슨이 모은 아시아 예술품이 많은데, 작은 것 하나에도 그의 감각이 엿보인다.

1967년, 친구들과 함께 휴가를 떠난 그는 말레이시아 정글에서 홀연히 사라졌다. 스파이에게 납치되었다는 설과 그의 태국 정착 자체가 스파이 활동이었다는 설이 공존한다. 단순 조난에 의한 실종이라는 설도 있지만 정확한 것은 아직 밝혀지지 않았다. 실종 후, 짐 톰슨 파운데이션이 설립되어 지금까지 그의 집을 관리, 보존하고 있다.

ONE MORE

짐 톰슨 타이 레스토랑

짐 톰슨 하우스 내부에 있는 레스토랑이다. 짐 톰슨 하우스에 있는 가옥 분위기를 그대로 재현해 운치 있고 고급스럽다. 야외석과 에어컨이 있는 실내석으로 구분되어 있다. 분위기는 야외석이 더 좋다. 시그니처 메뉴는 파인애플 볶음밥과 그린커리, 치킨캐슈너트 볶음밥이다. 외국인 입맛에 맞춰 향신료를 적게 사용하는 편이다.

🕓 매일 10:00~18:30(마지막 주문 18:00)

฿ 220~300B(부가세와 서비스 요금 17% 별도)

방콕 예술문화센터 Bangkok Art and Culture Centre (BACC)

BTS 실롬 라인 내셔널 스타디움역National Stadium 3번 출구에서 도보 1분
939 Rama I Rd 화~일 10:00~20:00, 월요일 휴무
฿ 무료, 기획전시의 경우 전시에 따라 상이 ☰ bacc.or.th

실험적인 예술 작품 감상

방콕은 굉장히 트렌디하고 감각적인 도시이다. 하지만 예술이 왕족과 종교의 영향을 받다 보니, 사회에 질문을 던지거나 발칙한 주제를 표현한 작품은 보기 힘들다. 방콕 아트센터는 이러한 한계를 돌파하기 위해 2008년 싸얌의 쇼핑 타운 한편에 개관했다. 회화, 설치, 영상 등 장르 구분 없이 폭넓은 전시를 열어 큰 반향을 일으켰다. 지금도 다양하고 실험적인 작품을 대중에게 선보이고있다.
방콕 아트 앤 컬처 센터 외부의 둥근 파사드와 실내의 나선형 계단은 뉴욕 구겐하임 미술관Guggenheim을 떠올리게 한다. 그러나 분위기는 좀 더 대중적이고 편안하다. 특별 전시를 제외하고는 입장료가 무료이다.

ONE MORE
Shops & Cafe in BACC

방콕 예술문화센터 숍과 카페

1 잇츠 고잉 그린
It's Going Green

친환경 콘셉트의 소품 가게

방콕 예술문화센터 1층에 있는 매력적인 소품 가게이다. 친환경 제품을 판매한다. 유기농 비누, 세제, 화학품 공정을 최소화한 린넨 제품 등 종류가 다양하다. 친환경이라는 콘셉트에 맞춰 태국의 재료로 만든 국내 디자이너와 아티스트의 제품을 고집한다. 가치, 디자인, 품질 어느 것 하나 소홀함이 없다. 이곳의 가장 큰 매력은 숍 운영자 니모Nemo이다. 손님들에게 제품 하나하나의 특징과 환경에 대한 어떤 고민을 담았는지 자세히 설명해준다. 좋은 제품에 환경을 위한 작은 실천까지 더해지니 지갑을 열지 않을 수가 없다. 게다가 그녀의 고집스러움 덕에 다른 곳에서는 볼 수 없는 소품이 가득하다.

방콕 예술문화센터 1층
화~일 10:00~20:00, 월요일 휴무

Nemo!

아트 카페
Art Cafe

재즈의 운치가 흐르는 카페

방콕의 유명한 라이브 바 브라운 슈거Brown Sugar에서 운영하는 카페이다. 덕분에 가게에서 흘러나오는 음악은 싸얌 일대에서 따라올 곳이 없다. 벽에 걸린 흑백사진과 어둑한 분위기는 재즈 바를 연상케 한다. 커피를 비롯한 음료와 파니니, 스파게티 등 브런치 메뉴도 즐길 수 있다. 가격은 조금 비싼 편이다.

방콕 예술문화센터 1층 화~일 10:00~20:00, 월요일 휴무 ฿ 음료 70~100B, 브런치 150~250B

갤러리 드립 커피
Gallery Drip Coffee

방콕 최초의 드립 커피숍

사진작가가 운영하는 방콕 최초의 드립 커피숍이다. 태국 북부 치앙마이 주변의 유기농 커피 농장에서 생산된 원두를 선보인다. 태국 아라비카 중에서 최고라 칭송받는 매 잔티 피베리Mae Janti Peaberry, 라일리Lailee를 맛볼 수 있다. 사진 작품 한 컷 찍듯이 커피 한잔을 정성과 사랑으로 내린다. 커피와 예술을 사랑하는 대학생, 예술가들로 좁은 가게는 발 디딜 틈이 없다.

방콕 예술문화센터 1층
화~일 10:30~19:30, 월요일 휴무일
฿ 드립 커피 55~80B, 싱글오리진 75~125B

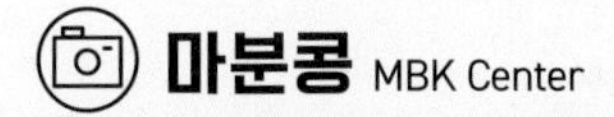

마분콩 MBK Center

BTS 실롬 라인 내셔널 스타디움역National Stadium 3번 출구에서 도보 1분
444 Phayathai Rd
+66 2 853 9000
매일 10:00~22:00

동대문 쇼핑몰 분위기가 나는

방콕 예술문화센터 맞은편에 있는 쇼핑몰이다. 동대문의 쇼핑몰과 용산 전자 상가를 섞어 놓은 듯한 모습이다. 8층 규모에 의류 잡화, 카메라, 전자 기기, 푸드 코트 등 2000개가 넘는 가게가 입점해 있다. 주변의 화려하고 쟁쟁한 쇼핑몰에 비하면 재미는 조금 떨어지지만, 여행자들은 주로 기념품을 사기위해 방문한다. Ground Floor에 있는 대형 슈퍼마켓 톱스Tops에서는 보디 용품을, 5층에서는 수제 비누, 액세서리, 티셔츠 등 기념품이 될 만한 수공예품을 구매할 수 있다.

ONE MORE
Shop & Restaurant in MBK Center

마분콩의 숍과 맛집

반쿤매
Ban Khun Mae

집밥처럼 정갈한 맛집

반쿤매는 태국어로, '어머니의 집'이라는 뜻이다. 우리로 치면 '엄마 손'과 같은 의미라고 보면 된다. 이름에서 느껴지듯이 집밥처럼 정갈하고 깔끔하다. 아낌없이 듬뿍 넣어준 재료를 보면 친구 집에 식사 초대라도 받은 기분이 든다. 전반적으로 향신료를 강하게 사용하지 않는다. 해외 유명 가이드북에도 소개되었고, 현지인이 외국인에게 태국 음식을 선보일 때 추천하는 곳이기도 하다. 그만큼 맛에 자신 있다는 것!

마분콩 2층
444 floor 2, MBK Center
+66 2 250 1953 매일 11:00~23:00
฿ 레드 커리 140~160B, 팟끄라파오 무쌉 140B, 쏨땀 35B
www.bankhunmae.com

톱스 마켓
Tops Market

바디 용품 구매하기 좋은 곳

마분콩, 센트럴 월드, 로빈슨 백화점 등에 입점해 있는 대형 슈퍼마켓 브랜드이다. 싸얌 파라곤의 고메 마켓만큼 화려하진 않지만, 톱스에만 있는 특정 보디 제품이 있어 선호하는 여행자들이 있다. 대표적인 것이 'Koconae' 브랜드와 'Khaokho' 브랜드 보디 용품이다. 버진 엑스트라 코코넛 오일로 만든 제품과 화학 성분, 인공 색소를 넣지 않은 제품 등 다양하다. Koconae의 코코넛 비누와 바디 로션DMF 추천할 만하다. 가볍게 지인들에게 선물하기도 좋다.

에라완 사당 Erawan Shrine

BTS 쑤쿰윗 라인 칫롬역Chit Lom 8번 출구에서 서쪽으로 도보 2분. 하얏트 에라완 방콕 호텔 앞
494 Ratchadamri Rd, Lumphini, Pathum Wan 06:00~22:00

방콕에서 가장 영험한 사당

태국인은 불교와 더불어 애니미즘Animism, 무생물에도 영혼이 있다고 믿는 세계관을 강하게 믿는다. 나무를 베면 나무 정령이 갈 곳을 잃어 그 화가 인간에게 돌아온다고 생각한다. 그래서 나무가 있던 자리에 사당을 만들어 정령이 머물게 한다. 대표적인 사례가 에라완 사당이다. 1956년 태국 정부는 이 자리에 하얏트 에라완 방콕 호텔을 지을 계획이었다. 그러나 공사가 시작되자, 이탈리아에서 대리석을 싣고 오던 배가 침몰하고 노동자들이 다치는 등 불운이 끊이지 않았다. 결국 호텔 부지 일부에 브라만Brahman, 힌두교 최고의 신을 모시는 사당을 지었다. 놀랍게도 이후에 모든 문제가 잠잠해졌고, 방콕에서 가장 영험한 사당으로 소문이 났다. 브라만은 4개의 얼굴을 가지고 있다. 네 개 얼굴은 친절, 자비, 연민, 공정성을 상징하는데, 이는 태국 불교의 가르침과 같다. 각 얼굴을 향해 네 번 기도를 반복한다. 원을 그리듯 움직이는 행렬이 종일 이어진다. 이곳은 언제나 향 연기로 자욱하다. 그 모습을 보면 향내에 취한 듯 뭐라도 빌어야 할 것만 같다.

센트럴 월드 Central World

BTS 쑤쿰윗 라인 칫롬역Chit Lom에서 센트럴 월드 출구로 연결
999/9 Rama I Rd +66 2 640 7000
10:00~22:00 www.centralworld.co.th

태국에서 가장 큰 쇼핑몰

칫롬역에 있는 태국에서 가장 큰 쇼핑몰이다. 호텔과 일본의 이세탄 백화점까지 연결되어 있어 규모가 어마어마하다. 500개가 넘는 패션 브랜드 매장과 100여 개 음식점, 카페 등이 입점해 있다. 1층에는 야외로 개방된 레스토랑과 바가 모여 있어 분위기가 좋다. 규모가 좀 크다는 것을 빼면 한국의 백화점과 크게 다르지 않다. 싸얌역과 칫롬역 사이를 걸어서 이동할 때 센트럴 월드 실내를 통과해서 이동하면 편리하다. 구경도 하고, 1km 남짓한 거리의 절반을 시원한 에어컨 바람과 함께 할 수 있기 때문이다.

ONE MORE
Shops in Central World

센트럴 월드의 숍과 레스토랑

한 헤리티지 스파
Harnn Heritage Spa

보디용품 브랜드에서 운영하는 고급 스파

홈 스파 보디용품으로 유명한 한HARNN에서 운영하는 스파이다. 센트럴 월드 안에 있는 젠Zen 백화점 12층에 있다. 10개의 프라이빗 룸과 1개의 스팀 사우나 룸을 갖춘 고급 스파이다. 로비뿐만 아니라 샤워실까지 전부 한HARNN의 제품 라인을 준비해 놓았다. 타이 마사지, 아로마 오일, 허벌 볼Herbal Ball, 페이셜 관리 등 다양한 프로그램이 있어 선택의 폭이 넓다. 몽키트래블thai.monkeytravel.com 같은 여행사를 통해 예약하면 훨씬 저렴하다.

젠 백화점 12층 +66 2 252 5725 매일 11:00~20:00
฿ 프라나콘 테라피 90분 2,400B(여행사를 통해 예약하면 2000B 정도) ≡ harnn.com

IO 이탈리안 오스테리아
IO Italian Osteria

방콕에서 이탈리안 음식 즐기기

싱가폴, 파타야에도 지점이 있는 이탈리안 레스토랑이다. 홈 메이드 라비올리, 비프 카르파치오 샐러드Beef Carpaccio 등 유럽 여행에서 맛봤던 음식을 방콕에서 즐길 수 있다. 식전 빵 한 조각 뜯어 먹은 순간부터 음식 맛에 믿음을 갖게 된다. 도수가 높은 술을 좋아한다면 이탈리아 전통 레모네이드 칵테일을 추천한다. 머무는 내내 친절하게 챙겨 주는 스태프도 이 집만의 매력이다.

센트럴 월드 1층 야외 레스토랑이 모여 있는 Unit G117 매일 11:00~23:00

트리무티 & 가네샤 사당 Trimurti & Ganesha Shrine

센트럴 월드 건물 북쪽 이세탄 백화점 입구 앞

2978 Rama I Rd

사랑과 성공을 원한다면

에라완 사당 건너편, 센트럴 월드 입구에 힌두교 사당 두 개가 나란히 있다. 높이가 조금 높은 것이 트리무티 사당, 작은 것이 가네샤 사당이다. 트리무티 사당은 연애 기도발이 좋다 해서 사랑으로 가슴앓이하는 이들의 발길이 끊이지 않는다. 브라마Brahma, 창조의 신, 비슈누Vishnu, 보존의 신, 시바Shiva, 파괴의 신를 모신다. 세 명의 신이 하늘에서 내려온다는 매주 목요일 밤 9시 30분이 되면 젊은이들은 아홉 송이 빨간 장미와 아홉 개 향을 준비해 와서 이곳에서 애절한 사랑의 기도를 올린다. 가네샤 사당은 시바와 파르바티Parvati, 자비의 여신의 아들인 가네샤 사당이다. 코끼리 머리에 여러 개 팔을 가진 모습이지만, 지혜와 지성의 신이라, 성공을 바라는 회사원들에게 인기가 좋다. 사랑과 인생의 성공을 원한다면 찾아가 보시길.

Travel Story

태국의 정령은 딸기 맛 환타를 좋아해?

방콕을 여행하다 보면 사당을 수도 없이 보게 된다. 호텔 앞, 골목, 심지어 유흥가에도 있다. 크기, 모양, 정령의 근원지도 모두 천차만별이지만 특이한 공통점이 하나 있다. 붉은색 환타 음료수. 대체 어느 정령이 딸기 맛 환타가 좋다고 한 걸까? 빨대까지 꽂아서 말이다. 현지인에게 왜 딸기 맛 환타를 사당에 올리는지 물어보면 이유도 제각각이다. 가장 믿음이 가는 것은 환타가 '피'를 대체한다는 가설이다. 피보다 더 절실하고 충성스러운 것은 없을 테니까. 악귀를 쫓는 의미도 있다고 전해진다.

레드 스카이 바 Red Sky Bar

센트럴 월드 1층에 있는 안내 표지판을 따라가면 된다
55th, Grand Centara Hotel, 999/99
+66 2 100 6255 17:00~01:00
칵테일 400~500B (세금과 서비스료 17% 별도)

360도 파노라마 뷰로 방콕 즐기기

360도 파노라마 뷰를 자랑하는 루프톱 바이다. 센트럴 월드의 센타라 그랜드 호텔 56층에 있다. 레드 스카이의 강점은 사방이 통유리로 되어있다는 점이다. 어느 자리에서든 낮에는 시내 풍경을, 밤에는 야경을 감상할 수 있다. 좌석도 가장자리에만 배치해 두어, 다른 유명 루프톱 바처럼 좋은 자리를 차지하려고 서둘러 가거나 옆 테이블의 이야기가 다 들리는 걱정은 하지 않아도 된다. 해피 아워16:00~18:00를 이용하면 조금 저렴하다. 드레스 코드 규정이 엄격한 편이다.

디오라 방콕 랑수언 Diora Bangkok Langsuan

BTS 쑤쿰윗 라인 칫롬역Chit Lom에서 4번 출구로 나와 쏘이 랑수언Soi Langsuan 길로 진입해 약 300m
36 Soi Langsuan +66 2 652 1112 매일 10:00~23:00
฿ 타이 마사지 60분 700B, 90분 900B
www.dioraworld.com

시설과 분위기 좋은 마사지 숍

랑수언 로드에 있는 중고가 마사지 가게이다. 환하고 고급스러운 인테리어에 시설이 깔끔하여, 방문객들의 만족도가 높다. 매장 한편에는 숍에서 사용하는 제품과 디오라에서 자체 제작한 마사지 용품을 판매하는데, 낮 12시 이전에 마사지를 받은 손님에게는 제품을 할인해 준다. 오전 시간대 손님에게 다양한 프로모션을 진행하므로, 홈페이지에서 미리 확인하고 가면 마사지 코스도 할인받을 수 있다.

싸얌·칫롬 지구의 맛집·카페·바·숍

란쩨오쭐라 Jeh O Chula

스트리트 푸드파이터에 나온 똠얌 라면 맛집

반탓통 로드에 있는 똠얌 라면 맛집이다. 스푸파 방콕 편에 소개되면서 한국 여행자에게 유명해졌다. 웨이팅이 길고 맛보기 힘든 탓에 방콕의 연돈이라고 불릴 정도다. 그러나 똠얌꿍을 좋아한다면 기본 2시간 이상 기다려서 먹을만한 가치가 있다. 이 집의 인기 비결은 바로 인스턴트 라면 똠얌마마이다. 똠얌 육수가 끓으면 똠얌마마를 넣고, 고기 완자, 새우, 돼지고기 튀김, 라임을 넣고, 마지막에 날달걀을 얹어 낸다. 김치찌개에 라면을 넣은 것처럼 전통 똠얌꿍이 아닌 야식처럼 먹기 좋은 맛이다. 상큼한 라임 연어 샐러드는 식사 전에 먹으면 애피타이저로, 식사 후에는 깔끔한 입가심으로 좋다.

BTS 실롬라인 내셔널 스타디움역National Stadium에서 나와 서쪽으로 Rama I Rd를 따라 약 500m 직진, 좌회전하여 Banthat Thong Rd로 진입해서 500m 직진 113 Soi Charat Mueang, Khwaeng Rong Muang +66 64 118 5888
16:30~24:00 ฿ 똠얌라면 300B 라임 연어 샐러드 300B

BTS 실롬라인 내셔널 스타디움역National Stadium에서 나와 서쪽으로 Rama I Rd를 따라 약 500m 직진, 좌회전해서 Banthat Thong Rd로 진입해서 400m 직진 1456 Banthat Thong Road +66 81 994 5168 15:30~24:00 ฿ 수키 80~110B

엘비스 수키 Elvis Suki

현지인이 즐겨 먹는 태국식 샤부샤부

로컬 맛집 많기로 유명한 반탓통 로드에 있는 수키 전문점이다. 4년 연속 미슐랭 가이드에 소개되었다. MK 레스토랑이나 한국의 샤부샤부처럼 손님이 직접 조리하면서 먹는 것이 아니라 완성된 요리로 나온다. 메뉴는 국물이 있는 수키남과 국물이 없는 수키행으로 나뉜다. 토핑은 돼지고기, 소고기, 닭고기, 해산물 중에서 선택할 수 있다. 한국인 입맛에는 수키남이 잘 맞는다. 주로 현지인들이 즐겨 찾는 곳으로 분위기가 소박하다. 가격이 저렴하고 내부가 깔끔한 편이다.

인터 레스토랑 Inter Restaurant

저렴하고 다양한 메뉴

없는 메뉴가 없는 현지인 맛집이다. 주변 직장인과 워킹맘에게 인기가 좋다. 볶음밥을 모닝글로리, 쏨땀 등 반찬이 될만한 메뉴와 함께 먹는 게 이 집 손님들의 특징이다. 태국 음식의 독특한 향신료 맛과 냄새가 힘든 한국 여행자에게 부담 없는 조합이다. 야채, 해산물, 고기 등을 넣은 볶음 메뉴가 맛있고, 100B이 넘는 메뉴가 거의 없다. 저렴한 대신 현금 결제만 가능하다.

싸얌역 4번 출구에서 싸얌 스퀘어 원을 가로질러 싸얌 스퀘어 소이 7길Siam Square Soi 7로 직진. 건너편 골목에 위치

432/1-2 Siam Square 9 Alley +66 2 251 4

매일 11:00~20:15

쏨땀 누아 Somtam Nua

여행자에게 인기 좋은 쏨땀 전문점

싸얌 스퀘어 원 동쪽에 있는 쏨땀 전문점이다. 유독 여행자에게 인기가 많다. 자동문이 열리는 순간 강한 쏨땀 냄새가 코끝을 자극한다. 그러나 실제 음식은 냄새만큼 강렬하지 않고, 여행자 입맛에 맞춰져 있다. 쏨땀 특유의 톡 쏘는 맛과 젓갈 양념을 좋아한다면 조금 심심할 수 있다. 쏨땀과 무양Moo Yang, 양념 돼지 구이을 함께 먹기를 추천한다.

싸얌 스퀘어 원 동쪽에 있는 골목 싸얌 스퀘어 소이 5길Siam Square Soi 5에 위치

392, 12-14 Rama I Rd

+66 2 251 4880 매일 11:00~21:00 ฿ 쏨땀 75B부터

더 스모킹 퍼그 The Smokin' Pug

미국 스타일 훈제 바비큐 레스토랑

미국인이 운영하는 훈제 바비큐 레스토랑이다. 분위기가 미국 남부의 펍을 그대로 옮겨다 놓은듯하다. 레스토랑 뒷마당에 있는 훈연기에서 매일 고기를 훈제한다. 오랜 시간 낮은 온도에서 훈제해 고기가 부드럽고 향이 강하다. 인기 메뉴는 포크립Baby Back Pork Ribs으로 깊이 베인 스모크 향에 캔자스 스타일 소스를 더해 감칠맛이 난다. 길이만 50cm로 양이 많으니 두 사람이 먹는다면 하프 립을 주문해도 좋다. 다양한 수제 맥주로도 유명하다. 맛과 분위기, 친근한 스태프들 덕에 이곳에서 보내는 저녁 시간은 늘 유쾌하다.

BTS 쑤쿰윗 라인 칫롬역Chit Lom 4번 출구에서 쏘이 랑수언Soi Langsuan 길로 진입해 룸피니 공원 방향으로 약 900m 직진
105 Lang Suan Road Khwaeng Lumphini +66 83 029 7598 17:00~23:00, 월요일 휴무 ฿ 하프 랙 675B, 풀 랙 1050B

쌍완씨 Sanguan Sri

내공 있는 직장인 맛집

BTS 쑤쿰윗 라인 프런찟 역 근처 직장인 맛집이다. 오래된 가정집을 개조해 식당으로 운영하고 있다. 고층 빌딩 사이에서 당당히 자리를 지키고 있는 모습이 집밥 내공을 말해준다. 낮에는 직장인들이 가득하다. 줄 서서 기다리기 싫다면 점심시간은 피하는 것이 좋다. 요일별로 5가지 추천 메뉴와 사진이 준비되어 있어 메뉴 선택이 어렵지 않다. 어느 메뉴를 시켜도 후회 없을 만큼 맛있지만, 특히 볶은 고기류와 태국식 커리는 깔끔하고 담백하다. 간판이 태국어이다.

BTS 쑤쿰윗 라인 프런찟역Phloen Chit에서 호텔 오쿠라 프레스티지 방콕The Okura Prestige Bangkok 방향으로 나와 호텔 끼고 좌회전, 약 150m 전방 좌측 59, 1 Witthayu Rd
+66 2 251 9378 10:00~15:00, 일요일 휴무 ฿ 120~240B

팩토리 커피 Factory coffee

BTS 쑤쿰윗 라인 파야타이역에서 동쪽으로 도보 1분
Factory coffee 49 phayathai Rd
+66 80 958 8050 매일 08:00~17:00
฿ 100~180B, White Coffee with MilkBottle 100B
factorybkk.com

월드 바리스타 챔피언의 커피

파야타이역Phaya Thai, BTS & 공항철도 근처에 있는, 유명 바리스타가 운영하는 카페이다. 그는 2017, 2018년도 태국 바리스타 챔피언이자 월드 바리스타 챔피언에서 13위를 차지한 실력자이다. 핸드드립, 콜드브루 등 종류가 다양하다. 과일의 맛과 향을 더한 콜드브루를 주문하면 바리스타가 직접 테이블로 와서 커피를 준비해 준다. 일등 바리스타의 퍼포먼스에 감동하고, 커피 맛에 또 한 번 감동한다. 손님 대부분은 작은 유리병에 담긴 라떼White Coffee with Milk를 대여섯 병씩 사 간다. 라떼 패키지는 태국 위스키 쌩쏨 병을 모티브로 디자인했다. 매장이 큰 편이지만 커피 애호가들의 발길이 끊이지 않아 기약 없이 기다려야 한다. 하지만 그렇게라도 맛볼만한 가치가 있다.

더 스피크이지 루프톱 바 The Speakeasy Rooftop Bar

분위기 좋은 고급 바

뮤즈 호텔 24층과 25층에 있는 루프톱 바이다. 화려한 루프톱 바라기보다는 분위기 좋은 고급 바에 가깝다. 그래서 인지 퇴근 후 친구나 동료들과 함께 시간을 보내는 직장인이 많다. 음식과 칵테일 메뉴가 다양하고 가격도 적당한 편이다. 흰색 펜스로 멋을 낸 루프톱에 앉아 도심을 내려다보면 뉴욕인 듯 착각이 든다.

디오라 랑수언에서 남쪽으로 약 200m 직진 Hotel Muse Bangkok Langsuan (55/555 langsuan Road)
+66 2 630 4000 매일 18:00~24:00

빅씨마켓씨암 Big C Siam

기념품 사기 좋은 대형 할인 마트

고메 마켓과 톱스 마켓이 백화점 식료품점 같다면, 빅씨는 홈플러스 같은 대형 할인 마트이다. 센트럴 월드 광장 동쪽 맞은편에 있다. 건망고, 김 과자, 치약, 폰즈 비비크림, 와코루 속옷 등 먹거리부터 생필품까지, 필수 기념품 리스트에 담긴 것들을 논스톱으로 구매할 수 있다. 묶음 세일 상품도 있고 다른 마트보다 저렴한 제품도 많다. 빅씨 마켓도 2,000밧 이상 구매하면 택스 리펀이 가능하다.

BTS 쑤쿰윗 라인 칫롬역Chit Lom에서 서쪽 센트럴월드 방향으로 300m 직진, 센트럴월드 사거리에서 우회전
97/11 Big C Ratchadamri Rd +66 2 250 4888 매일 09:00~24:00 bigc.co.th

JOY

PART 6

실롬 & 사톤

Silom & Sathorn

마천루와 로컬 방콕이 공존한다

실롬방락, Bang Rak과 사톤은 싸얌 남쪽 지역이다. 외국계 기업과 은행 본사, 고급 호텔이 밀집해 있는 번화가로, 이곳 빌딩 숲이 방콕의 마천루를 바꿔 놓았다. 덕분에 루프톱 바에서 바라보는 야경은 그 어느 곳보다 화려하다. 이 지역의 매력은 다양성과 양면성이 함께 공존한다는 점이다. 점심시간에 말끔하게 차려입은 회사원들로 붐비던 식당가가 해가 지면 핑크빛 네온사인이 가득한 유흥가로 변신하며 불야성을 이룬다. 5성급 호텔과 유명 고급 레스토랑이 즐비하지만 50년이 넘는 노상 점포와 로컬 식당도 넘쳐나는 직장인 맛집의 성지이다. 실롬과 사톤에서 다양한 표정의 방콕을 만나보자.

실롬 & 사톤 여행 지도

실롬과 사톤 가는 방법

❶ BTS BTS 실롬 라인이 이 지역을 가로지른다. 실롬 지역은 쌀라댕역Saladaeng과 총논시역Chong Nonsi을, 사톤은 수라싹역Surasak과 사판탁신역Saphan Taksin을 이용하면 된다.

❷ MRT 여행자들이 실롬 & 사톤 지역에서 주로 이용하는 역은 룸피니역Lumphini과 실롬역Silom이다.

❸ 수상 보트 짜오프라야 익스프레스 보트와 명소와 상업 공간에서 운영하는 무료 셔틀 보트가 사톤 선착장Sathorn Pier에 정차한다. 선착장에서 실롬 지역으로 가려면 100m 거리에 있는 BTS 실롬 라인 사판탁신역을 이용하면 된다.

❹ 택시 출퇴근 무렵 방콕의 교통체증은 상상을 초월한다. 최악의 경우, 눈앞에 목적지를 두고도 택시 안에서 삼십 분 이상 묶여 있을 수도 있다. 번거롭더라도, 수상 보트와 BTS를 잘 활용해서 진입하는 것이 더 빠르다.

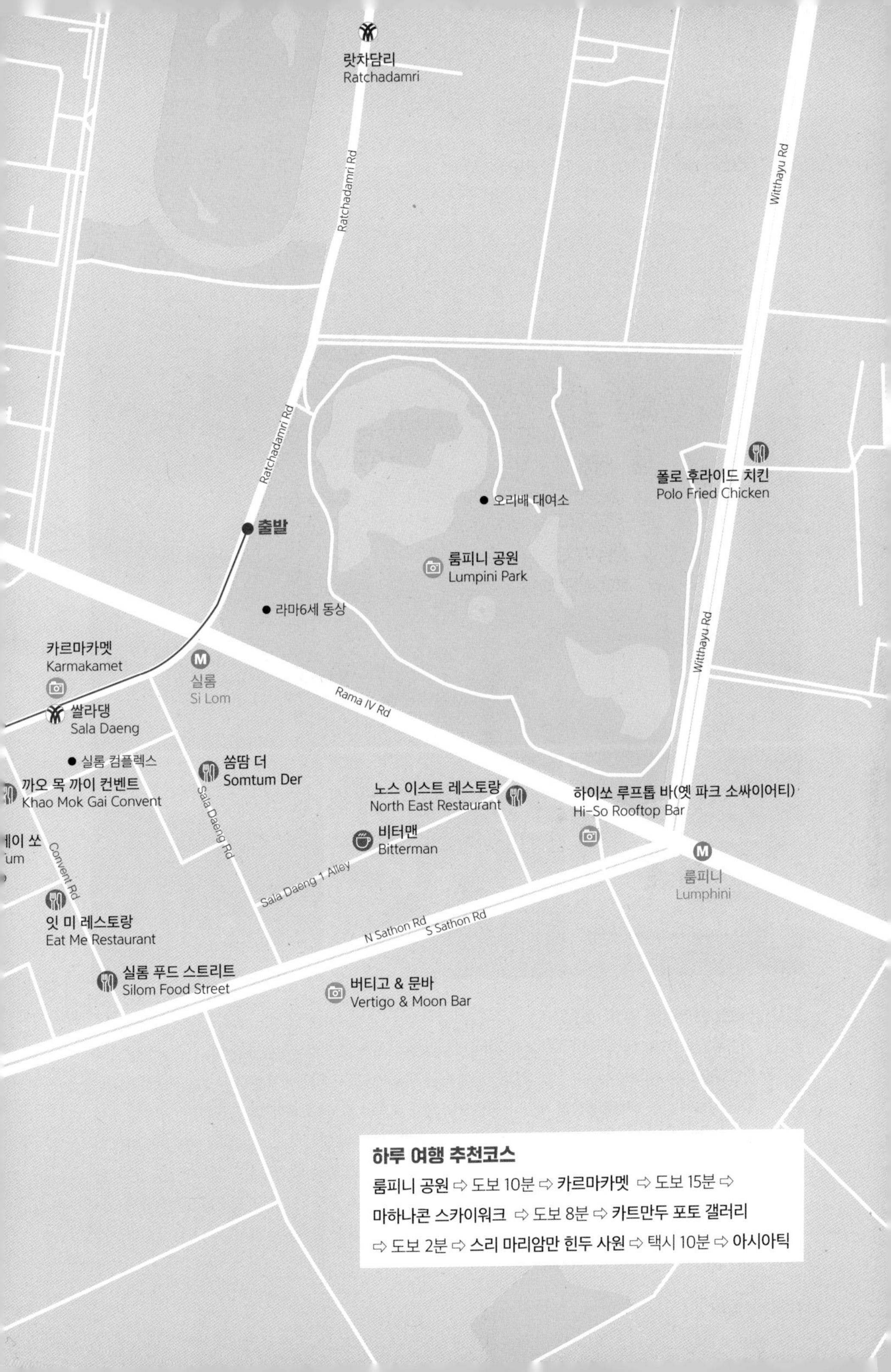

랏차담리
Ratchadamri
Ratchadamri Rd
Witthayu Rd
폴로 후라이드 치킨
Polo Fried Chicken
오리배 대여소
출발
룸피니 공원
Lumpini Park
라마6세 동상
카르마카멧
Karmakamet
실롬
Si Lom
쌀라댕
Sala Daeng
Rama IV Rd
실롬 컴플렉스
쏨땀 더
Somtum Der
까오 목 까이 컨벤트
Khao Mok Gai Convent
노스 이스트 레스토랑
North East Restaurant
하이쏘 루프톱 바(옛 파크 소싸이어티)
Hi-So Rooftop Bar
비터맨
Bitterman
Sala Daeng Rd
Convent Rd
Sala Daeng 1 Alley
룸피니
Lumphini
잇 미 레스토랑
Eat Me Restaurant
N Sathon Rd
S Sathon Rd
실롬 푸드 스트리트
Silom Food Street
버티고 & 문바
Vertigo & Moon Bar
하루 여행 추천코스
룸피니 공원 ⇨ 도보 10분 ⇨ 카르마카멧 ⇨ 도보 15분 ⇨
마하나콘 스카이워크 ⇨ 도보 8분 ⇨ 카트만두 포토 갤러리
⇨ 도보 2분 ⇨ 스리 마리암만 힌두 사원 ⇨ 택시 10분 ⇨ 아시아틱

룸피니 공원 Lumpini Park

MRT 실롬역Silom에서 하차. 1번 출구로 나오면 공원으로 바로 연결된다.
192 Rama IV Rd 04:30~22:00 ฿ 오리 보트 30분에 40B

잠시 방콕의 번잡함을 잊게 해준다

룸피니 공원은 방콕 최초의 공원이다. 1920년 라마 4세재위 1851~1868가 왕가 사유지로 조성했다. 1차 세계대전 때 훼손된 것을 라마 6세재위 1910~1925가 전쟁 후 재건하여 대중에게 개방했다. 시민에게 돌려준 것을 기념하기 위해 룸피니 공원 정문에 라마 6세의 동상을 세웠다. 공원에는 전체 면적의 약 1/4을 차지하는 커다란 인공 호수가 있다. 호수 근처에서 한가로이 일광욕을 즐기는 사람도 있고, 삼삼오오 모여 타이치Thai Chi, 태극권 삼매경에 빠진 사람도 있다. 오리 보트 위에서 데이트를 즐기는 연인들의 모습은 그저 바라보는 것만으로도 휴식이 된다. 운이 좋으면 호수 주변에서 1m는 족히 넘는 도마뱀을 볼 수 있다. 동물원에서 볼 수 있는 크기의 도마뱀이 자유롭게 다니다니 참 방콕답다. 대단한 볼거리가 있는 것은 아니지만, 번잡하고 시끄러운 방콕에서 잠시나마 조용히 쉬어갈 수 있는 곳이다.

하이쏘 루프톱 바(옛 파크 소싸이어티) Hi-So Rooftop Bar

MRT 룸피니역Lumphini 2번 출구에서 200m 직진 2 N Sathon Rd, Pathum Wan +66 2 624 0000
17:00~24:00 ฿ 칵테일 250~350B www.so-sofitel-bangkok.com

룸피니 공원의 멋진 뷰를 감상하며

소 소피텔 방콕SO Sofitel Bangkok 29층에 있는 루프톱 바이다. 하루가 다르게 높아지는 방콕 스카이라인에 비하면 29층은 이제 소박한 느낌마저 든다. 그런데도 하이쏘 바가 꾸준히 인기를 이어가는 비결은 룸피니 공원이 내려다보이기 때문이다. 푸르른 공원이 번잡한 도심에 표정을 더해준다. 멋진 공원 뷰를 감상하고 있으면 덩달아 당신의 여행도 표정이 풍부해질 것이다. 하이쏘 루프톱 바에는 다른 곳에는 없는 똠얌 피자가 있다. 인기 비결 중 하나인 독특한 메뉴이다. 맥주와 찰떡궁합으로 중독성 강한 메뉴지만, 생각보다 똠얌 맛이 강하니 똠얌꿍을 좋아하는 사람에게만 권하고 싶다. 친구나 가족과 캐주얼한 분위기에서 저녁 시간을 보내고 싶은 여행자에게 강추!

카르마카멧 Karmakamet

BTS 실롬 라인 쌀라댕역Saladaeng 3번 출구에서 도보 1분
Silom, Yada Building, 1st Floor
+66 2 237 1148 10:00~21:00
카르마카멧 https//karmakamet.co.th/
에브리데이 카르마카멧 www.everydaykmkm.com

아로마 용품 덕후의 필수 코스

태국을 대표하는 아로마 브랜드이다. 2001년 방콕 짜뚜짝 시장의 작은 숍에서 시작했다. 1등급 에센셜 오일에 대한 고집과 타이 허브에 대중적인 향을 접목해 인기를 얻었다. 어느 매장을 가도 약재 장과 갈색 병을 활용하여 장식한 인테리어가 눈길을 끈다. 에센셜 오일, 센트Scent, 비누 등이 있으며 향이 자극적이지 않다.

카르마카멧 매장 한쪽엔 에브리데이 카르마카멧이 자리 잡고 있다. 젊은 층을 타깃으로 한 태국의 무인양품이다. 향초, 바디 용품, 의류, 노트류 등이 있고 제품 디자인이 전반적으로 심플하다. 가격도 카르마카멧보다 저렴하다. 다이닝 브랜드 카르마카멧 다이닝도 론칭하면서 점차 태국의 라이프스타일 브랜드로 자리 잡고 있다.

 퍼셉션 블라인드 마사지 Perception blind massage

실롬점 BTS 실롬 라인 쌀라댕역 1번 출구로 나와 350m 직진. 진행 방향 우측 1층 134/3 Silom Rd +66 99 115 6669 매일 10:00~22:00 **타이 마사지** 60분 450B , 120분 800B **아로마 테라피 마사지** 60분 1000B, 120분 1,800B www.perceptionblindmassage.com

사톤점 BTS 실롬 라인 총논시역Chong Nonsi 2번 출구에서 직진하여 사거리에서 좌회전, 약 100m 직진 후 Soi Sathorn 8길로 진입 100d Soi Sathon 8 +66 82 222 5936 매일 10:00~20:00 www.perceptionblindmassage.com

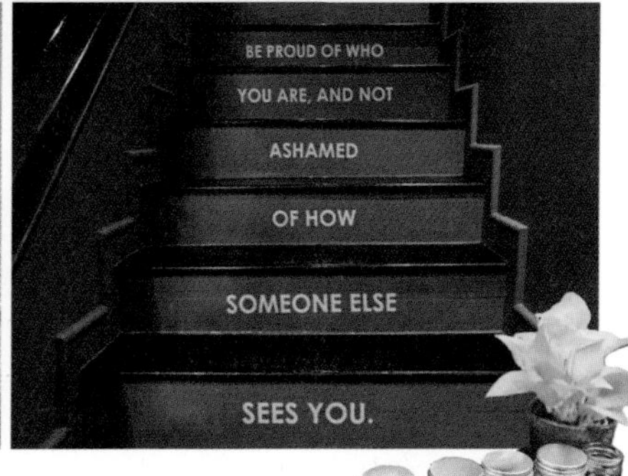

치료에 가까운 마사지

"볼 수는 없지만 느낄 수 있다."라는 멋진 콘셉트를 가진 맹인 마사지 숍이다. 실롬 점과 사톤 점이 있다. 시설은 평범하지만 깔끔하다. 벽에 걸린 스티비 원더의 흑백 사진이 어느 화려한 인테리어보다 멋지다. 퍼셉션의 마사지는 분명히 다르다. 타이 마사지의 순서나 특징은 유지하면서도 손님에 따라 다른 마사지를 제공한다. 마치 혈 자리를 찾듯 천천히 이동하면서 문제가 있는 곳을 찾아낸다. 마사지보다는 치료에 가깝다. 보디 마사지는 동성 마사지사가 진행하기 때문에 마사지에 집중할 수 있다. 개인적으로는 매일 가고 싶은 곳이지만, 극진한 서비스나 강한 마사지를 선호하는 사람에게는 추천하지 않는다.

마하나콘 스카이워크

Mahanakhon Skywalk

BTS 실롬 라인 총논시역Chong Nonsi 3번 출구에서 마하나콘 빌딩으로 바로 연결된다.

king power mahanakhon, 114 Naradhiwat Rajanagarindra Rd

+66 02 677 8721

매일 10:00~ 19:00(마지막 입장 18:30, 우천시 취소)

฿ 74층 실내 전망대 850B, 74층 실내 전망대+78층 실외 전망대 1050B

kingpowermahanakhon.co.th

300m 상공에서 바라보는 환상 전망

2018년 말에 오픈한 킹 파워 마하나콘 빌딩King Power Mahanakhon은 방콕의 새로운 랜드마크로, 여행자의 버킷리스트 첫 번째 코스로 꼽힌다. 방콕에서 두 번째로 높은 이 건물 꼭대기 78층에는 360도 파노라마 뷰를 자랑하는 방콕에서 가장 높은 전망대 마하나콘 스카이워크가 있다. 1층 로비에서 티켓을 구매한 뒤 전망대로 가는 엘리베이터에 탑승하면 된다. 엘리베이터는 50초도 지나지 않아 74층 실

내 전망대에 방문객을 내려놓는다. 갑자기 300m 상공에 도착하면 순간 이동이라도 한 듯 얼떨떨하다. 통유리로 둘러싸인 내부에서는 증강현실을 체험할 수 있고, 또 방콕에서 가장 높은 곳에 있는 우체통도 있어 전 세계 어디로든 엽서를 보낼 수 있다. 마하나콘 전망대의 하이라이트는 단연 78층이다. 지상으로부터 314m 떨어진 야외에서 온몸으로 맞는 바람은 시원하다 못해 서늘하다. 건물 가장자리 유리 바닥에 서면 머리카락이 쭈뼛거린다. 노을이 지기 전 칵테일 한 잔 들고 야외 계단에 자리를 잡으면, 핑크빛 노을이 방콕과 짜오프라야강을 붉게 물들이고 있다.

버티고 & 문바 Vertigo & Moon Bar

MRT 룸피니역Lumphini 2번 출구로 나와 사톤 타이 거리Sathorn Tai Rd를 따라 600m 직진
21/100 South, S Sathorn Rd +66 2 679 1200 매일 17:00~01:00, 우천시 휴일 www.banyantree.com
드레스코드 스마트 캐주얼(반바지, 민소매, 플립플랍 샌들, 찢어진 청바지 등 착용 시 출입 불가)

©Flickr Jorge Lascar

©Flickr Mighty Travels

반얀트리 호텔의 럭셔리 루프톱 바

이름만으로도 '럭셔리'가 연상되는, 반얀트리 호텔 61층에 있는 루프톱 바이다. 시로코 & 스카이 바와 함께 두터운 마니아층을 가지고 있다. 배의 갑판을 연상케 하는 구조가 인상적이다. 건물의 가장자리 쪽이 바이고, 나머지는 버티고 레스토랑이다. 루프톱 바의 하이라이트는 역시 노을 질 무렵이다. 해가 질 무렵 이곳에 있으면 호화 유람선이 핑크빛으로 물든 도시를 항해하는 것 같다. 노아의 방주를 오른 선택 받은 시민이라는 생각도 든다. 노을에 물든 방콕을 온전히 감상하고 싶다면 조금 서두르자. 반얀트리 주변은 교통체증으로 악명이 높은 곳이라 오픈 전에 여유롭게 도착하는 것이 좋다. 자칫하면 이 로맨틱한 타이밍을 놓치게 된다.

카트만두 포토 갤러리
Kathmandu Photo Gallery

작지만 감성 충만한

태국의 유명 사진작가가 운영하는 포토 갤러리이다. 민트색으로 칠해진 갤러리 외관에 힌두교 제3의 눈 문양이 일러스트처럼 그려져 있어 갤러리 이름과 잘 어울린다. 다섯 평 남짓한 작은 공간이지만 입구부터 시선을 사로잡는 사진들로 가득하다. 1층에는 작가의 사진 전시장과 작은 서점이 있고, 2층에는 주로 다른 작가의 작업을 전시한다. 2층 전시장 입구의 흰색 시스루 커튼 너머로 민트색 벽과 흑백 사진의 조화가 독특하다. 갤러리 바로 건너편 힌두교 사원과 함께 방문하면 카트만두의 조용한 뒷골목 어딘가에 와 있는 착각이 든다.

마리암만 사원 동쪽 출입구 건너편
87 Pan Road.
+66 2 234 6700
화~토 11:00~18:00
www.kathmanduphotobkk.com

스리 마리암만 힌두 사원 Sri Mariamman Hindu Temple

인도 상인들이 만든 힌두 사원

카트만두 갤러리 맞은편에 있는 힌두 사원이다. 1858년 인도가 영국의 식민지가 되자 타밀 나두Tamil Nadu, 인도 남동부에 있는 주 사람들이 방콕으로 대거 이주해 왔다. 그들은 상인 커뮤니티로 정착하고, 10년쯤 후엔 사원을 지었는데, 이 사원이 스리 마리암만 힌두 사원이다. 사원 내부에는 가네샤Ganesh, 카르틱Kartik, 스리 마리암만을 모시는 사당 세 개가 있다. 꽃과 음식을 올리는 행렬이 이어지고 오묘한 힌두 성가가 울려 퍼진다. 내부에서의 사진 촬영은 금지되어 있다.

카트만두 갤러리 맞은편에 위치 2 Pan Rd, Bang Rak +66 97 315 9569 매일 06:00~20:00

쏨퐁 타이 쿠킹 스쿨 Sompong Thai Cooking School

BTS 실롬 라인 총논시역Chong Nonsi 3번 출구에서 택시 이용950m, 도보 15분
2, 6-2/7 Waiti, Silom, Bang Rak +66 84 779 8066
오전 09:30~20:30 ฿ 1인 1,100B
www.sompongthaicookingschool.com
(요일마다 메뉴가 다르니 홈페이지에서 미리 확인하자)

기본부터 충실하게 알려주는 쿠킹 클래스

요즘 들어 타이 쿠킹 클래스를 신청하는 여행자가 늘고 있다. 여행하면서 맛있게 먹었던 타이 음식을 직접 요리하고 싶은 사람과 방콕을 여러 번 온 터라 새로운 체험 여행을 원하는 사람이 많이 찾는다. 방콕엔 셀 수 없이 많은 쿠킹 클래스가 있지만, 특히 실롬 지역에 쿠킹 스쿨이 많다. 그중에서 쏨퐁 쿠킹 스쿨은 기본부터 충실하게 알려주는 수업으로 유명하다. 태국 음식에 사용되는 기본 재료와 특징적인 맛을 설명해주어 레시피를 이해하기가 쉽다. 수업은 오전과 오후에 있고, 재료 사는 것부터 시작하는 마켓 투어 프로그램은 오전에만 참여할 수 있다. 요리의 메뉴는 매일 다르지만, 4가지 메뉴와 커리 페이스트 만드는 법 그리고 디저트는 반드시 포함된다. 수업은 모두 영어로 진행된다. 영어를 하지 못해도 보고 따라 할 수 있도록 재료를 준비해주니 걱정하지 않아도 된다.

ONE MORE 여기도 좋아요

1 실롬 타이 쿠킹 스쿨

소규모 쿠킹 클래스

쏨퐁 타이 쿠킹 스쿨에서 북쪽으로 걸어서 4분 거리에 있다. 10명 이내 소규모 클래스를 운영한다. 월요일부터 일요일까지 일주일 내내 강좌가 있다. 수업이 오전, 오후, 저녁 세 번 있어서 시간 선택이 자유롭다. 수강생의 만족도가 높다.

6/14 Decho Road +66 84 726 5669

฿ 1인 1,000~1,500B www.bangkokthaicooking.com

2 블루 엘리펀트 타이 쿠킹 클래스

태국 스타 셰프의 쿠킹 클래스

태국의 스타 셰프가 운영하는 블루 엘리펀트 레스토랑의 쿠킹 클래스이다. 블루 엘리펀트 레토르 제품도 이곳에서 개발한다. 이런 기대감 때문인지 비싼 수업료에도 불구하고 인기가 좋다. 포멜로 샐러드, 똠얌꿍, 농어볶음, 소고기 커리를 배운다.

233 South Sathorn Road 오전 수업 08:45~13:00, 오후 수업 13:30~16:00 ฿ 2850~2900B www.klook.com (홈페이지보다 클룩 사이트 예약이 더 저렴하다)

아시아틱 Asiatique

2194 Charoen Krung Rd 15:00~11:00

아시아틱 가는 방법 가장 효율적인 교통수단은 수상 보트이다. 사톤 선착장Sathorn Pier에서 16:00~23:00 사이에, 15분 간격으로 아시아틱 전용 선착장까지 가는 무료 셔틀 보트를 운행한다. BTS 실롬 라인 사판탁신역Saphan Taksin 2번 출구로 나와 아시아틱 안내판을 따라가면 사톤 선착장이다.

카오산에서 출발할 경우에는 프라아팃 선착장Phra Athit Pier을 이용하면 된다. 오후 4시 이후부터는 프라아팃 선착장에서 출발하는 짜오프라야 투어리스트 보트파란 깃발가 아시아틱 전용 선착장까지 간다.

야시장과 쇼핑몰의 절묘한 조화

사톤 서남쪽 짜오프라야 강변, 1900년대 티크 나무를 수출입하던 무역항 자리에 들어선 신개념 야시장이다. 한국 여행객들에게 인기가 좋은 편이다. 야시장과 쇼핑몰이 절묘하게 섞여 있어, 재미와 쾌적함 두 마리 토끼를 모두 잡을 수 있다. 10개의 커다란 창고 건물에 1500개 상점, 칼립소트랜스젠더 쇼와 무에타이 공연장, 40여 개 레스토랑이 입점해 있다. 상점엔 수공예 제품이 가득하고 키 홀더와 카드 지갑 같은 가죽 제품을 저렴하게 살 수 있다. 쇼핑과 식사를 한 번에 해결할 수 있어 시간을 알차게 써야 하는 단기간 여행자에게 추천할 만하다. 다만, 레스토랑 식사 비용은 비싼 편이다. 맛도 시내 레스토랑보다 조금 떨어진다. 여행사들의 단골 패키지 코스여서 단체 관광객이 많다는 점도 단점이라면 단점이다.

Travel Tip

아시아틱 구역별 안내

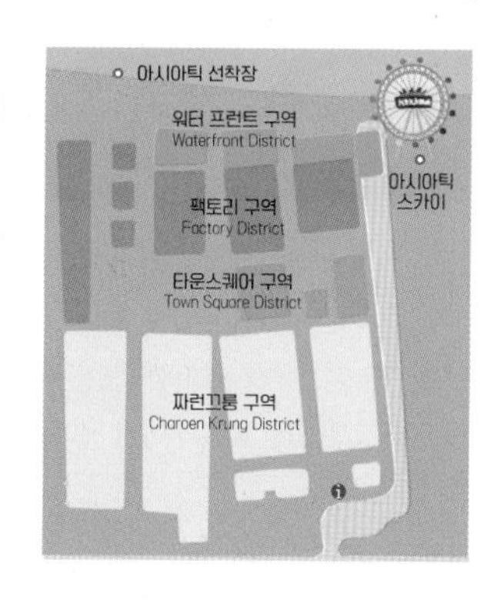

워터프런트 구역 짜오프라야강이 바로 보이는 다이닝 구역으로, 주로 대형 레스토랑과 펍이 자리하고 있다. 가격은 비싼 편이다.

팩토리 구역 창고 7~10에 해당하는 구역이다. 애플 아이 스토어, 미니소 등 태국에서 인기 있는 브랜드의 숍이 모여 있다.

타운스퀘어 구역 창고 5~6에 해당하는 구역이다. 카페, 바, 레스토랑 등이 있으며, 워터프런트 구역의 레스토랑보다 조금 저렴하다.

짜런끄룽 구역 야시장 느낌이 물씬 나는 구역으로 창고 1~4에 해당한다. 수공예품, 액세서리 등을 판매하는 작은 상점들이 가득하다.

ONE MORE
Asiatique

아시아틱을 특별하게 즐기는 4가지 방법

1

관람차 탑승하기

〈나 혼자 산다〉에서 헨리와 기안84가 탔던 그 관람차이다. 아시아틱 주변이 워낙 어두워 근사한 야경을 보기는 어렵지만, 분위기는 꽤 로맨틱하다.

가격 어른 400B, 어린이 250B(키 120cm 이하)
소요 시간 약 15분

2

무에타이 & 칼립소 카바레 공연 관람

트랜스젠더 쇼인 칼립소 카바레 공연장과 무에타이 경기장이 있다. 두 가지 모두 쇼의 구성이나 퀄리티가 높은 편은 아니다. 근교 파타야에 갈 계획이라면 그곳의 알카자쇼트랜스젠더 쇼를 추천한다. 무에타이는 꼭 봐야겠다는 강한 의지가 있는 사람만 보시라.

칼립소 어른 900B, 공연 시간 20:15, 21:45
무에타이 일반석 1200B, 화~일 21:30(30분 소요)

3

쇼핑하기

나이트 마켓의 묘미는 역시 쇼핑이다. 깔끔한 환경이지만 시장은 시장이니 무리하지 않는 선에서 흥정은 필수! 열대 과일 모양 비누와 여권 케이스는 올해에도 스테디셀러이다.

4

맥주 '비아 씽' 즐기기

강바람을 맞으며 마시는 맥주는 더할 나위 없이 낭만적이다. 종일 무더위에 지친 몸의 피로가 싹 풀린다. 맥주 프로모션을 하는 펍도 많아 저렴하게 이용할 수 있다.

실롬과 사톤의 맛집·카페·바

폴로 후라이드 치킨 Polo Fried Chicken

인기 좋은 이싼 음식 전문점

룸피니 공원 근처에 있는 이싼 음식 전문점이다. 현지인 맛집이자 해외 유명 가이드북에 여러차례 소개되면서 서양 여행자에게도 인기가 좋다. 이싼 지역의 대표 메뉴인 쏨땀과 까이 텃태국식 후라이드 치킨이 시그니처 메뉴이다. 까이 텃 위에 바삭하게 튀긴 마늘 토핑을 올려 내는데, 무조건 마늘 토핑을 한 번 더 추가하자. 마늘 향이 배가 되고 식감도 훨씬 좋아 진다. 음식은 조금 짠 편이지만 워낙 맛있어서 크게 문제되지 않는다.

MRT 룸피니역 3번 출구로 나와 윗타유 로드Witthayu Rd 따라 약 600m 직진, 쏘이 싸남클리 Sanam Khli로 진입 137/1-3,9 10 Sanam Khli Alley
+66 2 655 8489 07:00~21:00

노스 이스트 레스토랑 North East Restaurant

홍석천 추천 맛집

오래전부터 현지인에게 인기 있는 로컬 레스토랑이었다. CNN에 소개되면서 여행자들의 사랑까지 받게 됐다. 특히 한국 여행자들에게는 '홍석천이 추천한 태국 맛집'으로 유명하다. 푸짐한 양에 맛도 좋고 인생 땡모반수박 주스을 만났다는 일관된 평가를 받고 있다. 뿌팟퐁 커리, 팟타이, 똠얌꿍, 모닝글로리 등 대표적인 태국 요리 대부분을 맛볼 수 있다. 모든 시간대에 한국 여행자가 가득하고, 점심시간에는 주변 직장인들까지 가세해 더욱 붐빈다.

MTR 룸피니역 2번 출구로 나와 소 소피텔 방콕 방면으로 약 350m 직진 1010/12 Rama IV Rd +66 2 633 8947
11:00~21:00, 일요일 휴무

쏨땀 더 Somtum Der

BTS 실롬라인 쌀라댕역에서 실롬 콤플렉스 쇼핑몰 방면 동남쪽으로 도보 4분. Silom Grand Terrace 동쪽 건너편
5, 5 Sala Daeng Rd, Khwaeng Silom +66 2 632 4499
매일 11:00~15:00, 17:00~23:00 ฿ 떰 타이Tum Thai 75B ≡ www.somtumder.com

미슐랭이 선정한 쏨땀 맛집

태국 북동부의 이싼 지방은 음식이 맛깔나기로 유명하다. 태국의 전라도 같은 곳인데, 쏨땀 더는 이 지역 음식 전문점이다. 호불호가 강한 메뉴를 대중적인 맛으로 요리해 외국인뿐만 아니라 현지인에게도 평이 좋다. 15가지가 넘는 쏨땀파파야 샐러드과 이싼식 튀김텃, 숯불구이양 등 다양한 메뉴를 맛볼 수 있다. 한국에 치킨이 있다면 태국엔 쏨땀과 까이텃닭튀김, Deep Fried Chicken이 있다. 매콤새콤한 쏨땀에 짭조름한 까이텃을 곁들이면 손과 입이 쉴 틈이 없다. 여기에 시원한 맥주 한 잔까지 더하면 금상첨화다. 밥을 추가한다면 스팀 라이스보다는 스티키 라이스찹쌀밥를 주문하자. 쏨땀엔 찹쌀밥이 진리일뿐더러, 함께 나오는 롱빈과 타이 바질이 쏨땀의 쿰쿰한 맛을 정리해준다.

잇 미 레스토랑 Eat Me Restaurant

BTS 실롬 라인 쌀라댕역Saladaeng 2번 출구에서 컨벤트 로드Convent Rd로 진입해서 300m 직진. 세븐일레븐이 있는 골목에서 우회전 1, 6 Phiphat 2, Silom +66 2 238 0931 매일 17:00~01:00
฿ 트러플 리소토 750B, 호주산 와규 비프 1,650B 예약 eatmerestaurant.com/reservations/

미슐랭 맛집, 아시아의 베스트 레스토랑 50

'캐주얼한 분위기에 품격 있는 요리'가 이 집의 콘셉트이다. 미슐랭 가이드에 매해 선정되고, '아시아의 베스트 레스토랑 50' 타이틀을 수년째 지켜온 레스토랑이다. 뉴욕 출신의 스타 셰프 팀 버틀러가 헤드 셰프로 있으며, 독창적이고 개성 강한 메뉴가 특징이다. 잇미의 메뉴는 크게 육류, 생선류, 채소류로 구분되어 있다. 전식 메뉴 중에서 가스파초Gazpacho에 앤초비Anchovy를 더한 토마토 샐러드Heirloom Tomato Salad 맛이 정말 일품이다. 메인 메뉴인 호주산 와규 비프, 트러플 리소토, 이베리코 포크 등도 흠잡을 데 없다. 디저트도 정평이 나 있다. 칠리 다크 초콜릿 아이스크림은 놓치지 말아야 할 별미이다. 6시 이후에는 자리가 없을 수 있으니 예약을 하고 가는 편이 좋다. 예약 시 인기가 좋은 2층 야외 테라스 자리를 요청하자.

쏨땀 제이 쏘 Som Tum Jay So

옥수수 쏨땀과 닭 구이

백종원의 스트리트푸드 파이터에 소개되었던 로컬 맛집이다. 파파야 대신 옥수수를 사용해 만든 옥수수 쏨땀과 닭 구이가 인기다. 쏨땀 맛이 많이 강한 편이어서 기름기 많은 항정살 구이와 잘 어울린다. 메뉴판이 없고 영어 사용도 불가능해서 주문하기 난해하다. 제일 좋은 방법은 메뉴를 직접 손으로 가리키거나 사진을 보여주는 것이 빠르다. 위생 상태가 노점과 비슷하다는 점과 로컬 분위기가 강하다는 점을 기억하자.

BTS 총논시역에서 동쪽으로 400m Soi Phiphat 2
월~토 11:00~18:00 쏨담 60B 까이양 한조각 19B

BTS 쌀라댕역 2번 출구로 나와 100m 직진, 컨벤트 로드로 진입하면 50~100m 이내에 노점상이 있다. 10/15 Sala Daeng 2 Alley 월~금 17:00~22:00, 토·일 13:00~21:00
฿ 치킨비리아니 45B 치킨이 추가된 비리아니 60B

까오 목 까이 컨벤트 Khao Mok Gai Convent

미슐랭 빕구르망 추천 맛집

30년간 실롬 푸드스트릿컨벤트 로드, Convent Road에서 치킨 비리야니로 인기 있는 노점이다. 최근에는 미슐랭 빕구르망과 해외 유명 미식 블로거들의 찬사가 더해져 외국인에게도 인기 상승중이다. 비리야니는 인도 음식으로 생쌀에, 향신료에 잰 고기와 채소를 넣어서 찌거나 볶은 음식이다. 태국 사람들이 딱 좋아하는 맛. 비리야니를 좋아한다면 꼭 한번 도전해보자. 내가 있는 곳이 인도 빠하르간지인가 착각이 들 정도이다.

딸링 쁠링 Taling Pling

쾌적한 태국 요리 전문점

실롬, 쑤쿰윗, 싸얌파라곤, 센트럴 월드 등에 다수의 지점을 보유한 태국 요리 전문점이다. 개성 강한 맛집은 아니지만, 어느 지점을 가도 큰 편차 없는 맛을 보장하는 장점이 있다. 메뉴도 전반적으로 만족스러운 수준이다. 쾌적하고 편안한 분위기에 가격은 합리적이다. 태국 음식을 골고루 시도해보고 싶은 여행자에게 추천한다. 대형 쇼핑몰에 입점해 있는 지점보다 실롬, 쑤쿰윗에 단독 매장이 있는 곳이 더 조용하다.

실롬점 🚶 BTS 실롬 라인 총논시역Chong Nonsi 3번 출구에서 북쪽BTS-BRT Walking path 반대쪽으로 200m 직진, 사거리에서 좌회전해서 실롬 로드 따라 약 800m 직진 📍 653 Bld. 7,Bann Silom Arcade, Bang Rak, Bangkok 10500 태국 🕓 매일 10:30~22:00 ฿ 치킨 캐슈너트 145B(부과세 7%, 봉사료 10% 별도)

스쿰빗점 📍 25 Soi Sukhumvit 34 🕓 10:30~22:00

시암 파라곤 📍 G30, 991 Rama 1 Rd 🕓 10:30~22:00

실롬 푸드 스트리트 Silom Food Street

로컬 느낌이 제대로 나는 음식 거리

실롬은 화려한 루프톱 바와 모던한 레스토랑이 많은 곳으로 알려졌지만, 길거리 음식으로도 유명하다. 실롬 일대에서 근무하는 수많은 회사원의 점심과 저녁을 책임지는 노점이 많기 때문이다. 쏨땀, 쌀국수, 치킨 비리야니 등 메뉴도 다양하다. 여행자는 어느 테이블에 앉을지, 어떻게 먹는지, 주문한 게 맞나 궁금해하면서 두리번거리지만, 그 자체만으로도 재밌고 로컬 느낌이 제대로 난다. 숙소가 이 근처에 있다면 야식 메뉴를 찾아 들러보자.

🚶 BTS 실롬 라인 쌀라댕역Saladaeng 2번 출구에서 컨벤트 로드Convent Rd로 진입 📍 Convent Rd

수파니가 이팅룸 Supanniga Eating Room

사톤10점 BTS 실롬라인 총논시역Chong Nonsi 1번 출구로 나와 남쪽BTS-BRT Walking path 방향으로 직진. 사거리에서 우회전한 뒤 소이 사톤 10길Soi Sathorn 10로 진입 59-57 Sathon Soi 10 +66 63 662 8850
11:30~14:30, 17:30~24:00 (마지막 예약 점심 14:00, 저녁 21:30)
텅러 본점 160/11 Soi Sukhumvit 55 Thong Lo 6 +66 2 714 7508 10:00~22:00
따티엔 점 supanniga eating Room, 392, 25-28 Maha Rat Rd +66 2 015 4224 월~금 11:00~22:00, 토·일 07:30~22:00 supannigaeatingroom.com

태국 정통 요리 맛보기

팟타이, 모닝글로리 같은 무난한 음식에서 벗어나 다채로운 태국 미식을 경험할 수 있는 곳이다. 수파니가는 할머니가 전수한 조리법으로 만든 태국 정통 미식을 선보인다. 방콕에 3개의 지점이 있으며 현지인에게는 사톤 점과 텅러 점이, 여행객에게는 왓 아룬을 감상하며 식사할 수 있는 따티엔 점이 인기가 좋다. 세 지점 모두 깔끔하고 분위기가 편안하다. 코창Koh Chang, 태국 남부 해안 지역에서 특별히 공수해 온 새우 페이스트를 넣은 Pad Nam Prik Sa-taw Goong SodSouthern wild beans stir-fried with prawns는 방콕에서 쉽게 접할 수 없는 메뉴로 젓갈 맛에 거부감이 없다면 추천한다. 바싹 튀긴 생선과 함께 나오는 매콤한 볶음밥Spicy fried rice with crispy leaf fish도 별미이다. 디저트 타이 티 푸딩도 잊지 말자. 강한 맛과 향으로 가득했던 입안을 깔끔하게 정리해준다.

쏨분 씨푸드 수라웡점 Somboon Seafood Surawong

원조 푸팟퐁 커리의 자부심

쏨분 씨푸드는 미슐랭이 극찬한 해산물 요리 전문점이자 푸팟퐁 커리의 원조이다. 1969년에 방콕에 첫 지점을 열면서 푸팟퐁 커리를 대중에게 선보였다. 해산물을 넣은 커리 메뉴는 이미 많았지만 기름에 튀긴 통게를 사용한 것은 이 가게가 처음이었다. 부드럽고 달콤한 커리는 이 집의 시그니처 메뉴가 되었다. 푸팟퐁 커리 외에도 마늘새우볶음, 해산물 스프링롤 등 다양한 메뉴가 있다. 신선한 재료와 푸짐한 양은 기본이고 메뉴에 상관없이 평균 이상의 맛을 유지한다. 센트럴월드, 센트럴엠버시, 씨암스퀘어에도 지점이 있지만, 미슐랭 플레이트를 수상한 수라웡 지점을 추천한다.

BTS 실롬라인 총논시역Chong Nonsi에서 북쪽으로 650m, 도보 8분 169/7-12 Thanon Surawong +66 2 233 3104
매일 11:00~22:00 ฿ 푸팟퐁커리 스몰 460B, 미디움 660B, 라지 1320B ≡ somboonseafood.com

반쏨땀 Baan Somtum, 사톤점

옥수수 쏨땀 맛집

쏨땀 더와 쌍벽을 이루는 쏨땀 맛집이다. 미슐랭이 뽑은 최고의 방콕 음식점에도 여러 번 소개되었다. 한국인에게는 <더 짠내투어>에 소개되면서 인기가 더 많아졌다. 기다리는 일이 다반사다. 이집 쏨땀은 쿰쿰하고 새콤한 맛이 강렬하다. 가벼운 맥주 안주로 손색이 없다. 파파야 쏨땀이 지겹다면 옥수수 쏨땀을 추천한다. 옥수수의 달콤함이 더해진 태국식 콘샐러드가 된다. 배도 한결 더 든든하다. 이싼식 소시지는 이 집의 또 다른 인기 메뉴이다. 소시지 안에 살짝 발효시킨 밥알이 들어있어 풍미가 좋다. 만다린 오리엔탈 호텔 근처에 방락 점이 있으니 동선에 맞춰 방문하기에 좋다.

BTS 실롬라인 수라싹역Surasak에서 혼다 대리점 방향으로 나와서 Surasak Rd로 진입, 북쪽으로 약 300m 이동
Baan Somtum, Si Wiang, Silom, Bang Rak +66 2 630 3486 매일 11:00~22:00
฿ 쏨땀 95~120B 이싼식 타이 소시지 125B
≡ baansomtum.com

비터맨 Bitterman

한국 여행자들의 인스타 성지

한국 여행자들의 인스타 성지 카페이다. 노스이스트와 가까워 한국 여행객들이 식사 전후로 단골 코스로 들른다. 초록 초록한 그린테리어와 예쁜 브런치 메뉴가 여심을 저격한다. 무성하게 자란 화초와 실내 가득한 따사로운 빛을 보면 도심에 있는 카페가 맞나 싶을 정도이다. 방콕이기에 가능한 분위기다. 그러나 메뉴 구성이나 맛이 평범하고, 가격 또한 저렴한 편은 아니다. 카페 분위기가 좋아 인기 있는 곳이니, 맛을 원한다면 너무 기대하지 말자.

MRT 룸피니역 2번 출구에서 350m 직진. 노스이스트 식당 지나서 좌회전 후 250m 직진 120/1 Sala Daeng Rd, Silom
+66 2 636 3256 매일 11:00~23:00
페이스북 @Bitterman.bkk

클레이 카페 A clay café

차도 마시고 찻잔도 만들고

도자를 전공한 부부가 운영하는 보석 같은 카페이다. 커피와 케이크, 간단한 간식거리 모두 맛이 좋아 주변에서 근무하는 외국인에게 특히 인기가 많다. 3층짜리 가정집을 개조하여 1~2층은 카페와 공방으로, 3층은 작은 갤러리로 사용하고 있다. 카페에서 사용하는 찻잔과 그릇, 작은 소품까지 직접 만들어 사용한다. 인테리어에 사용된 블루 칼라와 유약의 파란색은 보기만 해도 시원하다. 세라믹 클래스도 운영하고 있어 찻잔을 직접 만들고 싶은 사람에게 추천한다. 단, 찻잔을 구워 건조하는데 시간이 걸리니 여유를 두고 예약하는 것이 좋다.

BTS 실롬 라인 총논시역Chong Nonsi 2번 출구에서 직진하여 사거리에서 좌회전. 약 100m 직진 후 소이 사톤 8길Soi Sathorn 8로 진입 50 Soi Sathon 8 +66 61 193 9838 10:00~17:30, 매주 목요일 휴무
페이스북 @aclayceramic 인스타 aclayceramic, 세라믹 클래스 1인 2000B 정도(문의 aclayceramic@gmail.com)

뜨록 실롬 Trok Silom

BTS 실롬 라인 총논시역Chong Nonsi 3번 출구에서 북쪽BTS-BRT Walking path 반대쪽으로 200m 직진
36 38 Naradhiwas Rajanagarindra Rd, Silom +66 86 612 2797
17:00~01:00, 일요일 휴무 페이스북 @troksilom

기찻길 옆 루프톱 바

뜨록 실롬은 BTS 선로가 바로 내려다보이는 루프톱 바 겸 레스토랑이다. 5층에 있어 극적인 뷰는 없지만, 기차 지나가는 소리의 따뜻한 정취를 선물한다. 저 멀리 총논시역에서 출발한 열차가 다가오는 모습이 보인다. 이윽고 기차에 탄 사람들의 모습이 영화 속 스틸컷처럼 빠르게 지나간다. 커브를 돌아 무심히 사라지는 열차를 하염없이 바라보고 있으면 왠지 모를 감상에 젖게 된다. 분위기 때문에 혼술족이 많다. 적적하게 혼자 여행하는 혼여족에게 추천한다. 열차 소리에 당신은 시인처럼 술잔을 기울이게 될 것이다.

PART 7

쑤쿰윗

Sukhumvit

부유층이 많이 사는 방콕의 강남

쑤쿰윗은 방콕의 가장 동쪽에 있다. 오래전부터 태국의 부유층, 즉 하이쏘하이 소싸이어티의 줄임말 거주지였다. 하이쏘들의 니즈와 취향에 맞는 트렌디하고 세련된 가게가 많다. 태국에서 제일 긴 도로인 쑤쿰윗 로드Thanon Sukhumvit를 중심으로 해외 유명 프랜차이즈 상점과 고급 호텔이 들어서 있다. 쑤쿰윗은 서울의 평창동과 성북동을 강남에 옮겨 놓았다고 보면 된다. 힙하고 현대적인 방콕키안의 일상이 궁금하다면 쑤쿰윗으로 가자.

쑤쿰윗 가는 방법

❶ BTS BTS가 가장 빠르고 편하다. 쇼핑몰 기준으로 터미널 21로 가려면 아속역Asok, 더 엠쿼티어Emquartier 주변으로 가려면 프롬퐁역Phrom Pong에서 하차하면 된다.

❷ 택시 목적지가 BTS역과 멀다면 처음부터 택시를 타는 것도 나쁘지 않다. 그러나 일방통행로가 많고 늘 복잡한 곳이라, 간혹 있을 교통체증을 고려해야 한다.

❸ MRT 왓 포와 왕궁 일대의 올드 타운, 차이나타운, 실롬의 룸피니 공원 근처에서 출발할 때 이용하면 편리하다. 쑤쿰윗역Sukhumvit에서 하차하면 된다.

» Travel Tip

쑤쿰윗에서는 오토바이 택시를 이용하세요!

쑤쿰윗처럼 넓은 지역에서는 걷자니 멀고, 택시를 타자니 가까운 곳이 많다. 이럴 땐 오토바이 택시가 답이다. BTS 역 주변과 골목길 초입에 상시 대기 중이다. 컬러풀한 조끼를 입은 아저씨들이 오토바이 주변에 삼삼오오 모여있다면 그들이 오토바이 택시 기사들이다. 길 이름이 포함된 목적지 주소를 말하면 되고, 금액은 오토바이당 10~40밧 정도 예상하면 된다.

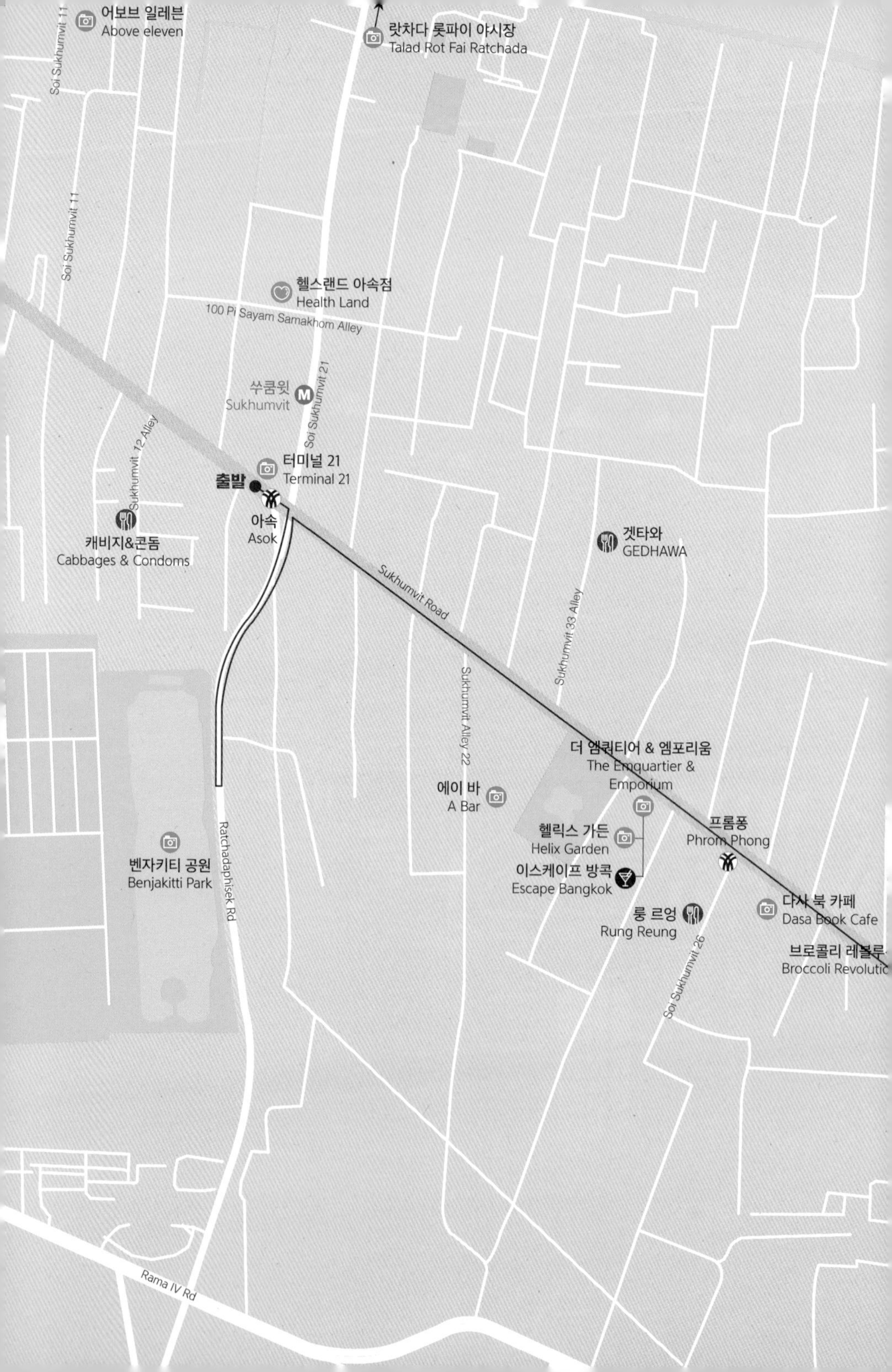
어보브 일레븐
Above eleven
Soi Sukhumvit 11
랏차다 롯파이 야시장
Talad Rot Fai Ratchada
Soi Sukhumvit 11
헬스랜드 아속점
Health Land
100 Pi Sayam Samakhom Alley
쑤쿰윗
Sukhumvit
Soi Sukhumvit 21
Sukhumvit 12 Alley
터미널 21
Terminal 21
출발
아속
Asok
캐비지&콘돔
Cabbages & Condoms
겟타와
GEDHAWA
Sukhumvit Road
Sukhumvit 33 Alley
Sukhumvit Alley 22
더 엠쿼티어 & 엠포리움
The Emquartier &
Emporium
에이 바
A Bar
프롬퐁
Phrom Phong
헬릭스 가든
Helix Garden
벤자키티 공원
Benjakitti Park
Ratchadaphisek Rd
이스케이프 방콕
Escape Bangkok
다사 북 카페
Dasa Book Cafe
룽 르엉
Rung Reung
브로콜리 레볼루
Broccoli Revolutic
Soi Sukhumvit 26
Rama IV Rd

쑤쿰윗 여행 지도
하루 여행 추천코스
터미널 21 ⇨도보 10분 ⇨ 벤자키티 공원 ⇨ 도보 20분
⇨ 더 엠쿼티어 & 엠포리움 ⇨ 도보 30분 ⇨ 더 커먼스
⇨ 도보 15분 + BTS 35분 ⇨ 랏차다 롯파이 야시장
수완나품 공항
29km
Thonglo Rd
Ekkamai Rd
디바나 디바인 스파
Divana Divine Spa
Akkhara Phatsadu
더 커먼스
the COMMONS
Roots 루츠
도착
ROAST coffee & eatery 로스트
Soi Thonglo 11
오드리
Audrey
Soi Ekkamai 5
와타나파닛
Wattanapanit
Ekkamai 12 Alley
페더스톤
Featherstone
Ekkamai 10 Alley
헬스랜드 에까마이점
Health Land
허이텃차우래
Hoi Tod Chaw Lae
에르
Err Urban Rustic Thai
텅러
Thong Lor
쎄우 누들
Zaew's Noodle
옥타브 루프톱 라운지 & 바
Octave Rooftop Lounge & Bar
Sukhumvit Road
에까마이
Ekkamai
에까마이 버스터미널
Eastern Bus Terminal
Bangkok Ekkamai

터미널 21 Terminal 21

BTS 쑤쿰윗 라인 아속역Asok에서 바로 연결된다.
2, 88 Soi Sukhumvit 19 매일 10:00~22:00
www.terminal21.co.th

인생샷 스폿, 방콕의 동대문 쇼핑몰

BTS 쑤쿰윗 라인 아속역Asok과 연결되는 쇼핑몰이다. 숍의 구성이 동대문에 있는 대형 몰과 비슷하다. 특이한 점이라면 몰의 콘셉트가 세계 여행이라는 점이다. 층마다 특정 나라를 테마로 정해 그 나라의 쇼핑 거리 분위기를 재현했다. 에스컬레이터에는 출국, 도착을 안내해주는 표지판으로 장식하여 공항 분위기를 냈다. 일본식 등이 걸린 도쿄의 거리와 샌프란시스코의 랜드마크 금문교는 인기 포토 스폿이다. 여행객 대부분이 쇼핑보다는 사진을 찍기 위해 즐겨 찾는다.

에이 바 A Bar

BTS 쑤쿰윗 라인 프롬퐁역Phrom Phong에서 벤차시리 공원Benchasiri park 방향으로 나와 450m 직진. 소이 쑤쿰윗 22길Soi Sukhumvit 22로 진입해서 약 300m 직진 199 Sukhmvit Alley 22
매일 17:00~01:00 www.banyantree.com 드레스코드 드레스 코드가 엄격한 편이다. 성별에 상관없이 스포츠 브랜드의 옷, 민소매, 플립플롭을 착용했을 경우 출입 불가능하다.

편안하면서도 모던한 루프톱 바

마르퀴스 메리어트 호텔 37층에 있는 신생 루프톱 바이다. 대부분의 루프톱 바가 화려한 분위기인데 반해, 에이 바는 모던하고 중성적이다. 널찍한 소파 베드가 있어 테이블 사이 거리도 유지되어 머무는 내내 편안하다. 칵테일은 진을 베이스로 하여, 주류 느낌에 무게를 실어 개성 있게 만든다. 시로코 스카이 바의 행오버 마티니를 겨냥해 만든 아시아 유즈Asia Yuzu와 데코레이션이 인상적인 시그니처 칵테일No. 1·2·3·4을 추천한다. 라이브 디제잉 음악도 이곳의 매력 중 하나이다.

Travel Tip

도보로 이동할 때 주의하세요

프롬퐁역에서 가까운 거리가 아니다 보니 구글맵에서 지름길을 찾는 이들이 종종 있다. 길이 있을 것 같아도 공사 때문에 지도와 다른 경우가 많고, 골목마다 고고바Go Go Bar 같은 유흥 시설이 많아 조금 당혹스러울 수 있다. 큰길을 따라가는 것이 가장 빠르고 편안하다.

더 엠쿼티어 & 엠포리움 The Emquartier & Emporium

BTS 쑤쿰윗 라인 프롬퐁역Phrom Phong에서 바로 연결되는 출구가 있다.
더 엠쿼티어 Emquartier 637 Sukhumvit Road **엠포리움** emporium, 622 Sukhumvit Road
+66 2 269 1000 매일 10:00~22:00 **더 엠쿼티어** www.emquartier.co.th **엠포리움** www.emporium.co.th

볼거리, 즐길 거리 가득한 고급 쇼핑몰

BTS 프롬퐁역Phrom Phong 양쪽에 자리한 고급 쇼핑센터이다. 엠포리움은 벤차시리 공원 옆에 있고, 길 건너 반대편에 더 엠쿼티어가 있다. 엠포리움은 명품 매장 중심이다. 볼거리 많은 곳을 원한다면 디자이너 브랜드나 라이프스타일숍, 근사한 레스토랑 등이 즐비한 더 엠쿼티어를 추천한다. 그중에서도 더 엠쿼티어 빌딩 A구역인 헬릭스 쿼르티에Helix Qaurtier는 젊은 하이쏘들에게 인기 많은 구역이다. 헬릭스 쿼르티에 5층에는 인공정원 헬릭스 가든과 야외 오픈 바 이스케이프 방콕이 있고, 6층부터 9층에는 야외 테라스를 갖춘 유명 레스토랑과 카페 등이 입점해 있다.

ONE MORE
The Emquartier

더 엠쿼티어의 명소와 야외 바

1 이스케이프 방콕 Escape Bangkok

남국의 정취 물씬 풍기는 오픈 바

엠쿼티어 5층에 있는 야외 오픈 바이다. 이름처럼 방콕을 탈출하여 남부 해안 지역 코창Ko Chang이나 끄라비Krabi에 온 듯한 기분이 든다. 라탄 의자, 패턴이 이국적인 쿠션, 방갈로 모양의 디제이 부스가 어우러져 남국의 정취를 물씬 풍긴다. 하와이 여성들의 치마처럼 잎을 엮어 만든 조명은 바람이 불 때마다 사각거리는 소리를 내는데, 야자수 아래 누워 있을 때 듣던 소리와 비슷하다. 다양한 태국 IPA 맥주와 칵테일이 있고, 굴, 새우 등 해산물 요리가 유명하다. 가격이 비싼 편이다.

엠쿼티어 5층 17:00~00:30

2 헬릭스 가든 Helix Garden

도심 속 인공정원

헬릭스 쿼르티에Helix Qaurtier 5층에 있는 정원이다. 비록 인공정원이지만, 번화한 도심 속에서 잠깐 쉬어가기 좋다. 향긋한 꽃 내음이 가득하고, 저녁이 되면 따뜻하게 불을 밝힌 조명이 분위기를 더해준다. 헬릭스 가든에서 이스케이프 방콕으로 이어지는 구름다리에 스카이 워크가 있다.

엠쿼티어 5층

더 커먼스 the COMMONS

쑤쿰윗점 BTS 쑤쿰윗 라인 텅러역Thong Lo에서 소이 쑤쿰윗 55길Soi Sukhumvit 55로 진입해서 1.5km 직진. 역에서 택시나 오토바이 택시 이용 추천 335 Akkhara Phatsadu Alley +66 89 152 2677 매일 08:00~01:00 www.thecommonsbkk.com
살라댕점 126 saladaeng 1 Alley + 66 80 281 8339 08:00~01:00 www.thecommonsbkk.com/saladaeng

방콕키안이 사랑하는 커뮤니티 같은 복합 몰

더 커먼스는 조금 독특한 공간이다. 일반적인 문화 공간이나 소규모 몰 같지만 이보다 한 걸음 더 나아간 곳이다. 더 커먼스가 추구하는 것은 개방성과 소통을 강조한 크리에이티브 커뮤니티 몰이다. 개성과 정열을 담아 브랜드를 만들어가는 사람들이 모여 만든 일종의 현대식 마을 회관이다. 모두 4층으로 되어 있는데, 각 층을 마켓, 빌리지, 플레이 야드Play Yard, 톱 야드Top Yard라 부른다. 다양한 음식점, 카페, 공방, 소품 가게가 입점해 있다. 1층 마켓에서 2층으로 이어지는 곳엔 야외 테라스 커먼 에리아Common Area가 있다. 이곳은 더 커먼스의 특성을 잘 보여준다. 데크에 의자와 테이블을 갖추어 놓았는데, 남녀노소 누구에게나 열려있는 자유로운 공간이다. 카페에 자리가 없으면 커먼 에리아에서 커피를 마시면 된다. 어느 매장을 방문했든 함께 어울릴 수 있다. 실롬 지역의 반얀트리 방콕 근처에 살라댕 지점을 오픈했다. 더 커먼스의 특징은 그대로 살리고 발랄한 분위기를 더했다.

ONE MORE
Cafes in the COMMONS

더 커먼스의 유명 카페

루츠
Roots

완성도 높은 커피 맛을 원한다면

커피 마니아의 발길이 끊이지 않는 커피 전문점이다. 팩토리 커피보다 메뉴 구성은 심플하지만, 원두 맛에 집중하여 완성도 높은 커피를 내온다. 전 세계 유명한 원두뿐만 아니라, 태국 북부에서 생산된 커피도 맛볼 수 있다. 태국 커피가 세계 유명 브랜드와 어깨를 나란히 하는 날을 함께 꿈꾸며, 수익금 일부를 태국 커피 농장에 기부한다. 루츠 커피의 매력을 느끼고 싶다면 필터 커피를 추천한다. 깐깐하게 선택한 원두, 정성을 다하는 로스팅, 커피 내릴 때의 세심함이 그대로 느껴진다. 콜드브루에 제철 과일로 맛을 더한 계절 음료도 맛있다.

더 커먼스의 1층 마켓에 위치 +66 97 059 4517
08:00~19:00 ฿ 필터 커피 120B, 에스프레소 100B

더 커먼스의 4층 +66 96 340 3029 08:00~22:00
฿ 커피 90B, 점심 세트 340B(부과세 별도) roastbkk.com

로스트
ROAST coffee & eatery

정성스런 음식, 세련된 분위기

더 커먼스 4층에 있는 브런치 카페겸 레스토랑이다. 정성스러운 음식으로 좋은 평을 받고 있다. 음식과 분위기가 모던하고 세련됐다. 잡지처럼 디자인해 놓은 메뉴판부터 시선을 사로 잡는다. 메뉴 대부분이 이탈리안 요리이며, 샐러드또는 수프, 메인 요리, 디저트까지 저렴한 가격에 즐길 수 있는 점심 세트도 준비되어 있다. 엠쿼티어 1층에도 매장이 있지만 더 커먼스 점이 분위기가 더 좋고 편안하다.

벤자키티 공원 Benjakitti Park

BTS 아속역Asok에서 남쪽으로 400m
Benjakitti Park, Ratchadaphisek Rd
+66 2 254 1263 매일 05:00~21:00

조깅 트랙과 산책로가 있는 호수 공원

인공 호수가 매력적인 방콕을 대표하는 공원이다. 터미널 21에서 도보 10분 거리에 위치해 있다. 벤자키티 공원은 씨리킷 왕비의 72번째 생일을 기념하여 조성된 호수 공원이다. 호수를 따라 2km 정도 되는 조깅 트랙과 산책로가 있다. 매일 저녁, 트랙을 따라 자전거를 타거나 조깅, 산책 하는 사람들로 항상 붐빈다. 곳곳에 오리배 대여소와 자전거 대여소가 있다. 하지만 한낮에 자전거를 타다가는 일사병에 걸릴 수 있으니 유의하자. 벤자키티 공원은 해가 다 지고난 저녁 시간이 가장 아름답다. 쑤쿰윗의 높고 화려한 빌딩 불빛이 호수에 비치면, 유명 루프톱바 부럽지 않은 야경 명소가 된다.

옥타브 루프톱 라운지 & 바 Octave Rooftop Lounge & Bar

BTS 텅러역Thong Lo 3번 출구로 나와 에까마이역Ekkamai 방향으로 250m 직진
2 Soi Sukhumvit 57 +66 2 797 0000 **루프톱 라운지** 18:00~24:00 (라스트오더 23:30) **바** 17:00~02:00
฿ 맥주 250B부터, 시그니처 칵테일 390B (부가세 7%+서비스 차지 10% 별도)

멋진 뷰, 최고의 음식

방콕 메리어트 호텔 쑤쿰윗 49층에 자리한 루프톱 라운지 바이다. 48층에는 테라스형 칵테일 바가 있고, 계단을 올라가면 360도 뷰가 펼쳐지는 라운지 바가 있다. 쑤쿰윗엔 루프톱 바가 하루가 다르게 늘어나지만, 옥타브의 인기는 식을 줄 모른다. 손에 꼽을만한 근사한 뷰와 맛있는 음식이 인기의 이유이다. 다른 곳보다 안주가 다양하고, 또 태국 음식을 타파스처럼 먹는 즐거움이 있다. 저녁 8시까지는 해피 아워로 가격이 저렴하다. 오픈부터 자리 쟁탈전이 치열하다.

어보브 일레븐 Above eleven

BTS 나나역Nana 3번 출구로 나와 소이 쑤쿰윗 11길Soi Sukhumvit 11 따라 500m 직진 후 좌회전
Fraser Suites Sukhumvit, 38/8 Sukhumvit Road +66 2 038 5111
매일 18:00~02:00 ฿ 칵테일 380B부터 aboveeleven.com

가격이 합리적인 루프톱 바

호텔 프레이저 스위트 쑤쿰윗 33층에 자리한 루프톱 바이다. 옥타브 루프톱 바와 함께 쑤쿰윗 일대에서 좋은 평을 꾸준하게 유지하고 있다. 시야를 가로막는 건물이 없어 탁 트인 전망을 즐길 수 있다. 다른 루프톱 바에 비해서 비교적 저렴한 가격도 매력 중 하나이다. 칵테일이 300밧 선이고, 음식도 칵테일과 함께 먹기에 부담없다. 뷰가 제일 좋은 통유리 옆 자리를 원한다면 오픈 시간에 맞춰 가거나 미리 예약을 하고 가자. 바 좌석도 야경을 즐기기에 나쁘지 않다.

다사 북 카페 Dasa Book Cafe

BTS 프롬퐁역에서 3번 출구로 나와 텅러역 방향으로 약 200m 직진
714/4 Sukhumvit Rd +66 2 661 2993
매일 10:00~20:00 dasabookcafe.com

커피, 헌책, 옛 CD

다사 북 카페는 프롬퐁역 근처에 있는 헌책방이다. 20여 년 동안 손때 묻은 책들과 함께 쑤쿰윗 로드를 지켜왔다. 3층으로 된 책방은 무려 1,800권이 넘는 책과 수백장의 옛 음악 CD로 채워져 있다. 얼마나 많은 사람들이 책을 사고 팔았을지 짐작할 수 있다. 소설, 역사, 디자인 서적 등 장르가 다양하고 대부분 영문 서적이다. 1층에는 아주 작은 카페도 마련되어 있다. 기본적인 메뉴지만 아날로그 공간에 따뜻한 커피 향을 채우기에 충분하다. 구매한 책을 다 읽고 가져오면 구매한 금액의 절반을 돌려준다. 이미 저렴한 금액의 절반이라 손님도 웃고 주인도 머쓱하다. 어린 시절 헌책방에서 만화책 꽤나 사고 되팔아봐서 안다. 금액을 떠나 얼마나 행복한 일인지.

랏차다 롯파이 야시장 Talad Rot Fai Ratchada

MRT 타일랜드 컬처럴 센터역Thailand Cultural Center에서 나오면 보이는 쇼핑센터Esplanade Ratchada 뒤에 위치
99 Ratchadaphisek Rd +66 2 591 3777 매일 16:00~00:00

구경도 하고 야식도 즐기고

방콕에는 딸랏 롯파이 야시장이 두 곳이다. 기존의 딸랏 롯파이는 BTS 우돔숙역 근처에, 새로 생긴 랏차다 롯파이 야시장은 MRT 타이랜드 컬처럴 센터역 근처에 있다. 딸랏 롯파이는 도심에서 너무 멀고 교통이 애매해서 접근이 쉽지 않다. 하지만 랏차다 롯파이는 야시장 특유의 분위기는 유지하면서 접근성 좋은 시내에 자리하고 있어 많은 이들이 찾는다. MRT에서 내려 지상으로 올라오면 야시장으로 향하는 사람들의 긴 행렬이 이어진다. 행렬을 따라 시장으로 들어서면 수많은 노점이 뾰족한 지붕을 맞대고 연결되어 있다. 팟타이, 구운 새우, 열대 과일 등 육해공을 망라하는 야식 메뉴가 식욕을 자극한다. 롯파이의 땡모반수박 주스도 놓치지 말고 즐겨보자. 노점 주변으로는 태국 안주와 맥주를 파는 펍이 여러 곳 있다.

ONE MORE
Talad Rot Fai Ratchada

랏차다 롯파이의 인기 먹거리

1

태국식 감자탕, 랭쌥 Leng Saap

랭쌥은 최근에 한국에서도 인기몰이 중인 메뉴로 유명 태국 식당에서는 품귀 현상이 벌어질 정도이다. 국물이 자박한 것을 랭똠쌥, 국물이 거의 없는 것을 랭쌥이라고 한다. 매콤하기로 유명한 태국 고추를 듬뿍 넣어 한국인 입맛을 제대로 저격한다.

2

분위기로 먹는 야시장 표 팟타이

야시장 표 팟타이의 매력은 생생한 현지 분위기이다. 북적이는 노상 테이블에 자리를 잡거나 길에 서서 먹기 일쑤지만 레스토랑의 팟타이와 다른 매력이 있다. 두어 젓가락이면 바닥을 보이는 양은 간식으로 안성맞춤이다.

3

달콤한 땡모반수박주스**과 코코넛 주스**

쇼핑도 하고 야식도 충분히 먹었다면 디저트가 빠질 수 없다. 이곳의 수많은 디저트 중에서 가장 인기가 많은 메뉴는 단연 땡모반과 코코넛 주스이다. 한 모금만 마셔도 지친 체력이 충전된다.

Special Tip

스파와 마사지 Spa & Massage

1

오아시스 스파&마사지

Oasis Spa&Massage

최고급 스파의 섬세함

쑤쿰윗에 2개의 매장이 있는 최고급 스파이다. 방콕 도심을 벗어나 교외로 나온듯한 착각이 들 만큼 평온하고 한적하다. 잘 가꿔진 정원과 고풍스러운 태국식 건물이 유명 호텔 부럽지 않다. 오일 마사지, 타이 마사지, 피부관리 등 다양한 상품이 있다. 그중에서 가장 인기가 좋은 것은 핫 아로마테라피 오일 마사지와 오아시스 포 핸즈 마사지이다. 핫 아로마테라피 오일 마사지는 60분 코스로 타이마사지와 아로마테라피를 제공한다. 오아시스 포 핸즈 마사지는 가격대가 조금 높은 편이지만, 마사지사 2명이 고객 한 명을 케어하기 때문에 시간 대비 집중도가 매우 높다. 클룩Klook을 이용하면 조금 저렴하게 예약할 수 있고 다양한 프로모션 상품을 이용할 수 있다.

쑤쿰윗31점 🚶 BTS 프롬퐁역Phrom Phong에서 무료 픽업 서비스 가능 ⊙ 64 Sukhumvit 31 Yaek 4 ⊙ 매일 10:00~22:00 ☏ +66 2 262 2122 ฿ 클룩 이용시 핫 아로마테라피 오일 마사지 1,430B 오아시스 포 핸즈 마사지 2,645B ≡ oasisspa.net

텅러점 🚶 BTS 프롬퐁역Phrom Phong에서 무료 픽업 서비스 가능 ⊙ 59 Chaem Chan Alley ⊙ 매일 10:00~22:00 ☏ +66 2 262 2122 ฿ 클룩 이용시 핫 아로마테라피 오일 마사지 1,430B 오아시스 포 핸즈 마사지 2,645B ≡ oasisspa.net

클룩 klook.com

2

헬스랜드 Health Land

가성비 좋은 스파 브랜드

방콕에만 8개 지점이 있는 스파 브랜드이다. 저택 같은 외관이 비싸 보이지만, 합리적인 가격으로 꾸준한 인기를 누리고 있다. 프라이빗 룸을 갖춘 실내는 깔끔하고 차분하다. 타이 마사지와 스파 프로그램 둘 다 만족도가 높다. 할인율이 적용된 10회 쿠폰이 있어 아침, 저녁으로 매일 이용하는 사람도 많다. 여행자들이 주로 찾는 지점은 아속점, 에까마이점, 사톤점이다.

아속점 🚶 BTS 쑤쿰윗 라인 아속역Asok에서 도보 7분 이내
📍 55/5 Thanon Asok Montti 🕓 매일 09:00~21:30
฿ 타이 마사지 2시간 650B ≡ www.healthlandspa.com
에까마이점 🚶 BTS 쑤쿰윗 라인 에까마이역Ekkamai에서 도보 15분 이내
📍 96/1 Soi Sukhumvit 63 🕓 매일 09:00~24:00
฿ 타이 마사지 2시간 650B ≡ www.healthlandspa.com

3

디바나 디바인 스파 Divana Divine Spa

품격 높은 고급 스파

디바나는 방콕에서 꽤 이름난 고급 스파 브랜드이다. 프로그램과 분위기가 조금씩 다른 디바나 버츄, 디바나 네이처, 디바나 스파 지점이 있다. 디바나 마사지 & 스파는 주택가에 있어 조용한 힐링에 초점을 맞추고 있다. 남국의 정취를 담은 정원과 전통적인 소품으로 분위기를 냈다. 품격 있는 서비스와 수준 높은 마사지로 완벽한 힐링을 선사한다.

🚶 BTS 쑤쿰윗 라인 텅러역Thong Lo에서 소이 쑤쿰윗 55길Soi Sukhumvit 55로 진입해서 1.5km 직진. 역에서 택시나 오토바이 택시 이용 추천 📍 103 Thong Lo 17 📞 +66 2 712 8986 🕓 화~금 11:00~23:00 토·일·월 10:00~23:00
฿ 싸야미즈 마사지(siamese Relax) 100분 1,250B ≡ divanaspa.com

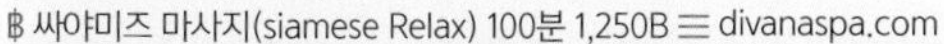

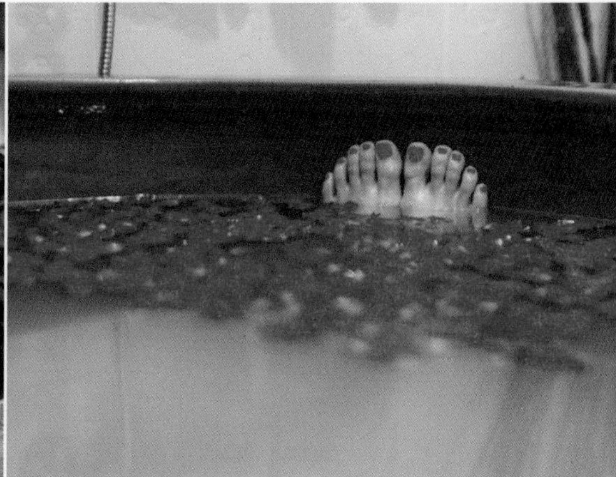

쑤쿰윗의 맛집과 카페

겟타와 GEDHAWA

향신료 맛이 강하지 않은 카레

겟타와는 일본인에게 인기가 많은 타이 레스토랑이다. 태국 음식점에 일본인이 많다는 것은 카레 메뉴가 맛있다는 뜻이다. 레드 커리, 그린 커리 모두 달콤한 맛이 매력이고, 향신료 맛이 강하지 않아 태국 음식 초보자에게도 거부감이 없다. 면 종류를 좋아한다면 까오소이를 추천한다. 태국 북부 지방 음식으로 닭고기와 카레로 맛을 낸 육수에 튀긴 면과 생면을 함께 넣어 식감이 다채롭다. 코코넛 덕후라면 코코넛 수프 똠 카Tom Kha도 잊지 말자.

78/2 Taweewan, 33 Sukhumvit Road +66 2 662 0501

11:00~21:30(브레이크 타임 14:00~17:00), 일요일 휴무 ฿ 150B~200B

룽 르엉 Rung Reung

미슐랭도 인정한 진한 육수의 어묵 국수

미슐랭이 선정한 어묵 국수 맛집이다. 엠포리움 백화점에서 가깝다. 적당히 기름지지만 진한 맛을 내는 육수와 담백한 수제 어묵이 일품이다. 면은 쌀국수 면과 에그 누들 가운데 선택할 수 있고, 육수는 매콤한 똠얌 육수와 담백한 일반 육수로 나뉜다. 현지인들은 생선 껍질을 바삭해지도록 튀긴 피시 크래커Fish Cracker를 추가로 주문해서 면 위에 얹어 먹는데, 불량식품처럼 생겼지만 한번 먹으면 멈출 수 없는 맛이다. 손님이 너무 많아 시간대에 상관없이 5~10분 정도 기다려야 한다.

BTS 쑤쿰윗 라인 프롬퐁역Phrom Phong 4번 출구로 나와 100m 직진. 우회전해서 소이 쑤쿰윗 26길Sukhumvit 26 Alley로 진입하여 150m 직진 10/3 Soi Sukhumvit 26 +66 84 527 1640 08:00~17:00 ฿ 스몰 50B, 미디움 60B, 라지 70B

캐비지&콘돔스 Cabbages & Condoms

에이즈 예방과 홍보를 위한 타이 레스토랑

벤자키티 공원 북쪽에 위치한 타이 레스토랑이다. 캐비지 앤 콘돔스에 대한 사람들의 반응은 한결같이 똑같다. 강렬한 이름때문에 처음에는 피식하고 웃는다. 태국 NGO 단체에서 에이즈 예방과 홍보를 위해 만들었다고 하면 "아~"하고 수긍한다. 다녀온 후에는 수준급 이상의 음식에 만족스러워 한다. 레스토랑은 실내와 실외에 좌석이 마련되어 있고, 운치 있는 조명으로 멋을 냈다. 하지만 속지 말자. 콘돔으로 만든 조명등이다.

BTS 쑤쿰윗 라인 아속역Asok 2번 출구로 나와 약 200m 직진, 소이 쑤쿰윗 12길Soi Sukhumvit 12로 진입해서 250m 직진
10 Sukhumvit 12 Alley +66 2 229 4610 매일 11:00~22:30 ฿ 똠얌꿍 250B + 서비스차지 10% , 부과세 7%

허이텃차우래 Hoi Tod Chaw Lae

방콕 3대 팟타이

반 팟타이, 팁싸마이와 함께 방콕 3대 팟타이 맛집이다. 굴, 새우, 오징어가 아낌없이 들어간 씨푸드 팟타이로 유명하다. 한국인에게 친숙한 맛이라 강한 태국 음식을 좋아하지 않는 여행자에게 특히 인기가 좋다. 주문하면 가게 입구에서 바로 조리해 준다. 뒤집개가 몇 번 무심히 훅훅 지나가고 나면 완성되는 팟타이 조리 과정은 언제봐도 재밌다. 태국식 굴전도 놓치지 말자. 식감이 부드러운 어쑤언, 바싹하게 익힌 어루어가 있다.

BTS 쑤쿰윗 라인 통로역Thong Lo 3번 출구로 나와 소이 쑤쿰윗 55길Soi Sukhumvit 55로 진입해서 100m 직진 25 Thong Lo Rd, Khlong Tan, Watthana, Bangkok 10110 +66 85 128 3996 08:00~20:30, 토요일 휴무 ฿ 해물 팟타이140~170B(사이즈에 따라 가격이 상이함), 어쑤언 130B~160B, 어루어 170B

쎄우 누들 Zaew's Noodle

40년 어묵 국수 맛집

텅러 역 근처에 있는 어묵 국수 맛집이다. 1983년부터 현지인, 여행자 모두에게 사랑받아 왔다. 육수는 군더더기 없이 깔끔하고, 어묵은 쫄깃쫄깃하다. 음식 인심도 좋아서 그릇에 푸짐하게 담긴 어묵을 보면 마음이 흐뭇하다. 음식 사진과 함께 메뉴에 영어로 표기를 해놓아 주문하기 어렵지 않다. 고수를 좋아하지 않는다면 주문 시에 빼달라고 하자.

BTS 쑤쿰윗 라인 텅러역Thong Lo 1번 출구에서 도보 1분

1095 Sukhumvit Rd + 66 96 665 9353

07:00~15:00, 목요일 휴무 ฿ 70~90B

와타나파닛 Wattanapanit

방콕 소고기 국수 최강자

'방콕 소고기 국수=나이쏘이' 공식은 그만 잊어라! 방콕 소고기 국수 최강자는 와타나파닛이다. 입구에서는 진하다 못해 걸쭉해 보이는 육수가 거대한 솥 가득 끓어 넘친다. 오랜 세월 매일 넘친 육수가 솥 주변에 켜켜이 눌어붙었다. 왜 떼어내지 않느냐 묻지 마시라. 이 집의 자존심이다. 물론 매일 닦기는 하지만 떼어내지 않을 뿐이다. 인기 메뉴는 '꾸어이띠여우 툭차닛'이다. 소고기와 내장, 소고기 완자를 고명으로 얹어낸다. 진하고 감칠맛 나는 국물 뒤에 옅은 약재 향이 배어 나와 먹고 나면 건강까지 챙긴 느낌이 든다. 단점이라면 양이 적다는 것이다. 메뉴에 적힌 Small, Large 구분은 양 차이가 아니라, 면 굵기를 뜻하니 혼동하지 말자.

BTS 쑤쿰윗 라인 에까마이역Ekkamai 1번 출구로 나와 소이 쑤쿰윗 63길Soi Sukhumvit 63로 진입해서 1.5km 직진. 진행 방향 우측에 위치. 336 338 Ekkamai Rd +66 98 563 2665 09:00~19:30 ฿ 꾸어이띠여우 툭차닛 100B~150B

에르 Err Urban Rustic Thai

BTS 쑤쿰윗 라인 텅러역 3번 출구로 나와 소이 쑤쿰윗 55길로 진입해서 150m 직진
56 10 Thong Lo Rd +66 2 622 2292 17:00~23:00, 수요일 휴무
฿ 메인 요리 200~300B errurbanrusticthai.co.th

스트리트 푸드의 업그레이드

혼여족과 연인에게 꼭 추천하고 싶은 타이 레스토랑이다. 왓 포 근처에서 쑤쿰윗으로 옮겨왔는데 에르만의 편안하고 따뜻한 분위기는 변함이 없다. 메뉴는 가장 태국스러우면서 서민적인 음식들로 이루어져 있다. 태국인들이 즐겨 먹는 길거리 음식을 자신들의 방식으로 요리한다. 조미료 대신 발효 소스를 사용하고 좋은 재료로 맛을 더한다. 모든 음식은 자극적이지 않지만 깊은 맛을 낸다. 모닝글로리볶음, 레드커리, 그린커리, 팟 카파오무쌉 등 한국 여행자 입맛에 맞는 메뉴가 많다. 바비큐 폭립과 오징어튀김을 추천한다. 입안 가득 퍼지는 육즙과 풍미가 남다르다.

페더스톤 Featherstone

BTS 쑤쿰윗 라인 에까마이역Ekkamai 1번 출구로 나와 소이 쑤쿰윗 63길Soi Sukhumvit 63로 진입해서 1.2km 직진. 에까마이 12길Ekkamai 12 Alley로 우회전하여 700m 직진 60, EKAMAI 12 +66 97 058 6846 매일 10:30~22:00
฿ 펜네 아라비아따 250B, 어니언스프 320B, 스파클링 음료 160B (부가세, 서비스차지 17% 별도)

방콕에서 서양 음식을 먹고 싶다면

여심을 홀리는 빈티지 레스토랑이다. 메뉴도 실내 장식도 다 멋스럽다. 파스타, 피자, 그라탱, 쇼트립 등 서양식 비스트로 메뉴가 준비되어 있다. 시그니처 음료인 클래식 스파클링 워터Sparkling Apothecary는 여성들에게 인기 만점. 식용 꽃을 넣고 얼린 얼음과 소다수, 컬러풀한 시럽을 나무 트레이에 내온다. 시럽을 먼저 붓고 소다수를 부으면 예쁘게 그라데이션 된 음료가 완성된다. 액자와 꽃으로 장식한 짙은 녹색 벽은 여성들의 포토 스폿이다. 사람들이 주방 뒤편의 방으로 들락날락하는 이유가 다 이 벽 때문이다. 분위기에 치중해서 음식 맛은 별로일 거란 편견은 버리자. 담백하고 깔끔하며 요리에 정성이 느껴진다. 입구 왼쪽에는 액세서리, 소품, 패션 용품 등을 판매하는 라이프스타일 숍이 있다. 지름신이 오실 확률이 아주 높으니 지갑을 잘 사수하자.

브로콜리 레볼루션 Broccoli Revolution

채식 레스토랑 겸 카페

브로콜리 레볼루션은 프롬퐁역과 텅러역 중간 쯤에 위치해 있다. 비건 음식과 유기농 주스를 내세운 채식 레스토랑 겸 카페이다. 태국에서 가장 대중적인 팟타이도 이곳에서 먹으면 건강식이 된다. 유기농 흑미로 면을 만들고 글루텐을 전혀 첨가하지 않는다. 인기 메뉴 중 하나인 스무디 보울은 엄청난 양에 어떻게 다 먹을지 걱정이 앞선다. 하지만 한입 먹고나면 산뜻한 맛에 끌려 마지막 과일 한 조각까지 모두 먹게 된다. 아, 누가 채식은 맛이 없다 했나. 맛은 물론, 더위에 지친 몸이 생기를 얻는다.

프롬퐁역에서 3번 출구로 나와 텅러역 방향으로 약 200m 직진
899 Sukhumvit Road
+66 95 251 9799
10:00~21:00
broccolirevolution.com

오드리 Audrey

여성들이 좋아하는 인생샷 성지

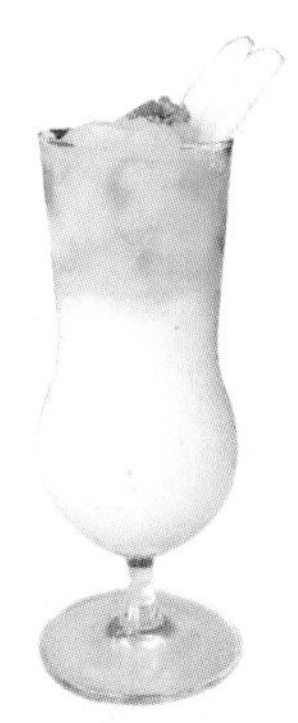

한국 여성들에게 열렬한 지지를 받는 소녀 감성 가득한 카페이다. 더 커먼스에서 도보로 5분 거리 이내에 있어 함께 찾는 이들이 많다. 분수로 멋을 낸 카페 앞뜰부터 여성스러움이 뿜어져 나온다. 실내에는 화이트톤 가구와 샹들리에, 스트라이프 벽지로 아기자기하게 꾸몄다. 인스타 성지답게 사진 예쁘게 나오기로 유명한 곳이다. 대신 음료 가격이 조금 비싼 편이다.

BTS 쑤쿰윗 라인 텅러역Thong Lo에서 소이 쑤쿰윗 55길Soi Sukhumvit 55로 진입해서 1km 직진, 좌회전해서 Soi Thong Lo 11로 진입. 126 soi Thong Lo 11 +66 2 712 6667
매일 11:00~22:00 ฿ 음료 95B~145B + tax 10%

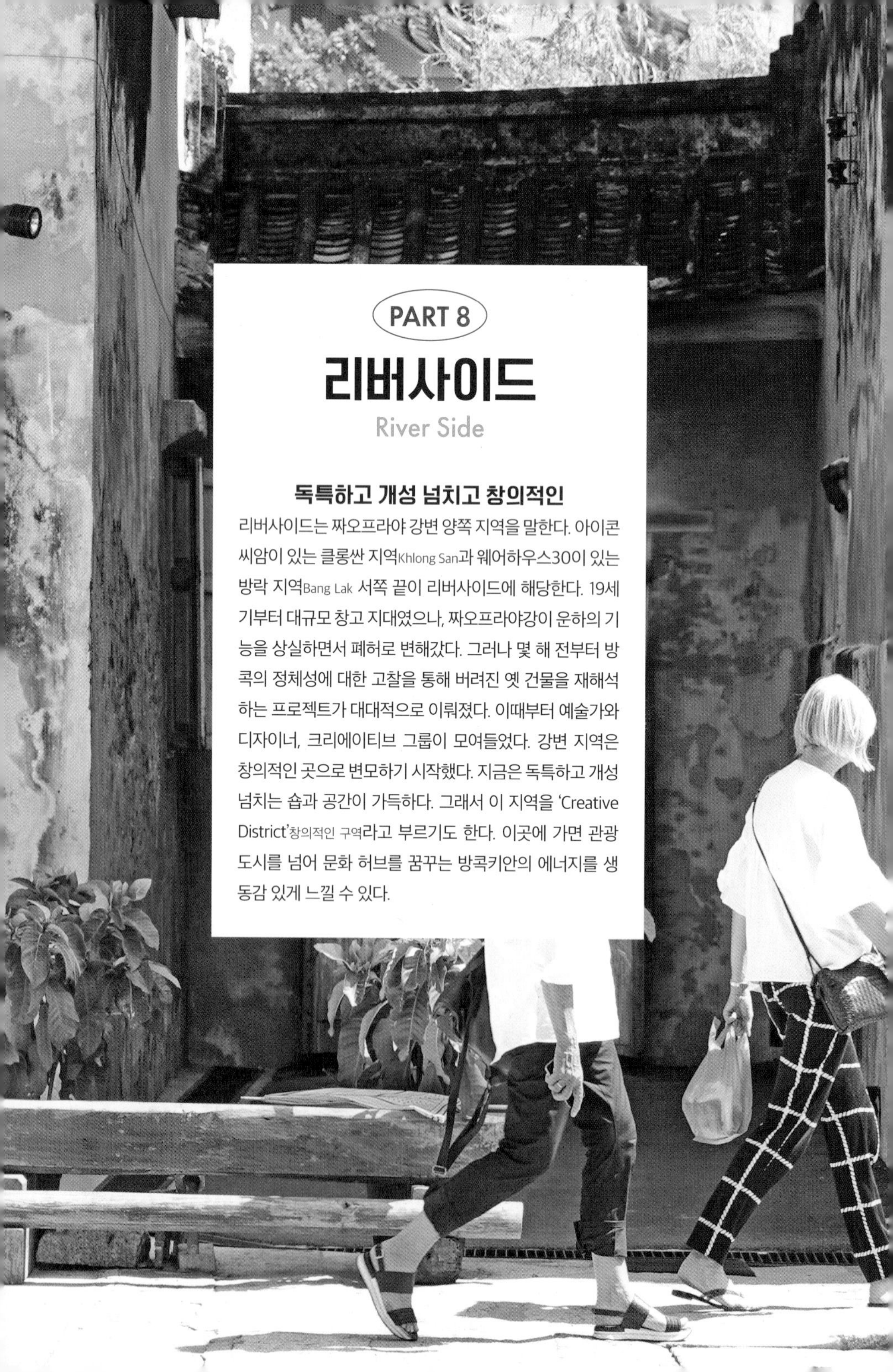

PART 8

리버사이드

River Side

독특하고 개성 넘치고 창의적인

리버사이드는 짜오프라야 강변 양쪽 지역을 말한다. 아이콘 씨암이 있는 클롱싼 지역Khlong San과 웨어하우스30이 있는 방락 지역Bang Lak 서쪽 끝이 리버사이드에 해당한다. 19세기부터 대규모 창고 지대였으나, 짜오프라야강이 운하의 기능을 상실하면서 폐허로 변해갔다. 그러나 몇 해 전부터 방콕의 정체성에 대한 고찰을 통해 버려진 옛 건물을 재해석하는 프로젝트가 대대적으로 이뤄졌다. 이때부터 예술가와 디자이너, 크리에이티브 그룹이 모여들었다. 강변 지역은 창의적인 곳으로 변모하기 시작했다. 지금은 독특하고 개성 넘치는 숍과 공간이 가득하다. 그래서 이 지역을 'Creative District'창의적인 구역라고 부르기도 한다. 이곳에 가면 관광도시를 넘어 문화 허브를 꿈꾸는 방콕키안의 에너지를 생동감 있게 느낄 수 있다.

เพลินวาน พาณิชย์

리버사이드 여행 지도

하루 여행 추천코스

딸랏 너이 골목 ⇨ 도보 2분 ⇨ **씨암 상업 은행** ⇨ 도보 2분 ⇨ **성 로자리 교회** ⇨ 도보 5분 ⇨ **웨어하우스** ⇨ 도보 3분 + 페리 5분 ⇨ **아이콘 시암** ⇨ 도보 5분 ⇨ **더 잼 팩토리** ⇨ 택시 10분 ⇨ **포르투갈 마을**

리버사이드로 가는 방법

❶ 수상 보트 각 명소마다 이용하는 선착장이 다르지만, 시 프라야 선착장Si Phraya Pier, 쇼핑몰 리버시티 근처과 사톤 선착장Sathorn Pier, 사판탁신 역 2번 출구에서 연결이 중심이다. 아이콘 시암과 롱 1919에서 운행하는 무료 셔틀 보트가 사톤 선착장에 정차한다.

❷ BTS 사톤 선착장Sathorn Pier과 연결되는 사판탁신역BTS 실롬 라인, Saphan Taksin을 많이 이용한다. 목적지가 강 건너편인 경우에는 크룽톤부리 역BTS 실롬 라인, Krung Thonburi에서 내려 택시나 도보로 이동하면 된다.

❸ MRT 왓 포를 비롯한 올드타운 근처에서 이동할 때는 MRT를 타고 강을 건넌 뒤에 택시로 이동하면 비용과 시간을 절약할 수 있다.

Ratchawang Rd
Yaowarat Rd
Charoen Krung Rd
Maitri Chit Rd
랏차웡 선착장
후알람퐁
Hua Lamphong
Rama IV Rd
Charoen Krung Rd
Sirat Expy (Tall road)
짜오프라야강
Maha Phruettharam Rd
소행타이 맨션
롱 1919
Lhong 1919
출발
딸랏 너이 골목
Talat noi
Soi Wanit 2
씨암 상업 은행
Siam Commercial Bank
Chiang Mai Rd
네버엔딩섬머
The Never Ending Summer
Candide 캉디드
성 로자리 교회
Holy Rosary Church
Si Phraya Rd
멀티레이블 스토어
Multi-label Store
리버시티
씨프라야 익스프레스 선착장
Si Phraya Rd
Soi Wanit 2
La Yat Rd
더 잼 팩토리
The Jam Factory
로열 오키드 쉐라톤 호텔
밀레니엄 힐튼 호텔
웨어하우스 30
Warehouse 30
씨프라야 선착장
Cafe & Dining
아이콘 시암 선착장
론리 투 레그드 크리에이처 Lonely Two-Legged Creatur
캣 타워 선착장
Market
아이콘 시암
Icon Siam
Charoen Krung Rd
Sirat Expy (Tall road)
만다린 오리엔탈 호텔
Charoen Nakhon Rd
Silom Rd
짜런쌩 실롬
Charoensang Silom
시로코 & 스카이 바
Sirocco & Sky Bar
반 팟타이
Baan Padthai
족 프린스
Jok Prince
크룽 톤부리
Krung Thonburi
Krung Thon Buri Road
Charoen Krung Rd
사톤 선착장
(따 사톤)
N Sathon Rd
S Sathon Rd
사판탁신역
Saphan Taksin
꾸어이짭 미스터 조
Kway Chap Mr. Joe

더 잼 팩토리 The Jam Factory

리버시티 근처 시 프라야 선착장Si Phraya에서 클롱 산 선착장Khlong San Pier으로 가는 페리르아 캄팍, cross river ferry 탑승. 클롱 산 선착장에서 하선하여 'The Jam Factory'라 새겨진 표지판 따라 도보 2분
41/1-5 The Jam Factory, Charoennakorn Rd +66 2 861 0950
매일 09:00~20:00 thejamfactory.life

방콕키안의 핫 플레이스

잼 팩토리는 낡은 공장과 창고를 개조해 만든 복합 문화 공간이다. 클롱 산Khlong San 지역의 밀레니엄 힐튼호텔 근처에 있어 강을 건너야 함에도 문화를 사랑하는 젊은 방콕키안들의 핫 플레이스로 자리 잡았다. 모두 5개의 독립된 건물에 각기 개성이 다른 멀티숍, 독립서점, 레스토랑, 카페, 갤러리가 어우러져 있다. 더 잼 팩토리의 대표이자 건축 프로젝트를 진행한 둥릿 분낙Duangrit Bunnag의 건축사무소도 이곳에 있다. 매월 마지막 주 주말에는 플리 마켓 'The Knack Market'과 다양한 공연이 열린다.

The Never Ending Summer

ONE MORE
The Jam Factory

더 잼 팩토리의 맛집과 숍

네버엔딩섬머
The Never Ending Summer

전통과 현대의 조화를 담은 요리

방콕에서 가장 핫한 타이 레스토랑이다. 프랑스 레스토랑에서 수년간 근무한 총괄 셰프가 이끌고 있으며 신선한 태국산 식재료를 고집한다. 전통적인 메뉴에 현대적 감각이 더해진 요리는 눈과 입을 모두 즐겁게 한다. 방대한 메뉴에 무엇을 먹어야 할지 고민된다면 머드 크랩이 들어간 옐로 커리나 프낭 커리Penang Curry 같은 커리 종류가 실패할 확률이 적다. 태국 전통 샐러드 미앙캄Miang Kham도 추천한다. 찻잎에 생강, 땅콩, 라임, 샬롯 등을 싸서 먹으면 입맛이 살아난다.

네버엔딩섬머의 또 다른 인기 비결은 인테리어이다. 레스토랑이 있기 전 이곳은 얼음 공장이었다. 구조물이 다 드러난 높은 천장과 거친 흔적이 남아있는 벽을 그린 인테리어로 꾸며 공간을 멋스럽게 연출했다. 전면이 유리로 된 오픈 주방은 또 다른 볼거리를 제공한다.

매일 12:00~22:00 ฿ 메인 디시 200~400B

캉디드
Candide

문학을 사랑하는 독립서점 겸 카페

볼테르의 풍자 소설 제목과 같은 이름의 독립서점 겸 카페이다. 태국 문학과 소설이 주를 이루고, 해외 유명 작가들의 소설, 동화책 등도 있다. 특히 태국 젊은 작가들의 소설과 자비로 출판된 책을 적극 지원, 홍보하여 문학을 사랑하는 이들에게 열렬한 지지를 받고 있다. 태국의 그래픽 디자인은 생각 이상으로 수준급이다. 비록 태국어를 몰라 읽을 수는 없지만, 표지 감상만으로도 구경하는 재미가 있다.

3 멀티레이블 스토어
Multi-label Store

다양한 소품 가득한 멀티숍

의류 브랜드 Lonely Two-Legged Creature와 미니멀 가구 브랜드 Any Room, 그 밖의 생활 소품을 모아 놓은 멀티숍이다. 업사이클 가방, 핸드메이드 가죽 제품, 그릇 등 구매욕을 자극하는 제품들로 가득하다.

아이콘 시암 Icon Siam

BTS 실롬 라인 사판탁신역Saphan Taksin 2번 출구에서 사톤 선착장Sathorn Pier으로 이동하여 아이콘 시암으로 가는 무료 셔틀 보트 탑승. 사판탁신역 곳곳에 안내 표지판이 있어 쉽게 찾을 수 있다.
299 Charoen Nakhon Rd +66 2 495 7080 매일 10:00~22:00

방콕 쇼핑몰의 하이엔드

짜오프라야 강변 클롱 산Khlong San 지역을 대표하는 멀티 쇼핑센터이다. 더 잼 팩토리에서 남쪽으로 도보 7분 거리에 있다. 6층으로 된 쇼핑몰에는 500개의 숍과 100개 이상의 레스토랑이 입점해 있다. 명품관, 대형 애플스토어, 아트 갤러리까지 동남아시아 최대 규모와 화려한 시설을 자랑한다.
아이콘 시암의 하이라이트는 쑥시암SOOK SIAM이다. 태국의 전통 시장 중 하나인 플로팅 마켓Floating Market을 실내의 거대한 테마파크로 옮겨왔다. 전통 양식으로 지은 목가옥과 상점들이 마을을 이루고, 인공으로 만든 수로에는 롱테일 보트가 떠 있다. 보트에서는 망고 스티키 라이스, 보트 누들, 코코넛 빵 등 플로팅 마켓과 동일한 먹거리를 판매한다. 에어컨이 있는 쾌적한 환경과 시내에 위치한 덕에 1시간 거리의 암파와 마켓보다 쑥씨암을 찾는 이들이 많다.
사톤 선착장Sathorn Pier과 시 프라야 선착장Si Phraya Pier 등에서 10~15분 간격으로 무료 셔틀 보트를 운행한다. 아이콘 시암과 연결되는 선착장에 자세한 셔틀 노선과 시간표를 안내하고 있어 탑승 전에 확인하면 된다.

ONE MORE
Icon Siam

아이콘 시암의 하이라이트 **쑥 시암 먹거리 제대로 즐기기**

1

현지인처럼 열대과일 먹기

그린 망고는 망고가 익기 전 상태로 신맛이 강하다. 여기에 소금의 짠맛과 고춧가루의 매콤한 맛이 더해지면 신기하게도 단맛이 돌고 신맛은 더 강렬해진다. 포멜로도 이 소스에 찍어 먹으면 맛있다.

2

태국식 부추전과 만두

카놈 꾸이 차이톳Kanom Gui Chai Tod은 한국 부추전과 맛이 비슷하다. 팬케이크처럼 두툼하고 겉은 바삭하게 튀기듯이 요리한다. 만두도 쑥시암에서 인기있는 주전부리 중 하나다. 고기, 새우, 부추 만두 등이 있다.

3

까오톰 Khao Tom

나뭇잎에 꽁꽁 싸여 속을 알 수 없으니 더 궁금해진다. 까오톰은 찹쌀을 코코넛 밀크에 불린 뒤, 바나나 잎으로 싸서 쪄낸 음식이다. 태국인은 까오톰을 디저트로 생각한다.

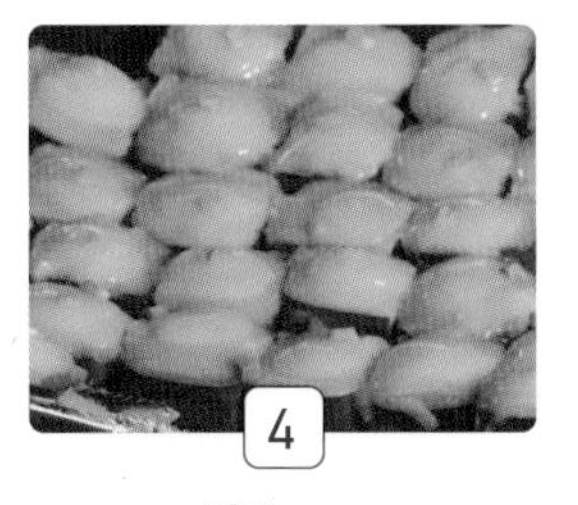

4

타고 Ta go

타고는 코코넛 푸딩이다. 판단 잎으로 만든 앙증맞은 그릇에 담겨 있다. 식감은 절편과 푸딩 사이쯤 된다. 코코넛 덕후라면 좋아할 수 밖에 없는 맛이다.

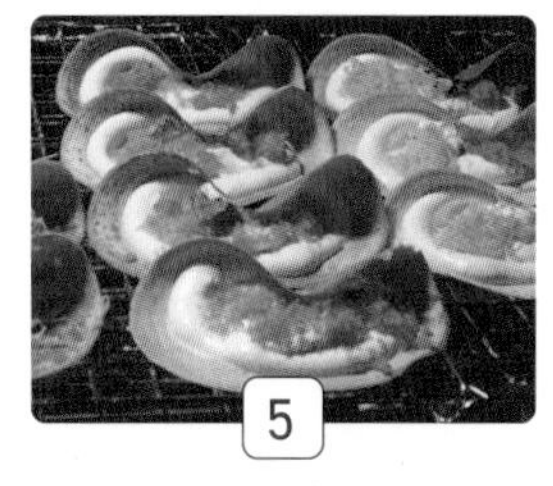

5

카놈 브앙 Khanom bueang

카놈 브앙은 태국식 크레페이다. 프랑스와 차이점은 반죽을 쌀가루로 만든다. 어릴적 시장에 있는 베이커리에서 사먹던 크림빵 맛이다.

롱 1919 Lhong 1919

BTS 실롬 라인 사판탁신역Saphan Taksin 2번 출구로 나와 사톤 선착장Sathorn Pier에서 롱 1919로 가는 프리셔틀보트 탑승. 30분 간격으로 운행 Lhong 1919, 248 Chiang Mai Rd
+66 91 187 1919 10:00~18:00 www.lhong1919.com

운치 있는 옛 건물, 인생 샷 명소

롱 1919는 19세기 중반 화교들의 무역선이 정박했던 선착장이다. 'ㄷ'자 모양 건물의 좌우 양쪽은 창고로 사용했던 곳이고, 강과 마주 보는 건물 중앙은 사당이었다. 사당은 항해의 여신 마조에게 제를 지내는 곳이다. 무역에 종사하며 배를 타야 하는 화교들에게 마조는 열렬히 숭배할 수밖에 없는 존재였다. 현재는 선착장의 기능을 하지 않아 항해의 안녕을 기원하는 이는 없지만, 공간의 정체성을 지켜가는 상징성은 여전히 갖고 있다.

롱 1919는 옛 건물이 주는 묘한 분위기 덕에 인생 샷 명소로도 유명하다. 카르마카멧을 비롯한 13개의 숍과 카페, 4개의 레스토랑이 입점해 있다. 복잡하고 시끄러운 도심을 벗어나 탁 트인 강변에서 휴식을 취하려고 현지인이 많이 찾는다. 더 잼 팩토리에서 북쪽으로 걸어서 12분 걸린다.

ONE MORE
Lhong 1919

롱 1919 제대로 즐기기

1 마조 사당 Majo Shrine

마조는 항해의 여신으로 바다와 관련된 일을 하는 사람들 사이에서 절대적 신앙의 대상이다. 화교들이 상인으로 각 국에 진출하면서 마조 신앙도 함께 전파되었다. 롱 1919는 화교들의 선착장 혹은 여인숙 같은 곳이었으니 마조 사당이 있는 것이 당연하다. 지금은 주변에 사는 현지인들이 와서 기도 드리는 곳으로 사용되고 있다.

2 벽화 Mural

19세기 창고로 사용했던 건물 2층에 100년이 넘은 벽화가 있다. 건물이 지어지던 당시에 만들어진 것이다. 오랜 세월 먼지에 덮여 있던 것을 보존 처리했다. 화교들이 사용했던 곳답게 중국인과 중국 풍경이 담겨있다. 건물 2층에서 더위도 식힐 겸 옛 그림을 감상해보는 것은 어떨까.

포르투갈 마을 Portugal Legacy

🚶 팍클렁 꽃시장구글좌표 Pak Khlong Talat 근처 앗사당 선착장Atsadang Pier에서
왓 칼라야나밋 선착장Wat Kalayanamit으로 가는 페리 탑승르아 캄팍 Cross river boat, 하선 후 도보 10분
📍 112 Soi Kudeejeen

방콕의 작은 포르투갈

톤부리 지역 짜오프라야 강변에 포르투갈 마을이 있다. 포르투갈 마을이 생기게 된 배경은 한 마디로 '의리' 때문이다. 방콕에 처음으로 정착한 서양인은 포르투갈 상인이었다. 버마와 벌인 전쟁에서 아유타야가 불리해지자, 상인들은 자발적으로 군대에 입대하여 아유타야와 함께 싸웠다. 비록 아유타야는 멸망했지만 새 왕조를 세운 탁신 왕은 고마움에 보답하고자 이들이 정착할 수 있는 땅을 내어주었다. 덕분에 포르투갈 상인들은 불교 국가에 가톨릭 성당을 세우고 자신들의 문화를 고수하며 정착할 수 있었다.

ONE MORE
Portgal Legacy

포르투갈 마을의 명소와 카페

1 산타크루즈 성당 Santa Cruz Church

포르투갈 마을의 가톨릭 성당

포르투갈 마을에 있는 승리의 십자가Santa Cruz라는 이름의 가톨릭 성당이다. 작고 아담한 크림색 외관에 마음이 편안해진다. 푸르른 하늘이 더해져 있어 동화 속 시골 마을의 성당 같다. 1769년 설립 당시에는 나무로 된 성당이었으나 라마 4세 때 현재와 같은 모습으로 다시 지었다. 성당 앞에는 예수 상과 성모마리아 상이, 후면에는 요셉 상이 있는데, 이를 대하는 태국인들의 방식이 재미있다. 불교 방식 그대로 기도를 하고 향을 피우며 붉은색 탄산음료를 올린다. 기도 형식이 뭐 중요하겠는가, 마음을 꺼내어보는 게 더 중요하지 않을까?

팍클렁 꽃시장구글좌표 Pak Khlong Talat 근처 앗사당 선착장Atsadang Pier에서 왓 칼라야나밋 선착장Wat Kalayanamit으로 가는 페리 탑승르아 캄팍 Cross river boat. 하선 후 도보 10분 112 Soi Kudeejeen +66 2 472 0154

2 타누싱하 베이커리 Thanusingh Bakery

왕실의 빵을 만드는 200년 된 베이커리

포르투갈 마을 안에 있는 200년 된 베이커리이다. 왕실에서도 즐겨 먹는 빵 카놈 파랑 쿠디친Kanom Fahrang Kudichin을 만든다. 빵 종류를 칭하는 카놈, 외국인을 뜻하는 파랑 그리고 길 이름 쿠디진Kudeejeen. 즉, 쿠디진에 사는 외국인의 빵이란 뜻이다. 지금도 포르투갈 여행자들은 이 빵이 포르투갈 전통 빵임을 단박에 알아본다고 한다. 머핀과 비슷하게 생겼고 고소하며 담백하다. 커피보다는 차와 더 잘 어울린다. 테이블 4개가 전부인 작은 공간이지만 여유롭게 쉬었다 가기에 충분하다. 빵과 시원한 음료로 허기를 달래고 포르투갈 커뮤니티 곳곳을 탐험해 보자.

산타크루즈 성당 오른쪽 골목으로 들어가서 직진. 첫 번째 갈림길에서 우회전 280 Soi Wat Kanlaya
+66 2 465 5882 매일 10:00~17:00

웨어하우스 30 Warehouse 30

쇼핑몰 리버시티구글좌표 River City Bangkok에서 남쪽 시 프라야 선착장Si Phraya Pier 방향으로 약 350m 직진. 우측에 위치
48 Charoen Krung 30 +66 2 237 5087 09:00~18:00 www.warehouse30.com

창고 건물에 들어선 복합문화공간

2차대전 시절 사용하다 버려진 창고 건물에 들어선 복합문화공간으로 잼팩토리를 건축한 팀의 두 번째 프로젝트이다. 잼팩토리와 마찬가지로 어떻게 하면 버려진 옛 건물을 소생시킬 것인가 하는 고민이 담겨 있다. 길게 일렬로 늘어선 창고 건물은 모두 8개의 공간으로 구분된다. 공간 1~2는 전시장과 코워킹 스페이스이고, 공간 3~8은 숍과 레스토랑이다. 잼팩토리가 편안한 공간이라면 웨어하우스 30은 모던하고 디자인이 중심인 공간이다.

ONE MORE
Warehouse 30

웨어하우스 30의 대표 공간 셋!

1 Space 4

론리 투 레그드 크리에이처

Lonely Two-Legged Creature

칫롬에 있는 고급 쇼핑몰 게이손Gaysorn Village에도 입점한 인기 의류 브랜드이다. 웨어 하우스의 Space 4에 쇼룸이 있다. 모던하면서도 중성적인 디자인이 주를 이룬다. 액세서리와 의류 잡화는 타 브랜드 제품도 있다. 디자이너들의 공간이 오픈되어 있어 옷을 만들고 미팅하는 모습을 자연스럽게 볼 수 있다.

2 Space 5

Cafe & Dining

여러 카페와 레스토랑이 모여 있다. 어느 가게 메뉴든 주문할 수 있어서 좋다. 간단히 먹으면서 동시에 일할 수 있는 메뉴가 대부분이다. 가격이 비싸지 않고 맛도 평균 이상이다. 워낙 디자인적 요소가 강한 공간이다 보니 디자인 업계 사람들이 일하거나 스터디 하는 모습을 쉽게 볼 수 있다.

3 showroom 6~8

Market

개성 있는 크고 작은 브랜드의 제품을 모아 놓은 멀티 레이블 숍Multu label shop이다. 오가닉 제품, 태국 북부 소수 민족의 수공예품, 생활 소품, 빈티지 의류 등 없는 것이 없다. 전반적으로 제품의 퀄리티가 높고 디자인에 신경 쓴 상품이 많다. 가격은 천차만별이다.

딸랏 너이 골목 Talat noi

선착장 Marine Department 또는 Si Pha Ya에서 내려 Soi Wanit2로 진입
943 Soi Wanit 2

낡고 오래된 동네가 힙하게 재탄생했다

한국에 힙지로가 있다면 방콕에는 크리에이티브 디스트릭트Creative District가 있다. 리버사이드라 불리는 방락과 클롱산, 차이나타운 남쪽 일부가 이곳에 해당한다. 이 지역은 19세기부터 대규모 창고 지대와 주요 관광소 등이 있던 무역 중심지였으나 짜오프라야 강이 운하의 기능을 상실하면서 쇠퇴했다. 10여 년 전부터 해외 거대 자본이 들어오면서 짜오프라야 강 주변은 현대적인 모습으로 변했지만 그 뒷쪽으로 거미줄처럼 이어진 골목과 상권은 점점 더 낙후되어 갔다. 2015년 무렵, 방콕의 정체성에 대한 고찰을 통해 낙후된 지역을 재해석하는 도시 재생 프로젝트가 대대적으로 이뤄졌다. 딸랏 너이 골목도 이 프로젝트의 일환으로 주목받았다.

딸랏 너이 골목은 사판탁신역에서 차이나타운까지 이어지는 짜른끄룽 거리Charoen Krung Rd와 짜오프라야 강 사이에 있는 좁은 골목을 말한다. 1km 정도 이어지는 낡은 거리는 뉴트로한 매력으로 다시 태어났다. 기름때 가득한 자동차 정비소 건물에는 화려한 벽화가 들어섰고, 시암 상업 은행과 성 로자리 성당, 폐허가 된 옛 세관 건물 등은 방콕 MZ 세대의 릴스 명소로 사랑받고 있다. 여기에 멋스러운 카페와 레스토랑까지 더해져 딸랏 너이는 현재 방콕에서 가장 핫한 명소로 자리 잡았다.

ONE MORE
Attraction of Talat noi

딸랏 너이 골목의 명소들

1 성 로자리 교회 Holy Rosary Church

스테인드글라스가 아름다운 성당

성 로자리 교회는 시프라야 선착장이 있는 리버시티 방콕의 북쪽에 있다. 1787년에 고딕 양식으로 지어진 로마 가톨릭 교회이다. 칼라와 성당이라고도 부른다. 1767년 아유타야가 함락되자 아유타야의 포르투갈 커뮤니티는 오늘날 방콕의 두 지역에 정착했다. 짜오프라야 강을 중심으로 서쪽의 쿠디친 지역과 동쪽의 딸랏 너이였다. 서쪽 커뮤니티는 프랑스 신부가 있는 산타 크루즈 교회를 중심으로 형성됐고, 동쪽 커뮤니티에는 성 로자리 교회를 세웠다. 불교 사원이 즐비한 짜오프라야 강변에서 두 성당이 마주 보고 있는 묘한 풍경은 이렇게 생겨났다. 흰색과 상아색으로 칠해진 내부는 고딕 성당의 웅장함은 찾아보기 힘들고 이민자들의 교회답게 소박하고 단아하다. 성 로자리 교회는 내부의 스테인드글라스로 유명하다. 소박한 교회에서 유일하게 화려한 부분이자 태국 내에서 가장 아름다운 스테인드글라스로 손꼽힌다. 37 Soi Charoen Krung 24, Talat Noi

©Jeffrey Beall

2 시암 상업 은행 Siam Commercial Bank

100년 된 태국 최초의 상업 은행

성 로자리 교회에서 북쪽으로 100m 떨어진 곳에 있다. 정문에서 보면 평범한 상업 건물처럼 보이지만 정문을 지나 정원으로 들어서면 고풍스러운 자태를 드러낸다. 1906년 이탈리아 건축가 안니발레 리고티가 설계했다.

시암 상업 은행은 1906년 라마 5세 때 설립된 태국 최초의 상업 은행이다. 은행 설립에는 마히사라 라차루타이 왕자의 공이 컸다. 그 당시 태국에는 HSBC를 비롯한 외국 은행만 존재했다. 대외 무역과 외교 관계가 확장되면서 지폐가 통용되었지만 자국 은행이 없어 외국 은행을 통해 지폐가 발행되는 상황이었다. 그는 지속적인 경제 발전을 위해서 외국 은행에 대한 의존도를 낮춰야 한다고 생각하여 1904년 '북 클럽'이라는 지역 은행을 설립했다. 태국 최초의 은행이었고, 지역 은행 시스템 구축의 기반이 되었다. 2년 뒤, 왕실로부터 상업 은행으로서 존재를 인정받았다. 1939년 시암 상업 은행으로 이름이 바뀌면서 현재는 태국 전역에 750개의 지점을 가진 큰 은행으로 성장했다.
딸랏 너이 지점은 현재도 영업 중이기 때문에 누구나 쉽게 방문할 수 있다. 은행 내부는 당시의 인테리어를 복원하여 사용하고 있으며 당시의 창구, 계산기와 타자기 등이 전시되어 있다. 1280 Soi Charoen Krung 24

3 벽화 골목 Street Art

옛 골목의 화려한 변신

딸랏 너이가 골목 곳곳에 그려진 벽화는 낡고 기름때 낀 건물 벽을 감추기 위해 그린 것이 아니다. 공공미술을 통한 도시재생 프로젝트로 오랜 시간 기획하고 준비했다. 주태국 포르투갈대사관 주변에는 포르투갈의 거리 예술가 빌스가 직접 방문해 작업했고, 태국 내 팝 아티스트들은 중국 이주민 커뮤니티의 모습을 담았다. 진정성이 담긴 벽화들은 이 지역에 생기를 불어 넣었고, 볼거리 가득해진 골목은 현지인과 여행객 모두에게 사랑받는 명소로 자리 잡았다.

4 소행타이 맨션 So Heng Tai Mansion

230년 된 화교의 저택

아유타야 왕조 시대에 방콕에 정착한 비단 상인의 저택으로 19세기 무렵 지어진 것으로 추정된다. 화려한 중국식 현관을 지나 안뜰로 들어서면 과거 여행이 시작된다. 전통적인 중국식 태국 가옥 네 개가 중앙 뜰을 둘러싼 모습이다. 붉은색 티크 나무 벽에는 오래된 초상화들이 걸려 있고 출입구 주변에는 독특한 장식이 그대로 남아 있다. 뜰 중앙에 있는 수영장은 2004년에 만든 것으로 다이빙 수업에 사용된다.

5 빈티지 터틀 자동차 Antique Turtle Car

방콕 MZ 세대의 릴스 명소

빈티지 터틀 자동차는 소행타이 맨션 근처에 있다. 딸랏 너이 골목의 터줏대감 격으로 이 일대가 유명해지기 전부터 이곳에 있었다. 누가 언제 이곳에 두었는지 알 수 없지만 주변 골목에 정비소와 중고 오토바이 숍이 많은 것을 감안하면 나름 지역의 정체성을 담고 있다. 현재는 방콕 MZ 세대의 릴스 명소로 사랑받고 있다.

시로코 & 스카이 바 Sirocco & Sky Bar

BTS 실롬 라인 사판탁신역Saphan Taksin 3번 출구로 나와 짜론 크룽 거리Charoen Krung Rd 따라 약 400m 직진
Lebua at State Tower, 1055 Si Lom +66 2 624 9555 매일 17:00~24:00 ฿ 칵테일 950~1100B www.lebua.com
드레스 코드 스카이 바의 드레스 코드는 스마트 캐주얼이다. 남성의 경우 민소매와 반바지 차림은 피해야 한다. 성별과 나이에 상관없이 운동복을 포함한 스포츠 브랜드 옷, 슬리퍼, 샌들, 플립플롭 등을 착용하면 출입할 수 없다.

©Wikimedia Commons-Nik Cyclist

©ninara

©Flickr_Matthias Mueller

하늘에서 즐기는 칵테일

방콕 시내 어디서든 시선을 끄는 건물이 있다. 황금색 돔을 이고 있는 르부아 앳 스테이트 타워이다. 호텔 건물인데, 황금색 돔으로 이루어진 63층엔 방콕 최고 레스토랑이자 루프톱 바 시로코 & 스카이 바가 있다. 전용 엘리베이터를 타고 올라가면 직원이 식사할 건지 술을 마실 건지 묻는다. 바와 레스토랑이 구분되어 있다. 가운데는 레스토랑이고 가장자리가 바이다. 레스토랑 식사비는 1인당 30~40만 원이나 한다.

한국 여행객은 주로 바에서 칵테일을 마시며 전망과 운치를 즐긴다. 이곳은 미국 코미디 영화 <행오버 2>의 촬영 장소였다. 바에서 영화 이름을 딴 칵테일 '행오버티니'Hangovertini를 만들었다. 그린 티 리큐어, 스카치위스키, 마티니, 애플 주스 등을 넣은 초록색 칵테일인데, 워낙 인기가 좋아 시그니처 메뉴가 되었다. 덕분에 행오버 바라는 애칭을 얻었다. 지상 250m 높이에서 바라보는 방콕 도심은 감탄이 절로 나온다. 특히 노을 질 무렵 짜오프라야강의 석양이 너무도 아름답다. 유일한 단점이라면 사람이 너무 많다는 것이다.

바이크투어 Bike Tour

팔로우미 바이크 투어 www.followmebiketour.com
방콕 바이크 어드벤처 www.bangkokbikeadventure.com
고 방콕 투어 https://gobangkoktours.com

방콕! 색다르게 즐기기

바이크 투어는 방콕을 색다르게 즐기는 방법이다. 택시나 뚝뚝을 타고 무심히 지나쳤던 도심 곳곳을 천천히 그리고 깊이 만날 수 있다. 골목골목을 누비며 현지인의 일상도 보고, 전 세계에서 온 여행자들과 만나 로컬 식당에서 서로 체험한 방콕의 이야기를 나누며 식사도 한다. 투어 코스에는 주요 명소가 포함되어 있어 관광의 재미도 꼼꼼하게 챙길 수 있다.

바이크 투어는 여행사마다 코스와 소요시간, 가격 등이 다양하니 본인의 상황에 맞춰 꼼꼼히 비교해보는 게 중요하다. 가장 인기 있는 코스는 주요 사원의 야경을 감상할 수 있는 방콕 나이트 코스와 서쪽 강변 왓 아룬을 중심으로 하는 톤부리 코스이다. 가족 단위 여행자나 소규모 그룹 여행자에게 적당한 프라이빗 투어 코스도 있다.

짜런쌩 실롬 Charoensang Silom

미슐랭도 인정한 태국식 족발 덮밥

미슐랭이 인정하고 백종원도 극찬한 태국식 족발 덮밥집이다. 카우카무Khao Kha Moo는 족발 덮밥으로 알려져 있는데 사실 스튜에 좀 더 가깝다. 족발과 양념을 넣고 오랜 시간 푹 끓여 기름기가 적고 맛이 부드럽다. 태국에서는 의외로 카우카무를 아침 식사로 먹는 경우가 많은데, 이 부드러움을 맛본 사람만이 그 이유를 이해할 수 있다. 좀 더 태국식으로 즐기고 싶다면 테이블에 있는 이 집의 비법 소스를 활용하자. 매콤 새콤한 양념이 더해져 감칠맛이 쭉 올라오고 맛도 훨씬 풍부해진다. 족발 대신 내장과 부속 고기로 요리한 메뉴도 있다. 내장을 좋아한다면 도전해보자.

BTS 실롬 라인 사판탁신역Saphan Taksin 3번 출구로 나와 짜론 크룽 거리Charoen Krung Rd 따라 약 400m 직진

492/6 Soi Charoen Krung 49 매일 07:00~ 13:00 ฿ 라지 300B 스몰 150B

족 프린스 Jok Prince

영양 만점 돼지고기 완자 죽

미슐랭이 뽑은 방콕 최고 죽집이다. 태국어로 '족'은 죽이다. 우리에게 삼계죽이 있다면 태국에는 돼지고기 완자 죽이 있다. 여기에 반숙 달걀을 추가하면 영양 만점 한 끼 식사가 된다. 달걀은 일반 달걀Poached egg과 삭힌 달걀Century egg 중에서 선택할 수 있다. 토핑으로 잘게 썬 생강과 양파를 얹어준다. 한국에도 있는 흔한 음식이라고 무시하지 말자. 얼마나 맛에 자신이 있으면 이름에 프린스를 넣었겠는가?

BTS 실롬 라인 사판탁신역Saphan Taksin 3번 출구로 나와 짜론크룽 거리Charoen Krung Rd 따라 약 250m 직진

1391 Charoen Krung Road +66 89 795 2629

매일 06:00~23:00, 브레이크타임 13:00~15:00

฿ 죽 60B, 죽+달걀 70B

반 팟타이 Baan Padthai

BTS 실롬 라인 사판탁신역Saphan Taksin 3번 출구로 나와 짜론크룽 거리Charoen Krung Rd 따라 약 200m 직진 후 우회전
21-23 Soi Charoen Krung 44 +66 2 060 5553 11:00~21:00, 화요일 휴무
฿ 팟타이 190~320B, 무양 230B baanphadthai.com

방콕의 최고 팟타이 맛집

방콕에서 팁싸마이와 쌍벽을 이루는 팟타이 맛집이다. 맛은 기본이고 플레이팅, 인테리어 모두 세심하게 신경 쓴다. 반 팟타이는 18~22가지 홈메이드 재료를 혼합한 비법 소스와 신선하고 좋은 재료를 고집한다. 면과 고기 어느 것 하나 소홀함이 없다. 어느 메뉴를 먹어도 과하게 달거나 기름지지 않고 담백하다. 자세히 보면 장아찌 같은 것을 잘게 다져 넣었는데 씹을 때마다 새콤달콤한 맛을 더해준다.
주문 팁이 하나 있다면, 게 비주얼에 속아 성급히 팟타이 뿌Pad thai Phoo를 주문하지 않기 바란다. 태국은 해산물의 육즙이 사라지지 않게 센 불에서 빠르게 조리한다. 그래서 게의 비린 맛이 살짝 남아 있어 호불호가 갈린다. 비주얼 좋은 해산물이 꼭 먹고 싶다면 팟타이 뿌보다는 팟타이 꿍Pad thai Goong을 추천한다. 무양Moo Yang, 양념 돼지 구이도 잊지 말고 맛보자. 무양과 애플민트의 조합이 환상적이다. 서두를 필요 없이 사랑하는 이들과 여유롭게 팟타이를 즐기고 싶다면 반 팟타이 강추!

꾸어이짭 미스터 조 Kway Chap Mr. Joe

BTS 실롬 라인 사판탁신역Saphan Taksin 또는 아시아티크에서 택시로 5분 거리(약 1.4km)
313 7 Chan Rd +66 2 213 3007 매일 08:00~16:30 ฿ 꾸어이짭 85B, 튀긴 돼지고기 1접시 85B

©Streets of Food

©Streets of Food

©Streets of Food

미슐랭 빕구르망에 선정된 꾸어이짭

꾸어이짭 미스터 조는 차이나타운의 나이엑 롤 누들, 꾸웨이짭 우언 포차나와 함께 방콕의 3대 꾸어이짭으로 유명하다. 한 해도 빠짐없이 미슐랭이 선정한 '방콕의 베스트5 꾸어이짭'에 당당히 자리하고 있으며, 그 인기를 인정받아 미슐랭 빕구르망에 선정되었다. 아시아티크 또는 사판탁신에서 약 1.4km 떨어진 곳에 있다. 접근성이 썩 좋지 않음에도 불구하고 현지인과 여행객의 발길이 끊이지 않는다.

꾸어이짭의 매력은 칼칼한 후추 맛이 배어 있는 국물과 돼지고기 튀김, 그리고 끼엠이 면동그랗게 말린 쌀국수 면이다. 방콕 3대 맛집을 논할 때 빠지지 않는 기준이기도 하다. 면은 다른 곳과 크게 다르지 않고, 육수는 꾸웨이짭 우언 포차나 보다 칼칼한 맛이 강하다. 특히 튀긴 돼지고기는 미스터조의 완승이다. 바삭하게 튀겨진 껍데기는 쉽게 눅눅해지지 않고, 껍데기 아래 지방층은 쫄깃해 식감이 좋다. 한국 여행객들은 아시아티크와 함께 방문하는 경우가 많다. 영업시간이 오후 4시반까지이기 때문에 아시아틱 전에 방문하는 일정을 추천한다.

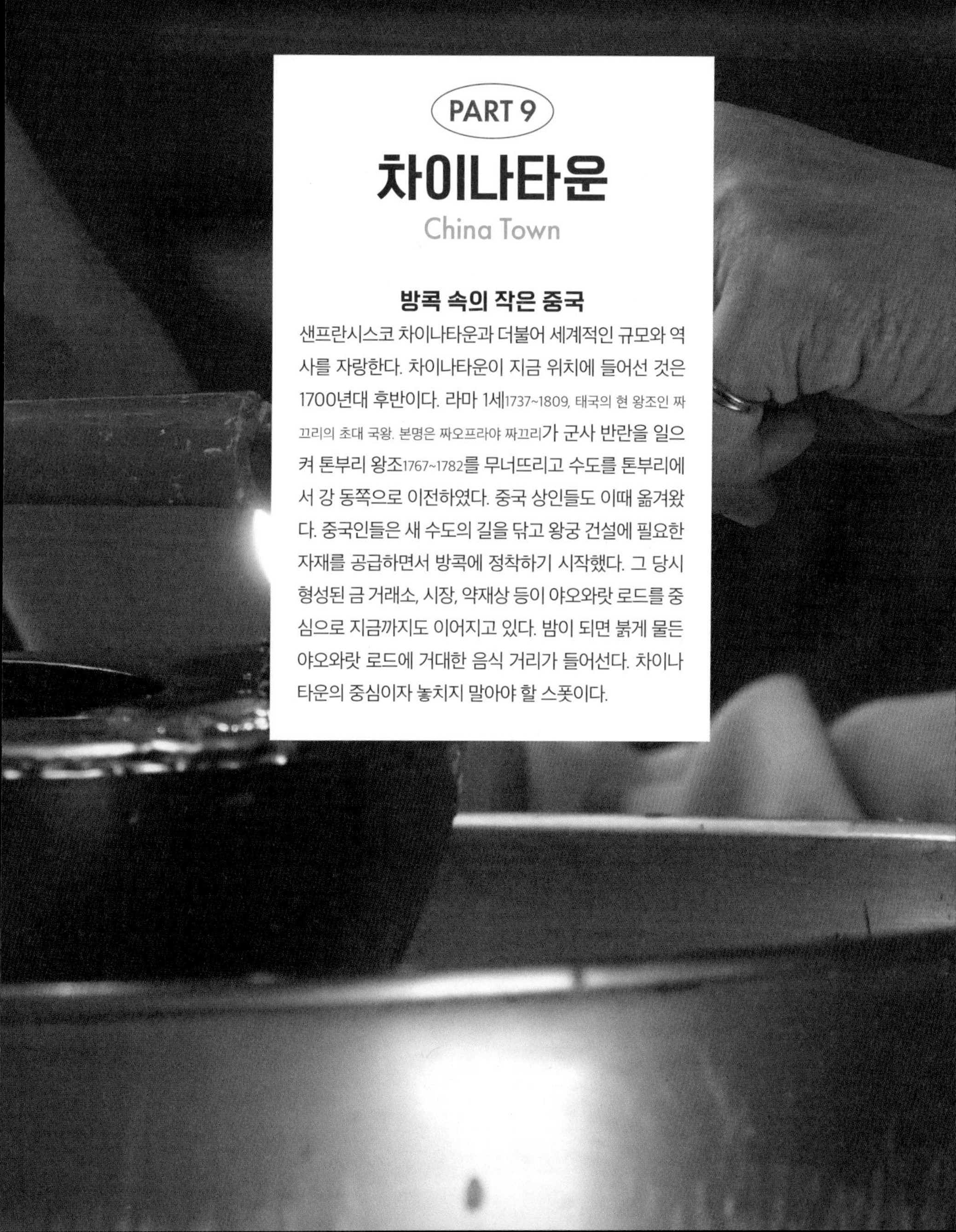

PART 9

차이나타운

China Town

방콕 속의 작은 중국

샌프란시스코 차이나타운과 더불어 세계적인 규모와 역사를 자랑한다. 차이나타운이 지금 위치에 들어선 것은 1700년대 후반이다. 라마 1세1737~1809, 태국의 현 왕조인 짜끄리의 초대 국왕. 본명은 짜오프라야 짜끄리가 군사 반란을 일으켜 톤부리 왕조1767~1782를 무너뜨리고 수도를 톤부리에서 강 동쪽으로 이전하였다. 중국 상인들도 이때 옮겨왔다. 중국인들은 새 수도의 길을 닦고 왕궁 건설에 필요한 자재를 공급하면서 방콕에 정착하기 시작했다. 그 당시 형성된 금 거래소, 시장, 약재상 등이 야오와랏 로드를 중심으로 지금까지도 이어지고 있다. 밤이 되면 붉게 물든 야오와랏 로드에 거대한 음식 거리가 들어선다. 차이나타운의 중심이자 놓치지 말아야 할 스폿이다.

Yommarat Sukhum Rd
젝푸이 커리
Jek Pui Curry
왓 망콘 까말라왓
Wat Mangkon Kamalawat
Maitri Chit Rd
Mangkon Rd
타이행
Thai Heng
왓 망콘
Wat Mangkon
M
Charoen Krung Rd
Plaeng Nam Rd
추짓 부아로이
Chu Jit Bua Loy
야오와랏 로드
Yaowarat Road
바 하오 티안 미
Ba Hao Tian Mi
Maitri Chit Rd
호텔 로열 방콕
꾸웨이짭 우언 포차나
Guay Jab Ouan Pochana
Phadung Dao Rd
Yaowarat Rd
나이엑 롤 누들
Nai Ek Roll Noodle
티 엔 케이 씨푸드
T&K Seafood
Song Sawat Rd
월 플라워스 카페
Wallflowers Cafe
텝 바
TEP BAR_Cultural Bar of Thailand
카놈빵 짜우아러이뎃
Yaowarat Toasted Buns
Yaowa Phanit
빠통고
Pa Tong Go Savoey
소이 나나
Soi Nana in Chinatown
이아쌔
Eiah Sae Coffee Shop
차이나타운 호텔
엘 치링귀토
El Chiringuito
Phat Sai
Charoen Krung Rd
챠타 스페셜티 커피
Chata Specialty Coffee
오딘 크랩 완탄
Odean Crab
Woneton Noodle
Song Sawat Rd
랏차웡 선착장
400m
왓 트라이밋
Wat Traimit
Song Wat Rd
Mittaphap Thai-Chin
도착
출발
차이나타운
게이트(패루)
Tri Mit Rd
Charoen Krung Rd

하루 여행 추천코스

왓 트라이밋 ⇨ 도보 5분 ⇨ 소이 나나 ⇨ 도보 10분 ⇨ 왓 망콘 까말라왓 ⇨ 도보 5분 ⇨ 야오와랏 로드

차이나타운 가는 방법

❶ MRT 왓 트라이밋과 소이나나로 갈 때는 후알람퐁역Hua Lamphong을, 야오와랏로드는 왓 망껀역Wat Mangkok을 이용한다.

❷ 수상 보트 짜오프라야 익스프레스 보트가 랏차웡 선착장Tha Ratcha wong pier에 정차한다. 랏차웡 선착장에서 야오와랏 로드까지 도보로 10분 정도 소요된다.

❸ 택시 차이나타운 일대는 일방통행이 많고, 교통체증이 심하다. 택시를 타고 간다면 야오와랏 로드까지 들어가지 말고 MRT 후알람퐁역 근처에서 내려 걸어가는 편이 빠르다.

Krung Kasem Rd

Rama IV Rd

후알람퐁
Hua Lamphong

왓 트라이밋 Wat Traimit

MRT 후알람퐁역Hua Lamphong 1번 출구에서 미타팝 타이 차이나 로드Mittaphap Thai-China Rd를 따라 도보 250m
661 Charoenkrung Road +66 89 022 2700
매일 08:00~17:00 ฿ 본당(불상관람) 40B, 본당+박물관 100B

석회 불상 안에서 나온 황금 불상

높이 3m, 무게 5.5톤의 황금 불상이 있는 사원이다. 원래 이 불상은 황금이 아닌 스투코석회 불상이었고, 방콕에 있던 것이 아니다. 황금 불상 이야기는 라마 1세재위 1782~1809. 그는 원래 탁신 왕이 신임하는 톤부리 왕조의 장군이었다.가 역성혁명을 일으킨 후 새로운 왕조의 수도를 톤부리에서 방콕으로 옮기면서 시작된다. 그는 방콕에 많은 사원을 건설하거나 복원했다. 이때 태국 전역에 흩어져 있는 거대 불상을 방콕으로 옮겨왔다. 차이나타운 근처의 초타나람 사원에는 아유타야에서 온 거대한 스투코 불상이 안치되었다. 이후 초타나람 사원이 낙후되자 불상을 근처 왓 트라이밋으로 옮기기로 했다. 1995년 5월, 불상을 옮기던 날 예기치 못한 사고가 발생했다. 불상의 무게를 견디지 못하고 밧줄이 끊어진 것이다. 스투코 불상이 산산조각이 나자, 놀랍게도 석회 불상 속에 200년간 숨겨져 있던 황금 불상이 금빛 찬란한 모습을 드러냈다. 기막힌 소식에 태국 전역이 들썩였고, 불상을 보기 위해 인산인해를 이루었다. 대체 어떤 연유로 황금 불상을 스투코 안에 꼭꼭 숨겨 놓았던 걸까? 불상을 만들 당시 아유타야 지역은 버마의 침입과 약탈이 빈번했다. 버마군은 불상과 파고다에 불을 지르고 녹아내린 금을 가져가는 잔인함도 마다하지 않았다. 결국 누군가 이 불상을 지켜내기 위해 두꺼운 회벽 안에 감춰버린 것이다. 황금 불상은 아유타야의 왓 프라마하탓나무뿌리가 보호해 준 불상 머리과 함께 아유타야의 후손에게 내린 부처님의 자비로 일컬어진다. 동화 같은 이야기의 주인공을 만나러 차이나타운으로 가자.

야오와랏 로드 Yaowarat Road

MRT 후알람퐁역 1번 출구에서 직진하여 도보 10분 이내

로컬인 듯 로컬 아닌

야오와랏 로드는 차이나타운을 가로지르는 약 1.5km 길이의 메인 거리이다. 약 200년 전부터 중국과 태국을 오가며 장사하던 중국 상인들의 주요 거래 장소였다. 현재는 금 거래소, 약재상, 중국 음식점 등이 거리를 가득 메우고 있다. 야오와랏 로드의 독특한 에너지는 실로 매력적이다. 이곳이 방콕임을 잠시 잊게 하는 중국어 간판들은 그 자체만으로도 이국적이고, 여행자들은 카메라를 바쁘게 움직인다. 밤이 되면 붉은 네온사인 아래로 삭스핀, 오리고기 국수, 랍스터 등을 판매하는 푸드 스톨이 자리 잡아 거대한 음식 거리를 형성한다. 빼곡한 테이블 행렬과 수많은 인파가 만들어내는 엄청난 에너지가 붉은 거리 위로 넘실댄다. 관광객으로 가득한 카오산에 지루함을 느낀다면 야오와랏으로 가자. 로컬인 듯 로컬 아닌 독특한 거리가 당신을 매료시킨다.

Travel Tip

차이나타운 주변은 교통체증이 심하다. 숙소에서 BTS나 MRT에 접근하기 쉽다면, MRT 왓 망껀역에서 내려 걸어가는 편이 빠르다. 역에서 걸어서 10분 걸린다.

ONE MORE
Food Stalls in Yaowarat Rd

야오와랏 로드의 유명 푸드 스톨

카놈빵 짜우아러이뎃
Yaowarat Toasted Buns

그 유명한 차이나타운 토스트

야오와랏의 간판에 불이 들어오면 GSB 은행 앞은 현지인과 여행객으로 인산인해를 이룬다. 일명 '차이나타운 토스트'로 유명한 카놈빵 노점 때문이다. 많은 사람이 몰리다 보니 빵을 받기까지 30~40분이 걸리지만, 번호표가 있어 그 자리에서 계속 기다리지 않아도 된다. 빵은 겉은 바삭하고 속은 부드럽다. 빵의 열기에 적당히 녹아내린 크림이 묘하게 중독성이 있다.

야오와랏 로드의 차이나타운 호텔과 호텔 로열 방콕 사이 GSB 은행 앞 17:30~24:00, 월요일 휴무 ฿ 25B

꾸웨이짭 우언 포차나
Guay Jab Ouan Pochana

차이나타운의 꾸웨이짭 양대 산맥

방콕의 수많은 꾸웨이짭 전문점 중에서 Top3 안에 드는 두 곳이 야오와랏로드에 있다. 나이엑 누들과 꾸웨이짭 우언 포차나이다. 두 집 모두 동그랗게 말린 쌀국수면과 칼칼한 돼지 육수가 공통점이지만 진한 육수 맛은 이곳이 한 수 위다. 영업시간 내내 사람이 많지만 회전율이 빨라 오래 기다리지 않아도 된다.

663-5, Soi Yaowapha Nit
11:00~24:00, 월요일 휴무

젝푸이 커리
Jek Pui Curry

노상에서 즐기는 태국식 옐로 커리

현지인이 극찬하는 태국식 옐로 커리 맛집이다. 노점이지만 70년이 넘게 이 골목을 지켜왔다. 진한 닭 육수와 달콤하고 알싸한 커리 맛이 어우러져 풍미가 가득하다. 젝푸이에는 테이블이 없고 플라스틱 간이 의자만 있다. 커리 한 그릇 받아 들고 마음에 드는 곳에 자리를 잡으면 된다. 로컬의 맛과 분위기 모두 경험하고 싶다면 젝푸이는 탁월한 선택이다.

25 Mangkon Rd 매일 15:00~20:00

빠통고
Pa Tong Go Savoey

미슐랭이 극찬한 방콕 최고의 도넛

야오와랏 로드 초입 세븐일레븐 근처에 있다. 근처에 가면 고소한 기름 냄새가 풍겨 찾기 어렵지 않다. 밀가루 도우를 튀기는 것 이외에 별다른 것이 없건만 겉은 바삭하고 속은 촉촉한 식감이 일품이다. 달달구리 마니아라면 연유 또는 카야잼을 곁들여 먹기를 추천한다. 미슐랭은 이집의 도넛을 극도의 죄책감이 느껴지는 맛Guilty Pleasure이자 방콕 최고의 도넛이라 극찬했다.

491-493 Yaowarat Road

화~일 17:30~23:30

추짓 부아로이
Chu Jit Bua Loy

달콤한 찹쌀 디저트

부아로이는 태국 전통 디저트이다. 태국어로 떠 다니는 수련을 뜻한다. 쌀가루와 전분 가루를 섞어 작은 공모양으로 말아서 만든다. 한국의 찹쌀떡과 식감이 비슷하다. 태국 전통 방식은 설탕을 넣은 코코넛 밀크와 함께 먹는데, 이집은 중국식이 더해져 생강 맛이 나는 차와 함께 먹는다. 전분 볼 안에는 검은 깨가 들어 있다. 코코넛의 달콤함과 옅게 퍼지는 생강의 알싸한 향, 그리고 깨의 짙은 고소함이 묘하게 어우러진다.

332-334 Yaowarat Road

월~토 17:00~21:00 일 12:00~21:00

©Streets of Food

왓 망콘 까말라왓 Wat Mangkon Kamalawat

왓 트라이밋에서 짜로엉 크룽 로드Charoen Krung Rd 따라 북쪽으로 약 800m 직진

423 Charoen Krung Rd

중국 스타일 불교 사원

왓 망콘 까말라왓은 야오와랏 로드 북쪽 짜로엉 크룽 로드Charoen Krung Rd에 위치해 있다. 19세기에 지어진 중국 대승불교 사원으로 중국 사찰의 색채가 강하다. 한자로는 용련사라 부르는데, 이름과 걸맞게 용과 연꽃이 사원 지붕을 화려하게 수놓았다. 경내에는 중국 불상을 모신 대웅보전과 도교와 유교 학자를 모신 사당이 함께 있다. 왓 망콘 까말라왓은 화교들에게 차이나타운뿐 아니라 방콕에서 가장 중요한 사원중 하나로 꼽힌다. 그래서 매일 같이 수많은 인파가 이곳을 방문한다. 기도가 담긴 어마어마한 양의 향초가 뿜어내는 메케한 연기가 장관이다. 만약 새해 첫날이나 중국 명절에 차이나타운을 방문한다면 왓 망콘 까말라왓으로 가자. 붉은색과 황금색이 넘실대는 축제가 하루 종일 이어진다.

소이 나나 Soi Nana in Chinatown

MRT 후알람퐁역 1번 출구에서 라마 6세 거리Rama VI Rd 따라 400m 직진 후 우회전

가장 방콕다운 골목길

방콕의 문화 정체성에 대한 고민이 담겨 있는 골목길이다. 방콕은 오랜 세월 관광을 주요 산업으로 삼아온 도시이다. 덕분에 문화가 다양해진 이점도 있지만, 이방인에 의한 문화 변질이나 관광객의 기호에만 집중해야 하는 아픔 또한 함께 겪어야 했다. 안타까움을 느낀 다양한 분야의 창작자와 예술가들이 차이나타운의 좁은 골목으로 모여들었다. 이들은 관광객의 시선과 상업적인 성격에서 벗어나 창조적인 공간을 만들기 위해 고군분투했다. 누군가는 태국의 전통 음악과 술을 현대적으로 재해석한 바를 열었고, 누군가는 사진 스튜디오의 암실을 대중에게 오픈했다. 한마디로 정의할 수 없는, 바와 카페가 모여 있는 이 좁은 골목이 관광객에게는 색다르게 다가오겠지만, 방콕키안들에게는 '가장 방콕다운 곳'이라 불린다.

Chinatown vs Nana Plaza

방콕에 소이 나나가 두 곳이다. 한 곳은 차이나타운에 있고, 다른 한 곳은 BTS 나나역 근처에 있는데, 나나역 근처 소이 나나는 대규모 홍등가이다. 영문도 모른 채 핑크빛 조명 아래를 헤매고 싶지 않다면 택시 기사에게 '차이나타운'임을 강조하자.

티 엔 케이 씨푸드 T&K Seafood

야오와랏 로드의 차이나타운 호텔과 호텔 로열 방콕 중간 사거리
455 Yaowarat Road 매일 16:00~24:00 ฿ 메인 디시 200~400B

가성비 좋은 씨푸드

여행자들은 생각보다 비싼 방콕의 해산물 가격에 깜짝 놀란다. 그러나 T&K에서는 가격 걱정은 잠시 넣어두어도 좋다. 새우구이 라지 사이즈가약 12마리 300밧으로 가성비 좋고 맛도 고급 레스토랑 못지않다. 푸팟퐁 커리, 모닝글로리, 볶음밥 등도 매우 저렴하다. 4층까지 좁은 계단으로 이어진 실내가 만석이 되면 야오와랏 로드까지 노상 테이블이 펼쳐진다. 야오와랏 로드 중간쯤 지날 때, 새우와 게가 빨갛게 익어가고 복닥거리는 노상 테이블이 진로를 방해한다면, 그곳이 T&K이다. 머뭇거리지 말고 자리부터 잡자!

나이엑 롤 누들 Nai Ek Roll Noodle

야오와랏 로드의 호텔 로열 방콕 동쪽 대각선 방향 444/4 Yaowarat Road
+66 2 226 4651 매일 08:00~24:00 ฿ 꾸어이짭 보통 70B, 라지 100B

칼칼한 육수, 짧게 말린 쌀 면

미슐랭 가이드 빕 구르망이 인정한 방콕 3대 꾸어이짭 가게 중 하나이다. 1960년부터 차이나타운을 지켜왔다. 태국의 면 요리 중에서 팟타이, 고기 국수, 똠얌 국수까지 맛봤다면 이번에는 꾸어이짭이다. 꾸어이짭은 푸실리 면처럼 짧게 말린 쌀 면과 후추 맛이 진한 돼지고기 육수가 특징이다. 이 집의 인기 비결은 진하고 칼칼한 육수이다. 돌돌 말린 면의 빈 곳에 숨어있던 진한 육수가 입안 가득 터지는 식감이 재미있다. 여기에 바싹 튀긴 돼지고기와 몇 가지 돼지 내장이 더해져 국수 한 그릇에 풍미가 가득하다.

Gourmet Tip

녹두 디저트 타오수안 Tao Suan

나이엑에서 식사를 마친 현지인들이 가게와 맞닿은 골목 노상에서 무언가 사 먹는 것을 심심찮게 볼 수 있다. 녹두로 만든 태국식 디저트 타오수안이다. 찐 녹두에 타피오카 전분, 설탕, 소금을 넣고 한소끔 끓인 뒤 코코넛크림을 얹는다. 평범한 맛이지만 왠지 몸 안의 기름기가 모두 사라지는 것 같다. 가격 약 20밧

타이행 Thai Heng

타이 수키와 까오만가이 맛집

현지인들이 손에 꼽는 타이 수키Thai sukiyaki 맛집이다. 메뉴는 타이 수키와 까오만가이Khao man gai, Chicken rice 두 가지다. 수키는 국물 있는 수키남과 국물 없는 수키행이 있다. 수키행은 이곳에서만 먹을 수 있는 별미이다. 수키를 찍어 먹는 남찜 소스도 이 집의 자랑이다. 타이행은 직접 발효시킨 두부에 마늘, 고추와 허브로 맛을 내어 감칠맛이 난다. 까오만가이는 마늘, 생강을 넣고 푹 끓인 닭고기를 닭 육수로 지은 밥과 함께 내는 음식이다. 닭백숙과 비슷하지만, 생강과 한약재의 맛이 조금 더 강하다.

호텔 로열 방콕에서 야오와랏 로드 따라 서북쪽으로 약 300m 직진. 24 금은방 직전에 오른쪽 골목으로 진입 320-322,67/4 Yaowarat Soi 8 +66 2 222 6791 월~토 10:00~17:00

오딘 크랩 완탄 Odean Crab Woneton Noodle

쫄깃한 에그누들과 달콤한 게살의 환상 조합

왓 트라이밋황금불상 사원에서 도보 5분 거리에 있는 완탄 맛집이다. 한국 여행객에는 많이 알려지지 않았지만, 태국 언론에는 여러 번 소개되었다. 인기 비결은 쫄깃한 에그누들과 담백한 육수이다. 차이나타운답게 태국식보다 중식에 가깝다. 시그니처 메뉴인 집게발 국수는 튀긴 게의 집게발이 통으로 들어간다. 시각적인 만족도는 높지만 의외로 평범한 맛에 실망하는 이들이 많다. 겉바속촉의 매력을 뽐내는 튀긴 새우 완탄Fried Prawn Wonton, 게살로 맛을 낸 게살 완탄Crab meat Wonton을 추천한다.

차이나타운게이트에서 Charoen Krung Rd를 따라 북쪽으로 200m 이동
724 Charoen Krung Rd +66 86 888 2341
매일 8:30~19:30 ฿ 완탄 60~80B, 크랩완탄 200~300B

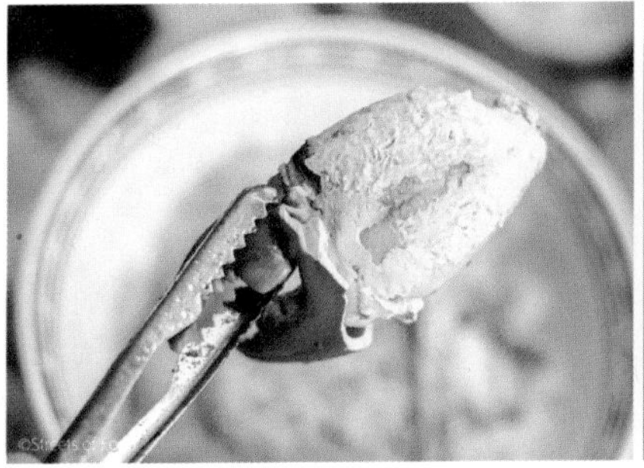

©Streets of Food

©Streets of Food

이아쌔 Eiah Sae Coffee Shop

차이나타운에서 가장 오래된 커피숍

야오와랏 로드 뒷골목에 있는 커피숍이다. 중국 하이난에서 이주한 화교 가족이 1929년에 문을 열었다. 100년 가까이 한 자리를 지키고 있다. 샛노란 외관부터 내부의 오래된 테이블, 무심히 놓인 플라스틱 의자까지 모든 것이 어우러져 이아쌔만의 매력을 완성한다. 이곳은 옛날 방식으로 커피 가루를 채에 걸러 커피를 내린다. 아이스 블랙커피는 오리앙O Lian, 달달한 아이스커피는 카페옌Kafae-Yen이라고 한다. 카야토스트에 달콤한 커피 한 잔 곁들인 시간 여행을 기대한다면 이아쌔는 탁월한 선택이다.

왓 트라이밋 사원에서 야오와랏 로드로 진입해서 약 250m 직진, 사거리에서 좌회전 후 첫 번째 골목 Phat Sai로 진입 111 Phat Sai +66 2 221 0549
매일 08:00~19:00 ฿ 커피 25~30B

©Streets of Food

챠타 스페셜티 커피 Chata Specialty Coffee

글라스 하우스로 된 비밀의 화원

비밀의 화원 같은 카페이다. 1916년 라마 6세 때 지은 건물을 개조한 부티크 호텔 반 2459Baan 2459에서 운영한다. 잔디 마당에 들어서면 왼쪽에 노란색 호텔이 있고 오른쪽과 호텔 뒤편에 카페가 있다. 오른쪽 카페에서 주문하고 좁은 길을 지나 뒤뜰로 들어서면 큰 유리창이 매력적인 글라스 하우스가 나온다. 마치 비밀의 화원에 들어선 듯하다. 긴 원목 테이블 하나가 전부인 공간에 빛이 흘러넘친다. 콜드브루를 활용한 다양한 음료와 쉐이큰 에스프레소가 인기 메뉴이다. 코코넛 케이크 등 디저트도 있다.

차이나타운 호텔 바로 뒤 팟 사이 골목길Soi Phat Sai에 위치 98 Phat Sai Road
+66 84 625 2324 화~일 09:00~18:00, 월요일 휴무 Facebook @chataspecialtycoffee

 윌 플라워스 카페 Wallflowers Cafe

MRT 후알람퐁역 1번 출구에서 라마 6세 거리Rama VI Rd 따라 400m 직진 후 우회전
35 thanon Maitri Chit 90 993 8653 매일 11:00~24:00 Facebook, Insta @wallflowerscafe.th

인생샷 성지로 소문난 카페

힙한 방콕키안들 사이에서 인생샷 성지로 소문난 카페이다. 1층은 꽃 가게이다. 꽃 가게를 지나 카페로 들어서면 나선형 나무 계단이 방문객을 내부로 안내한다. 드라이 플라워로 만든 샹들리에와 빈티지한 조명이 어우러져 마치 소설 속 신비로운 화원에 있는 듯하다. 따뜻한 햇볕이 쏟아지는 모든 곳이 포토존이다.

인테리어뿐만 아니라 커피와 디저트도 여심을 저격한다. 콜드브루를 활용한 다양한 음료에 세심하게 데코를 더하고, 식용 꽃을 사용한 케이크는 한입에 먹기 아까울 정도이다. 주말 6시 이후에는 루프톱도 문을 연다. 하지만 점심시간 이후에는 자리가 없을 정도로 붐비고, 주말엔 오픈 전부터 사람들이 기다린다. 디저트는 금세 완판되지만, 영업시간 내내 제빵을 하므로 조금만 기다리면 갓 구운 디저트를 맛볼 수 있다.

바 하오 티안 미 Ba Hao Tian Mi

인기몰이 중인 디저트 바

바 하오 티안 미는 오픈과 동시에 방콕키안들에게 인기 몰이를 가져온 디저트 바이다. 야오와랏 로드 중간쯤 T&K 씨푸드가 있는 골목 끝까지 들어가면 있다. 감각적인 디자인 덕에 단번에 알아볼 수 있다. 입구 전체를 둥글게 뚫고 몽환적인 불빛을 더했다. 다른 시공간으로 통하는 문 같아 보인다. 두유로 만든 중국식 푸딩 디저트가 인기다. 푸른색 패턴이 새겨진 자기 그릇에 담긴 푸딩은 먹기 아까울 정도이다. 싸얌 파라곤에 팝업 스토어도 론칭했다. 단언컨대, 머지 않아 긴 웨이팅으로 먹지 못할지도 모른다.

야오와랏 로드 중간쯤 T&K 씨푸드가 있는 골목 Phadung Dao Rd로 진입해서 약 100m 직진.
8 Phadung Dao Rd +66 97 995 4543
매일 10:00~22:00 ฿ 검은깨 푸딩 128B

©Ba Hao Tian Me
©Ba Hao Tian Me

엘 치링귀토 El Chiringuito

스페니시 타파스 바

엘 치링귀토는 후알람퐁역 근처 소이 나나 초입에 자리한 스페니시 타파스 바이다. 어둑한 조명 아래 오래된 포스터와 미싱 테이블로 멋을 냈다. 다른 도시로 가는 밤 기차를 기다리며 가볍게 한잔하는 여행자들이 많다. 샹그리아가 놓인 테이블 위엔 여행 이야기가 끊이지 않고 흐른다. 붉은 중국식 등까지 어우러져 있어 여행자를 더욱 설레게 만든다. 대표적인 메뉴로는 초리조 피자Chorizo Pizza, 오믈렛Tortilla de patatas, 감자튀김Patatas bravas, 샌드위치Bocadillos 등이 있다. 진을 좋아한다면 스페인 진 소리가이어Xoriguer를 추천한다.

MRT 후알람퐁역 1번 출구에서 라마 6세 거리Rama VI Rd 따라 400m 직진 후 우회전
221 Pom Prap +66 98 996 5479 목~일 18:00~23:00, 월~수 휴무 ฿ 초리초 피자 230B 상그리아 150B

텝 바 TEP BAR_Cultural Bar of Thailand

MRT 후알람퐁역 1번 출구에서 라마 6세 거리Rama VI Rd 따라 400m 직진 후 우회전
79-83 soi nana +66 98 467 2944 월~목 18:00~24:00, 금~일 17:00~01:00
฿ 꿍사바이 220B, 사토 180B(부가세와 봉사료 17% 미포함 가격) Facebook @chowhybkk

감각적인 타일랜드 모티브로 가득한

태국의 전통문화를 현대적으로 재해석한 바이다. 이제는 태국에서도 좀처럼 쉽게 볼 수 없는 음식들을 스페인의 타파스처럼 선보인다. 새우에 면을 감아 튀긴 꿍사바이Goong Sabai, 숯불에 구운 라이스 크래커 카오 크랩 와우Kao Kreab Wow, 타이 허브로 맛을 낸 옥수수 등 다양한 메뉴가 있다.

텝 바의 모든 칵테일은 홈 메이드 시럽과 타이 허브를 베이스로 만든다. 독특한 칵테일 덕에 오픈하자마자 인기를 얻으며 방콕을 대표하는 바로 유명해졌다. 아무리 메뉴를 꼼꼼히 읽어봐도 낯선 타이 허브 이름 때문에 맛이 상상되지 않는다면 직원에게 문의하면 된다. 이마저도 부담스럽다면 쌀로 만든 중부 지역의 전통술 사토SATO를 추천한다. 깔끔하면서도 뒷맛이 달콤하고 쌀 향이 좋다. 매일 저녁 7시 반 이후에는 태국 전통 악기 라이브 공연도 열린다. 높은 천장 덕에 분위기가 여느 공연장 못지않다. 음료부터 음악, 인테리어까지 모든 디테일을 타이 모티브로 채웠다. 감각적인 태국을 만날 수 있다.

PART 10

아리

Ari

방콕의 성수동, 하루쯤 카페 호핑을 떠나자

카페 호핑Cafe Hopping은 요즘 가장 핫한 여행 트렌드이다. 카페 호핑이란 현지의 매력적인 카페를 돌아다니며 시그니처 메뉴, 인테리어를 즐기는 것을 말한다. 싸얌과 칫롬의 북쪽 지역, 방콕의 성수동이라 불리는 아리에는 카페 호핑 족이 원하는 모든 것이 모여있다. 거미줄처럼 얽힌 골목마다 그린테리어, 빈티지, 소녀 감성 등 저마다의 콘셉트와 독특한 메뉴를 앞세운 카페가 가득하다. 덕분에 아리는 파리의 카페 거리 생 제르맹 데 프레와 함께 '세계에서 가장 아름다운 골목'이라는 타이틀도 얻었다. 아리는 리버사이드와 더불어 방콕 힙스터들의 성지로 꼽힌다. 아리의 매력을 느끼고 나면 누구에게나 아리 앓이가 시작된다.

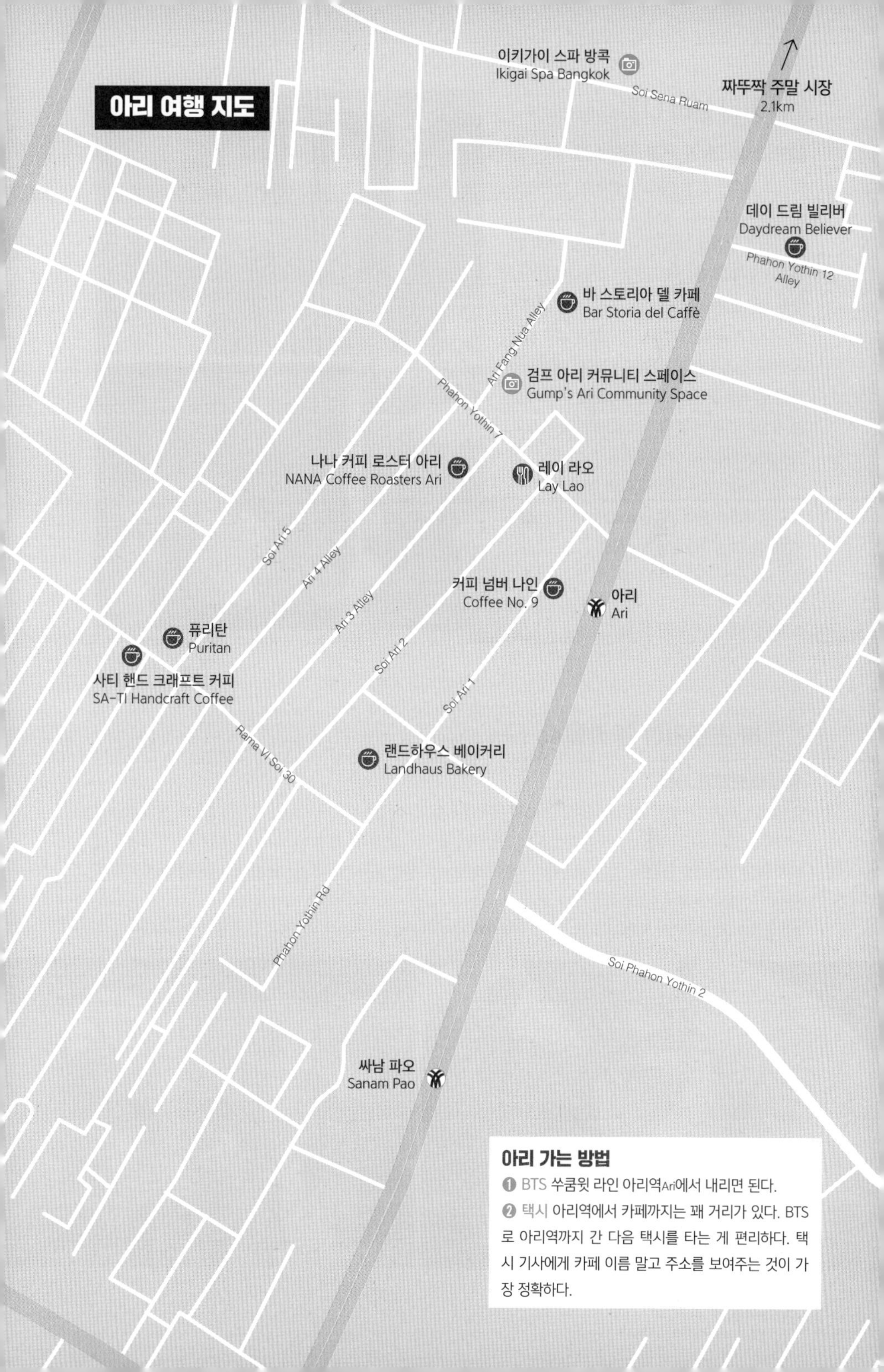

아리 가는 방법

❶ BTS 쑤쿰윗 라인 아리역Ari에서 내리면 된다.

❷ 택시 아리역에서 카페까지는 꽤 거리가 있다. BTS로 아리역까지 간 다음 택시를 타는 게 편리하다. 택시 기사에게 카페 이름 말고 주소를 보여주는 것이 가장 정확하다.

커피 넘버 나인 Coffee No. 9

예쁘고 미니멀한 커피 키오스크

아리의 힙스터 분위기를 만끽하려면 골목골목을 꼼꼼히 탐방해야 한다. 필요한 것은 튼튼한 두 다리와 갈증을 달래줄 시원한 음료. 커피 넘버 나인은 아리역 근처에 있어 아리 탐방을 시작할 때 저렴하고 맛난 커피 한잔 사서 마시며 돌아다니기 좋다. 실내에는 테이블이 없고 외부에 한두 개의 테이블이 놓여 있으며, 여행자들은 주로 커피를 테이크아웃 해 간다. 주인이 일본 사람이라 일본 분위기가 많이 난다. 도쿄에 있을법한 예쁘고 미니멀한 커피 키오스크박스 형태 가판 상점를 보는 순간 아리의 분위기를 벌써 짐작하게 된다. Welcome to Ari!

🚶아리역Ari 3번 출구로 나와 서쪽으로 도보 3분 ⦾ 9/2 Soi Ari ☏ +66 94 965 6619 ◷ 월~금 07:00~16:00 토,일 08:00~16:00 ฿ 40~85B

바 스토리아 델 카페 Bar Storia del Caffè

유럽풍 브런치 카페

깔끔하고 분위기가 클래식한 매력적인 브런치 카페이다. 짙은 카키색 외벽과 커다란 아치형 창문이 유럽 골목의 카페를 닮았다. 시그니처 메뉴가 부족한 점이 아쉽지만, 올 데이 브랙퍼스트All Day Breakfast가 있어 시간대에 구애받지 않고 브런치를 즐길 수 있다. 관광객이 많은 카페보다 조용한 분위기에서 시간을 보내고 싶은 여행자에게 추천한다. 아리역 북쪽에 있다.

🚶아리역Ari 3번 출구에서 북쪽으로 도보 6분 ⦾ 13 soi ari 4 north alley ☏ +66 82 581 9026 ◷ 매일 09:00~23:00

랜드하우스 베이커리 Landhaus Bakery

아리역Ari 1번 출구에서 남서쪽으로 도보 7분
landhaus, 18 Phahon Yothin Soi 5, Phayathai, 10400 Bangkok +66 2 165 0322
화~일 07:00~19:00 ฿ 브리오슈 토스트 140B, 크루아상 60B

방콕의 유러피안 베이커리

방콕에 거주하는 유러피안의 전폭적인 지지를 받는 베이커리이다. 호밀 특유의 시큼하고 고소한 맛이 매력적인 오스트리아와 독일식 빵으로 유명하다. 오스트리아식 애플파이 아펠슈트루델Apfelstrudel, 시나몬 롤, 크루아상 쇼콜라 등 디저트류 빵도 있다. 매일 아침 갓 구운 빵은 신선하고 커피는 향기롭다. 빵과 커피를 브런치로 추천한다. 평범한 조합이지만 갓 구워낸 빵은 화려한 브런치보다 입안에 긴 여운을 남긴다.

퓨리탄 Puritan

아리역 1번 출구에서 도보 14분. 택시50B 이내, 오토바이 택시 추천
46/1 Soi Ari 5 +66 2 357 1099 화~일 11:00~18:00, 월요일 휴무
฿ 차 Hot 120B, Iced 150B, Pot 280B

빈티지하고 멋스러운 디저트 카페

여심을 홀리는 분위기로 소문난 디저트 카페이다. 유럽풍 앤티크 소품과 가구가 가득하고 그린테리어가 예쁘게 어우러져 있다. 샹들리에부터 가구, 조명까지 빈티지하고 멋스럽게 꾸며 놓았다. 골동품 수집가의 집에 초대받는 듯, 주문도 잊은 채 소품을 구경하는 손님이 한둘이 아니다. 오레오 치즈, 토피 배노피Toffee Banoffee, 블루베리 치즈 케이크 등 다양한 디저트가 있다. 차는 폿Pot으로도 주문이 가능하다. 사티 핸드 크래프트 커피에서 동쪽으로 1분 거리에 있다.

사티 핸드 크래프트 커피 SA-TI Handcraft Coffee

아리역 1번 출구에서 도보 15분. 택시50B 이내나 오토바이 택시 추천
110/7 Thanon Rama VI +66 65 165 4266
매일 08:00~20:00 ฿ 피넛버터 라떼 125B 심플 브랙퍼스트 세트 90B

©SA-TI Handcraft Coffee

창의성이 돋보이는 섬세한 커피

사티 커피는 예쁘고 분위기 있는 카페 그 이상이다. 퀄리티 좋은 커피는 기본이고 돋보이는 창의성과 섬세한 장인 정신이 더해졌다. 고소한 피넛 버터 라떼Peanut butter latte, 인도 타지마할이 떠오르는 마살라 차이 라떼Masala chai latte가 인기가 좋다. 크림 생맥주처럼 부드러운 거품이 일품인 니트로 커피Nitro Coffee, 질소 커피도 맛볼 수 있다. 인테리어와 분위기도 감각적이다. 요즘 표현으로 하자면 바이브가 좋다. 천장이 높은 글라스 하우스는 현대적이면서도 편안하다. 단언컨대 사티 커피는 당신의 카페 호핑 리스트를 풍족하게 만들어줄 것이다. 아리역에서 서쪽으로 1.1km 떨어져 있다.

©SA-TI Handcraft Coffee

©SA-TI Handcraft Coffee

데이 드림 빌리버 Daydream Believer

아리역 4번 출구에서 도보 8분
436/1 Phahon Yothin 12 Alley
+66 62 569 7946 화~일 10:00~20:30
฿ 레몬 머랭 타르트 155B, 스무디 125B

정원이 있는 싱그러운 카페

새하얀 담벼락을 지나 입구로 들어서면 잘 가꾸어진 정원이 반겨준다. 그 뒤로 놓인 새하얀 카페 건물이 풀 내음만큼이나 싱그럽다. 내부 역시 그린테리어와 자연 채광으로 꾸며져 부드럽고 편안하다. 다양한 디저트, 브런치 메뉴가 있는데 그중에서도 상큼 달콤한 레몬 머랭 타르트Lemon Meringue Tart를 강력 추천한다. 타이 퓨전 요리가 있어 식사도 가능하다. 맛은 대체로 만족스럽고 과하게 비싸지 않다. 아리역에서 북동쪽으로 700m 거리에 있다.

©Daydream Believer

나나 커피 로스터 아리 NANA Coffee Roasters Ari

커피와 정원이 있는 풍경

독특하고 현대적인 건물에 들어선 카페이다 . 푸릇푸릇한 정원이 잘 꾸며져 있어 곳곳이 포토존이다 . 야외와 실내에 모두 좌석이 있으니 취향대로 골라 앉으면 된다. 날씨가 좋으면 아름다운 정원을 만끽할 수 있는 야외 자리를 추천한다. 메뉴도 많은 편이다. 커피는 물론이고 아이스 초콜릿, 콤부차 같은 메뉴도 갖추고 있다. 커피를 주문하면 원두에 대한 정보가 적힌 카드를 함께 제공하여 마시는 즐거움이 2배가 된다. 디저트와 브런치 메뉴도 판매한다. 단, 결제는 현금만 가능하다.

아리역 3번 출구에서 북쪽으로 도보 5분 24/5 Soi Ari 4
평일 07:00~18:00, 주말 08:00~18:00 ฿ 아이스 아메리카노 130B, 아이스 초콜릿 200B, 클럽 토스트 320B

레이 라오 Lay Lao

6년 연속 미슐랭 선정 레스토랑

2018년부터 꾸준히 미슐랭 가이드에 이름을 올리고 있는 레스토랑이다. 2023년에도 미슐랭 빕 구르망에 선정되었다. 태국 북동부 이싼Isan 지역의 요리를 즐길 수 있다. 매장 분위기는 깔끔하다. 메뉴판에 사진이 있어서 음식 고르기가 편하다. 시그니처 메뉴는 총알 오징어구이이다. 짭짜롬하게 양념이 된 오징어구이를 밥과 함께 먹으면 궁합이 정말 좋다. 돼지고기 팟타이, 항정살 구이, 옥수수 쏨땀, 바나나빵 등도 인기가 좋다. 여러 명이 가면 꼭 다양한 메뉴를 주문해 맛보길 추천한다.

아리역 3번 출구에서 북쪽으로 도보 3분 65 Soi Phahon Yothin 7 Samsen Nai
+66 62 453 5588 매일 10:30~21:30 ฿ 총알 오징어구이 265~285B, 항정살 구이 165B

검프 아리 커뮤니티 스페이스
Gump's Ari Community Space

힙한 상점이 모여 있는 커뮤니티 몰

검프 아리에는 카페, 바, 음식점, 라이프스타일 숍 등이 입점해 있다. 여러 개 상점이 개성을 뽐내는 동시에 조화롭게 모여 있다. 저마다 다른 가게의 익스테리어를 구경하는 재미가 쏠쏠하다. 트렌디한 컬러감과 과감한 폰트가 눈길을 사로잡아 카메라를 절로 켜게 만든다. tvN 예능 <지구오락실> 방콕 편에서 출연자들이 검프 아리에서 인증 샷을 찍어 화제가 되었다. 우리나라에서 인기가 좋은 포토 부스도 있다. 여행의 한 장면을 사진으로 남겨보자. 가격은 100~200밧 정도이다.

아리역 3번 출구에서 북쪽으로 도보 5분
46/6 Soi Ari 4
평일 10:00~20:00, 주말 10:00~20:30

이키가이 스파 방콕 Ikigai Spa Bangkok

프라이빗 룸에서 받는 고급 스파

호텔 건물에 들어선 스파라서 모든 공간이 깨끗하고 고급스러우며 직원들도 매우 친절하다. 마사지를 받고 싶은 부위와 받고 싶지 않은 부위 등을 사전에 체크하여 맞춤형 서비스를 제공한다. 타이 마사지와 아로마 마사지를 받을 수 있고 바디 스크럽이 포함된 패키지도 유명하다. 화장실, 샤워실까지 갖춘 프라이빗 룸에서 마사지를 받을 수 있어 굉장히 편리하다. 새벽 비행기를 타는 여행자라면 이곳에서 여행을 마무리하는 것을 추천한다. 라인이나 페이스북 메시지를 통해 예약하는 걸 잊지 말자.

아리역 3번 출구에서 도보 15분 34-36 Soi Phahon Yothin 11 +66 96 639 8747 매일 10:00~21:00
฿ 타이 마사지 90분 1,190B, 아로마 릴렉싱 오일 마사지 60분 1,376B

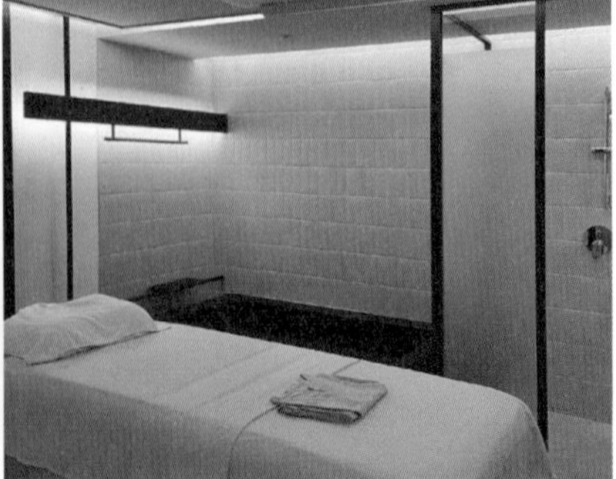

짜뚜짝 주말 시장 Chatuchak Market

① BTS 쑤쿰윗 라인 모칫역Mochit과 BTS 쑤쿰윗 라인 싸판 콰이역Saphan Khwai에서 도보 7~8분
② MRT 깜팽펫역Kamphaeng phet 2번 출구에서 도보 1분
Chatuchak Park Kamphaeng Phet 2 Rd +66 95 929 5925
토·일 9:00~18:00(수~금에는 일부 상점이 오후 6시까지 영업을 한다)

규모가 어마어마한 주말 시장

방콕에서 가장 큰 주말 시장이다. 일부 상점이 평일에 문을 열기도 하지만, 짜뚜짝의 매력을 제대로 느끼려면 주말에 가야 한다. 도매 시장과 소규모 바, 주전부리 노점이 함께 들어서 있어 독특한 분위기가 난다. 현지인들은 줄여서 JJ 혹은 JJ 마켓이라 부른다. 체력 보충에 신경 쓰며 돌아봐야 할 만큼 규모가 어마어마하다. 의류, 수공예품, 골동품, 주방용품 등 없는 것이 없다. 우리나라의 빈티지 의류 상인들도 짜뚜짝에서 물건을 떼어갈 정도이다. 인기 쇼핑 품목인 라탄 가방과 법랑 도시락도 짜뚜짝에서 구매할 수 있다. 종류도 다양하고 가격도 저렴하다. 짜뚜짝 마켓의 명물, 빠에야도 잊지 말자. 20~30인분은 족히 되는 빠에야가 거대한 팬에서 만들어진다. 시장 가득 맛있는 냄새를 퍼뜨려 오고 가는 이들의 식욕을 자극한다. 맛과 가격 모두 착하다. 짜뚜짝 공원 근처에 있다.

방콕현대미술관 Museum of Contemporary Art, MOCA

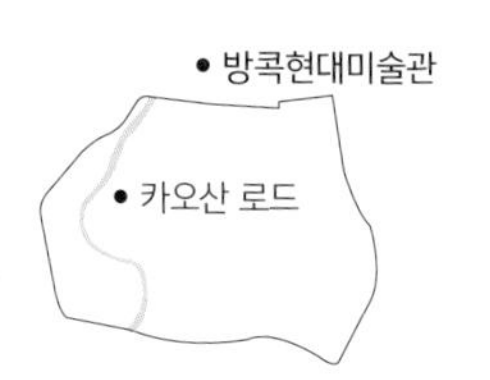

택시나 그랩 이용을 추천한다. 택시 요금은 카오산 로드나 시암에서 출발할 경우 편도 200B 정도 예상하면 된다. MRT 짜뚜짝공원역Chatuchak Park, 방수에역Bang Sue, 파혼요틴역Phahon Yothin 등에서 내려 택시를 타면 조금 더 저렴하다.

499 Kamphaeng Phet 6 Rd +66 2 016 5666

화~일 10:00~18:00, 월요일 휴무 ฿ 일반 250B, 학생 100B mocabangkok.com

©lin Judy-flickr

태국인의 일상과 불심을 현대미술로 만나다

방콕현대미술관은 방콕 시내 북부 랏야오Kat Yao 지역에 있다. 방콕 시내에서 한참 떨어져 있어 오고 가는 시간을 포함해 반나절 일정으로 방문하는 것이 좋다. 입구에 들어서면 현대적인 건물과 조각품이 방문객을 맞이한다. 웅장한 규모만 보면 국립 미술관이라 생각하겠지만 개인이 소유한 사설 미술관이다. 태국 사업가이자 예술품 수집가로 유명한 분차이 벤짜롱꾼Boonchai Bencharongkul이 2012년에 설립했다. 미술관은 총 5개 층으로 구성되어 있다. G층에는 기념품 숍과 카페, 상설 전시장이 있고 2층부터 4층까지는 태국 작가들의 작품이 전시되어 있다. 5층에는 미국, 중국, 일본, 러시아 등 여러 나라 예술가들의 현대적인 작품을 주로 전시한다. 불교 철학을 초현실주의로 재해석한 작품이 대부분이지만 현재 태국 예술가들의 생각과 사회상을 엿볼 수 있다. 주목할 만한 작품은 4층 전시장에 있는 'The Three Kingdom'이다. 거대한 회화 작품으로 불교에서 말하는 삼계, 즉 천국과 지옥, 인간계의 모습을 담고 있다.

Travel Tip

방콕 아트 비엔날레

2018년 현대미술 축제인 방콕 아트 비엔날레가 시작됐다. 아직 다른 비엔날레만큼 역사가 깊지는 않지만, 태국 현지 예술가와 세계의 이목을 집중시키기에는 충분하다. 공공미술의 성격을 띠는 작품들은 왓 아룬을 비롯한 유명 사원과 세계적인 호텔들의 정원, 유동인구가 많은 길거리 등에 전시된다. 방콕 내의 여러 갤러리와 규모가 있는 컨벤션 센터, 미술관은 파격적인 전시품으로 예술의 향연을 더욱 촘촘하게 연결한다. 3회 한정으로 개최할 계획이었으나 2024년, 2026년, 2028년에도 개최가 확정되었다.

PART 11

방콕 근교

Around Bangkok

수상 시장과 기찻길 시장

Floating Market & Railway Market

현지여행사 이용 안내

반나절 코스로 수상 시장과 기찻길 시장을 돌아보고 싶다면 현지 여행사의 투어 상품을 추천한다. 픽업 서비스와 알찬 동선으로 이동 시간이 짧아 효율적이다. 상품에 따라 1인 3만 원 정도이고 아침 7시쯤 출발해서 2시 전에 방콕에 도착한다.

한인여행사 예약 사이트 **몽키트래블** www.monkeytravel.com

홍익여행사 www.hongiktravel.com

동대문여행사 카카오톡/라인 bkkdong

현지 분위기 생생한 체험 삶의 현장

방콕 주변에는 강과 운하가 많다. 자연스럽게 운하를 중심으로 가옥과 상점이 들어서면서 수상 시장이 발달했다. 방콕 남서쪽 매끌렁강Mae Klong River 주변의 수상 시장이 특히 유명하다. 대표적인 곳으로 담넌 싸두억 수상 시장Damnoen Saduak floating market과 암파와 수상 시장Amphawa Floating Market이 있다.

매끌렁 기찻길 시장도 기억하자. 평상시엔 철로에 장이 서고, 기차가 지나갈 때는 노점이 모세의 기적처럼 순식간에 물러서는 신기하고 독특한 시장이다. 수상시장과 기찻길 시장 모두 방콕에서 남서쪽으로 80km 남짓 떨어진 곳에 있다. 당일로 다녀오기에 좋다. 방콕 여행에 현지 분위기를 더하고 싶은 여행자에게 추천한다. 운하 마을, 수로를 따라 꼬리에 꼬리를 물고 이어지는 나룻배, 배 안을 빼곡히 채운 현지 음식 등 생생한 삶의 현장이 당신을 기다린다.

수상 시장과 기찻길 시장 찾아가기

담넌 싸두억 수상 시장 가는 법

모칫 미니밴 터미널Mochit New Van Terminal, BTS 또는 MRT 모칫역에서 택시로 이동 D동에서 담넌 싸두억행 롯뚜 승차권을 사서 승차하면 된다. 출발 시간이 정해져 있지 않고 만석이 되면 출발한다. 30분 간격 출발을 예상하면 된다. 요금은 약 90밧, 소요시간은 약 90분 안팎.

롯뚜 Mini Van

암파와 수상 시장 가는 법

❶ 방콕에서

방콕 모칫 터미널 근처 미니밴 터미널Mochit New Van Terminal, BTS 또는 MRT 모칫역에서 택시로 이동 D동에서 사뭇 쏭크람Samut Songkhram 행 롯뚜 승차권을 사서 승차하면 된다. 사뭇 쏭크람행은 암파와 수상 시장과 매끌렁 기찻길 시장 경유 노선이다. 출발 시각이 정해져 있지 않고 만석이 되면 출발한다. 약 30분 간격 출발을 예상하면 된다. 요금은 약 90밧, 소요시간은 약 90분 안팎.

❷ 매끌렁 기찻길 시장에서

썽태우Songthaew, 트럭을 개조한 픽업 버스를 이용하면 된다. 약 10~15분 정도6.5km 소요되며, 요금은 1인당 10밧 정도이다. 매끌렁 기찻길 시장에서 나오면 곳곳에 썽태우가 모여 있다.

매끌렁 기찻길 시장 가는 법

모칫 미니밴 터미널Mochit New Van Terminal, BTS 또는 MRT 모칫역에서 택시로 이동 D동에서 사뭇 쏭크람Samut Songkhram 행 롯뚜 승차권을 사서 승차하면 된다. 사뭇 쏭크람행은 암파와 수상 시장과 매끌렁 기찻길 시장 경유 노선이다. 요금은 편도 90밧 정도이고, 약 1시간 반 소요된다.

Travel Tip

시장간 이동은 썽태우로

수상 시장과 기찻길 시장 사이를 이동할 때는 썽태우를 이용하면 된다. 정류장은 시장 근처에 있어 찾기 쉽다. 반드시 타기 전에 요금을 확인하고 타야 한다. 기본요금은 5~10밧이다.

담넌 싸두억 수상 시장 Damnoen Saduak floating market

Damnoen Saduak
매일 07:00~17:00

태국을 대표하는 수상 시장

방콕에서 남서쪽으로 약 75km 거리에 있는 수상 시장으로, 암파와 수상 시장에서는 북쪽으로 14km 떨어져 있다. 1866년 라마 4세는 매끌렁강과 따친강을 잇는 35km 길이의 운하를 건설했다. 운하 주변에 가옥과 상점이 들어서면서 마을이 생기고, 생필품과 음식을 사고파는 시장도 생겨났다. 담넌 싸두억도 그때 생긴 시장 중 하나이다. 언제부턴가 생필품을 팔던 시장에 여행객들이 모여들면서 점차 관광지로 성격이 바뀌었다. 여행객들이 좋아하는 먹거리를 실은 배와 여행객을 태우고 떠다니는 배가 수로를 가득 채운다. 상인들이 여행객이 탄 롱테일 보트에 배를 붙이고 능숙하게 흥정을 시작하며 분위기를 띄우는 모습을 쉽게 찾아볼 수 있다. 담넌 싸두억에 가면 사진으로 본 수상 시장의 대표 이미지들을 모두 만날 수 있다. 태국을 대표하는 수상 시장이라는 수식어가 아깝지 않다. 하지만 상업적인 분위기와 암파와 수상 시장보다 물가가 조금 비싼 게 단점이다.

©Dennis Jarvis

담넌 싸두억 수상 시장 + 매끌렁 기찻길 시장

- **07:00** 방콕에서 출발
- **09:00** 담넌 싸두억 수상 시장 도착
- **10:30** 담넌 싸두억에서 매끌렁 기찻길 시장으로 출발
  기차가 11:10에 매끌렁 시장을 지나간다
  (썽태우로 이동, 약10~15분 소요)
- **10:50** 매끌렁 기찻길 시장에 도착
- **11:30** 점심식사
- **15:00** 방콕 도착

Travel Tip

보트 누들Boat Noodles을 아시나요?

수상 시장 어디서나 만날 수 있는 보트 누들은 작은 그릇에 담긴 국수를 말한다. 주로 고기와 간장으로 육수를 내고 고기, 내장, 두부 등을 고명으로 얹는다. 보트 누들을 팔던 상인들은 대부분 혼자 장사를 했는데, 좁은 배 안에서 조리, 세척, 서빙까지 모두 해결하려면 한 손에 그릇이 딱 들어오는 크기가 편리했다. 소비자도 상인의 배가 너무 멀어지기 전에 빨리 먹고 그릇을 건네줘야 하니 양이 적은 것이 좋았다. 방콕에도 작은 그릇에 다양한 국수를 담아 판매하는 보트 누들 집이 있지만, 역시 음식은 본고장에서 먹어야 제맛 아니겠는가! 배 위에서 후루룩 맛보는 국수 한 그릇 가격은 10~15밧이다.

 암파와 수상 시장 Amphawa Floating Market

Amphawa 금~일 09:00~22:00
฿ 롱테일 보트 가격 1인 40~60B

©Uwe Schwarzbach-flickr

©2302. Rangsan Dalla Wiki. Wikimedia Commons

현지인이 즐겨 찾는 주말 수상 시장

암파와 수상 시장은 방콕에서 차로 한 시간 조금 넘는 거리에 있다. 금, 토, 일에만 열리는 주말 수상 시장이다. 여행자들이 규모가 큰 담넌 싸두억을 선호한다면 현지인들은 주말 나들이로 암파와를 즐겨 찾는다. 투어용 보트를 타고 돌아봐도 좋고, 수로 옆 인도를 따라 걸어도 좋다. 낯선 풍경이 주는 신선함 때문일까? 어떻게 돌아봐도 재미있다. 시장 자체가 볼거리라면 수상 시장의 최고 즐길 거리는 역시 길거리 음식! 탐스럽게 익은 열대 과일, 숯불 위에서 익고 있는 어른 팔뚝만 한 오징어, 가던 걸음도 멈추게 만드는 무삥돼지 구이 꼬치 냄새까지. 맛깔스러운 음식에 정신을 차릴 수 없어도, 가격은 칼같이 확인하고 먹자. 여행자에게 바가지를 씌우는 상인들이 종종 있다.

매끌렁 기찻길 시장 Maeklong Railway Market

Mueang Samut Songkhram District 매일 08:00~19:00
기차 지나가는 시간 8:30, 11:10, 14:30, 17:40(기차가 운행되지 않거나 시간이 변경될 수 있다.)

기찻길 바로 옆 로컬 시장

담넌 싸두억 수상 시장에서 남쪽으로 20km 남짓, 암파와 수상 시장에서 동남쪽으로 7km 정도 떨어져 있다. 매끌렁 기차역의 기찻길을 따라 시장이 형성되어 있으며, 생필품, 해산물, 청과류 등을 판다. 여행자들이 열광하는 이유는 하루 4번 시장을 관통하는 기차 때문이다. 상인들은 과감하게 기차 선로 위까지 판매대를 펼쳐 놓는다. 그까짓 기차 몇 번이나 지나간다고, 오면 치우면 된다는 식이다. 멀리서 기차 경적이 울리면, 당황하는 이들은 사진 찍느라 정신없던 관광객이다. 상인들은 민첩하면서도 정확하게 움직인다. 가게마다 설치된 접이식 차양은 트랜스포머만큼 빠르게 착착 접히고, 선로의 판매대도 어느새 사라진다. 이어 기차가 과일 바구니와 판매대에 닿을 듯 말듯 지나가며 모두의 시선을 사로잡는다. 승객들도 손에 땀을 쥐며 아슬아슬한 마음으로 바라보기는 마찬가지다. 기차가 지나가면 순식간에 모든 것이 원상 복귀된다. 상인들은 아무 일 없었다는 듯 다시 장사를 한다. 역시 이 시장의 관전 포인트는 상인들의 시크함이다. 매끌렁 시장은 담넌 싸두억이나 암파와 수상 시장과 함께 계획하여 여행하는 게 좋다. 아침 일찍 수상 시장을 돌아보고, 매끌렁 시장을 찾으면 1일 투어가 완성된다.

아유타야 Ayutthaya

태국의 영광을 간직한 도시, 자세히 보아야 아름답다

아유타야는 방콕에서 북쪽으로 76km 거리에 있는, 세계문화유산으로 지정된 신비로운 역사 도시이다. 아유타야 왕조1350~1767는 이곳을 수도로 정하고 14세기 초부터 약 400여 년 동안 태국을 지배하였으며, 태국에서 가장 번성했던 왕조로 꼽힌다. 지금은 인구가 5~6만 명에 불과하지만, 전성기였던 18세기엔 무려 100만 명이 넘는 세계 최대 도시 가운데 하나였다.

아유타야는 짜오프라야강Chao Phraya River, 롭부리강Lopburi River, 빠싹강Pasak River으로 둘러싸인 섬이다. 육로는 물론 바다와 연결되는 강이 있는 지리적 이점 덕분에 인도, 말레이시아, 중국 등 세계 무역 상인들의 거점 역할을 하기도 하였다. 이 도시엔 황금으로 덮인 사원이 가득했고 문화가 번성했다. 태국이 처음으로 유럽 문물을 받아들인 곳도 아유타야였다. 그러나 영원한 것은 없다. 1767년 내부 혼란을 틈타 공격한 버마의 침입으로 아유타야 왕조는 막을 내렸다. 아유타야는 과거의 찬란함을 잊지 않고 있는 듯하다. 여전히 신비롭고 묘하게 감성을 자극한다. 목이 잘린 불상은 왕조의 자존심을 지켜온 무사처럼 보인다. 몰락과 파괴의 흔적이 마음을 아프게 하다가, 언제 그랬냐는 듯 다시 옛 도시의 정취를 멋스럽게 뽐낸다. 아유타야는 자세히 보아야 아름답다.

아유타야 여행 지도

하루 여행 추천코스

왓 랏차부라나 ⇨ 도보 3분 ⇨ **왓 프라 마하탓** ⇨ 도보 15분 ⇨ **왓 프라 람** ⇨ 도보 5분 ⇨ **왓 프라 씨 싼펫** ⇨ 도보 2분 ⇨ **왓 프라 몽콘 보핏** ⇨ 뚝뚝 10분 ⇨ **왓 차이와타나람** ⇨ 뚝뚝 15분 ⇨ **아유타야 야시장**

❶ 역사 공원을 도보로 둘러볼 계획이라면 뚝뚝을 타고 왓 프라 마하탓으로 이동

❷ 자전거를 렌트하려면 나레쑤언 로드로 가서 카페나 게스트하우스에서 자전거를 빌리자.

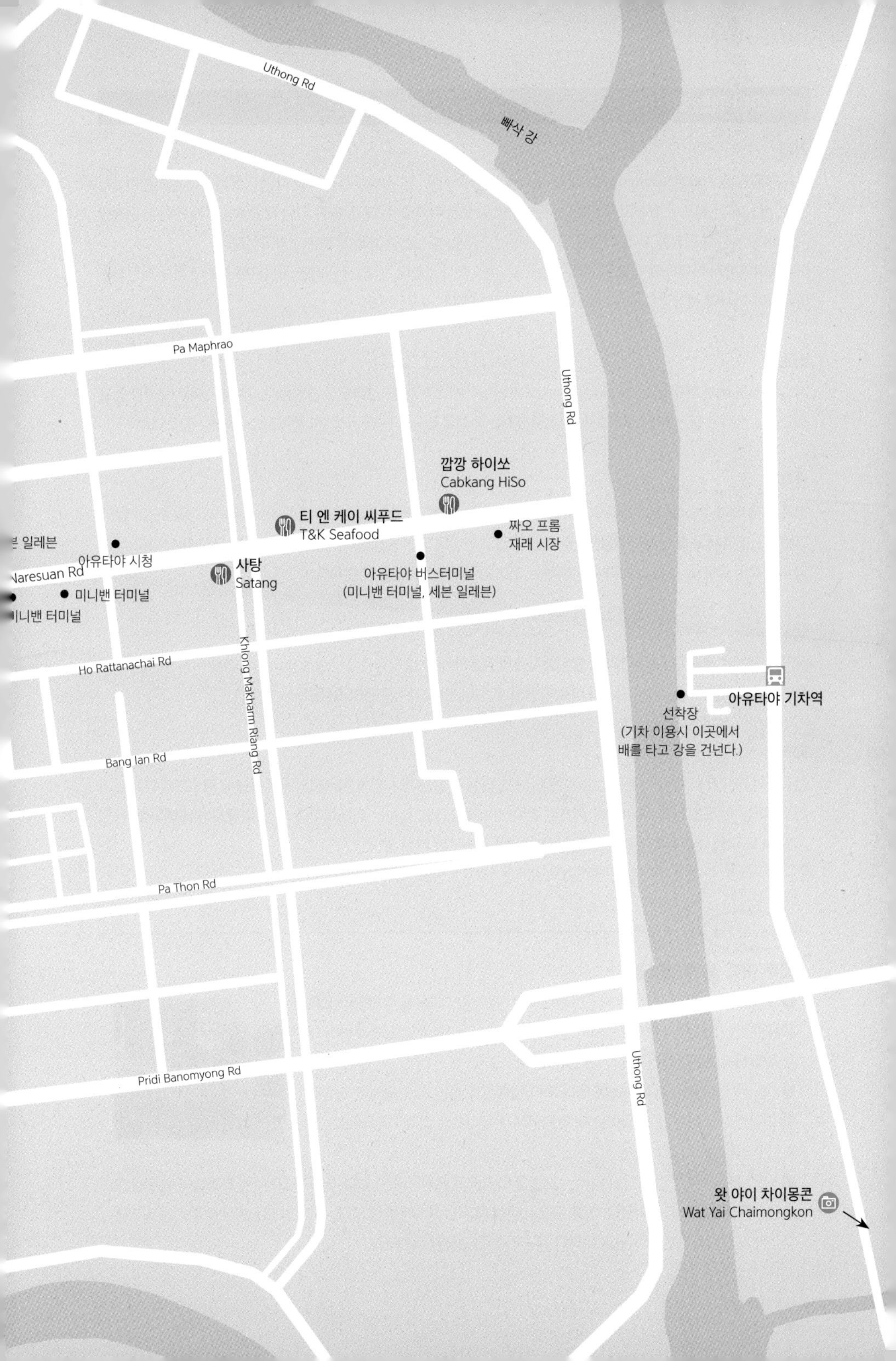

Uthong Rd
빠삭 강
Pa Maphrao
Uthong Rd
깝깡 하이쏘
Cabkang HiSo
티 엔 케이 씨푸드
T&K Seafood
짜오 프롬
재래 시장
븐 일레븐
아유타야 시청
Naresuan Rd
사탕
Satang
아유타야 버스터미널
(미니밴 터미널, 세븐 일레븐)
미니밴 터미널
미니밴 터미널
Ho Rattanachai Rd
Khlong Makharm Riang Rd
아유타야 기차역
선착장
(기차 이용시 이곳에서
배를 타고 강을 건넌다.)
Bang Ian Rd
Pa Thon Rd
Pridi Banomyong Rd
Uthong Rd
왓 야이 차이몽콘
Wat Yai Chaimongkon

아유타야 가는 법

기차

방콕 후알람퐁 기차역Bangkok Hua Lamphong Railway Station에서 태국 북부행 기차를 타면 아유타야에 정차한다. 1시간 30분~2시간 정도 소요되고, 가격은 단돈 20밧. 티켓은 예약할 수 없고, 출발 당일 후알람퐁역에서 현장 구매만 가능하다. 시간적 여유를 두고 티켓을 구매하지 않으면 입석으로 갈 확률이 높으니 참고하자.
아유타야역에서 아유타야 섬으로 가려면 보트로 강을 건너야 한다. 역 입구 건너편 골목으로 100m 정도 직진하면 아유타야 기차역 선착장Ayutthaya Train Station Pier이 나온다. 가격은 5밧.

버스

버스가 방콕 북부 터미널Mochit Bus Terminal, 모칫 터미널에서 20~30분 간격으로 출발한다. 아유타야까지 2시간 정도 소요되고 가격은 60밧부터이다. 모칫 터미널까지는 택시로 이동하는 게 가장 편리하다. 버스 운행 시간 05:00~18:30

롯뚜 미니밴

방콕 모칫 터미널Mochit Bus Terminal, 북부 터미널에서 도보 10분 거리에 미니밴 터미널Mochit New Van Terminal이 있다. 티켓 부스 B에서 표를 산다. 정확한 출발 시간이 없고 만석이 되면 출발한다. 버스보다 조금 빠르고, 아유타야 섬 안의 나레쑤언 로드Narae Suan Rd까지 운행하는 것이 장점이다. 요금은 70밧이다.

택시

아이를 동반한 가족이나 3~4명의 그룹 여행자에게 유용하다. 호텔 리셉션에 문의하거나 우버 앱을 이용하면 된다. 기차역이나 터미널에서도 택시 기사와 바로 흥정할 수 있다. 편도 가격은 1500B정도.

페리

아유타야까지 가는 페리가 따로 있는 것은 아니고, 여행사 상품이다. 방콕 리버시티에서 출발해 짜오프라야강을 따라 아유타야에 도착한다. 에어컨이 설치된 유람선이 제공되고, 점심은 뷔페식이다. 한인 여행사에서 예약할 수 있지만, 해외 여행사와 함께 운영하는 것이라 한국인 가이드는 따로 없다.
한인 여행사 **몽키트래블** www.monkeytravel.com **홍익여행사** http://hongiktravel.com

Travel Tip

롯뚜 이용 시 주의할 점

❶ 모칫 미니밴 터미널Mochit New Van Terminal 까지 택시 이용을 추천한다. BTS 쑤쿰윗 라인 모칫역, MRT 모칫역이 있지만, 역에서 터미널까지 멀고 주변이 너무 복잡해서 초행길에는 길 찾기가 쉽지 않다.
❷ 미니밴 터미널은 고가 아래에 있다. 터미널에 도착하면, 직원들에게 '아유타야 미니밴롯뚜' 타는 곳을 물어보자. 현지인에게 물어보는 것이 가장 빠르고 정확한 방법이다.
❸ 다만, 현지인에게 길을 묻고 다니는 모습은 사기꾼의 표적이 되기 쉽다. 몇 해 전 미니밴 터미널이 빅토리 모뉴먼트에서 모칫으로 옮겨왔다. 이를 모르는 여행객에게 '여기에 밴이 없다.', '빅토리 모뉴먼트로 위치가 바뀌었다.', '내가 저렴하게 밴 터미널로 데려다준다.'라며 접근하면 무시하자.

현지 투어로 아유타야 여행하기

교통편, 보트 투어까지 포함한 패키지 상품이 많다. 카오산 로드에 있는 모든 여행사에서 신청할 수 있다. 한국 여행자들은 한인 여행사인 몽키트래블, 동대문여행사, 홍익여행사를 주로 이용한다. 방콕에서 오전에 출발해서 저녁에 돌아오는 당일 투어, 2~3시쯤 출발해서 야경을 보고 돌아오는 선셋 투어가 있다. 여행사별로 차이점이 조금은 있지만, 패키지 구성, 가격이 대체로 비슷하다. 예산 1인당 1100~1700밧.

한인 여행사 **몽키트래블** www.monkeytravel.com

홍익여행사 http://hongiktravel.com

동대문여행사 카카오톡/라인 bkkdong

택시 대절해서 당일 코스로 여행하기

아유타야 필수 코스인 왓 프라 마하탓, 왓 프라시산펫, 왓 야이차이몽콜, 왓 차이와타나람을 순서대로 돌아보는 일정을 추천한다. 왓 차이와타나람의 야경까지 알차게 즐기고 방콕으로 돌아올 수 있다. 출발 전 택시 기사에게 사원 리스트를 가지고 일정을 상의하자. 왕복 택시 요금에는 흥정이 필수다. 대절 요금은 약 3000B 정도이다.

아유타야에서 1박하기

아유타야에서 하루를 머무는 한국 여행자는 많지 않지만, 시간 여유가 있다면 1박을 추천한다. 이른 새벽과 달빛이 내려앉은 밤의 아유타야는 낮에 보던 모습과는 사뭇 다르다. 특히 사원마다 불을 켜 야경을 즐기기 좋으며, 왓 차이와타나람은 사원 안에서도 야경을 즐길 수 있다. 아유타야 섬 북동쪽에 있는 나레쑤언 로드Naresuan Rd.에 가성비 좋은 게스트하우스와 여행자를 위한 음식점이 모여 있다. 1박에 300~500밧 정도 예상하면 된다.

Travel Tip

아유타야 여행을 위해 꼭 준비하자

❶ 모자와 자외선 차단제

햇빛의 강도가 방콕과는 비교도 안 되게 강렬하다. 일사병에 걸리지 않으려면 꼭 준비해야 한다.

❷ 로브 혹은 카디건

사원 입장 시 복장 규제가 점점 엄격해지고 있다. 짧은 치마, 반바지, 민소매 등을 착용했으면 입구에서 옷을 빌려야 한다. 몸을 가릴만한 것을 미리 챙겨가자.

❸ 모기 기피제

주변에 강이 많아 모기가 많고, 초저녁이 되면 더욱 기승을 부린다. 야경 명소는 물론 야외 레스토랑에서도 필요하다.

❹ 방수팩 태국은 비가 짧고 강렬하게 내린다. 유적지 주변은 비 피할 곳이 마땅치 않아 귀중품이 비에 젖는 것은 한순간이다. 방수팩 또는 지퍼백을 반드시 챙기자. 작은 지퍼백 하나만 있어도 여권과 핸드폰 걱정은 하지 않아도 된다.

아유타야 시내 교통편

아유타야는 강으로 둘러싸인 섬이다. 왓 프라 마하탓, 왓 프라 씨 싼펫 등 주요 사원은 섬 안에 있고, 야경 명소인 왓 차이와타나람과 왓 야이 차이몽콘은 강 건너에 있다. 섬 안은 자전거와 도보로, 섬 밖은 오토바이와 뚝뚝으로 돌아보면 된다.

자전거

여행자들이 가장 선호하는 시내 교통편이다. 왓 프라 마하탓, 왓 프라 씨싼펫처럼 섬 안에 있는 유적지를 돌아볼 때 편리하다. 큰 도로를 제외하고 유적지 주변 길에는 가로등이 없어 저녁에는 다소 위험할 수 있으니 주의하자. 아유타야 섬 북동쪽 나레쑤언 로드Naresuan Rd.에 가면 자전거를 대여해 주는 숍이 많다.

뚝뚝

아유타야 섬 서쪽의 왓 차이와타나람과 섬 동쪽의 왓 야이 차이몽콘 등 강 건너까지 가려면 거리가 멀어 뚝뚝을 이용해야 한다. 비용이 조금 들지만, 가장 빠르고 편하게 유적지를 여행하는 방법이다. 몇 군데를 가느냐에 따라 가격은 천차만별이다. 흥정은 필수. 아유타야에서 하루 머물 계획이라면 호텔에 문의하는 것이 좋다.

도보+뚝뚝

왓 마하탓 주변의 유적지는 도보로 이동하고, 외곽은 뚝뚝으로 돌아보는 여행자도 생각보다 많다. 걷기에 편안한 신발과 복장은 필수이다. 양보다 질, 얼마나 많은 사원을 가느냐 보다 아유타야의 정취를 만끽하고 싶은 여행자에게 추천한다.

오토바이

뚝뚝보다 저렴해 개인적으로 가장 선호하는 교통편이다. 아유타야 섬 안의 사원은 물론 외곽의 사원을 보기에도 편리하다. 도로에 차가 많지 않아 운전하기 어렵지 않다. 단, 스쿠터를 빌리겠다고 꼭 말해야 한다. 기어가 있는 일반 오토바이를 빌리면 의지와 상관없이 시속 80km 이상으로 달려야 해서 위험할 수 있다.

아유타야 자유 여행

아유타야는 자유 여행으로 다녀오기에 큰 무리가 없다. 가깝고 교통편도 편리해서 여행사 1일 투어를 이용하지 않아도 된다.자유 여행으로 둘러보고 싶지만 막막해서 고민되는 여행자를 위해 하루 일정을 준비했다.

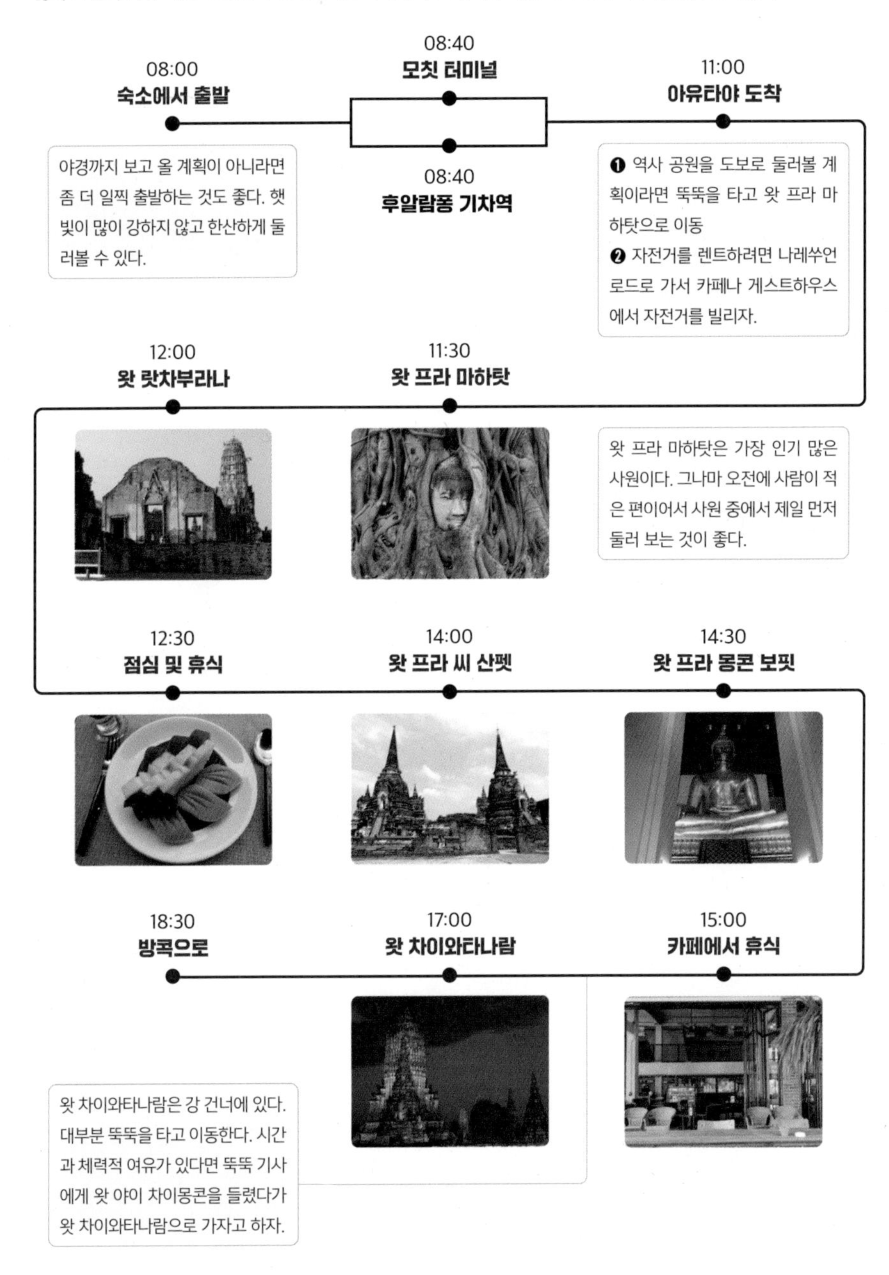

아유타야 역사공원 Ayutthaya Historical Park

옛 왕조의 찬란함과 자존심을 품었다

아유타야 왕조의 도시 유적은 아유타야 역사공원으로 지정되어 있다. 1991년 공원 전체가 유네스코 세계문화유산으로 등록되었다. 우리나라로 치면 경주와 비슷하다. 경주시 여기저기의 다양한 유적이 경주 역사 유적 지구라는 이름으로 묶여 세계문화유산으로 지정된 것과 같다. 경주 역사 유적 지구엔 왕릉, 탑, 산성 등 유적이 다양하다면 이곳은 사원이 중심이라는 점이 차이라면 차이다.

1350년에 건립된 도시 아유타야는 강에 둘러싸인 지리적 이점을 이용해 세계 무역의 중심지로 성장했다. 전성기 시절에는 100만 명이 사는 대도시였으며, 왕궁 3개, 사원이 400여 개, 요새가 29개나 있었다. 영원할 것 같던 아유타야는 1767년 버마의 침입으로 완전히 무너졌다. 태국 사람들의 정신적 안식처였던 사원은 불바다가 되었고, 수많은 불상은 사지가 잘려 나갔다. 영화롭던 시절은 온데간데없고 폐허가 된 도시만 쓸쓸하게 남았다. 그러나 이 폐허 더미는 오늘 당신에게 고대 도시의 신비로움을 선사한다. 분명 아유타야는 아직 옛 왕조의 찬란함과 자존심을 기억하고 있다. 천천히 돌아보며 도시가 품은 아유타야 왕조의 이야기를 들어보자.

ATTENTION!

방콕에서는 못 느꼈겠지만, 아유타야에는 무리 지어 다니는 개들이 많다. 태국 개는 저녁이 되면 무섭게 돌변한다. 유적지 주변 골목에 5~6마리가 모여 있을 때가 있으니 자전거나 오토바이를 탈 때 조심해야 한다. 이쯤 되면 개보다는 늑대에 가깝다. 개가 쫓아오면 무조건 피하는 것이 최선이다. 골목 입구에서 경음기로 미리 인기척을 하는 것도 나쁘지 않다.

Travel Tip

1박을 한다면 사원 입장권 패스를!

230밧에 사원 6곳을 입장할 수 있는 패스이다. 한국 여행객 대부분은 아유타야를 무박으로 여행하기 때문에 반나절 동안 사원 6곳을 돌아보는 것은 불가능하다. 상황에 맞춰 사원별 입장권을 구매하는 게 더 저렴하다. 그러나 아유타야에서 1박을 한다면 이 패스를 추천한다. 크게 가격 차이가 나는 것은 아니지만 개별 구매보다 조금 저렴하다. 모든 사원의 티켓 부스에서 구매할 수 있다.

왓 프라 마하탓 Wat Phra Mahathat

Naresuan Rd 매일 08:00~16:00 ฿ 50B

아유타야 왕조의 왕실 사원

14세기경 보롬마라차 1세Borommaracha I가 부처의 사리를 모시기 위해 세운 사원으로, 왓 프라 씨 싼펫과 더불어 아유타야 왕조의 왕실 사원이었다. 사원 중앙에 크메르 양식으로 지어진 거대한 석탑 쁘랑Prang, 프랑. 옥수수 모양 불탑. 앙코르 와트의 불탑이 대표적이다. 흔히 종 모양 불탑 째디와 비교된다이 있고, 쁘랑에는 부처의 유물이 안치되어 있다. 사원 동남쪽에는 이 사원의 하이라이트이자 태국을 대표하는 이미지, 보리수 뿌리가 감싼 불상 머리가 있다. 이 불상 머리는 1767년 버마가 아유타야를 침략했을 때, 군인들에 의해 잘려나간 것이다. 오랜 세월 처참한 모습으로 방치되어 있다가, 1950년대 사원 복원 사업이 시작되면서 발견되었다. 긴 세월 땅속에 묻혀 있던 불상 머리가 보리수 뿌리와 함께 지면 위로 올라오면서 그 모습이 드러났다. 불상 사진 촬영은 가능하지만, 사람 머리가 불상보다 높이 있는 자세로는 촬영 불가이며, 불상으로 너무 가까이 가서 촬영해도 안 된다.

왓 랏차부라나 Wat Ratchaburana

옥수수를 닮은 중앙탑이 멋지다

왓 프라 마하탓 북쪽 맞은 편에 있다. 1424년, 보롬마라차 2세Borommaracha II가 왕위 쟁탈전으로 사망한 그의 두 형제를 위해 지었다. 운이 좋게도 사원 중앙의 쁘랑은 크게 파손되지 않아 지금도 아유타야 시절의 모습을 그대로 간직하고 있다. 가루다, 나가 등 인도 신화에 등장하는 상상 속의 큰 새와 뱀이 쁘랑을 장식하는 스투코 조각상으로 남아 있어 여행자를 아유타야 시절로 안내한다. 이 쁘랑은 아유타야에서 가장 잘 보존되어있는 유적으로 유명하다. 쁘랑의 기단부에 올라가 폐허가 된 아유타야를 내려다보면 불바다였던 도시가 눈앞에 그려져 마음이 아려온다.

Soi Chikun 매일 08:00~18:00 ฿ 50B

왓 프라 씨 싼펫 Wat Phra Si Sanphet

종 모양 불탑이 옛 영화를 말해준다

1350년대에 세워진 아유타야 왕실 사원으로 국가의 주요 행사와 종교의식이 행해졌던 장소이다. 사원을 포함한 이 일대가 옛 왕궁이었는데, 방콕의 왕실 사원 왓 프라깨우가 이 사원을 모델로 지어졌다. 경내로 들어서면 3개의 쩨디체디, 종 모양 석탑가 여행자를 맞이한다. 지금은 검은 그을음만 남아 남루하지만, 과거에는 째디에 온통 금을 입혀 신비롭고 영화로운 모습이었다. 1767년 버마가 아유타야를 몰락시키던 그 날, 버마 군은 사원과 왕궁에 불을 지르고 녹아내린 금마저 약탈해 갔다. 유물 대부분이 파손되어 이제는 흔적만 남아 있지만, 규모와 기운에서 왕궁의 웅장함이 느껴진다.

Sri Sanphet Rd. 매일 08:00~18:00 ฿ 50B

왓 프라 몽콘 보핏 Wat Phra Mongkhon Bophit

연인과 함께 들어가면 헤어진대요

왓 프라 씨 싼펫 남쪽 옆에 있는 사원으로, 15세기에 만들어진 대형 불상을 모시고 있다. 외관이 너무 깨끗해서 얼핏 보기엔 아유타야 유적이 아닌 것 같은데, 천둥에 파손되었다가 다시 버마의 침략으로 파손된 사원을 복원한 것이다. 1956년 버마 정부가 기부금을 내 복원 사업이 이루어졌다. 연인이 함께 법당에 들어가면 헤어진다는 속설이 있다.
Naresuan Rd. 매일 08:00~18:00 ฿ 30B

왓 프라 람 Wat Phra Ram

산책하기 너무 좋은

왓 프라 씨 싼펫에서 동남쪽으로 3분 거리에 있는 사원이다. 이곳은 옛날 아유타야 사람들이 여가를 즐겼던 장소이다. 요즘 기준으로 보면 시민 공원에 들어선 사원쯤 되겠다. 원래는 프라 라메쑤언 왕Phra Ramesuan, 재위 1388~1395이 아버지의 화장터로 사용하려 짓기 시작했다. 하지만 그가 죽고도 한참 후에 완성되는 바람에 용도가 공원으로 바뀌었다. 사원 안팎으로 커다란 호수Buen Phraram, 부엉 프라 람와 녹지대가 있어 산책하기에 더할 나위 없이 좋다. Naresuan Rd. 매일 08:00~16:30 ฿ 40B

왓 차이와타나람 Wat Chaiwatthanaram

아유타야 섬 서쪽의 다리로 짜오프라야강을 건너 3469번 도로 진입, 약 1km 직진.
Ban Pom 매일 08:00~18:00 ฿ 50B

야경이 매혹적인, 앙코르 와트를 닮은

아유타야 섬에서 짜오프라야강 건너 남서쪽으로 약 2km 거리에 있는 사원이다. 1630년 쁘라쌋텅 왕이 자신의 어머니를 위해 건설했다. 캄보디아 앙코르 와트를 모델로 만들어 모양과 구조가 비슷하다. 35m 높이의 중앙탑이 있다. 이 탑은 8개의 작은 쁘랑으로 둘러싸여 있고, 십자형 통로로 서로 연결된다. 원래는 통로에 수많은 입구와 지붕이 있었고, 통로 벽을 따라 120개 이상의 불상이 놓여있었다고 전해진다. 현재는 기둥과 벽 일부만 존재하며, 불상 대부분이 사지가 절단된 상태로 남아 있어 오묘한 분위기를 자아낸다.
왓 차이와타나람은 야경 명소로도 유명하다. 대부분 사원은 조명 밝힌 모습을 멀리서 감상해야 하는데, 왓 차이와타나람은 직접 사원을 돌아보며 야경을 즐길 수 있다. 황금빛으로 물든 사원을 걸으며 아유타야가 가진 신비로움에 흠뻑 취해보자.

Travel Tip

쑤타이 입고 인생샷 찍기

왓 차이와타나람에 갔다면 태국 전통 의상 쑤타이를 입고 인생 사진을 찍자. 사원 주차장 건너편에 쑤타이촛차이, 추타이 대여점이 여러 곳 있다. 여행자뿐 아니라 현지인에게도 인기 만점이다. 어린이용 쑤타이도 있고, 디자인이 다양하다. 가격은 200밧 정도.

왓 야이 차이몽콘 Wat Yai Chaimongkon

아유타야 섬 동쪽의 프리디 탐렁 다리Preedee-Thamrong Bridge로 빠삭강을 건너 약 850m 직진 후, 사거리에서 우회전하여 3477번 도로로 진입, 약 700m 직진

Phai Ling 매일 08:00~17:00 ฿ 20B

불탑 위로 올라갈 수 있다

아유타야 섬에서 동남쪽으로 약 2km 정도 떨어진 곳에 있는 사원이다. 1357년 우텅 왕이 스리랑카에서 유학하고 돌아온 승려들의 명상 공부를 위해 세웠다. 수많은 아유타야 왕족들도 이곳에서 수양을 쌓았다고 전해진다. 사원 뜰로 들어서 조금 걷다 보면 가부좌를 틀은 거대한 불상과 종 모양의 쩨디Chedi, 체디가 눈에 들어온다. 쩨디는 1952년 버마와 전투에서 승리한 나레쑤언 왕이 승리를 기념하기 위해서 만들었다. 쩨디와 불상을 둘러싼 벽 안쪽에는 수십 개의 불상이 일렬로 놓여있다. 현재 아유타야에서는 쩨디의 기단부 이상까지 올라갈 수 있는 사원이 많지 않은데, 왓 야이 차이몽콘은 계단을 타고 쩨디 상단부까지 올라갈 수 있다. 한적한 아침 쩨디 상단부에 올라 고즈넉한 사원을 내려다보면 옛 도시의 정취를 만끽할 수 있다.

코끼리 라이딩 Ayutthaya Elephant Palace & Royal Kraal

코끼리 타고 사원 돌아보기

왓 프라 씨 싼펫과 왓 프라람에서 400m 정도 떨어진 곳에 코끼리 체험장이 있다. 코끼리를 타고 사원 주변을 돌아보는 프로그램이다. 사원 내부로 들어가는 것은 아니고, 왓 프라람과 왓 프라 씨 싼펫을 포함한 나레쑤언 로드 일부를 돈다. 화려한 파라솔과 안장을 얹은 코끼리와 사원이 어우러져 이국적인 풍경을 자아낸다. 하지만 환경단체 그린피스는 태국의 코끼리 타기 체험을 반대하고 있다. 개인의 판단에 따라 선택은 자유다. 왓 프라 씨 싼펫 입구가 있는 나레쑤언 로드에서 남쪽으로 300m 직진. 사거리에서 우회전 후 100m 직진 09:00~17:00 ฿ 400B

아유타야 야시장 Ayutthaya Night Market

간식거리 많은 소박한 야시장

왓 마하탓에서 200m 정도 떨어진 곳에 있는 야시장이다. 방콕의 핫 스폿 느낌 가득한 야시장이 아니라, 소박하고 현지 분위기가 물씬 풍기는 곳이다. 여행자의 식욕을 돋우는 간식거리도 많다. 먹기 편하게 손질된 열대 과일부터, 코코넛 밀크로 만든 빵, 돼지고기와 카레로 만든 꼬치구이Moo Satay, 무사테이까지 종류도 다양하다. 야시장 뒤편에는 팟타이처럼 간단한 볶음류 음식을 파는 노점도 있다. 규모가 작아 대단한 볼거리가 있는 것은 아니지만, 여행자 대부분이 저녁 식사 전후로 산책 겸 즐겨 찾는다. 왓 마하탓에서 남쪽으로 약 200m 직진. 방란 로드Bang Lan Rd 입구부터 시장 시작 Bang Lan Rd 매일 17:00~22:00

아유타야의 맛집·카페·바·숍

깝깡 하이쏘 Cabkang HiSo

역사공원 동쪽에 있는 나레쑤언 로드Naresuan Rd.로 진입하여 950m 직진.

10/17 Naresuan Soi 2 매일 11:00~22:00 ฿ Noodle with Grilled Water Prwan 179B

저렴하게 아유타야 새우 요리를

아유타야는 어른 손바닥만 한 크기의 민물 새우로 유명하다. 크기도 크기지만 육즙이 많고 살이 쫄깃하다. 그러나 안타깝게도 새우 마켓이 역사공원에서 너무 멀어 맛보지 못하는 여행자들이 많다. 깝깡 하이쏘는 아유타야 새우Ayutthaya River Prawn 음식을 저렴한 가격에 맛볼 수 있는 로컬 음식점이다. 도시의 북동쪽, 나래수언 로드에 있다. 아유타야 역사공원에서 가까워 유적을 돌아본 뒤 가기 좋으며, 양과 가격 모두 만족스럽다. 시그니처 메뉴인 'Noodles with Grilled Water Prawn'은 면 위에 튀긴 돼지고기와 그릴에 구운 새우를 얹어 내온다. 돼지 등뼈를 태국 고추와 향신료를 넣고 매콤 새콤하게 끓인 'Spicy Pork Bone Soup'도 추천한다. 아유타야에서 1박을 한다면, 삼시 세끼 이곳에서 해결해도 충분할 만큼 메뉴가 다양하고 맛있다.

말라꺼 키친 & 카페
Malakor Kitchen and café

운치 있는 태국식 목조 주택 카페

왓 랏차부라나 건너편에 있는 레스토랑 겸 카페이다. 태국식 목조 주택을 개조해 만든 카페라 운치가 있다. 조금 덥기는 하지만, 1층 카페 구역에는 에어컨이 있다. 태국 음식이 대부분이고, 맛은 자극적이지 않고 깔끔하다. 주변에 나무가 많아 저녁에 방문한다면 모기 기피제를 챙겨가는 것이 좋다.

왓 랏차부라나 건너편에 위치
Malakor Kitchen and cafe, Tha Wasukri
+66 91 779 6475 **카페** 08:00~20:00
레스토랑 08:00~22:00 (브레이크타임 14:00~16:00)
฿ **타이티 프라페** 60B

카파 비스트로 Kaffa Bistro

태국 음식에서 이탈리안 음식까지

나레쑤언 로드Naresuan Rd.에 있는 레스토랑 겸 카페이다. 맛 좋은 음식과 저렴한 가격, 친절한 직원까지 여행자가 좋아할 만한 모든 조건을 갖추었다. 태국 음식은 물론 피자, 파스타 등 이탈리안 음식까지 골고루 있다. 간단한 사이드 메뉴에 술 한잔하기 좋은 편안한 분위기다.

역사공원 동쪽에 있는 나레쑤언 로드Naresuan Rd.로 진입하여 750m 직진 Kaffa Bistro, 1, 12 Phai Ling +66 84 040 1818 월·화·목·일 11:00~21:00, 금·토 11:00~22:00 (수 휴무)

사탕 Satang

현지인, 외국인 모두가 좋아하는

나래수언 로드에 있는 크레페 맛집이다. 샐러드, 오믈렛, 파스타 등 간단히 먹을 수 있는 메뉴가 있다. 망고 스무디와 크레페는 남녀노소 모두가 좋아하는 인기 메뉴다. 음식과 시설이 청결하고 실내 에어컨이 있어서 쾌적하게 휴식을 취할 수 있다. 아유타야 역사 공원 바로 앞에 있는 레스토랑보다 가격이 훨씬 저렴하다.

왓 랏차부라나 맞은편 나래수언 로드 따라서 동쪽으로 600m
Satang, 15, 1 Naresuan Rd +66 62 656 5965
화~일 11:00~21:30, 월 휴무 ฿ **크레페** 90~110B

파타야 Pattaya

바다, 산호섬, 액티비티

파타야는 방콕에서 동남쪽으로 145km 떨어진 촌부리주의 도시이다. 1950년대 이전까지 파타야는 조용한 어촌 마을이었다. 베트남 전쟁1960~1975이 일어나고 1964년 미군이 전쟁에 본격적으로 참여하면서 파타야 근처에 공군 기지를 세웠다. 이때부터 파타야는 미군 휴양지로 사용되었다. 그 후 가난한 시골 소녀들이 돈을 벌기 위해 파타야로 몰려들었고 본격적으로 휴양과 유흥 도시로 발전했다.

몇 년 사이 파타야의 이미지도 조금씩 변하고 있다. 고고 바Go Go Bar가 있던 해변엔 최신식 리조트와 트렌디한 레스토랑이 들어섰고, 꼬란 섬을 중심으로 해양 스포츠, 요트 투어 등 즐길 거리도 다채롭다. 방콕을 벗어나 푸른 바다를 만나고 싶다면 파타야로 가자. 차로 2시간 거리여서 당일 혹은 1박 여행으로 가뿐하게 다녀올 수 있다.

Travel Tip

현지 투어 이용하기

방콕에서 당일 혹은 1박으로 파타야를 여행하는 패키지 상품이 많다. 픽업부터 교통편, 액티비티까지 모두 포함되어 있다. 바다를 마음껏 즐기기 어렵고 자유롭지 못해 아쉽지만, 취향에 따라 패키지 투어를 선호하는 여행자도 꽤 있다. 한인여행사 동대문여행사, 홍익여행사, 몽키트레블, KLOOK, Expedia 등에서 온라인 예약이 가능하다.

파타야 여행 지도

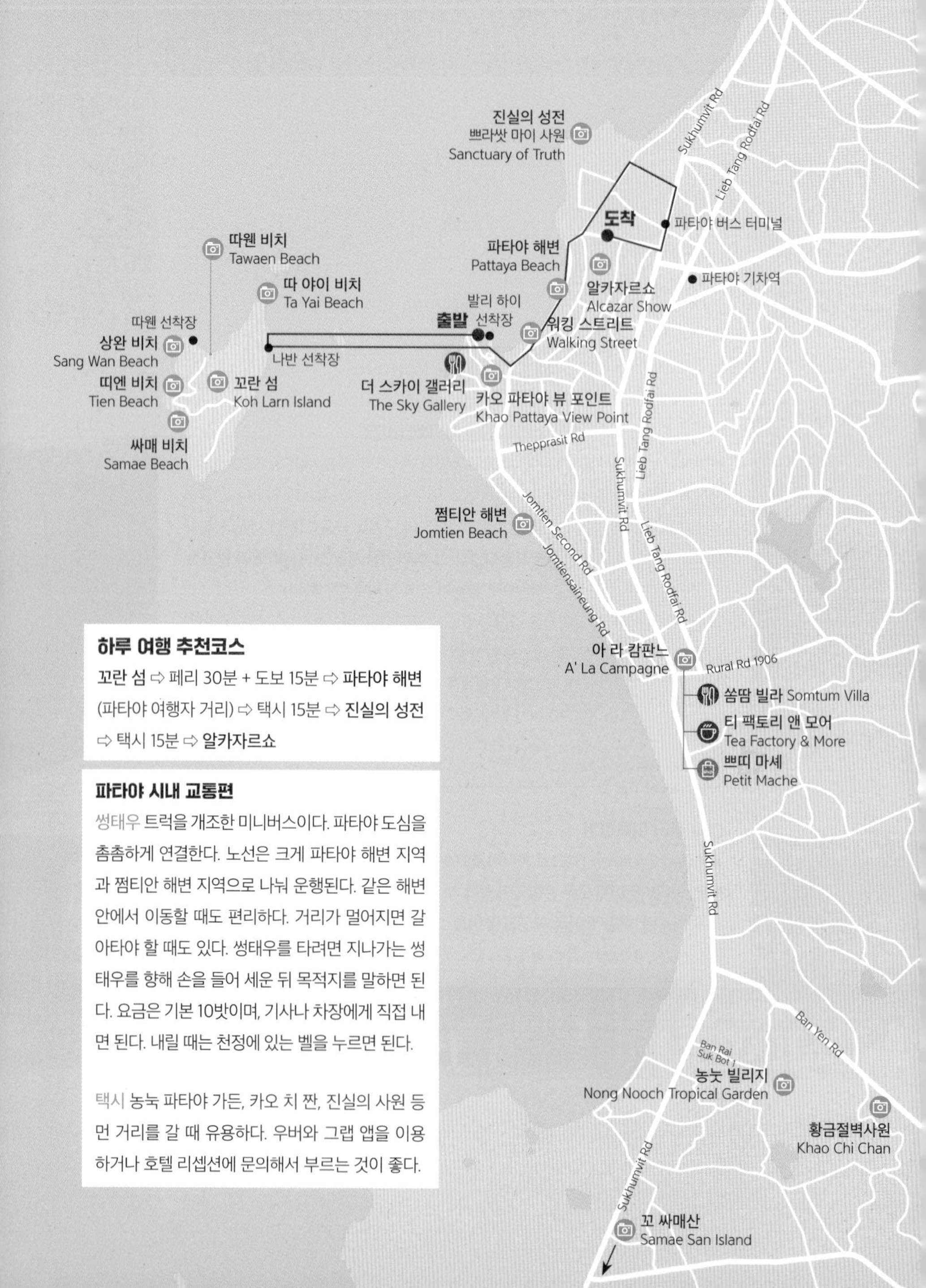

하루 여행 추천코스

꼬란 섬 ⇨ 페리 30분 + 도보 15분 ⇨ **파타야 해변**(파타야 여행자 거리) ⇨ 택시 15분 ⇨ **진실의 성전** ⇨ 택시 15분 ⇨ **알카자르쇼**

파타야 시내 교통편

썽태우 트럭을 개조한 미니버스이다. 파타야 도심을 촘촘하게 연결한다. 노선은 크게 파타야 해변 지역과 쩜티안 해변 지역으로 나눠 운행된다. 같은 해변 안에서 이동할 때도 편리하다. 거리가 멀어지면 갈아타야 할 때도 있다. 썽태우를 타려면 지나가는 썽태우를 향해 손을 들어 세운 뒤 목적지를 말하면 된다. 요금은 기본 10밧이며, 기사나 차장에게 직접 내면 된다. 내릴 때는 천정에 있는 벨을 누르면 된다.

택시 농눅 파타야 가든, 카오 치 짠, 진실의 사원 등 먼 거리를 갈 때 유용하다. 우버와 그랩 앱을 이용하거나 호텔 리셉션에 문의해서 부르는 것이 좋다.

방콕 시내에서 파타야 가는 방법

버스

방콕 모칫 터미널Mochit Bus Terminal과 남부 에까마이 터미널Ekkamai Bus Terminal에서 파타야로 가는 버스를 탈 수 있다. 에까마이 터미널이 BTS 에까마이역에서 가까워 접근성이 좋다. 두 터미널 모두 파타야 버스터미널까지 2시간 정도 소요되고, 버스터미널에서 힐튼 호텔이 있는 파타야 해변까지는 4km 정도 거리이다.

모칫 터미널 운행시간 04:30~22:00, 30분 간격 출발, 편도 135밧
에까마이 터미널 운행시간 05:00~23:00, 30분 간격 출발, 편도 130밧

기차

방콕 후알람퐁 기차역Bangkok Hua Lamphong Railway Station에서 하루 한 차례 기차가 출발한다. 오전 6시 55분에 출발해 오전 11시 무렵 파타야역에 도착한다. 버스보다 소요 시간이 길고 기차역도 도심에서 멀다. 주말에는 현지인들로 가득해 좌석 확보가 쉽지 않다. 기차역에서 내려 도심으로 이동하려면 썽태우트럭을 개조한 미니버스를 이용해야 한다. 역 입구에 썽태우 타는 곳이 있으며, 호텔 이름이나 도착지 주소를 말해주면 된다. 쩜티안 비치로 가려면 파타야 비치로 가서 쩜티안으로 가는 썽태우로 갈아타야 한다. 파타야 비치 주변에 있는, 워킹 스트리트에서 이어지는 파타야 로드S Pattaya Rd.에서 갈아타면 된다. 갈아타는 곳을 썽태우 기사들이 안내해주니 걱정하지 말자.

수완나품 공항에서 파타야 가는 방법

버스

공항 1층 8번 게이트 근처에 파타야 행 버스 티켓 부스와 탑승장이 있다. 오전 7시부터 밤 10시까지 1시간 간격으로 출발한다. 요금은 130~250밧이고, 2시간 정도 소요된다. 공항에서 출발하는 버스의 종점은 파타야 버스터미널이 아니라 남쪽 쩜티안 해변 근처의 공항버스터미널이다. 종점에 이르기 전 방콕 파타야 병원, 센트럴 플라자 마리나 파타야Central Plaza Marina Pattaya, 쩜티안 근처 탑프라야 로드Thappraya Rd. 등에 정차한다.

택시

새벽에 공항에 도착한 여행객이나 아이 동반 여행객이라면 택시도 나쁘지 않다. 1200~1500밧 정도의 요금에 공항 사용료와 톨게이트 비용을 추가로 내야 한다. 우버 앱을 이용해 그날 도로 상황에 맞는 가격을 한 번 더 예상해 본 후, 퍼블릭 택시미터 택시를 이용하자.

꼬란 섬 Koh Larn Island

에메랄드빛 바다가 아름다운 산호섬

파타야 해변에서 7km 정도 떨어진 작은 섬이다. 섬 주변에 산호가 많아 산호섬Coral Island으로도 잘 알려져 있다. 섬 전체에 크고 작은 해변이 열 곳이 넘는다. 해변마다 분위기는 조금씩 다르지만, 누구나 기대하는 에메랄드빛 바다와 곱게 빛나는 백사장은 기본이다. 따웬 선착장 바로 옆에 있는 따웬 비치가 가장 인기가 많지만, 한적한 분위기를 원한다면 남쪽의 싸매 해변, 북쪽의 따 야이 해변을 추천한다. 물이 맑아 스노클링 하기 좋고, 제트 스키, 패러세일링, 바나나 보트 등 다양한 액티비티를 즐길 수 있다. 꼬란은 파타야 인근 섬 중에서 유일하게 숙박할 수 있다. 나반 선착장 주변에 숙소가 모여있다. 반나절이어도 좋고 1박이어도 좋다. 백사장에 누워 여유롭게 남국의 정취를 만끽하자.

ONE MORE 1 꼬란 섬 가는 방법

❶ 페리

파타야 발리 하이 선착장Bali Hai Pier, 구글좌표 발리하이 선착장에서 꼬란 섬의 나반 선착장Na Ban Pier, 따웬 선착장 Tawaen Pier까지 페리를 운행한다. 약 30~40분 소요되며, 요금은 편도 30밧이다. 운항시간이 정해져 있지만, 승객이 차야 출발해서 정해진 시간보다 조금 늦게 출발할 때도 있다. 페리 앞부분에 운항 시간표가 있다. 내리기 전에 한 번 더 확인하자.

운항시간

파타야 → 따웬 선착장 08:00~13:00
따웬 선착장 → 파타야 13:00~17:00
파타야 → 나반 선착장 07:00~18:30
나반 선착장 → 파타야 06:30~18:00

Travel Tip

페리 사기 조심하세요!

페리 근처 선착장에 티켓을 사려는 여행자를 상대로 한 사기가 많다. 대표적인 것이 페리 50m쯤 앞에서 누군가가 매표원을 사칭해 요금이 올랐다며 60밧, 100밧을 받아 챙기고 도망가는 수법이다. 페리 바로 앞에서 혹은 페리에 한 발을 올린 채 티켓 뭉치를 들고 있는 사람에게만 티켓을 구매하자.

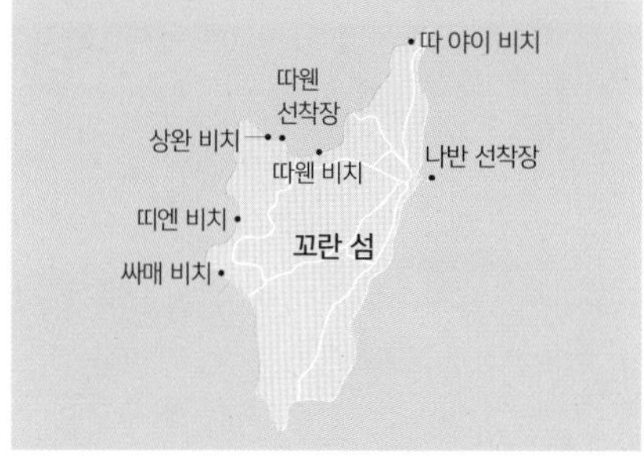

❷ 스피드 보트

여행사에서 운영하는 사설 보트이다. 15분 정도 소요되며, 요금은 1인 편도 300밧 정도이다. 따웬 선착장, 나반 선착장뿐 아니라 섬의 모든 해변에 정박할 수 있다. 페리보다 빠르고 섬 내에서 이동 시간까지 고려하면 페리보다 효율적이다. 단, 선착장에 정박하는 것이 아니라 해변에서 바다로 나아가서 탑승해야 하므로 소지품이 젖지 않게 주의해야 한다.

Travel Tip

꼬란 안에서 이동하기

섬 안에서는 오토바이 택시나 썽태우트럭을 개조한 미니버스로 이동하면 된다. 선착장에서 내려 상점들이 모여있는 해변으로 이동하면 기사들이 모여있는 정류소가 나온다. 해변에 따라 썽태우는 1인당 20~50밧, 오토바이 택시는 1인당 40~60밧 정도이다.

ONE MORE 2 꼬란 섬의 비치들

1

따웬 비치 Tawaen Beach

섬에서 제일 크고 인기가 많은 해변이다. 따웬 선착장 바로 왼편에 있다. 생각보다 사람이 많아 놀랍다. 바다 빛은 파타야의 해변과는 확연히 다르게 맑고 투명하다. 제트 스키, 스노클링 등을 신청할 수 있는 여행사와 음식점이 해변을 따라 늘어서 있다. 🚶 따웬 선착장 바로 왼편

2

상완 비치 Sang Wan Beach

따웬 선착장 오른쪽에 있는 작은 해변으로, 따웬 비치 바로 옆에 있다. 수심이 얕고 백사장 모래가 고와 어린 아이를 동반한 가족 여행자에게 추천한다. 선베드나 다른 부대 시설은 없다.

3

따 야이 비치 Ta Yai Beach

섬 북쪽에 있는 한산한 해변이다. 백사장 길이가 짧고 초승달처럼 휘어있어 아늑한 느낌이 든다. 부대 시설이 많지 않아, 선착장 주변에서 간식거리를 미리 챙겨가는 것이 좋다.
🚶 따웬 비치에서 오토바이 택시, 썽태우로 5분

4

싸매 비치 Samae Beach

꼬란 섬에서 가장 아름다운 해변이다. 고운 모래는 하얗게 빛나고, 물은 수정처럼 맑다. 한때 꼬란에서 가장 여유롭기로 유명한 해변이었으나, 지금은 중국 단체 관광객이 많이 오지 않는 날에만 한산하다. 무성하게 자란 야자수 아래 누워있으면 천국이 따로 없다. 해변 끝에 있는 전망대에 오르면 에메랄드빛 바다가 한눈에 들어온다. 🚶 따웬 비치에서 오토바이 택시, 썽태우로 5분

5

띠엔 비치 Tien Beach

따웬 해변에서 오토바이 택시로 5분 이내 거리에 있다. 따웬 해변보다 사람이 현저히 적지만, 해양 스포츠를 즐기는 사람들이 많아 조금 번잡한 편이다. 백사장 주변에 나무가 울창해 그늘이 많고, 수심이 깊지 않아 가족 여행자들이 즐겨 찾는다. 🚶 따웬 비치에서 오토바이 택시, 썽태우로 5분

워킹 스트리트 Walking Street

파타야 나이트 라이프의 모든 것

파타야 해변 근처에 있는 여행자 거리이다. 워킹 스트리트 입구부터 파타야 해변까지 이어지는 약 500m 남짓한 거리로, 저녁 6시 이후부터는 차량 통행이 금지된다. 네온사인과 핑크빛 조명을 밝힌 바가 다닥다닥 붙어있다. 술집, 고고 바, 라이브 바, 노점, 레스토랑, 성인 전용 클럽 그리고 세계 곳곳에서 온 여행객이 불 밝힌 거리에 가득하다. 가게 입구에 붙여 놓은 홍보 문구에는 한글도 보인다. 바와 클럽에서는 폴 댄스Pole Dance, 봉춤, 무에타이, 밴드의 라이브 공연이 펼쳐져 여행객들의 흥을 돋운다. 바는 대부분 오픈 형식이라 화려한 폴 댄스 무대가 길가에서도 훤히 보인다. 워킹 스트리트 메인 거리 양옆으로 작은 골목들이 있는데, 이곳에는 섹스 비즈니스 업소들이 많다. 워킹 스트리트는 조용한 여행을 원하는 여행자나 아이와 동반한 여행자에게는 추천하지 않는다. 하지만 파타야에서 한 번쯤 나이트 라이프를 즐기고 싶다면 가 볼 만 하다.

⌂ Walking St, Muang Pattaya

파타야 해변 Pattaya Beach

핑크빛 노을이 아름다운

파타야는 이 비치가 없었으면 존재할 수 없었다. 파타야 비치 덕분에 리조트가 들어서고, 타운이 조성되었다. 하지만 파타야 비치는 여전히 특별할 것 없이 평범한 분위기다. 남국의 바다를 기대하지는 말자. 저녁에 큰 기대감 없이 가벼운 산책으로 들러보기 좋다. 야자수 실루엣과 핑크빛 하늘이 어우러진 노을이 볼 만하다. 제트 스키, 패러세일링, 바나나보트 등 액티비티를 즐기기 좋다. 🚶 파타야 버스터미널에서 썽태우로 10분

알카자르쇼 Alcazar Show

화려하고 버라이어티한 태국의 대표 공연

태국의 트렌스젠더는 아름답기로 유명하다. 태국은 트렌스젠더를 제3의 성으로 인정한다. 알카자르쇼는 여자보다 예쁜 트렌스젠더들이 펼치는 카바레 쇼이다. 태국뿐 아니라 동남아에서 가장 화려한 쇼로 소문나 있다. 파타야 북쪽 센트럴 마리나 쇼핑몰에서 남쪽으로 200m쯤 가면 이 공연을 볼 수 있는 카바레 쇼 공연장 '알카자르쇼'가 있다. 한복을 비롯한 각국의 전통 의상을 입은 트랜스젠더들이 춤과 무용을 선보이고, 카바레 쇼, 판토마임 등 다양한 공연을 펼친다. 한복을 입은 트렌스젠더들은 한국 여행객을 위해 아리랑을 부른다. 또 파티복을 입고 나와 싸이의 강남스타일을 부르며 춤을 추기도 한다. 공연 전후로 관람객들과 포토타임을 갖기도 하는데, 사진을 찍으려면 팁으로 40밧을 내야 한다. 화려한 쇼도 볼만하지만, 그녀들의 뛰어난 미모와 당당함도 인상적이다.

🚶 파타야 해변 북쪽의 센트럴 마리나Central Marina 쇼핑몰에서 남쪽으로 200m 📍 Alcazar Show, 14 Pattaya Soi
📞+66 38 410 224
🕓 공연시간 매일 17:30, 19:00, 20:30
฿ **디럭스 티켓** 일반 550B, 어린이 350B
VIP티켓 일반 650B, 어린이 450B (여행사 기준)
VIP 1800B(홈페이지 기준) ☰ www.alcazarthailand.com

쩜티안 해변 Jomtien Beach

해변의 야시장 즐기기

파타야 비치에서 남쪽으로 5km 정도 떨어진 곳에 있는 해변이다. 파타야 비치와 마찬가지로 푸른 빛 바다는 아니다. 비교적 한산한 분위기지만, 저녁 늦게 쩜티안 비치 로드에서 먹거리 가득한 야시장이 열린다. 무삥돼지구이 꼬치처럼 간단한 음식을 사서 해변에서 맥주 한 잔 즐기는 기회를 놓치지 말자.

Thanon Hat Jomtien 파타야 비치에서 썽태우로 20분

카오 파타야 뷰 포인트 Khao Pattaya View Point

바다와 파타야를 한눈에 담다

발리 하이 선착장 근처에 있는 전망대이다. 나지막한 프라 탐낙 힐Pra Tamnak Hill 정상에 있다. 탁 트인 바다와 파타야 시내가 한눈에 들어온다. 야경도 좋지만, 일몰이 시작되는 초저녁이 가장 아름답고 로맨틱하다. 꼬란 섬에 갔다가 발리 하이 선착장에 내려 잠시 들려도 좋다.

Phra Tamnak Mountain, Pattaya City 발리 하이 선착장에서 택시로 5~7분

진실의 성전 쁘라쌋 마이 사원 Sanctuary of Truth

파타야 북부터미널구글좌표 파타야 북부 버스터미널에서 북쪽으로 약 5km. 썽태우나 택시 이용(택시 요금 파타야 북부터미널 출발 200B, 파타야 해변워킹 스트리트 출발 300B, 쩜티안 해변 출발 400B) Sanctuary of Truth, pattaya na kluea Rd
+66 38 110 653 매일 08:00~18:00 ฿ **성인** 500B **어린이(110~140cm)** 250B **어린이 (110cm 이하)** 무료
sanctuaryoftruth.com

손으로 깎아 만드는 목조 사원

바르셀로나에 가우디의 사그라다 파밀리아 성당이 있다면, 파타야에는 진실의 성전이 있다. 진실의 성전은 파타야 북부 나클루아 지역의 랏차웨데 곶에 있는 목조 사원이다. 1981년에 짓기 시작해 현재도 공사가 진행 중이며, 2050년에 완공될 예정이다. 높이 105m 건축물을 짓는데 이리도 긴 시간이 걸리는 이유는 구조물과 장식은 물론 보이지 않는 곳까지 사람이 손으로 직접 나무를 깎아 만들기 때문이다. 성전 안팎을 가득 수놓은 목조 조각은 불교와 힌두교에 등장하는 신과 그들의 이야기를 표현한 것으로, 섬세함에 실로 감탄이 터져 나온다. 당장이라도 눈앞에서 승천할듯한 신들의 움직임, 바람에 날리는 옷자락 어느 것 하나 쉬이 만들어진 것이 없다.
내부는 외부보다 한층 더 압도적이다. 신들의 손짓은 인간을 집어삼킬 듯 격렬하고, 붉은 조명까지 더해져 음산하기까지 하다. 사원 창밖으로 밝은 빛 아래 빛나는 바다를 보고 있으면, 바깥이 천국이고 나는 미처 저곳으로 가지 못하고 연옥에 서 있는 듯하다.

황금절벽사원 Khao Chi Chan

🚶 파타야 시내 쑤쿰윗 로드Sukhumvit Road에서 썽태우로 약 30~35분 📍 Soi Khao Chi Chan
🕓 08:00~18:00 ฿ 무료

바위산에 새긴 부처

황금절벽사원은 별세한 푸미폰왕1927-2016, King Bhumibol, 라마 9세의 만수무강을 기원하며 즉위 50년이 되던 해인 1996년에 만들어졌다. 바위산을 깎고, 높이 130m에 달하는 불상을 음각으로 제작하여 금으로 채워 넣었다. 태국인이 가장 존경하는 왕을 위한 사원답게 금값만 해도 통 크게 60억 원 가까이 사용했다고 전해진다. 워낙 거대한 바위산이라 조금 떨어져 있어야 불상을 한눈에 담을 수 있다. 사원 입구부터 바위산 주변까지 공원으로 조성되어 있어 가볍게 산책하기에 좋다. 농눗 빌리지와 가까우니 함께 돌아보길 추천한다.

농눗 빌리지 Nong Nooch Tropical Garden

파타야 시내 쑤쿰윗 로드Sukhumvit Road에서 썽태우로 30분 소요. 농눗 빌리지에서 1~2km 떨어진 곳에 내려준다. 요금은 30~50B.
Nong Nooch Garden, 34 Na Chom Thian +66 81 919 2153
매일 08:00~18:00 ฿ **성인** 500B **어린이** 400B
nongnoochtropicalgarden.com

남국의 정취가 가득한 열대 수목원

농눗 빌리지는 남국의 정취가 가득한 열대 수목원이다. 70만 평이 넘는 부지에 프랑스 정원, 이탈리아 정원, 플라밍고 가든 등 여러 가지 테마로 꾸민 30여 개의 정원이 있다. 코끼리 트레킹, 태국 전통 민속 공연 등 즐길 거리도 풍부하다. 가족 단위 여행자에게 인기가 많은 편이며, 푸르른 열대 식물과 짱짱한 햇빛 덕에 어떻게 찍어도 사진이 화사하게 나와 인생샷 스폿으로 유명하다. 파타야 시내에서 25km 정도 떨어져 있어 개별적으로 가기에는 불편하다. 방콕에서 현지 투어를 하자. 그게 아니라면 농눗 빌리지에 왕복 교통편이 포함된 투어를 신청하면 픽업해 준다.

아 라 캄판느 A' La Campagne

파타야 시내 쑤쿰윗 로드Sukhumvit Road에서 썽태우로 약 25분
+66 38 255 869 21/2 Sukhumvit Road, Na Chom Thian
월~목 10:00~21:00 금~일 10:00~22:00 www.alacampagnepattaya.com

파타야의 헤이리 마을

아 라 캄판느는 파타야에서 여유로운 시간을 즐길 수 있는 곳이다. 카페, 숍, 음식점 등이 모여있는데, 우리나라의 파주 헤이리 같은 분위기로 규모는 훨씬 작다. 파타야 시내에서 남쪽으로 10km 정도 떨어진 곳에 있지만, 쇼핑, 식사, 카페에서의 휴식까지 한 번에 즐길 수 있는 장점이 있다. 유럽 시골 마을에 있을법한 건물과 남국의 푸르른 조경이 어우러져 이국적이다. 외관에는 유럽 감성이 진하지만, 음식점의 메뉴나 숍은 태국 감성이 강하다. 작은 말 농장도 있어 어린아이들에게 인기 만점이다.

ONE MORE	아 라 캄판느의 맛집·카페·숍

 쏨땀 빌라 Somtum Villa

분위기 좋은 타이 레스토랑

이탈리아 토스카나 느낌이 나는 공간을 태국 전통 공예품으로 장식했다. 태국에서 음식 문화가 가장 발달한 북동부 지역의 메뉴에 신선한 해산물을 더했다. 향신료가 강하지 않아 부담 없이 즐길 수 있다. 2층으로 된 실내 공간에는 에어컨이 설치되어있고, 넓은 마당에도 야외테이블이 놓여있다. 분위기는 야외가 더 좋지만, 작은 벌레가 많으니 참고하자. ฿ **쏨땀** 95B부터 **프라이드 립** 250B **팟 끄라파오 무쌉** 145B

티 팩토리 앤 모어 Tea Factory & More

인테리어가 멋집 티숍

어둑한 내부에 짙고 무게감 있는 가구와 빈티지한 소품으로 멋을 냈다. 8개국에서 수입한 질 좋은 차와 이에 곁들일 홈메이드 베이커리 그리고 파스타, 수프, 버거 등 서양 메뉴가 있다. 은은한 과일 향이 블렌드 된 티와 달콤한 케이크 한 조각을 추천한다. ฿ 150B~300B

 쁘띠 마셰 Petit Mache

이름처럼 예쁜 소품 가게

태국의 아티스트와 로컬 커뮤니티 디자이너 제품이 가득하다. 창고를 개조해 만들었다. 이국적인 제품들을 보면 하와이 해변의 기념품 가게에 와있는 듯한 착각이 든다. 나무, 세라믹 등 자연적인 재료를 사용한 제품이 많다. 요즘 인기몰이 중인 라탄 백, 라탄 모자 등 여심을 저격하는 아이템이 가득하다. 아직 이번 여행의 기념품을 사지 못했다면 꼭 들러보자.

꼬 싸매산 Samae San Island

Samae San Island
꼬 싸매산 가는 방법 외국인이 싸매산 섬에 개별적으로 들어갈 방법은 없다. 방콕이나 파타야에서 현지 여행사 투어를 신청해야 한다. 태국인 가이드가 픽업부터 섬 출입에 관련된 모든 업무를 해결해 준다. 파타야에서 싸매산 섬 배가 출발하는 싸타힙 항구까지 1시간, 방콕에서는 약 2시간 정도 소요된다. 항구에서 섬까지는 배로 약 15분 정도 걸린다.
현지 여행사 **투어 가격** 출발지에 따라 조금씩 다르지만 1인당 6만 원 선이다.
박군투어 www.park3848.com **몽키트래블** thai.monkeytravel.com **홍익여행사** http://hongiktravel.com

눈부신 백사장과 바다를 품은 섬

태국 남부 해안에는 남국의 바다를 품은 아름다운 섬이 많다. 그러나 방콕에서 코사멧이나 코 창까지 가려면 일정이 빠듯해서, 대개 파타야 산호섬꼬 란, Koh Lan을 선택하게 된다. 하지만 산호섬에는 여행객이 너무 많아 바다를 여유롭게 만끽하기에는 아쉬움이 남는다. 파타야 남쪽 싸타힙Sattahip 지역에 가면 이런 아쉬움을 모두 해소해 줄 보물 같은 싸매산 섬이 있다.
싸매산 섬은 로열 타이 해군 관리지역에 있는 무인도로, 태국 바다 거북이의 서식지이기도 하다. 하루 방문객 수를 제한하며, 방문객은 4시 이전에 모두 섬을 나와야 한다. 외국인은 현지인 동행 없이 출입 불가여서 현지 여행사를 통해서만 갈 수 있다. 엄격하게 관리되다 보니 섬의 바다는 순수함 그 자체다. 새하얀 백사장은 눈부시게 빛나고, 바다는 맑고 깨끗하고 투명하다. 스노클링 하기에도 최적이다. 깊이 들어가지 않아도 물고기와 산호초가 손에 잡힐 듯 선명하게 보이고, 스노클링의 하이라이트 니모도 쉽게 만날 수 있다.

싸매산 섬은 편의 시설도, 사람도 모든 것이 최소화되어 있다. 그만큼 불편한 점도 있고 화려함과는 거리가 멀지만, 평화로운 남국의 바다를 오롯이 즐길 수 있는 소중한 곳이다. 한번 왔다 간 사람이라면 누구라도 이 섬을 내내 그리워하게 될 것이다.

ATTENTION! 비키니 금지! 술 반입 금지!

싸매산 섬은 해군 관할 구역으로 출입뿐만 아니라 섬 내부의 관리 또한 엄격하다. 섬 내에서 음주는 불법이고, 비키니처럼 몸이 다 드러나는 복장은 제재를 받는다. 비키니밖에 없다면 위에 입을 티셔츠 혹은 비치웨어를 준비해야 한다.

파타야의 맛집

더 스카이 갤러리 The Sky Gallery

발리 하이 선착장에서 택시로 10분 이내, 파타야 시내에서 택시로 15~20분
The sky gallery, Rajchawaroon Rd +66 92 821 8588 매일 10:00~22:00
똠양꿍 250B **Grilled River Prawn** 725B **브런치** 175~225B www.theskygallerypattaya.com

파타야 최고의 뷰 포인트 레스토랑

파타야 최고의 뷰를 감상하고 싶다면 레스토랑 더 스카이 갤러리로 가자. 파타야 해변 남쪽 끝에 있는 프라 탐낙 힐 Pra Tamnak Hill에 자리하고 있어 탁 트인 바다는 물론 저 멀리 꼬란Koh Larn, 산호섬까지 한눈에 담을 수 있다. 레스토랑 실내도 근사하지만 바다가 훤히 내려다보이는 테라스와 마당도 색다른 즐거움을 선사한다. 잔디가 곱게 깔린 레스토랑 마당에는 선베드가 준비되어 있다. 편안한 선베드에 누워 시원한 바닷바람을 맞으며 마시는 맥주 한 잔은 모든 피로를 잊게 한다. 여기에 더 스카이 갤러리의 맛있는 음식까지 더하면 완벽한 힐링이 완성된다. 타이 음식과 서양 음식, 브런치, 칵테일 등 메뉴가 다양하다. 해산물 메뉴를 추천한다. 해가 지기 시작하면 분위기는 한껏 무르익는다. 파란 하늘이 어느덧 핑크빛으로 물들고 사람들 얼굴에는 미소가 번진다.

캐비지&콘돔스 Cabbages&Condoms

바다뷰와 가성비 좋은 음식

방콕점이나 파타야점이나 들으면 당혹스럽기는 매한가지인 그 이름. 캐비지&콘돔스가 파타야 프라 탐낙 힐에 레스토랑을 오픈했다. 에이즈 예방과 홍보를 위해 태국 NGO 단체에서 운영하고 있다. 테이블마다 놓인 이국적인 캐노피와 등불, 대나무로 만든 칵테일 바가 어우러져 남국의 정취를 물씬 풍긴다. 탁 트인 바다 뷰가 있는 테라스는 이 집의 핫 스폿이다. 낮에는 신선한 바닷바람을, 일몰 무렵엔 로맨틱한 시간을 선사한다. 팟타이, 쏨땀파파야 샐러드, 치킨 캐슈너트 볶음밥 등 다양한 태국 음식과 서양식 메뉴가 있다. 대부분의 메뉴가 평균 이상의 맛을 보장한다. 주변 레스토랑에 비해 가격이 저렴하다.

발리 하이 선착장에서 택시로 10분 이내, 파타야 시내에서 택시로 15~20분 366 11 11 Moo 12 Phra Tamnak +66 38 250 556
매일 11:00~23:00 ฿ **쏨땀타이** 100B **까르보나라** 160B
cabbagesandcondoms.co.th

더 루나 비치 하우스 The Lunar Beach House

한적한 분위기에서 일몰을 즐기자

프라 탐낙 힐에 있어 멋진 바다 뷰가 있는 레스토랑이다. 근처에 있는 더 스카이 갤러리보다 규모가 작아 한적하다. 에어컨이 있는 실내 좌석은 차분한 분위기이고, 근사한 바다뷰가 있는 야외 좌석은 휴양 도시의 멋을 살렸다. 한낮에 야외 좌석은 더울 수 있으니 파라솔을 요청하자. 다양한 태국 음식과 서양식 메뉴가 있으며 대체적으로 깔끔하다. 맛보다 분위기 때문에 찾는 사람이 많다 보니 식사보다는 브런치 메뉴와 디저트류가 인기가 좋다. 일몰 무렵에는 손님이 부쩍 많아지니 일찍 자리를 잡는 것이 좋다.

발리 하이 선착장에서 택시로 10분 이내, 파타야 시내에서 택시로 15~20분
3400/1099 Moo 12, Nong Prue, Bang Lamung District +66 80 825 0959 매일 08:00~21:00
฿ **파스타** 200~300B **카라멜 마끼아또** 125B cabbagesandcondoms.co.th

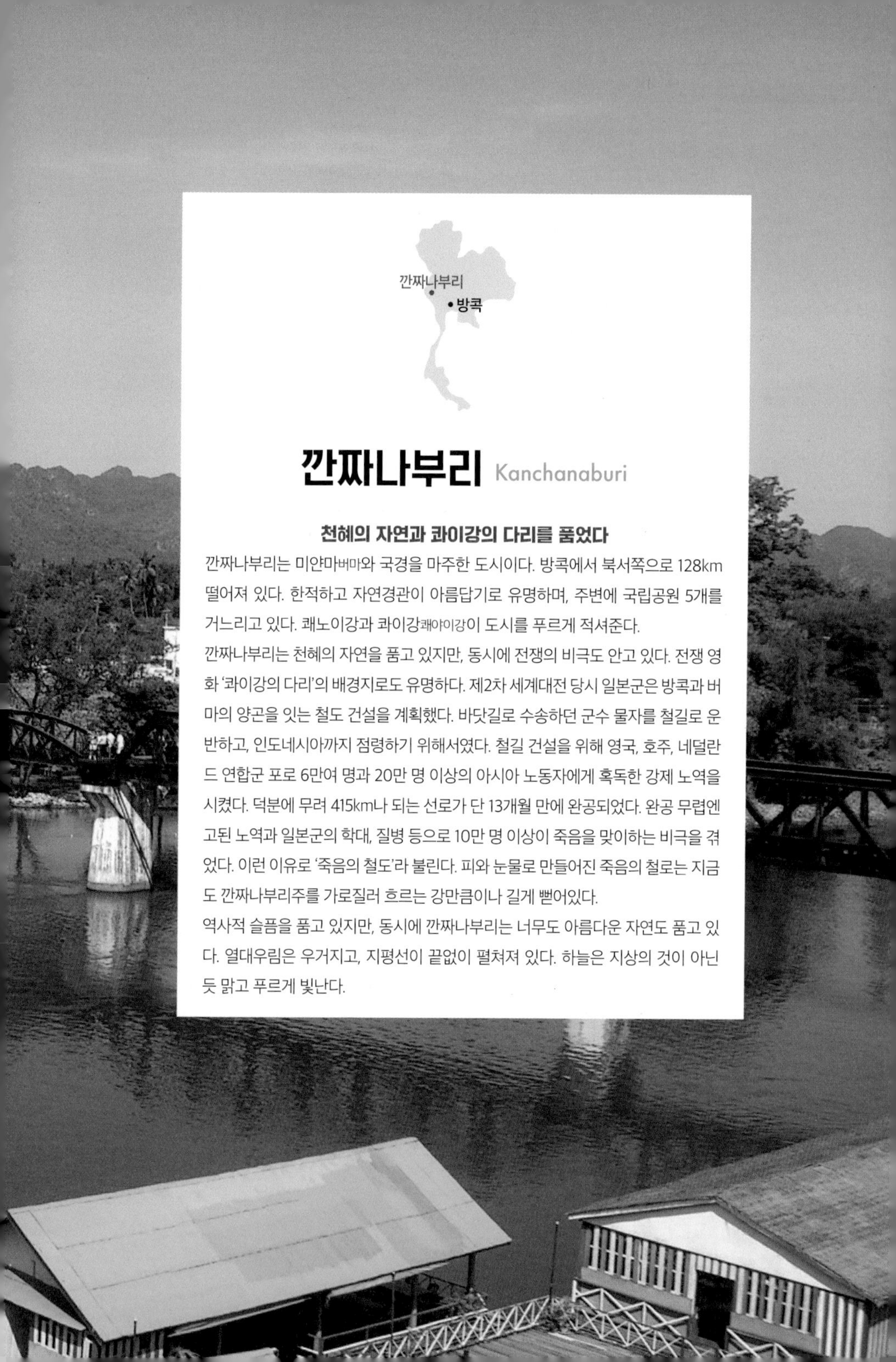

깐짜나부리 Kanchanaburi

천혜의 자연과 콰이강의 다리를 품었다

깐짜나부리는 미얀마버마와 국경을 마주한 도시이다. 방콕에서 북서쪽으로 128km 떨어져 있다. 한적하고 자연경관이 아름답기로 유명하며, 주변에 국립공원 5개를 거느리고 있다. 쾌노이강과 콰이강쾌야이강이 도시를 푸르게 적셔준다.

깐짜나부리는 천혜의 자연을 품고 있지만, 동시에 전쟁의 비극도 안고 있다. 전쟁 영화 '콰이강의 다리'의 배경지로도 유명하다. 제2차 세계대전 당시 일본군은 방콕과 버마의 양곤을 잇는 철도 건설을 계획했다. 바닷길로 수송하던 군수 물자를 철길로 운반하고, 인도네시아까지 점령하기 위해서였다. 철길 건설을 위해 영국, 호주, 네덜란드 연합군 포로 6만여 명과 20만 명 이상의 아시아 노동자에게 혹독한 강제 노역을 시켰다. 덕분에 무려 415km나 되는 선로가 단 13개월 만에 완공되었다. 완공 무렵엔 고된 노역과 일본군의 학대, 질병 등으로 10만 명 이상이 죽음을 맞이하는 비극을 겪었다. 이런 이유로 '죽음의 철도'라 불린다. 피와 눈물로 만들어진 죽음의 철로는 지금도 깐짜나부리주를 가로질러 흐르는 강만큼이나 길게 뻗어있다.

역사적 슬픔을 품고 있지만, 동시에 깐짜나부리는 너무도 아름다운 자연도 품고 있다. 열대우림은 우거지고, 지평선이 끝없이 펼쳐져 있다. 하늘은 지상의 것이 아닌 듯 맑고 푸르게 빛난다.

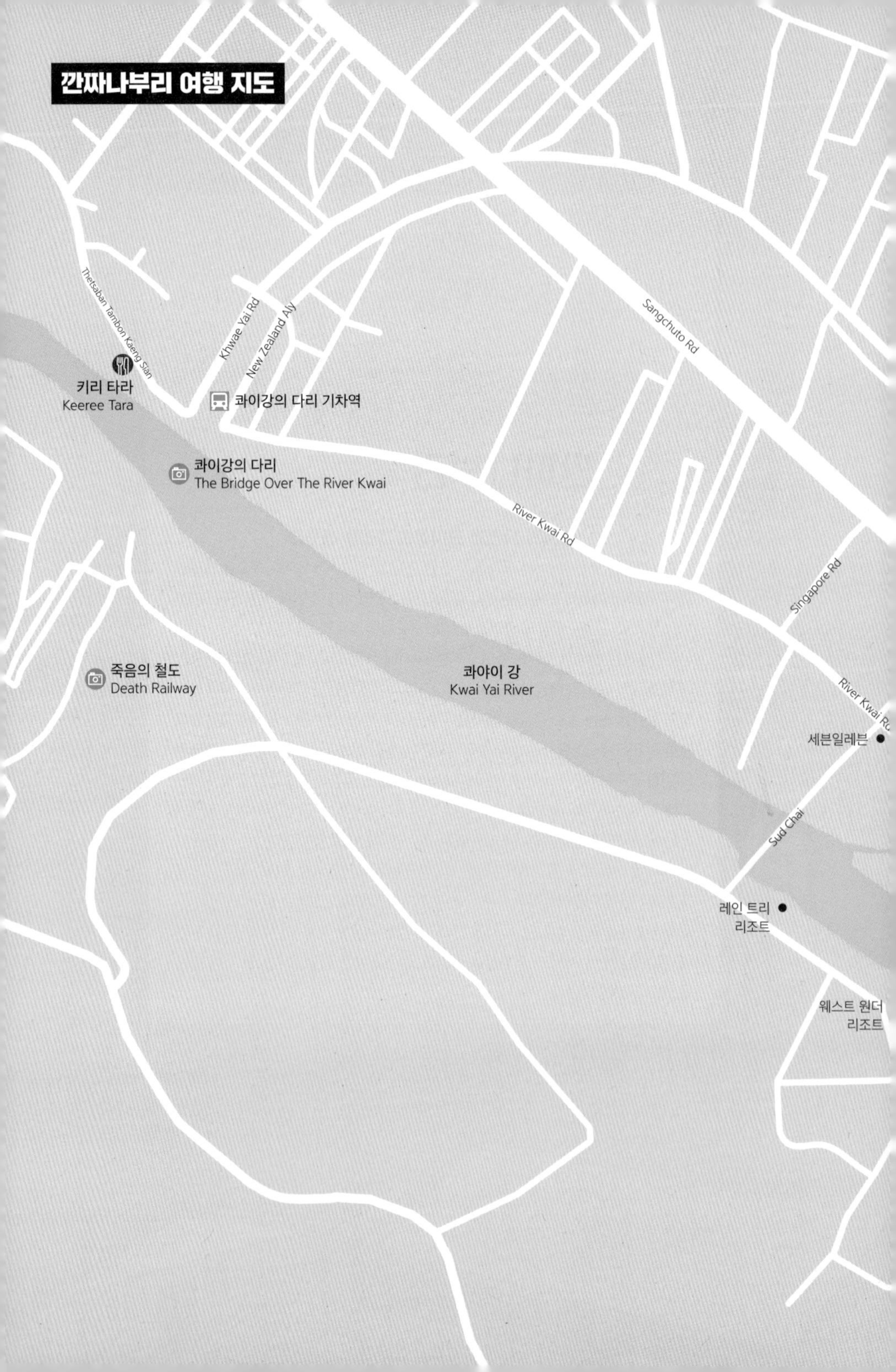

깐짜나부리 여행 지도
Thetsaban Tambon Kaeng Sian
키리 타라
Keeree Tara
Khwae Yai Rd
New Zealand Aly
콰이강의 다리 기차역
콰이강의 다리
The Bridge Over The River Kwai
Sangchuto Rd
River Kwai Rd
Singapore Rd
죽음의 철도
Death Railway
콰야이 강
Kwai Yai River
River Kwai Rd
세븐일레븐
Sud Chai
레인 트리
리조트
웨스트 원더
리조트

깐짜나부리 시내 교통

시외버스 헬 파이어 패스나 에라완 국립공원에 갈 때 많이 이용한다. 깐짜나부리 기차역에서 남동쪽으로 1.7km 거리에 있는 깐짜나부리 버스터미널에서 타면 된다. 헬 파이어 패스에 가려면 8203번요금 60밧을, 에라완 국립공원에 가려면 8170번요금 50밧을 승차하면 된다.

썽태우 바가지가 심해서 흥정이 필수인 교통수단이다. 깐짜나부리 시내에는 썽태우가 많지 않아 바가지임을 뻔히 알면서 그냥 탈 때도 있다. 깐짜나부리역에서 버스터미널까지는 100밧이 적당하다. 시내에서 에라완 국립공원까지왕복 1시간 30분는 600~700밧 정도이다. 콰이강의 다리까지는 썽태우의 운행 구역에 따라 요금 편차가 크다. 콰이강의 다리가 운행 구역인 썽태우는 10밧이면 갈 수 있지만, 운행 구역이 아닌 썽태우는 100밧은 줘야 갈 수 있다.

도보 걷기를 좋아하는 여행자라면 깐짜나부리 곳곳을 구경하며 도보로 여행하는 것도 좋은 방법이다. 깐짜나부리역에서 남쪽으로 250m 거리에는 연합군 묘지가 있고, 연합군 묘지 바로 옆에는 태국 버마 철도센터가 있다. 또 깐짜나부리역에서 북서쪽으로 400~500m쯤 가면 숙소가 모여 있는 조촐한 여행자 거리가 나온다. 이곳에서 다시 1.5km도보 15~20분 정도 가면 콰이강의 다리가 나온다.

자전거와 오토바이 택시 한국인 여행자가 별로 사용하지 않는 교통수단이다. 자전거는 날이 더워 지치기 쉬운 데다 서양인보다 여행 시간이 짧아 많이 사용하지 않는다. 휴가 기간이 긴 유럽 여행자들은 여유롭게 여행을 즐기기 위해 종종 사용하기도 한다. 오토바이 택시는 길 대부분이 닦여있지 않은 시골길이라 특별한 때가 아니라면 너무 위험해서 추천하지 않는다.

깐짜나부리 가는 법

버스

방콕 싸이따이마이 남부버스터미널구글좌표 싸이따이마이 남부버스터미널에서 05:00~20:00까지 20분 간격으로 출발. 약 2시간 30분소요
방콕 북부 모칫버스터미널구글좌표 Mochit Bus Terminal에서 05:00, 07:00, 09:30, 12:30에 출발. 약 3시간 소요.

롯뚜

사이따마이 터미널에서 롯뚜미니밴도 탈 수 있다. 비용은 1인 100밧.

기차

방콕 톤부리역구글좌표 13.760589, 100.478850에서 깐짜나부리역과 콰이강의 다리역 지나 남똑역까지 가는 기차가 있다. 톤부리역에서 07:45, 13:55에 출발한다. 깐짜나부리역까지는 약 2시간 40분, 콰이강의 다리역까지는 약 3시간, 남똑역까지는 약 4~5시간 소요된다.

[깐짜나부리 기차 운행 시간표]

방콕 톤부리-깐짜나부리-남똑

도착역	Rapid 485	Ord 257	Ord 259
방콕 톤부리	-	07:45	13:35
탈링 찬	-	07:59	13:45
나콘 빠톰	-	08:53	14:36
깐짜나부리	05:57	10:45	16:19
콰이강의 다리	06:05	10:51	16:26
타 끼렌	07:19	11:37	17:33
탐 끄라새	07:36	11:54	17:51
왕 퍼	07:49	12:05	18:01
고 마하몽콘	08:01	12:13	18:13
남 똑	08:20	12:30	18:30

남똑-깐짜나부리-방콕 톤부리

도착역	Rapid 485	Ord 257	Ord 259
남똑	05:20	12:50	15:15
고 마하몽콘	05:35	13:02	15:32
왕 퍼	05:46	13:15	15:58
탐 끄라새	05:57	13:27	16:10
타 끼렌	06:14	13:43	16:28
콰이 강의 다리	07:12	14:36	17:31
깐짜나부리	07:19	14:44	17:41
나콘 빠톰	08:50	16:23	-
탈링 찬	09:44	17:22	-
방콕 톤부리	10:00	17:35	-

Travel Tip

현지 투어가 좋을까? 자유 여행이 좋을까?

현지 투어

명소 간의 거리도 멀고 이동이 쉽지 않아 자유 여행으로는 1박도 빠듯하다. 시간이 부족할 때는 인터넷이나 카오산 로드의 여행사에 1일 투어를 신청할 수 있다. 아침 일찍 출발해 에라완 국립공원에 가서 수영을 즐기고, 콰이강의 다리와 깐짜나부리역 주변을 알찬 동선으로 돌아보고, 코끼리 트래킹까지 즐긴 후에 저녁에 방콕에 도착한다. 알차지만 쉽지는 않은 여정이다. 죽음의 철도를 제대로 경험할 수 없다는 것도 단점이다. 1일 투어 여행사들은 콰이강의 다리역과 절벽 철교로 유명한 탐 끄라새역Tham Krasae에서 잠깐 기차를 타고 죽음의 철도를 체험하는 프로그램을 넣고 있다. 1일 투어는 한인여행사동대문여행사, 홍익여행사, 몽키트레블와 온라인 여행사 KLOOK, Expedia 등에서 예약할 수 있다.

자유 여행

깐짜나부리는 하루 만에 훑어보고 가기에는 아쉬움이 많이 남는 여행지이다. 워낙 자연경관이 아름다워 머물고 싶은 곳이 많기 때문이다. 시간 여유가 좀 있다면 최소 1박 일정을 잡고 여행하는 것이 좋다. 방콕의 톤부리역에서 첫 기차07:45를 타면 따로 여행 코스에 넣지 않아도 죽음의 철도 구역깐짜나부리역-남똑역을 제대로 경험할 수 있다. 깐짜나부리역까지는 10:45에, 콰이강의 다리역까지는 10:51에 도착한다. 콰이강의 다리역과 깐짜나부리역 사이에 숙소가 많으므로 이 두 기차역을 이용하는 게 좋다. 여유롭게 여행하고 싶다면 2박 3일 일정이 적당하다. 여행 코스대로 쉬엄쉬엄 걸어 다니며 아름다운 자연을 마음껏 만끽하기 좋다.

깐짜나부리 1박 2일 여행 추천 코스

첫째 날은 방콕 톤부리역에서 남똑행 기차를 타고 태국의 아름다운 풍경을 즐기고, 죽음의 철도를 제대로 체험하는 일정으로 잡았다. 둘째 날은 깐짜나부리 시내의 명소를 도보로 돌아보고 버스를 타고 방콕으로 돌아가는 일정이다. 첫째 날 버스로 이동해도 좋다. 이 경우 죽음의 철도 체험은 깐짜나부리역에서 시작하면 된다.

첫째 날

07:45	5시간 소요	13:00	30분 소요	13:30	1시간 30분 소요	17:30	30분 소요	18:00
방콕 톤부리역 07:45 기차 탑승		**남똑역 도착** 메인 도로까지 나와 길 건너 남똑 버스 정류장에서 8203번 버스 탑승		**헬 파이어 패스** 헬 파이어 패스 앞 정류장에서 8203번 버스 승차, 요금 60밧		**깐짜나부리 버스터미널 도착** 뚝뚝으로 이동, 요금 80밧		**키라 타라** 저녁 식사

둘째 날

09:00	25분 소요	10:30	15분 소요	12:00	30분 소요	14:00	3시간 소요	17:00
콰이강의 다리	도보	**연합군 묘지 태국-버마 철도 센터**	도보	**망고스틴** 점심 식사	썽태우	**깐짜나부리 버스터미널 도착**		**방콕 도착**

이런 분에게 추천!

휴양이 목적인 여행자에게는 깐짜나부리를 추천하지 않는다. 완행열차를 타야 하므로 많은 시간이 걸리고, 투어에 참여하든 자유 여행을 하든 여행지가 여기저기 흩어져있어 일정이 쉽지 않다. 하지만 박물관이나 역사 유적지 답사를 즐기며 아름다운 자연을 만끽하고 싶은 여행자에게는 최고의 여행지이다.

연합군 묘지 Kanchanaburi War Cemetery

연합군 포로들의 영혼이 머물다

죽음의 철도를 건설하다 사망한 연합군 포로들의 공동묘지다. 6,982명의 한 많은 영혼이 이곳에 잠들어 있다. 넓은 잔디밭에 비석이 가지런히 놓여있고, 꽃과 나무도 잘 손질되어 있다. 그러나 파리의 몽파르나스 공동묘지나 페르 라세즈처럼 공원 느낌이 나진 않는다. 현충원처럼 슬픔이 묻어난다. 70년 전에 끝난 전쟁이 아직도 이곳에는 남아 있는 모양이다.

깐짜나부리 기차역에서 쌩추또 로드Sang Chuto Rd로 좌회전하여 250m 직진 73 Chao Khun Nen Rd, Ban Nuea, Mueang Kanchanaburi District, Kanchanaburi 71000 매일 08:00~17:00

©David Mckelvey

죽음의 기찻길 박물관
Death Railway Museum

2차 세계대전 때 일본군에 의해 건설된 태국과 버마를 연결하는 철도에 대한 역사를 전시하는 박물관이다. 연합군 묘지 바로 옆에 있다. 9개의 전시실에서 태국-버마 철도 구조, 당시 건설 현장의 상황, 전쟁 후의 모습 등을 시청각 자료로 보여준다.

매일 09:00~16:00 73 Chao Khun Nen Rd, Ban Nuea, Mueang Kanchanaburi District, Kanchanaburi 71000 ฿ 150B

콰이강의 다리 River Khwe Bridge

콰이강의 다리역에서 하차
Saphan Kwae Yai

죽음의 철도 중 한 구간

깐짜나부리역에서 북서쪽으로 2.5km 정도 떨어진 곳에 있다. 콰이강콰야이강 위로 놓인 평범한 철교 같지만, 그 유명한 죽음의 철도 중 한 구간이다. 영화 <콰이강의 다리> 배경지로도 잘 알려져 있다. 1943년에 완공되었고 1년 후 연합군의 폭격으로 파손되었다가 종전 후 지금의 모습으로 복원되었다. 기차가 다니지 않는 시간에는 철교에 올라가 도보로 강을 건널 수 있다.

ONE MORE

영화 '콰이강의 다리'

1957년 프랑스 작가 피에르 불르Pierre Boulle의 소설을 바탕으로 만든 영화이다. 1942년 태국 전선에 파병된 일본군 대령 사이토는 이듬해 러일전쟁 기념일인 1943년 9월 5일까지 콰이강콰야이강에 다리를 건설하라는 명령을 받는다. 사이토는 니콜슨 중령 등 영국군 포로를 이용해 다리를 건설한다. 니콜슨은 이왕 포로가 된 김에 멋진 다리를 놓자며 포로들을 독려한다. 하지만 다리는 10월이 돼서야 끝났다. 다리 개통식 날 일본군 수송 열차가 다리를 건널 즈음이었다. 다리 폭파 임무를 받은 연합군 특공대가 발각되었다. 니콜슨은 엉뚱하게 일본군을 도와 연합군 특공대원들을 공격한다. 영화는 전쟁의 폭력성을 고발한다. 아울러 군인 정신도, 완성된 인격도 갖추지 못한 일본과 영국의 고급 장교의 찌질함을 고발한다. 우리와 얽힌 슬픈 사연도 있다. 건설 현장에서 영국군을 감시한 사람들은 일본군 군무원에 속한 한국인이었다. 훗날 그들은 전범 재판을 통해 처형을 당했다.

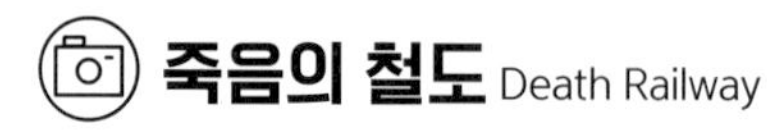

죽음의 철도 Death Railway

역사도 배우고 자연도 즐기고

세계 2차대전 당시 일본군이 인도네시아를 점령하기 위해 건설한 철도이다. 철도의 길이는 총 415km로, 방콕과 버마의 양곤을 이어 인도네시아 점령에 필요한 군수 물자를 수송할 계획이었다. 건설 과정에서 연합군 포로 1만 2천 명, 아시아 강제 노동자 9만 명 이상이 노예 취급을 받으며 고된 노동에 시달리다가 질병, 영양실조 등으로 사망해 죽음의 철도라 불린다. 공사는 1942년 9월 버마 진영에서 시작되었다. 완공 계획은 1943년 12월이었으나 2개월 앞당겨 완공되었다. 보통의 경우였으면 5년이나 걸릴 대공사였지만, 고작 13개월 만에 서울에서 부산 거리와 맞먹는 철도를 만든 것이다. 공식적으로 태국 측 죽음의 철도 구간은 농 플라 둑Nong Pla Duk에서 남똑Nam Tok까지이다. 연합군 유가족의 반대로 전쟁의 상흔이 깊게 서린 이곳에 관광열차를 따로 운영하고 있지는 않다.

Travel Tip

죽음의 철도 체험하기

여행자들은 방콕부터 열차를 타고 남똑역으로 가거나, 방콕에서 출발해 도착한 열차를 깐짜나부리역이나 콰이강의 다리역에서 승차하여 남똑역까지 가기도 한다. 방콕 톤부리역에서 출발한 기차는 2시간 정도면 깐짜나부리역에 도착하는데, 깐짜나부리역부터 열차의 운행 속도는 매우 느려진다. 이곳부터 선로가 매우 좁아지고 위험하기 때문이다. 기차의 천장에는 선풍기가 돌아가고 창문엔 유리창이 없다.

탐 끄라새역 부근은 죽음의 철도 구간의 하이라이트이다. 아찔한 절벽이 역 바로 앞에 펼쳐져 있고, 열차는 아랑곳하지 않고 절벽의 험악한 계곡 위 철교를 달리기 때문이다. 여행자들은 고개를 창밖으로 내밀고 사진을 찍으며 스릴을 즐긴다. 깐짜나부리에서 이 열차를 타고 남똑에 도착하는데 2시간 정도 걸린다.

정차역 깐짜나부리Kanchanaburi – 콰이강의 다리River Kwai Bridge – 타 끼렌Tha Kilen – 탐 끄라새Tham Grasae – 왕 퍼Wang Pho – 고 마하몽콘Goh Mahamongkon – 남똑Nam Tok

헬 파이어 패스 메모리얼 박물관 Hell Fire Pass Memorial Park

깐짜나부리 버스터미널에서 8203번 버스 승차 후 헬파이어 패스 정류장에서 하차(깐짜나부리로 돌아오는 막차 17:00)
Hellfire Pass Interpretive Centre, 207 Tha Sao, Sai Yok District, Kanchanaburi +66 34 919 605
매일 09:00~16:00 ฿ 무료 ⓘ 검문소를 지나야 하므로 여권 소지 필수

©franklin Heijnen

포로 노동자의 넋을 기리다

헬 파이어 패스는 죽음의 철도에서 공사 난이도가 가장 높았던 꼰유 절벽Konyu, 깐짜나부리에서 80km 구간을 말하는 것으로 일명 지옥 불 구간이라 불린다. 이곳에 헬 파이어 패스 메모리얼 박물관을 운영하고 있다. 박물관 외부로 난 데크 길을 따라 300m 정도 걸으면 헬 파이어 패스가 모습을 드러낸다. 협곡처럼 잘려나간 거대한 바위산을 보면 입이 다물어지지 않는다. 연합군 포로들의 피와 눈물로 만들어진 슬픈 철도 구간이다. 일본군은 이 바위산을 빨리 깎아내야만 지옥의 철도 공사를 계속할 수 있었다. 그래서 포로들이 잠드는 것을 막기 위해 밤낮으로 횃불을 피웠다. 포로들은 횃불 아래에서 정과 곡괭이만으로 바위를 쪼개며 24시간 강제 노역에 시달렸다. 헬 파이어라는 이름도 횃불이 지옥 불처럼 꺼지지 않는다고 해서 붙여진 이름이다. 이 구간이 완성될 동안 공사에 동원된 포로노동자의 70~80% 이상이 고된 노동에 시달리다 사망했다.
메모리얼 박물관은 당시 사망한 전쟁 포로들의 넋을 기리기 위해 평화의 그릇Peace Vessel이라는 추모비를 만들어 놓았다. 물이 담긴 큰 그릇에 꽃이 띄워져 있다. 연합군 포로 생존자가 직접 디자인하여 만든 것이다. 박물관 위치가 고지대라 추모비 뒤로는 고즈넉한 깐짜나부리의 풍경이 한눈에 들어온다. 수많은 이들의 한을 아는지 모르는지 아름답기 그지없다.

에라완 국립공원 Erawan National Park

🚶 깐짜나부리 버스터미널에서 8170번 버스 승차 후 에라완 폭포 하차. 버스는 08:00~17:20 사이에 1시간 간격으로 운행. 에라완 폭포까지 1시간 30분 소요. 버스 요금은 50B. 깐짜나부리로 돌아오는 막차 16:00

📍 Erawan National Park Office Tha Kradan, Si Sawat District 📞 +66 34 574 222 🕓 매일 08:00~16:30

©Todd huffman

에라완 폭포, 에메랄드 물빛, 수영

깐짜나부리에서 북서쪽으로 약 65km 떨어진 곳에 있는 국립공원이다. 국립공원 입구에서 정상까지 2.2km 거리로 걸어서 그리 오래 걸리지 않는다. 완만한 길을 따라 걷다 보면 7개의 계단식 폭포가 하나씩 모습을 드러낸다. 7개 폭포 중에서 가장 인기 있는 곳은 단연 에라완 폭포이다. 머리가 3개인 힌두신 에라완을 닮았다 해서 붙여진 이름이다. 태국에서 가장 유명한 폭포인데, 석회암이 침식되어 만들어진 에메랄드 물빛이 신비롭다. 수심이 깊지 않아 수영을 즐기기도 좋다. 상당히 큰 물고기 여러 마리가 살고 있지만, 위협적인 것은 아니다. 수영할 계획이라면 수건과 수영복을 미리 챙겨가자.

©yeowatzup-Wikimedia Commons

깐짜나부리의 맛집

온스 타이 이싼 On's Thai IssanBookshop

저렴하고 깔끔한 채식 레스토랑

여행자 거리가 있는 매남 콰이 로드Maenam Kwai Rd 초입에 있는 채식 식당이다. 저렴한 가격과 깔끔한 맛으로 해마다 트립어드바이저 맛집 순위 상위에 오른다. 깐짜나부리처럼 유독 덥고 습한 날씨에는 채소가 듬뿍 들어간 음식을 먹어야 수분이 보충되고 더위도 이겨낼 수 있다. 고기 대신 두부를 넣은 팟타이, 야채와 캐슈넛을 넣어 고소한 볶음밥이 추천 메뉴이다. 무난하면서도 든든하다.

깐짜나부리역에서 서북쪽으로 도보 12분 On's Thai-Issan Vegan 77/9 Mae Nam Kwai Rd. +66 87 364 2264
매일 10:00~21:00 ฿ 80~120B

키리 타라 Keeree Tara

전망 좋은 강변 레스토랑

콰이강의 다리와 강변 풍경을 즐기며 식사할 수 있는 레스토랑이다. 전통 태국 음식이 메인 메뉴이다. 레스토랑 실내엔 에어컨이 돌아가 쾌적하고, 야외 테이블은 콰이강을 바라보며 식사할 수 있어 매력적이다. 일몰 무렵엔 노을을 배경으로 열차가 콰이강의 다리 위를 지나가는 그림 같은 모습을 볼 수 있다.

콰이강의 다리에서 서쪽으로 도보 4분 이내 431/, 1 River Kwai Rd
+66 34 513 855 매일 11:00~23:00 ฿ 200~250B

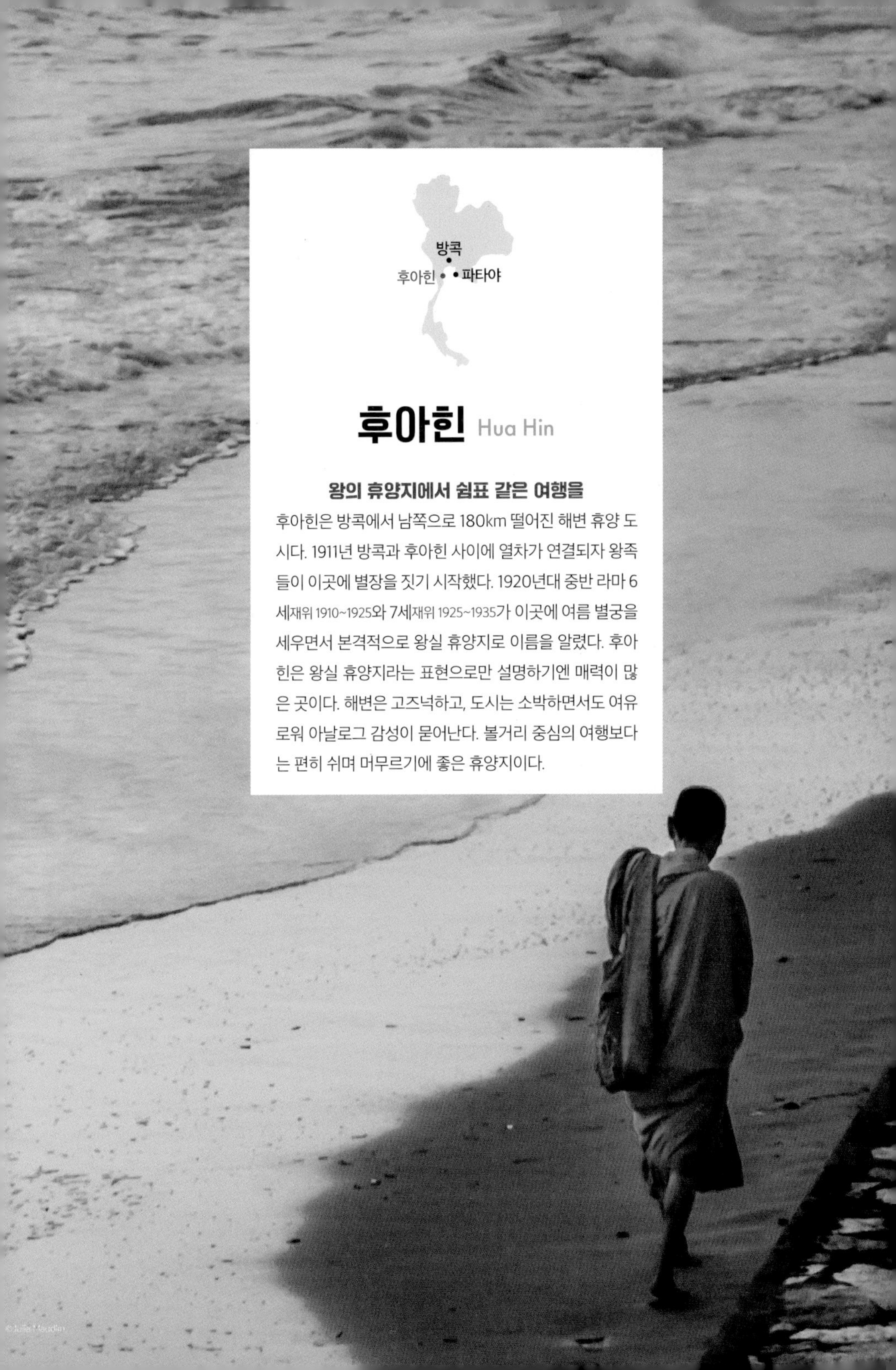

후아힌 Hua Hin

왕의 휴양지에서 쉼표 같은 여행을

후아힌은 방콕에서 남쪽으로 180km 떨어진 해변 휴양 도시다. 1911년 방콕과 후아힌 사이에 열차가 연결되자 왕족들이 이곳에 별장을 짓기 시작했다. 1920년대 중반 라마 6세재위 1910~1925와 7세재위 1925~1935가 이곳에 여름 별궁을 세우면서 본격적으로 왕실 휴양지로 이름을 알렸다. 후아힌은 왕실 휴양지라는 표현으로만 설명하기엔 매력이 많은 곳이다. 해변은 고즈넉하고, 도시는 소박하면서도 여유로워 아날로그 감성이 묻어난다. 볼거리 중심의 여행보다는 편히 쉬며 머무르기에 좋은 휴양지이다.

후아힌 여행 지도
플런완
후아힌 공항
(4km)
Petchkasem Rd
오션 사이드 비치 클럽
Oceanside beach club & restaurant
왓 후아이 몽콜
(17km)
Naebkehardt Rd
후아힌 선착장
Naresdamri Rd
찻차이 시장
Chatchai Market
타이 쿠킹 코스 후아힌
Thai Cooking Course Hua Hin
Khao Hin Lek Fai
후아힌 야시장
Hua Hin Night Market
Huahin 72
더 커피 클럽
The Coffee Club&restaurant
후아힌 시계탑
Huahin 61
후아힌 기차역
Huahin 76
Petchkasem Rd
후아힌 해변
Hua Hin Beach
Prapokklao Rd
메리어트 리조트
마켓 빌리지
Market Village Hua Hin
Hua Hin 88/1 Alley
Petchkasem Rd
인터콘티넨탈 리조트
Nong Kae Takiap
하얏트 리젠시
씨카다 마켓
Cicada Market

썽태우 운행 노선도

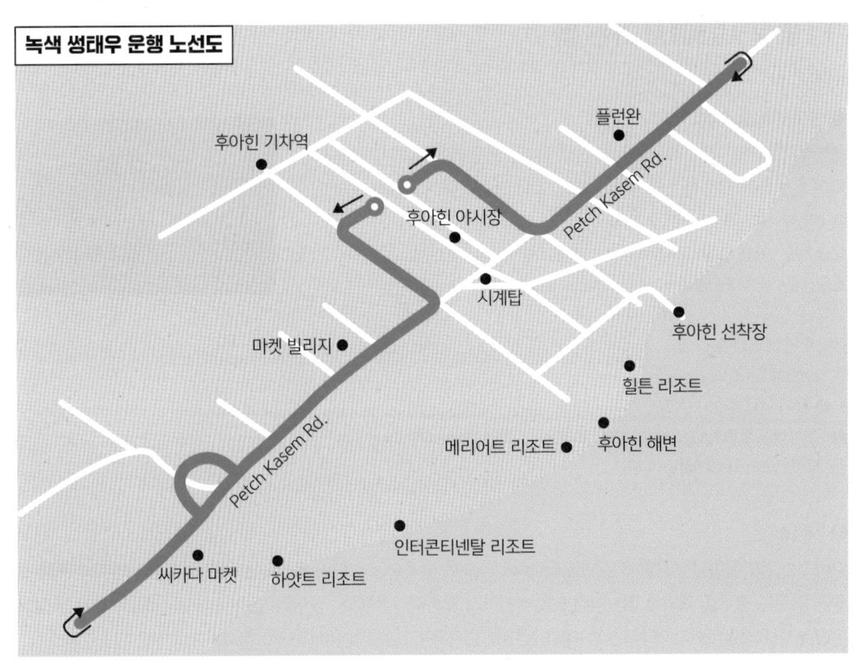
녹색 썽태우 운행 노선도
플런완
후아힌 기차역
Petch Kasem Rd.
후아힌 야시장
시계탑
후아힌 선착장
마켓 빌리지
힐튼 리조트
메리어트 리조트
후아힌 해변
Petch Kasem Rd.
인터콘티넨탈 리조트
씨카다 마켓
하얏트 리조트

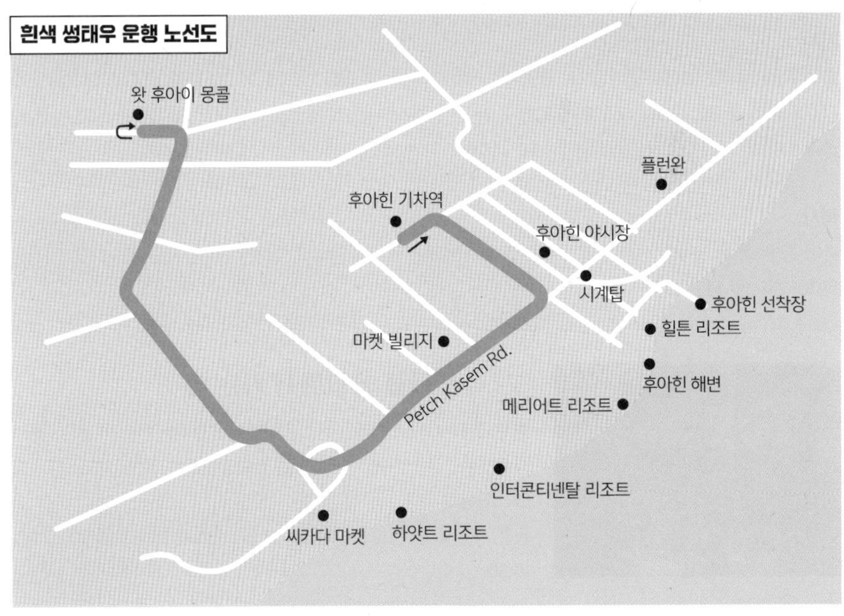
흰색 썽태우 운행 노선도
왓 후아이 몽콜
플런완
후아힌 기차역
후아힌 야시장
시계탑
후아힌 선착장
힐튼 리조트
마켓 빌리지
Petch Kasem Rd.
후아힌 해변
메리어트 리조트
인터콘티넨탈 리조트
씨카다 마켓
하얏트 리조트

후아힌 가는 방법

1 방콕 시내에서 가는 법

버스

❶ 쏨밧투어 Sombat Tour

쏨밧투어는 사설 버스 회사로 자사 전용 터미널을 운영한다. 방콕 북부 짜뚜짝에 쏨밧투어 전용 버스터미널이 있다. 남부 터미널보다 접근성이 좋고, 2층 에어컨 버스로 편안하게 갈 수 있다.

요금 **편도** 263B 출발시간 06:00, 08:20, 14:20, 18:30
소요 시간 약 3시간 예약 www.sombattour.com (현장 구매도 가능)

쏨밧투어 버스터미널 정보
Sombat Tour Vibhavadhi
❶ 택시 이용 추천
❷ MRT 파혼 요틴역Phahon Yothin에서 북쪽으로 도보 1.3km(20분 이내)
23/21 Vibhavadi Rangsit Rd

❷ 빅버스

빅버스는 남부터미널싸이따이마이 터미널, Bangkok Southern Bus Terminal에서 출발하는 버스이다. 남부터미널 근처 호텔에 머무는 경우를 제외하고는 빅버스를 추천하지 않는다. 시내에서 남부터미널까지 이동 시간과 비용이 많이 든다. 6시부터 21시까지 약 1시간에 1대가 있으며, 요금은 120B~200B이다. 후아힌까지 3시간 정도 소요된다.

기차

방콕 후알람퐁 기차역에서 후아힌으로 출발하는 기차가 매일 11편 있다. 08:05, 09:20, 13:00, 14:45, 15:10, 15:35, 17:05, 17:35, 18:30, 19:30, 22:50에 출발한다. 3시간 30분~4시간 20분 정도 소요되고, 기차에 따라 소요 시간이 조금씩 다르다. 요금은 열차 등급에 따라 40~180B.

택시

아이 동반 가족, 3~4명 이상 그룹 여행자들이 선호하는 교통수단이다. 2시간 30분 정도 소요되고, 가격은 1800~2500밧 정도다.

2 수완나폼 공항에서 가는 법

벨 트레블Bell Travel 이라는 버스 회사에서 운행하는 버스가 있다. 공항 1층 8번 승강장 근처에 카운터가 있다. 요금은 편도 325밧이고 5시간 정도 소요된다.

출발 시간 07:30, 09:30, 10:30, 12:00, 13:00, 14:30, 16:00, 17:00, 18:30

후아힌 시내에서 이동하기

후아힌 내에서 이동하려면 후아힌 시계탑구글좌표 Hua Hin Clock Tower을 알아두자. 타운 중앙에 있어 후아힌의 이정표 역할을 한다. 길을 물어볼 때와 썽태우 노선 방향을 이해할 때 유용하다.

썽태우

후아힌에서는 썽태우트럭을 개조한 교통 수단가 로컬 버스와 택시의 역할을 대신하고 있다. 썽태우만 잘 이해해도 큰 어려움 없이 다닐 수 있다. 후아힌의 썽태우는 4개의 노선으로 운행되고, 경로는 썽태우의 색으로 구분된다.

❶ 녹색 썽태우

여행자가 주목해야 하는 노선이다. 후아힌 기차역, 나이트 마켓, 시카다 마켓, 마켓 빌리지, 플런완에 정차한다. 요금 10밧이고, 19시 이후부터는 15밧이다.

❷ 오렌지색 썽태우

시내 외곽을 운행하는 노선이다. 요금이 10~20밧이다. 17시 이후부터는 5밧이 추가된다.

❸ 흰색 썽태우(파란색 글씨)

후아힌 기차역에서 출발해 마켓 빌리지를 지나 후아이 몽콜 사원까지 운행한다. 요금은 10~40밧이다.

❹ 흰색 썽태우(빨간색 글씨)

시내 중심부를 순환하는 A라인과 해안가의 Petch Kasem Rd.를 순환하는 B라인이 있다. 마켓 빌리지를 오고 갈 때 유용하다. 요금은 10밧이다.

썽태우 택시

썽태우에 TAXI라고 써 있다. 미터기가 없고, 흥정해서 요금을 결정한다. 짧은 거리라도 기본 100밧 정도 받는다.

뚝뚝

후아힌 야시장과 시계탑 근처에서 뚝뚝을 종종 볼 수 있다. 뚝뚝으로 먼 거리는 갈 수 없다. 게다가 가까운 거리도 요금이 50~100밧이 기본이라 이용자가 많지 않다. 타기 전 흥정은 필수.

그랩 카

후아힌에서는 그랩 택시 대신에 그랩 카를 이용한다. 목적지가 시내를 벗어나 먼 경우에 유용하다. 모바일로 그랩 앱을 실행하여 택시, 카, 바이크 등을 선택하는 단계에서 카Car를 선택하면 된다. 시내에서 랏팍 공원까지8km 250~300밧 정도 예상하면 된다.

후아힌 기차역 Hua Hin Railway Station

🚶 시계탑에서 도보 600m(10분 이내). 초록색 썽태우 이용 가능.
📍 Prapokklao Rd, Hua Hin

태국에서 가장 아름다운 기차역

후아힌 기차역은 후아인 해변에서 800m 정도 떨어진 곳에 있다. 후아인에 기차를 타고 오지 않아도 꼭 방문해야 하는 필수 명소이자 태국에서 가장 아름답고 오래된 기차역이다. 1911년 라마 6세가 여름 궁전을 지으며 함께 건설했다. 태국 전통 양식으로 지은 목조 건축에 붉은색을 더해 독특하다. 이제는 기차역의 기능보다는 인생샷 명소로 유명하지만 간간이 오고 가는 이들이 역에 생기를 불어 넣는다. 방콕으로 가기 위해 짐을 한가득 챙겨온 사람들과 예쁜 기차역을 보고 있노라면 아날로그 감성이 가득 차오른다. 역 한쪽에는 태국에서 유일한 왕족 대합실이 있지만, 현재는 거의 사용하지 않는다.

후아힌 해변 Hua Hin Beach

물놀이, 야자수, 해먹, 낮잠

후아힌역과 시계탑에서 동쪽으로 700m 정도 떨어진 곳에 있다. 남국의 에메랄드빛 바다에는 조금 못 미치지만 파타야보다는 아름답다. 수심이 깊지 않아 물놀이하기 좋고 한산해서 편안하게 쉬기 좋다. 무성하게 자란 야자수 기둥에 해먹을 설치하고 낮잠을 자는 여행객도 많다. 해가 질 무렵 후아힌 야시장이나 레스토랑 가기 전에 산책하기도 적당하다. ◎ Naret Damri Alley

찻차이 시장 Chatchai Market

후아힌의 요리가 시작되는 곳

대표적인 후아힌 로컬 시장이다. 싱싱한 해산물부터 과일, 채소, 건어물, 커리 페이스트까지 없는 게 없다. 특히 후아힌에서 식당을 운영하는 셰프들이 좋은 재료를 찾아 방문하는 곳이다. 다양한 재료들을 구경하며 걸어 다니기만 해도 눈이 즐겁다. 무언가 사고 싶을 때는 열대 과일 추천한다. 무엇을 사도 맛있다. 후아힌 시계탑, 후아힌 야시장과 가깝다. 🚶 시계탑에서 북쪽으로 2분 ◎ Hua Hin 72, Chatchai Market 🕓 매일 05:00~16:00

후아힌 야시장 Hua Hin Night Market

저렴하고 싱싱한 해산물이 가득

후아힌은 휴양 도시라서 시내에 볼거리가 많지 않다. 인기가 많은 곳은 후아힌 야시장이다. 여행자들의 필수 코스이다. 오후 5시 무렵이 되면 다양한 노점들이 하나둘 장사 준비를 시작한다. 각종 노점이 즐비하지만 역시 여행객의 걸음을 멈추게 하는 것은 먹거리다. 바닷가답게 싱싱한 해산물이 많고 가격도 저렴하다. 주변에 레스토랑도 몰려있어 야시장 구경하고 저녁까지 먹으면 일석이조이다. 🚶 시계탑에서 북쪽으로 도보 1분. 🕒 매일 18:00~24:00

마켓 빌리지 Market Village Hua Hin

쾌적한 곳에서 식사와 쇼핑을

시내에서 남쪽으로 1.5km 정도 떨어져 있는 쇼핑센터이다. 대중적인 맛을 선보이는 태국 음식 프랜차이즈 매장이 다수 입점해 있어 많은 여행자가 즐겨 찾는다. 지하 푸드코트도 깔끔하고, 할인마트와 기념품 상점도 있어 쇼핑하기 좋다. 여행자들이 이곳을 좋아하는 가장 큰 이유는 에어컨 시설이 있어 늘 쾌적하기 때문이다.
🚶 시계탑에서 녹색 썽태우를 타고 마켓 빌리지에서 하차
🕒 매일 10:30~21:00 ≡ marketvillagehuahin.co.th

씨카다 마켓 Cicada Market

예술가들의 주말 야시장

금·토·일에만 열리는 주말 야시장이다. 시내 시계탑에서 남쪽으로 4km 떨어진 곳에 있다. 'Community, Identity, Culture, Arts, Dynamic, Activities'의 이니셜을 따서 이름 지었다. 이름에서부터 느껴지듯이 일반 야시장과 다르게 예술가들이 직접 만든 공예품을 주로 판매하고, 사람들이 함께 공연을 즐기기도 한다. 태국 음식, 간식을 판매하는 노점과 야외 테이블이 마련되어 있다.

시계탑에서 녹색 썽태우를 타고 씨카다 마켓에서 하차
123 Hua Thanon 21, Cicada Market
금~일 16:00~23:00 ≡ www.cicadamarket.com

왓 후아이 몽콜 Wat Huay Mongkol

한적하게 산책하기 좋은 사원

시내에서 서쪽으로 약 18km 거리에 있는 사원이다. 거대한 루앙 퍼또Luang Phor Thuad의 동상이 있는데, 루앙 퍼또는 아유타야 시대의 고승으로 기적을 행하는 능력이 있다고 알려져 있다. 루앙 퍼또가 태국 남부에서 배를 타고 아유타야로 가던 중 바닷물을 식수로 바꿔 선원 모두의 목숨을 살렸다는 유명한 일화가 있다. 믿기에는 다소 무리가 있는 스토리지만, 주말이면 그를 존경하는 현지인들이 많이 찾는다. 한적하게 산책하기 좋으니 한번 들러보자.

후아힌 기차역 앞에서 흰색 썽태우파란색 글씨를 타고 후아이 몽콜 사원에서 하차. 요금 10~40B
3219 Thap Tai, Wat Huay Mongol +66 81 858 6661 06:00~21:00 ฿ 무료

타이 쿠킹 코스 후아힌 Thai Cooking Course Hua Hin

픽업과 드롭 장소는 후아힌 시계탑 19/95 Petchkasem Road Soi Hua Hin
+66 81 572 3805 **원데이 클래스** 09:00~14:00 **오후 익스프레스 클래스** 15:00~17:30
원데이 클래스 **성인** 1,500B **어린이(7-12세)** 750B 익스프레스 클래스 **성인** 999B **어린이(7-12세)** 649B
www.klook.com/ko | www.thai-cookingcourse.com

오감이 즐거운 태국 요리 수업

태국 요리를 직접 만들어볼 수 있는 쿠킹 클래스이다. 클래스에는 현지 시장을 체험할 수 있는 시장 투어가 포함되어 있다. 레몬그라스, 갈랑갈, 바질 등 태국 요리에 자주 쓰이는 재료의 특징을 배우고, 향을 직접 맡아보고 만져볼 수 있다. 쿠킹 클래스는 깔끔하고 아기자기한 태국 가정집에서 진행된다. 한 클래스에서 네 가지 종류의 태국 음식을 만들어볼 수 있고, 예약 시 원하는 메뉴를 선택할 수 있다. 재료 손질부터 조리까지 직접 체험하는 재미가 있다. 강좌는 오전, 오후, 종일반 등 다양하다. 수업은 영어로 진행되고, 레시피 북도 제공한다. 쿠킹 클래스가 끝난 후에는 수료증도 받을 수 있어 뿌듯함이 배가 된다. 클룩과 쿠킹 클래스 홈페이지에서 예약할 수 있다. 픽업과 드롭 장소는 후아힌 시계탑이다.

후아힌의 맛집

오션 사이드 비치 클럽 Oceanside beach club & restaurant

전망 좋은 해변 레스토랑

분위기 좋고 전망 좋은 해변 레스토랑이다. 후아힌 해변 북쪽 끝에 자리하고 있다. 야외 테라스에는 식사할 수 있는 테이블이 있고, 백사장 쪽에는 칵테일과 음료를 즐길 수 있는 선베드가 놓여 있다. 어느 자리나 시야에 방해받지 않고 탁 트인 바다를 눈에 담을 수 있어 좋다. 후아힌 물가보다 음식 가격이 비싼 편이지만, 음식 퀄리티와 분위기를 고려하면 합리적인 가격이다. 햇빛이 좋은 낮부터 노을이 아름다운 저녁까지 온종일 머물고 싶은 곳이다.

시계탑에서 나에브케하트 로드Naebkehardt Rd. 따라 북쪽으로 750m 직진. +66 32 531 470 22/65 Naeb Kaehat Rd Huahin District 매일 11:00~23:00(금·토 01:00까지) ฿ 250B ~1000B www.oceansidebeachclub.com

더 커피 클럽 The Coffee Club& restaurant

호주식 브런치 카페

더 커피 클럽은 방콕과 후아힌에 지점을 둔 호주 브런치 카페이다. 시계탑에서 멀지 않은 후아힌 해변 근처에 있어 접근성이 좋다. 치킨 바질 볶음, 팟타이처럼 간단한 태국식 식사와 올데이 브런치를 즐길 수 있다. 에어컨이 있는 실내와 야외 테라스에 테이블이 마련되어 있다. 시계탑에서 동쪽으로 약 300m +66 32 532 055 8/89 Soi Moo Baan Nongkae 08:00~20:00 www.thecoffeeclub.co.th

PART 12

실전에 꼭 필요한 여행 태국어

태국어에도 존칭어가 있다. 본인보다 나이가 많은 사람이나 직위가 높은 사람에게 공손하게 말해야 한다. 특히, 처음 보는 사람에게는 서로 높여 주는 것이 일반적이다. 태국어에서 존칭 표현은 '카' 또는 '크랍'이다. 여자라면 '카', 남자라면 '크랍'을 모든 말의 마지막에 넣는다.

01 이것만은 꼭! 여행 태국어 패턴 10

1 ____주세요. ขอ____ครับ 커 ~ 크랍/카

생수 주세요. ขอน้ำเปล่าครับ 커 남 쁠라오 크랍/카

국수 주세요. ขอก๋วยเตี๋ยวครับ 커 꾸어이띠여우 크랍/카

2 ____는 빼고 주세요. อย่าใส่____ 마이 사이 ____ 크랍/카

고수는 빼고 주세요. อย่าใส่ผักชี 마이 사이 팍치 크랍/카

내장 빼고 주세요. อย่าใส่เครื่องใน 마이 사이 크릉나이 크랍/카

3 ____ 어디인가요? ____อยู่ที่ไหนครับ(คะ) ____ 유 티나이 크랍/카

카오산 로드가 어디인가요? ถนนข้าวสารอยู่ที่ไหนครับ(คะ) 타논 카오산 유 티나이 크랍/카

환전소가 어디인가요? ที่แลกเงินอยู่ที่ไหนครับ 티 랙 응언 유 티나이 크랍/카

4 ____에(로) 갑시다. ไปที่____ครับ(ค่ะ) 빠이 ____ 크랍/카

카오산로드로 갑시다. ไปข้าวสารโร้ดครับ(ค่ะ) 빠이 카오산 로드 크랍/카

이 주소로 가주세요. ไปตามที่อยู่นี้ครับ 빠이 땀 티 유니 크랍/카

5 ____ 있나요? คุณมี____ไหม 쿤 미 ____ 마이 크랍/카

얼음 있나요? คุณมีน้ำแข็งไหม 쿤 미 남캥 마이 크랍/카

디저트 있나요? คุณมีของหวานไหม 쿤 미 컹완 마이 크랍/카

6 얼마예요? ____เท่าไหร่ ____ 타오라이 크랍/카

이거 얼마예요? อันนี้ราคาเท่าไหร่ 아니 라카 타오라이 크랍/카

전부 얼마예요? ทั้งหมดเท่าไรครับ 탕못 타오라이 크랍/카

7 ____을 좋아해요. ชอบ____ 찹 ____

태국 음식을 좋아해요. ชอบอาหารไทย 찹 아한 타이

매운 음식을 좋아해요. ชอบอาหารรสเผ็ด 찹 아한 펫

8 ____을 좋아하지 않아요. ไม่ชอบ____ 마이 찹 ____

해산물을 좋아하지 않아요. ฉันชอบอาหารรสเผ็ด 마이 찹 까한 탈래.

매운 음식을 좋아하지 않아요. ไม่ชอบอาหารรสเผ็ด 마이 찹 아한 펫

9 ____을 원해요.(____을 하고 싶어요.) ฉันต้องการ____ 폼/챤 똥깐 ____

마사지 받고 싶어요. ฉันต้องการนวด 폼/챤 똥깐 노앗

더 주세요. ฉันต้องการอีก 폼/챤 똥깐 잇

10 ~를 원하지 않아요. ฉันไม่ต้องการ____ 폼/챤 미 똥깐 ____

얼음은 필요없어요. ฉันไม่ต้องการน้ำแข็ง 폼/챤 미 똥깐 남깽

그건 없어도 괜찮아요. ฉันไม่ต้องการมัน 폼/챤 미 똥깐 만

02 인사말

안녕하세요 สวัสดีครับ 싸왓디 크랍/카

고맙습니다 ขอบคุณครับ 컵쿤 크랍/카

정말 고맙습니다 ขอบคุณจริงๆครับ 컵쿤 찡찡 크랍/카

수고하세요 ขอบคุณนะครับ 컵쿤 나 크랍/카

안녕히계세요 ลาก่อน 라 껀 크랍/카

미안합니다 ขอโทษ 커톳 크랍/카

실례합니다 ขอโทษครับ 커톳 크랍/카

잠깐만요 สักครู่ครับ 싹크루 크랍/카

저기요. คุณครับ 쿤 크랍/카

만나서 반갑습니다. ยินที่ได้รู้จักครับ 인디 티다이 루짝 크랍/카

이름이 뭐예요? คุณชื่ออะไร 쿤츠어라이 크랍/카

제 이름은 _____입니다.

남자) ผมชื่อ___ครับ 폼 츠 _____ 크랍

여자) ดิฉันชื่อเ____ค่ะ 디찬 츠 ____ 카

저는 한국사람입니다. คนเกาหลีครับ 뻰 콘카울리 크랍/카

네 ครับ 크랍 (남자), ค่ะ 카(여자)

아니오 ไม่ 마이

괜찮습니다 ไม่เป็นไรครับ 마이뻬라이 크랍/카

무척 더워요. ร้อนมากๆครับ 런 막막 크랍/카

03 숫자

1 หนึ่ง 앙

2 สอง 두

3 สาม 투아

4 สี่ 까트르

5 ห้า 쌍크

6 หก 씨스

7 เจ็ด 쎄트

8 แปด 위트

9 เก้า 까오

10 สิบ 씹

20 ยี่สิบ 이 씹

100 หนึ่งร้อย 능러이

1000 หนึ่งพัน 능판

04 공항과 기내에서

❶ 기내에서

자주 쓰는 여행 단어

비행기표 ตัวเครื่องบิน 뚜어 크릉빈

좌석 ที่นั่ง 티낭

창가 좌석 ที่นั่งริมหน้าต่าง 티낭 링 나- 당

화장실 ห้องน้ำ 헝남

여행 회화

제 자리는 어디예요? ที่นั่งของผมอยู่ที่ไหนครับ 티낭 컹폼 유 티나이 크랍

화장실이 어디예요? ห้องน้ำอยู่ไหน ครับ/คะ 헝남 유나이 크랍/카?

물 좀 주세요. ขอน้ำหน่อยครับ 커-남너-이크랍

이 비행기는 방콕에 몇시에 도착합니까? เครื่องบินลำนี้ถึงกรุงเทพฯที่โมงครับ 크르엉빈 람니 틍 끄룽텝 끼몽 크랍

비행기 멀미를 하는 것 같아요. Cผมรู้สึกเมาเครื่องบิน 폼루 쏙 마오 크릉빈

❷ 공항에서

자주 쓰는 여행 단어

여권 หนังสือเดินทาง 낭쓰든탕–

세관 ศุลกากร 쑬라 까 껀–

공항 ท่าอากาศยาน 타 아깟 싸얀–

수하물 สัมภาระ 쌈파라

호텔 โรงแรม 롱램

여행 회화

태국에 무슨일로 오셨습니까? คุณมาทำอะไรที่เมืองไทยครับ 쿤마탐 아라이티 므엉 타이 크랍

여행하러 왔어요. มาท่องเที่ยวครับ 마텅 티여우 크랍

싸얌호텔에 묵을 생각입니다 คิดว่าจะพักอยู่ที่โรงแรมสยาม 킷와 짜팍유 티 롱램 싸얌

환전소는 어디에 있습니까? ที่แลกเงินอยู่ที่ไหนครับ 티 랙 응언 유 티나이 크랍

저는 환전을 하고 싶습니다. ผมอยากจะแลกเงิน 폼 약 짜 랙 응언

05 교통수단

자주 쓰는 여행 단어

여기 ที่นี่ 티니

저기 ที่นั่น 티난

오른쪽 ขวา 콰

왼쪽 ซ้าย 싸이

직진 ตรง 뜨롱

역 สถานี 싸타니

지하철역 สถานีรถไฟใต้ดิน 싸타니 롯파이 따이딘

기차역 สถานีรถไฟ 싸타니 롯파이

선착장 ท่า 따

티켓 ตั๋ว 뚜어

공항 สนามบิน 싸남빈

입구 ทางเข้า 탕 카오

출구 ตัทางออก 탕 억–

보트 เรือ 르아

기차 รถไฟ 롯 파이

버스 รถโดยสาร 롯 도이 싼–

자전거 จักรยาน 짝 끄라 얀–

오토바이 จักรยานยนต์ 짝 끄라 얀– 욘–

택시 แทกซี่ 택씨–

여행 회화

여기가 어디예요? ที่นี่คือที่ไหนครับ 티니 크 티 나이 크랍/카

여기 세워주세요 ช่วยจอดที่นี่ครับ 추어이 쩟 티니 크랍/카

직진해 주세요. ตรงไปครับ 뜨롱 빠이 크랍/카

카오산로드로 갑시다. ไปข้าวสารโร้ดครับ(ค่ะ) 빠이 카오산 로드 크랍/카

이 주소로 가 주세요. ไปตามที่อยู่นี้ครับ 빠이 땀 티 유니 크랍/카

06 숙소에서

자주 쓰는 여행 단어

호텔 โรงแรม 롱램

게스트하우스 เกสท์เฮาส์ 깻하우

방 ห้อง 헝

아침식사 อาหารเช้า 아한 차우

여행 회화

빈 방 있나요? มีห้องว่างไหมครับ(คะ) 미 헝 왕 마이 캅(카)?

방 좀 보여 주세요. ขอดูห้องหน่อยครับ(คะ) 커 하이 두 헝 너이 캅(카)

따뜻한 물이 안나와요. น้ำอุ่นไม่ไหลครับ 남운 마이 라이 크랍

에어컨이 고장입니다. แอร์เสีย 애- 씨야

택시를 불러 주세요. ช่วยเรียกแท็กซี่ให้ด้วย 추 어이 리약 택씨 하이 두 어이

체크인이 몇 시예요? กำหนด เช็คอิน กี่โมง ครับ 깜놋 첵인 끼몽 크랍/카

체크아웃이 몇 시예요? กำหนด เช็คเอาท์ กี่โมง ครับ 깜놋 첵아웃 끼몽 크랍/카

07 식당에서

자주 쓰는 여행 단어

메뉴 เมนู 메누

해산물 อาหารทะเล 까한 탈레

생선 ปลา 쁠라

새우 กุ้ง 꿍

게 ปู 뿌

오징어 ปลาหมึก 쁠라묵

닭고기 ไก่ 까이

소고기 เนื้อ 느어

돼지고기 หมู 무

고수 ผักชี 팍치

고추 พริก 쁘릭

물 น้ำ 남

밥 ข้าว 카우

맥주 เบียร์ 비야

디저트 ของหวาน 컹완

여행 회화

메뉴 좀 줄 수 있나요? ขอเมนูด้วย ครับ/ค่ะ 커 메누 드아이 크랍/카?

맥주 있나요? มีเบียร์ไหม ครับ/คะ 미 비아 마이 크랍/카?

이 음식은 너무 차요. อาหารนี้เย็นเกินไป ครับ/ค่ะ 아한 니 옌 근빠이 크랍/카

이 음식은 너무 매워요. อาหารนี้เผ็ดเกินไป ครับ/ค่ะ 아한 니 펜 근빠이 크랍/카

여기 주문 받아 주세요. ช่วยรับเมนูด้วยครับ 추어이 랍 메누 두어이 크랍/카

고수는 빼고 주세요 อย่าใส่ผักชี 마이 사이 팍치

아주 맛있어요 อร่อยมากครับ 아러이 막 크랍/카

08 쇼핑할 때

자주 쓰는 여행 단어

기념품 ของที่ระลึก 커엉 티-라륵

전부 ทั้งหมด 탕 못-

신용카드 บัตรเครดิต 밧 크레딧

긴소매 แขนยาว 캔 야-우

타이 실크 ไหมไทย 마이 타이

반바지 กางเกงขาสั้น 깡깽 카 싼

바지 กางเกง 깡깽-

구경하다 ชม 촘-

포장하다 ห่อ 허-

여행 회화

얼마에요? เท่าไหร่ครับ(คะ) 타올라이 크랍/카?

비싸요. แพงไป 팽 빠이

깍아 주세요. ขอลดหน่อยนะครับ(คะ) 커 톳 너이 나 크랍/카

이거 주세요. ขออันนี้ 커 안니

할인돼요? ลดได้ไหมครับ 롯 다이마이 크랍/카

이것보다 더 큰 사이즈가 있나요? ขนาดใหญ่กว่านี้มีไหมครับ 카낫 야이 꾸아 니미 마이 크랍

이것보다 더 작은 사이즈가 있나요? ขนาดเล็กนี้มีไหมครับ 카낫 레 니미 마이 크랍

신용카드로 지불해도 되나요? จ่ายเป็นบัตรเครดิตได้ไหม 짜이 뻰 밧 크레딧 다이마이

전부 얼마입니까? ทั้งหมดเท่าไรครับ 탕못 타오 라이 크랍/카

포장해 주세요. ช่วยห่อให้ด้วยนะครับ 추어이 허 하이 두어이 나 크랍

09 마사지 가게에서

자주 쓰는 여행 단어

마사지 นวด 노앗

타이 마사지 นวดไทย 노엇 타이

발 마사지 นวดเท้า 노엇 타우

오일 마사지 นวดน้ำมัน 노엇 남만

세게 แรงกว่านี้ 랭 꽈니-

약하게(부드럽게) เบากว่านี้ 바오 꽈니-

여행 회화

타이 마사지가 좋아요. ฉันชอบนวดไทย 폼/챤 촙 노엇 타이

발 마사지 받고 싶어요. ฉันต้องการนวดเท้า 폼/챤 똥깐 노엇 타우

세게 마사지해 주세요. ช่วยนวดแรงกว่านี้ 추어이 노엇 랭 꽈니-

약하게 마사지해 주세요 ช่วยนวดเบากว่านี้ 추어이 노엇 바오 꽈니-

10 위급 상황

아프거나 다쳤을 때

자주 쓰는 여행 단어

병원 โรงพยาบาล 롱 프야 반-

약국 ร้านขายยา 란 카-이 야

두통이 있다 ปวดหัว 뿌 엇 후-어

춥다 หนาว 나-우

기침하다 ไอ 아이

아프다 ไม่สบาย 마이 싸바- 이

독감 ไข้หวัดใหญ่ 카이 왓 야이

여행 회화

약국이 어디인가요? ร้านขายยาอยู่ที่ไหน 란 카-이 야 유 티나이

열이 높은가요? ไข้สูงไหม 카이 쑹 마이

독감에 걸린것 같습니다. คิดว่าคุณเป็นไข้หวัดใหญ่ 킷와- 쿤 뻰 카이 왓 야이

배가 아픕니다. ปวดทองครับ 뿌-엇 텅 크랍

설사가 심합니다. ทองเสียมาก 텅 씨야 막

목이 아픕니다. เจ็บคอ 쨉 커-

모기에 물렸습니다. ถูกยุงกัด 툭 융 깟

저는 구토했습니다. ผมอาเจียนแล้ว 폼 아-찌얀 래-우

저는 감기가 들었습니다. ผมเป็นหวัด 폼 뻰 왓

여기가 아파요 เจ็บตรงนี้ครับ 쩹 뜨롱니 크랍/카

2 분실, 도난 신고할 때

자주 쓰는 여행 단어

돕다 ช่วย 추어이

경찰서 สถานีตำรวจ 싸타니 땀루엇

한국대사관 สถานทูตเกาหลี 싸탄 뚯- 까올리

가방 กระเป๋า 끄라빠오

지갑 กระเป๋าสตางค์ 끄라빠오 싸딴

여행 회화

도와주세요! ช่วยด้วย 추어이 두어이!

도둑이야! ขโมย 카모-이

여권을 잃어버렸습니다. หนังสือเดินทางหายแล้ว 낭 쓰 든탕 하이 래우

지갑을 잃었습니다. กระเป๋าสตางค์หายแล้ว 끄라빠오 싸딴 하이 래우

한국대사관이 어디에 있습니까? สถานทูตเกาหลีอยู่ที่ไหน 싸탄 뚯- 까올리 유 티나이

경찰서가 어디에 있습니까? สถานีตำรวจอยู่ที่ไหน 싸타니 땀루엇 유 티나이

PART 13

권말부록 2

실전에 꼭 필요한 여행 영어

01 이것만은 꼭! 여행 영어 패턴 10

1 ~주세요. ~ please. 플리즈

영수증 주세요. Receipt, please. 뤼씨트, 플리즈.

닭고기 주세요. Chicken, please. 취킨, 플리즈.

2 어디인가요? Where is ~? 웨얼 이즈

화장실이 어디인가요? Where is the toilet? 웨얼 이즈 더 토일렛?

버스 정류장이 어디인가요? Where is the bus stop? 웨얼 이즈 더 버쓰 스탑?

3 얼마예요? How much ~? 하우 머취

이건 얼마예요? How much is this? 하우 머취 이즈 디스?

전부 얼마예요? How much is the total? 하우 머취 이즈 더 토털?

4 ~하고 싶어요. I want to ~. 아이 원트 투

룸서비스를 주문하고 싶어요. I want to order room service. 아이 원트 투 오더 룸 썰비쓰.

택시 타고 싶어요. I want to take a taxi. 아이 원트 투 테이크 어 택시.

5 ~할 수 있나요? Can I/you ~? 캔 아이/유

펜 좀 빌릴 수 있나요? Can I borrow a pen? 캔 아이 바로우 어 펜?

영어로 말할 수 있나요? Can you speak English? 캔 유 스피크 잉글리쉬?

6 저는 ~ 할게요. I'll ~. 아윌

저는 카드로 결제할게요. I'll pay by card. 아윌 페이 바이 카드.

저는 2박 묵을 거예요. I'll stay for two nights. 아윌 스테이 포 투 나잇츠.

7 ~은 무엇인가요? What is ~? 왓 이즈

이것은 무엇인가요? What is it? 왓 이즈 잇?

다음 역 이름이 무엇인가요? What is the next station? 왓 이즈 더 넥쓰트 스테이션?

8 ~ 있나요? Do you have~? 두유 해브

다른 거 있나요? Do you have another one? 두유 해브 어나덜 원?

자리 있나요? Do you have a table? 두유 해브 어 테이블?

9 이건 ~인가요? Is ~? 이즈 디스

이 길이 맞나요? Is this the right way? 이즈 디스 더 롸잇 웨이?

이것은 여성용/남성용인가요? Is this for women/men? 이즈 디스 포 위민/맨?

10 이건 ~예요. It's ~. 잇츠

이건 너무 비싸요. It's too expensive. 잇츠 투 익쓰펜시브.

이건 짜요. It's salty. 잇츠 썰티.

1 탑승 수속할 때

자주 쓰는 여행 단어

여권 passport 패쓰포트
탑승권 boarding pass 볼딩 패쓰
창가 좌석 window seat 윈도우 씻
복도 좌석 aisle seat 아일 씻
앞쪽 좌석 front row seat 프뤈트 로우 씻
무게 weight 웨잇
추가 요금 extra charge 엑쓰트라 차알쥐
수하물 baggage/luggage 배기쥐/러기쥐

여행 회화

여기 제 여권이요. Here is my passport. 히얼 이즈 마이 패쓰포트.
창가 좌석을 받을 수 있나요? Can I have a window seat? 캔 아이 해브 어 윈도우 씻?
앞쪽 좌석을 받을 수 있나요? Can I have a front row seat? 캔 아이 해브 어 프뤈트 로우 씻?
무게 제한이 얼마인가요? What is the weight limit? 왓 이즈 더 웨잇 리미트?
추가 요금이 얼마인가요? How much is the extra charge? 하우 머취 이즈 디 엑쓰트라 차알쥐?
13번 게이트가 어디인가요? Where is gate thirteen? 웨얼 이즈 게이트 떨틴?

2 보안 검색 받을 때

자주 쓰는 여행 단어

액체류 liquids 리퀴즈
주머니 pocket 포켓
전화기 phone 폰
노트북 laptop 랩탑
모자 hat 햇
벗다 take off 테이크 오프
임신한 pregnant 프레그넌트
가다 go 고우

여행 회화

저는 액체류 없어요. I don't have any liquids. 아이 돈 해브 애니 리퀴즈.
주머니에 아무것도 없어요. I have nothing in my pocket. 아이 해브 낫띵 인 마이 포켓.
제 백팩에 노트북이 있어요. I have a laptop in my backpack. 아이 해브 어 랩탑 인 마이 백팩.
모자를 벗어야 하나요? Should I take off my hat? 슈드 아이 테이크 오프 마이 햇?
저 임신했어요. I'm pregnant. 아임 프레그넌트.
이제 가도 되나요? Can I go now? 캔 아이 고우 나우?

3 면세점 이용할 때

자주 쓰는 여행 단어

면세점 duty-free shop 듀티프뤼 샵
화장품 cosmetics 코스메틱스
향수 perfume 퍼퓸
가방 bag 백
선글라스 sunglasses 썬글래씨스
담배 cigarette 씨가렛
주류 alcohol 알코홀
계산하다 pay 페이

여행 회화

얼마예요? How much is it? 하우 머치 이즈 잇?

이 가방 있나요? Do you have this bag? 두유 해브 디스 백?

이걸로 할게요. I'll take this one. 아윌 테이크 디스 원.

이 쿠폰을 사용할 수 있나요? Can I use this coupon? 캔 아이 유즈 디스 쿠펀?

여기 있어요. Here you are. 히얼 유 얼.

이걸 기내에 가지고 탈 수 있나요? Can I carry this on board? 캔 아이 캐뤼 디스 온 볼드?

4 비행기 탑승할 때

자주 쓰는 여행 단어

탑승권 boarding pass 볼딩 패스

좌석 seat 씻

좌석 번호 seat number 씻 넘버

일등석 first class 펄스트 클래쓰

일반석 economy class 이코노미 클래쓰

안전벨트 seatbelt 씻벨트

바꾸다 change 췌인쥐

마지막 탑승 안내 last call 라스트 콜

여행 회화

제 자리는 어디인가요? Where is my seat? 웨얼 이즈 마이 씻?

여긴 제 자리입니다. This is my seat. 디스 이즈 마이 씻.

좌석 번호가 몇 번이세요? What is your seat number? 왓 이즈 유어 씻 넘벌?

자리를 바꿀 수 있나요? Can I change my seat? 캔 아이 췌인지 마이 씻?

가방을 어디에 두어야 하나요? Where should I put my baggage? 웨얼 슈드 아이 풋 마이 배기쥐?

제 좌석을 젖혀도 될까요? Do you mind if I recline my seat? 두 유 마인드 이프 아이 뤼클라인 마이 씻?

5 기내 서비스 요청할 때

자주 쓰는 여행 단어

간식 snacks 스낵쓰

맥주 beer 비얼

물 water 워럴/워터

담요 blanket 블랭킷

식사 meal 미일

닭고기 chicken 취킨

생선 fish 퓌쉬

비행기 멀미 airsick 에얼씩

여행 회화

간식 좀 먹을 수 있나요? Can I have some snacks? 캔 아이 해브 썸 스낵쓰?

물 좀 마실 수 있나요? Can I have some water? 캔 아이 해브 썸 워럴?

담요 좀 받을 수 있나요? Can I get a blanket? 캔 아이 겟 어 블랭킷?

식사는 언제인가요? When will the meal be served? 웬 윌 더 미일 비 설브드?

닭고기로 할게요. Chicken, please. 취킨, 플리즈.

비행기 멀미가 나요. I feel airsick. 아이 퓔 에얼씩.

6 기내 기기/시설 문의할 때

자주 쓰는 여행 단어

등 light 라이트
작동하지 않는 not working 낫 월킹
화면 screen 스크린
음량 volume 볼륨
영화 movies 무비쓰
좌석 seat 씻
눕히다 recline 뤼클라인
기내 화장실 lavatory 래버토리

여행 회화

등을 어떻게 켜나요? How do I turn on the light? 하우 두 아이 턴온 더 라이트?
화면이 안 나와요. My screen is not working. 마이 스크린 이즈 낫 월킹
음량을 어떻게 높이나요? How can I turn up the volume? 하우 캔 아이 턴업 더 볼륨?
영화 보고 싶어요. I want to watch movies. 아이 원트 투 워치 무비쓰.
제 좌석을 어떻게 눕히나요? How do I recline my seat? 하우 두 아이 뤼클라인 마이 씻?
화장실이 어디인가요? Where is the lavatory? 웨얼 이즈 더 래버토리?

7 환승할 때

자주 쓰는 여행 단어

환승 transfer 트뤤스풔
탑승구 gate 게이트
탑승 boarding 볼딩
연착 delay 딜레이
편명 flight number 플라이트 넘벌
갈아탈 비행기 connecting flight 커넥팅 플라이트
쉬다 rest 뤠스트
기다리다 wait 웨이트

여행 회화

어디에서 환승할 수 있나요? Where can I transfer? 웨얼 캔 아이 트뤤스풔?
몇 번 탑승구로 가야 하나요? Which gate should I go to? 위취 게이트 슈드 아이 고우 투?
탑승은 몇 시에 시작하나요? What time does the boarding begin? 왓 타임 더즈 더 볼딩 비긴?
화장실은 어디에 있나요? Where is the toilet? 웨얼 이즈 더 토일렛?
제 비행기 편명은 ooo입니다. My flight number is ooo. 마이 플라이트 넘벌 이즈 ooo.
라운지는 어디에 있나요? Where is the lounge? 웨얼 이즈 더 라운지?

8 입국 심사받을 때

자주 쓰는 여행 단어

방문하다 visit 비짓
여행 traveling 트뤠블링
관광 sightseeing 싸이트씨잉
출장 business trip 비즈니스 트립
왕복 티켓 return ticket 뤼턴 티켓
지내다, 머무르다 stay 스테이
일주일 a week 어 위크
입국 심사 immigration 이미그뤠이션

여행 회화

방문 목적이 무엇인가요? What is the purpose of your visit? 왓 이즈 더 펄포스 오브 유얼 비짓?

여행하러 왔어요. I'm here for traveling. 아임 히어 포 트뤠블링.

출장으로 왔어요. I'm here for a business trip. 아임 히어 포 비즈니스 트립.

왕복 티켓이 있나요? Do you have your return ticket? 두유 해브 유얼 뤼턴 티켓?

호텔에서 지낼 거예요. I'm going to stay at a hotel. 아임 고잉 투 스테이 앳 어 호텔.

일주일 동안 머무를 거예요. I'm staying for a week. 아임 스테잉 포 어 위크.

03 교통수단

1 승차권 구매할 때

자주 쓰는 여행 단어

표 ticket 티켓

사다 buy 바이

매표소 ticket office 티켓 오피스

발권기 ticket machine 티켓 머쉰

시간표 timetable 타임테이블

편도 티켓 single ticket 씽글 티켓

어른 adult 어덜트

어린이 child 촤일드

여행 회화

표 어디에서 살 수 있나요? Where can I buy a ticket? 웨얼 캔 아이 바이 어 티켓?

발권기는 어떻게 사용하나요? How do I use the ticket machine? 하우 두 아이 유즈 더 티켓 머쉰?

왕복 표 두 장이요. Two return tickets, please. 투 뤼턴 티켓츠, 플리즈.

어른 세 장이요. Three adults, please. 쓰리 어덜츠, 플리즈.

어린이는 얼마인가요? How much is it for a child? 하우 머취 이즈 잇 포 어 촤일드?

마지막 버스 몇 시인가요? What time is the last bus? 왓 타임 이즈 더 라스트 버스?

2 버스 이용할 때

자주 쓰는 여행 단어

버스를 타다 take a bus 테이크 어 버스

내리다 get off 겟 오프

버스표 ezlink card 이지링크 카드

버스 정류장 bus stop 버스 스탑

버스 요금 bus fare 버스 풰어

이번 정류장 this stop 디스 스탑

다음 정류장 next stop 넥스트 스탑

셔틀 버스 shuttle bus 셔틀 버스

여행 회화

버스 어디에서 탈 수 있나요? Where can I take the bus? 웨얼 캔 아이 테이크 더 버스?

버스 정류장이 어디에 있나요? Where is the bus stop? 웨얼 이즈 더 버스 스탑?

이 버스 ooo로 가나요? Is this a bus to ooo? 이즈 디스 어 버스 투 ooo?

버스 요금이 얼마인가요? How much is the bus fare? 하우 머취 이즈 더 버스 풰어?

다음 정류장 이름이 무엇인가요? What is the next stop? 왓 이즈 더 넥스트 스탑?

어디서 내려야 하나요? Where should I get off? 웨얼 슈드 아이 겟 오프?

3 지하철·기차 이용할 때

자주 쓰는 여행 단어

지하철 BTS·MRT 비티에스·엠알티
타다 take 테이크
내리다 get off 겟 오프
노선도 line map 라인 맵
승강장 platform 플랫폼
역 station 스테이션
환승 transfer 트렌스펄

여행 회화

지하철 어디에서 탈 수 있나요? Where can I take the BTS(MRT)?
웨얼 캔 아이 테이크 더 비티에스(엠알티)?
노선도 받을 수 있나요? Can I get the line map? 캔 아이 겟 더 라인 맵?
승강장을 못 찾겠어요. I can't find the platform. 아이 캔트 파인 더 플랫폼.
다음 역 이름이 무엇인가요? What is the next station? 왓 이즈 더 넥쓰트 스테이션?
어디에서 환승하나요? Where should I transfer? 웨얼 슈드 아이 트렌스펄?

4 택시 이용할 때

자주 쓰는 여행 단어

택시를 타다 take a taxi 테이크 어 택씨
택시 정류장 taxi stand 택씨 스탠드
기본요금 minimum fare 미니멈 풰어
공항 airport 에어포트
트렁크 trunk 트렁크
더 빠르게 faster 풰스털
세우다 stop 스탑
잔돈 change 췌인쥐

여행 회화

택시 어디서 탈 수 있나요? Where can I take a taxi? 웨얼 캔 아이 테이크 어 택씨?
기본요금이 얼마인가요? What is the minimum fare? 왓 이즈 더 미니멈 풰어?
공항으로 가주세요. To the airport, please. 투 디 에어포트, 플리즈.
트렁크 열어줄 수 있나요? Can you open the trunk, please? 캔 유 오픈 더 트렁크, 플리즈?
저기서 세워줄 수 있나요? Can you stop over there? 캔 유 스탑 오버 데얼?
잔돈은 가지세요. You can keep the change. 유 캔 킵 더 췌인쥐.

5 거리에서 길 찾을 때

자주 쓰는 여행 단어

주소 address 어드뤠쓰
거리 street 스트뤼트
모퉁이 corner 코널
골목 alley 앨리
지도 map 맵
먼 far 퐈
가까운 close 클로쓰
길을 잃은 lost 로스트

여행 회화

박물관에 어떻게 가나요? How do I get to the museum? 하우 두 아이 겟 투 더 뮤지엄?

모퉁이에서 오른쪽으로 도세요. Turn right at the corner. 턴 롸잇 앳 더 코널.

여기서 멀어요? Is it far from here? 이즈 잇 파 프롬 히얼?

길을 잃었어요. I'm lost. 아임 로스트.

이 건물을 찾고 있어요. I'm looking for this building. 아임 룩킹 포 디스 빌딩.

이 길이 맞나요? Is this the right way? 이즈 디스 더 롸잇 웨이?

6 교통편 놓쳤을 때

자주 쓰는 여행 단어

비행기 flight 플라이트

놓치다 miss 미쓰

연착되다 delay 딜레이

다음 next 넥쓰트

기차, 열차 train 트뤠인

변경하다 change 췌인쥐

환불 refund 뤼풘드

기다리다 wait 웨이트

여행 회화

비행기를 놓쳤어요. I missed my flight. 아이 미쓰드 마이 플라이트.

제 비행기가 연착됐어요. My flight is delayed. 마이 플라이트 이즈 딜레이드.

다음 비행기는 언제예요? When is the next flight? 웬 이즈 더 넥쓰트 플라이트?

어떻게 해야 하나요? What should I do? 왓 슈드 아이 두?

변경할 수 있나요? Can I change it? 캔 아이 췌인쥐 잇?

환불받을 수 있나요? Can I get a refund? 캔 아이 겟 어 뤼풘드?

04 숙소에서

1 체크인할 때

자주 쓰는 여행 단어

체크인 check-in 췌크인

일찍 early 얼리

예약 reservation 뤠저베이션

여권 passport 패쓰포트

바우처 voucher 봐우처

추가 침대 extra bed 엑쓰트롸 베드

보증금 deposit 디파짓

와이파이 비밀번호 Wi-Fi password 와이파이 패스월드

여행 회화

체크인할게요. Check in, please. 췌크인 플리즈.

일찍 체크인할 수 있나요? Can I check in early? 캔 아이 췌크인 얼리?

예약했어요. I have a reservation. 아이 해브 어 뤠저베이션

여기 제 여권이요. Here is my passport. 히얼 이즈 마이 패쓰포트.

더블 침대를 원해요. I want a double bed. 아이 원트 어 더블 베드.

와이파이 비밀번호가 무엇인가요? What is the Wi-Fi password? 왓 이즈 더 와이파이 패스월드?

② 체크아웃할 때

자주 쓰는 여행 단어

체크아웃 check-out 췌크아웃
늦게 late 레이트
보관하다 keep 킵
짐 baggage 배기쥐
청구서 invoice 인보이쓰
요금 charge 차알쥐
추가 요금 extra charge 엑스트라 차알쥐
택시 taxi 택시

여행 회화

체크아웃할게요. Check out, please. 췌크아웃 플리즈.
체크아웃 몇 시예요? What time is check-out? 왓 타임 이즈 췌크아웃?
늦게 체크아웃할 수 있나요? Can I check out late? 캔 아이 췌크아웃 레이트?
늦은 체크아웃은 얼마예요? How much is it for late check-out? 하우 머취 이즈 잇 포 레이트 췌크아웃?
짐을 맡길 수 있나요? Can you keep my baggage? 캔 유 킵 마이 배기쥐?
청구서를 받을 수 있나요? Can I have an invoice? 캔 아이 해브 언 인보이쓰?

③ 부대시설 이용할 때

자주 쓰는 여행 단어

식당 restaurant 뤠스터런트
조식 breakfast 브뤡퍼스트
수영장 pool 풀
헬스장 gym 쥠
스파 spa 스파
세탁실 laundry room 뤈드리 룸
자판기 vending machine 벤딩 머쉰
24시간 twenty-four hours 트웬티포 아워쓰

여행 회화

식당 언제 여나요? When does the restaurant open? 웬 더즈 더 뤠스터런트 오픈?
조식 어디서 먹나요? Where can I have breakfast? 웨얼 캔 아이 햅 브뤡퍼스트?
조식 언제 끝나요? When does breakfast end? 웬 더즈 브뤡퍼스트 엔드?
수영장 언제 닫나요? When does the pool close? 웬 더즈 더 풀 클로즈?
헬스장이 어디에 있나요? Where is the gym? 웨얼 이즈 더 쥠?
자판기 어디에 있나요? Where is the vending machine? 웨얼 이즈 더 벤딩 머쉰?

④ 객실 용품 요청할 때

자주 쓰는 여행 단어

수건 towel 타월
비누 soap 쏩
칫솔 tooth brush 투쓰 브러쉬
화장지 tissue 티쓔
베개 pillow 필로우
드라이기 hair dryer 헤어 드롸이어
침대 시트 bed sheet 베드 쉬이트

여행 회화

수건 받을 수 있나요? Can I get a towel? 캔 아이 겟 어 타월?

비누 받을 수 있나요? Can I get a soap? 캔 아이 겟 어 솝?

칫솔 하나 더 주세요. One more toothbrush, please. 원 모어 투쓰 브러쉬, 플리즈.

베개 하나 더 받을 수 있나요? Can I get one more pillow? 캔 아이 겟 원 모어 필로우?

드라이기가 어디 있나요? Where is the hair dryer? 웨얼 이즈 더 헤어 드라이어?

침대 시트 바꿔줄 수 있나요? Can you change the bed sheet? 캔 유 췌인쥐 더 베드 쉬이트?

5 기타 서비스 요청할 때

자주 쓰는 여행 단어

룸 서비스 room service 룸 썰비스

주문하다 order 오더

청소하다 clean 클린

모닝콜 wake-up call 웨이크업 콜

세탁 서비스 laundry service 뤈드리 썰비스

에어컨 air conditioner 에얼 컨디셔널

휴지 toilet paper 토일렛 페이퍼

냉장고 fridge 프리쥐

여행 회화

룸서비스 되나요? Do you have room service? 두 유 해브 룸 썰비스?

샌드위치를 주문하고 싶어요. I want to order some sandwiches. 아이 원트 투 오더 썸 쌘드위치스.

객실을 청소해 줄 수 있나요? Can you clean my room? 캔 유 클린 마이 룸?

7시에 모닝콜 해 줄 수 있나요? Can I get a wake-up call at 7? 캔 아이 겟 어 웨이크업 콜 앳 쎄븐?

세탁 서비스 되나요? Do you have laundry service? 두 유 해브 뤈드리 썰비스?

히터 좀 확인해 줄 수 있나요? Can you check the heater? 캔 유 췌크 더 히터?

6 불편사항 말할 때

자주 쓰는 여행 단어

고장난 not working 낫 월킹

온수 hot water 핫 워터

수압 water pressure 워터 프레슈어

변기 toilet 토일렛

귀중품 valuables 밸류어블즈

더운 hot 핫

추운 cold 콜드

시끄러운 noisy 노이지

여행 회화

에어컨이 작동하지 않아요. The air conditioner is not working. 디 에얼 컨디셔널 이즈 낫 월킹.

온수가 안 나와요. There is no hot water. 데얼 이즈 노 핫 워터.

수압이 낮아요. The water pressure is low. 더 워터 프레슈어 이즈 로우.

변기 물이 안 내려가요. The toilet doesn't flush. 더 토일렛 더즌트 플러쉬.

귀중품을 잃어버렸어요. I lost my valuables. 아이 로스트 마이 밸류어블즈.

방이 너무 추워요. It's too cold in my room. 잇츠 투 콜드 인 마이 룸.

05 식당에서

1 예약할 때

자주 쓰는 여행 단어

예약하다 book 북
자리 table 테이블
아침 식사 breakfast 브렉퍼스트
점심 식사 lunch 런취
저녁 식사 dinner 디너
예약하다 make a reservation 메이크 어 뤠저붸이션
예약을 취소하다 cancel a reservation 캔슬 어 뤠저붸이션
주차장 parking lot/car park 파킹 랏/카 파크

여행 회화

자리 예약하고 싶어요. I want to book a table. 아이 원트 투 북 어 테이블.
저녁 식사 예약하고 싶어요. I want to book a table for dinner. 아이 원트 투 북 어 테이블 포 디너.
3명 자리 예약하고 싶어요. I want to book a table for three. 아이 원트 투 북 어 테이블 포 뜨리.
000 이름으로 예약했어요. I have a reservation under the name of 000. 아이 해브 어 뤠저붸이션 언덜 더 네임 오브 000.
예약 취소하고 싶어요. I want to cancel my reservation. 아이 원트 투 캔슬 마이 뤠저붸이션.
주차장이 있나요? Do you have a parking lot? 두 유 해브 어 파킹 랏?

2 주문할 때

자주 쓰는 여행 단어

메뉴판 menu 메뉴
주문하다 order 오더
추천 recommendation 뤠커멘데이션
스테이크 steak 스테이크
해산물 seafood 씨푸드
짠 salty 쏠티
매운 spicy 스파이씨
음료 drink 드링크

여행 회화

메뉴판 볼 수 있나요? Can I see the menu? 캔 아이 씨 더 메뉴?
지금 주문할게요. I want to order now. 아이 원트 투 오더 나우.
추천해줄 수 있나요? Do you have any recommendations? 두 유 해브 애니 뤠커멘데이션스?
이걸로 주세요. This one, please. 디스 원 플리즈.
스테이크 하나 주시겠어요? Can I have a steak? 캔 아이 해브 어 스테이크?
제 스테이크는 중간 정도로 익혀주세요. I want may steak medium, please. 아이 원트 마이 스테이크 미디엄, 플리즈.

3 식당 서비스 요청할 때

자주 쓰는 여행 단어

닦다 wipe down 와이프 다운
접시 plate 플레이트
떨어뜨리다 drop 드롭
칼 knife 나이프
데우다 heat up 힛 업
잔 glass 글래쓰
휴지 napkin 냅킨
아기 의자 high chair 하이 췌어

여행 회화

이 테이블 좀 닦아줄 수 있나요? Can you wipe down this table? 캔 유 와이프 다운 디스 테이블?

접시 하나 더 받을 수 있나요? Can I get one more plate? 캔 아이 겟 원 모얼 플레이트?

나이프를 떨어뜨렸어요. I dropped my knife. 아이 드롭트 마이 나이프.

냅킨이 없어요. There is no napkin. 데얼 이즈 노우 냅킨.

아기 의자 있나요? Do yon have a high chair? 두 유 해브 어 하이 췌어?

이것 좀 데워줄 수 있나요? Can you heat this up? 캔 유 힛 디스 업?

4 불만사항 말할 때

자주 쓰는 여행 단어

너무 익은 overcooked 오버쿡트

덜 익은 undercooked 언더쿡트

잘못된 wrong 뤙

음식 food 푸드

음료 drink 드륑크

짠 salty 쏠티

싱거운 bland 블랜드

새 것 new one 뉴 원

여행 회화

실례합니다. Excuse me. 익스큐스 미.

이것은 덜 익었어요. It's undercooked. 잇츠 언더쿡트.

메뉴가 잘못 나왔어요. I got the wrong menu. 아이 갓 더 뤙 메뉴.

제 음료를 못 받았어요. I didn't get my drink. 아이 디든트 겟 마이 드륑크.

이것은 너무 짜요. It's too salty. 잇츠 투 쏠티.

새 것을 받을 수 있나요? Can I have a new one? 캔 아이 해브 어 뉴 원?

5 계산할 때

자주 쓰는 여행 단어

계산서 bill 빌

지불하다 pay 페이

현금 cash 캐쉬

신용카드 credit card 크뤠딧 카드

잔돈 change 췌인쥐

영수증 receipt 뤼씨트

팁 tip 팁

포함하다 include 인클루드

여행 회화

계산서 주세요. Bill, please. 빌, 플리즈.

따로 계산해 주세요. Separate bills, please. 쎄퍼뤠이트 빌즈, 플리즈.

계산서가 잘못 됐어요. Something is wrong with the bill. 썸띵 이즈 뤙 위드 더 빌.

신용카드로 지불할 수 있나요? Can I pay by credit card? 캔 아이 바이 크레딧 카드?

영수증 주시겠어요? Can I get a receipt? 캔 아이 겟 어 뤼씨트?

팁이 포함되어 있나요? Is the tip included? 이즈 더 팁 인클루디드?

6 패스트푸드 주문할 때

자주 쓰는 여행 단어

세트 combo/meal 컴보/미일
햄버거 burger 벌거얼
감자튀김 chips/fries 칩스/프라이스
케첩 ketchup 켓첩
추가의 extra 엑쓰트라
콜라 coke 코크
리필 refill 뤼필
포장 takeaway/to go 테이크어웨이/투 고

여행 회화

2번 세트 주세요. I'll have meal number two. 아이윌 햅 미일 넘벌 투.
햄버거만 하나 주세요. Just a burger, please. 저스트 어 벌거얼, 플리즈.
치즈 추가해 주세요. Can I have extra cheese on it? 캔 아이 해브 엑쓰트라 치즈 언 잇?
리필할 수 있나요? Can I get a refill? 캔 아이 겟 어 뤼필?
여기서 먹을 거예요. It's for here. 잇츠 포 히얼.
포장해 주세요. Takeaway, please. 테이크어웨이 플리즈.

7 커피 주문할 때

자주 쓰는 여행 단어

아메리카노 americano 아뭬리카노
라떼 latte 라테이
차가운 iced 아이쓰드
작은 small 스몰
중간의 regular/medieum 뤠귤러/미디엄
큰 large 라알쥐
샷 추가 extra shot 엑쓰트롸 샷
두유 soy milk 쏘이 미일크

여행 회화

차가운 아메리카노 한 잔 주세요. One iced americano, please. 원 아이쓰드 아뭬리카노, 플리즈.
작은 사이즈 라떼 한 잔 주시겠어요? Can I have a small latte? 캔 아이 해브 어 스몰 라테이?
샷 추가해 주세요. Add an extra shot, please. 애드 언 엑쓰트롸 샷, 플리즈.
두유 라떼 한 잔 주시겠어요? Can I have a soy latte? 캔 아이 해브 어 소이 라테이?
휘핑크림 추가해 주세요. I'll have extra whipped cream. 아윌 해브 엑쓰트롸 휩트 크림.
얼음 더 넣어 주시겠어요? Can you put extra ice in it? 캔 유 풋 엑쓰트롸 아이쓰 인 잇?

06 관광할 때

1 관람권 구매할 때

자주 쓰는 여행 단어

표 ticket 티켓
입장료 admission fee 어드미션 퓌
공연 show 쑈
인기 있는 popular 파퓰러
뮤지컬 musical 뮤지컬
다음 공연 next show 넥쓰트 쑈
좌석 seat 씻
매진된 sold out 쏠드 아웃

여행 회화

표 얼마예요? How much is the ticket? 하우 머취 이즈 더 티켓?

표 2장 주세요. Two tickets, please. 투 티켓츠, 플리즈.

어른 3장, 어린이 1장 주세요. Three adults and one child, please. 뜨리 어덜츠 앤 원 촤일드, 플리즈.

가장 인기 있는 공연이 뭐예요? What is the most popular show? 왓 이즈 더 모스트 파퓰러 쑈?

공연 언제 시작하나요? When does the show start? 웬 더즈 더 쑈 스타트?

매진인가요? Is it sold out? 이즈 잇 솔드 아웃?

② 투어 예약 및 취소할 때

자주 쓰는 여행 단어

투어를 예약하다 book a tour 북 어 투어

시내 투어 city tour 씨티 투어

박물관 투어 museum tour 뮤지엄 투어

버스 투어 bus tour 버스 투어

취소하다 cancel 캔슬

바꾸다 change 췌인쥐

환불 refund 뤼펀드

취소 수수료 cancellation fee 캔슬레이션 퓌

여행 회화

시내 투어 예약하고 싶어요. I want to book a city tour. 아이 원트 투 북 어 씨티 투어.

이 투어 얼마예요? How much is this tour? 하우 머취 이즈 디스 투어?

투어 몇 시에 시작해요? What time does the tour start? 왓 타임 더즈 더 투어 스타트?

투어 몇 시에 끝나요? What time does the tour end? 왓 타임 더즈 더 투어 엔드?

투어 취소할 수 있나요? Can I cancel the tour 캔 아이 캔슬 더 투어?

환불 받을 수 있나요? Can I get a refund? 캔 아이 겟 어 뤼펀드?

③ 관광 안내소 방문했을 때

자주 쓰는 여행 단어

추천하다 recommend 뤠커멘드

관광 sightseeing 싸이트시잉

관광 정보 tour information 투어 인포메이션

시내 지도 city map 씨티 맵

관광 안내 책자 tourist brochure 투어뤼스트 브로슈얼

시간표 timetable 타임테이블

가까운 역 the nearest station 더 니어리스트 스테이션

예약하다 make a reservation 메이크 어 뤠저베이션

여행 회화

관광으로 무엇을 추천하시나요? What do you recommend for sightseeing? 왓 두유 뤠커멘드 포 싸이트씨잉?

시내 지도 받을 수 있나요? Can I get a city map? 캔 아이 겟 어 씨티 맵?

관광 안내 책자 받을 수 있나요? Where can I find a tourist brochure? 웨얼 캔 아이 파인드 어 투어리스트 브로슈얼?

버스 시간표 받을 수 있나요? Can I get a bus timetable? 캔 아이 겟 어 버스 타임테이블?

가장 가까운 역이 어디예요? Where is the nearest station? 웨얼 이즈 더 니어리스트 스테이션?

거기에 어떻게 가나요? How do I get there? 하우 두 아이 겟 데얼?

4 관광 명소 관람할 때

자주 쓰는 여행 단어

대여하다 rent 뤤트
오디오 가이드 audio guide 오디오 가이드
가이드 투어 guided tour 가이디드 투어
입구 entrance 엔터뤈쓰
출구 exit 엑씨트
기념품 가게 gift shop 기프트 샵
기념품 souvenir 수브니어

여행 회화

오디오 가이드 빌릴 수 있나요? Can I borrow an audio guide? 캔 아이 보로우 언 오디오 가이드?
오늘 가이드 투어 있나요? Are there any guided tours today? 얼 데얼 애니 가이디드 투얼스 투데이?
안내 책자 받을 수 있나요? Can I get a brochure? 캔 아이 겟 어 브로슈얼?
출구는 어디인가요? Where is the exit? 웨얼 이즈 디 엑씨트?
기념품 가게는 어디인가요? Where is the gift shop? 웨얼 이즈 더 기프트 샵?
여기서 사진 찍어도 되나요? Can I take pictures here? 캔 아이 테잌 픽쳐스 히얼?

5 사진 촬영 부탁할 때

자주 쓰는 여행 단어

사진을 찍다 take a picture 테이크 어 픽쳐
누르다 press 프레쓰
버튼 button 버튼
하나 더 one more 원 모얼
배경 background 백그라운드
플래시 flash 플래쉬
셀카 selfie 셀피
촬영 금지 no pictures 노 픽쳐스

여행 회화

사진 좀 찍어 주실 수 있나요? Can you take a picture? 캔 유 테이크 어 픽쳐?
이 버튼 누르시면 돼요. Just press this button, please. 저스트 프레쓰 디스 버튼, 플리즈.
한 장 더 부탁드려요. One more, please. 원 모얼, 플리즈.
배경이 나오게 찍어주세요. Can you take a picture with the background? 캔 유 테이크 어 픽쳐 윗 더 백그라운드?
제가 사진 찍어드릴까요? Do you want me to take a picture of you? 두 유 원트 미 투 테이크 어 픽쳐 옵 유?
플래시 사용할 수 있나요? Can I use the flash? 캔 아이 유즈 더 플래쉬?

07 쇼핑할 때

1 제품 문의할 때

자주 쓰는 여행 단어

제품 item 아이템
인기 있는 popular 파퓰러
얼마 how much 하우 머취
세일 sale 쎄일
이것·저것 this·that 디스·댓
선물 gift 기프트
지역 특산품 local product 로컬 프러덕트
추천 recommendation 뤠커멘데이션

여행 회화

가장 인기 있는 것이 뭐예요? What is the most popular one? 왓 이즈 더 모스트 파퓰러 원?

이 제품 있나요? Do you have this item? 두 유 해브 디스 아이템?

이거 얼마예요? How much is this? 하우 머취 이즈 디스?

이거 세일하나요? Is this on sale? 이즈 디스 언 쎄일?

스몰 사이즈 있나요? Do you have a small size? 두 유 해브 어 스몰 싸이즈?

선물로 뭐가 좋은가요? What's good for a gift? 왓츠 굿 포 어 기프트?

2 착용할 때

자주 쓰는 여행 단어

사용해보다 try 트라이

탈의실 fitting room 퓌팅 룸

다른 것 another one 어나더 원

다른 색상 another color 어나더 컬러

더 큰 것 bigger one 비걸 원

더 작은 것 smaller one 스몰러 원

사이즈 size 싸이즈

좋아하다 like 라이크

여행 회화

이거 입어볼 볼 수 있나요? Can I try this on? 캔 아이 트라이 디스 온?

이거 사용해 볼 수 있나요? Can I try this? 캔 아이 트라이 디스?

탈의실은 어디인가요? Where is the fitting room? 웨얼 이즈 더 퓌팅 룸?

다른 색상 착용해 볼 수 있나요? Can I try another color? 캔 아이 트라이 어나더 컬러?

더 큰 것 있나요? Do you have a bigger one? 두 유 해브 어 비걸 원?

이거 마음에 들어요. I like this one. 아이 라이크 디스 원.

3 가격 문의 및 흥정할 때

자주 쓰는 여행 단어

얼마 how much 하우 머취

가방 bag 백

세금 환급 tax refund 택쓰 뤼펀드

비싼 expensive 익쓰펜씨브

할인 discount 디스카운트

쿠폰 coupon 쿠펀

더 저렴한 것 cheaper one 취퍼 원

더 저렴한 가격 lower price 로월 프라이쓰

여행 회화

이 가방 얼마예요? How much is this bag? 하우 머취 이즈 디스 백?

나중에 세금 환급 받을 수 있나요? Can I get a tax refund later? 캔 아이 겟 어 택쓰 뤼펀드 레이러?

너무 비싸요. It's too expensive. 잇츠 투 익쓰펜씨브.

할인 받을 수 있나요? Can I get a discount? 캔 아이 겟 어 디스카운트?

이 쿠폰 사용할 수 있나요? Can I use this coupon? 캔 아이 유즈 디스 쿠펀?

더 저렴한 거 있나요? Do you have a cheaper one? 두 유 해브 어 취퍼 원?

4 계산할 때

자주 쓰는 여행 단어

총 total 토털
지불하다 pay 페이
신용 카드 credit card 크뤠딧 카드
체크 카드 debit card 데빗 카드
현금 cash 캐쉬
할부로 결제하다 pay in installments 페이 인 인스톨먼츠
일시불로 결제하다 pay in full 페이 인 풀

여행 회화

총 얼마예요? How much is the total? 하우 머취 이즈 더 토털?
신용 카드로 지불할 수 있나요? Can I pay by credit card? 캔 아이 페이 바이 크뤠딧 카드?
현금으로 지불할 수 있나요? Can I pay in cash? 캔 아이 페이 인 캐쉬?
영수증 주세요. Receipt, please. 뤼씨트, 플리즈.
할부로 결제할 수 있나요? Can I pay in installments? 캔 아이 페이 인 인스톨먼츠?
일시불로 결제할 수 있나요? Can I pay in full? 캔 아이 페이 인 풀?

5 포장 요청할 때

자주 쓰는 여행 단어

포장하다 wrap 뤱
뽁뽁이로 포장하다 bubble wrap 버블 뤱
따로 separately 쎄퍼랫틀리
선물 포장하다 gift wrap 기프트 뤱
상자 box 박쓰
쇼핑백 shopping bag 샤핑 백
비닐봉지 plastic bag 플라스틱 백
깨지기 쉬운 fragile 프뤠질

여행 회화

포장은 얼마예요? How much is it for wrapping? 하우 머취 이즈 잇 포 뤱핑?
이거 포장해줄 수 있나요? Can you wrap this? 캔 유 뤱 디스?
뽁뽁이로 포장해줄 수 있나요? Can you bubble wrap it? 캔 유 버블 뤱 잇?
따로 포장해줄 수 있나요? Can you wrap them separately? 캔 유 뤱 뎀 쎄퍼랫틀리?
선물 포장해 줄 수 있나요? Can you gift wrap it? 캔 유 기프트 뤱 잇?
쇼핑백에 담아주세요. Please put it in a shopping bag. 플리즈 풋 잇 인 어 샤핑 백.

6 교환·환불할 때

자주 쓰는 여행 단어

교환하다 exchange 익쓰췌인쥐
반품하다 return 뤼턴
환불 refund 뤼펀드
다른 것 another one 어나덜 원
영수증 receipt 뤼씨트
지불하다 pay 페이
사용하다 use 유즈
작동하지 않는 not working 낫 월킹

여행 회화

교환할 수 있나요? Can I exchange it? 캔 아이 익쓰췌인지 잇?

환불 받을 수 있나요? Can I get a refund? 캔 아이 겟 어 뤼펀드?

영수증을 잃어버렸어요. I lost my receipt. 아이 로스트 마이 뤼씨트.

현금으로 계산했어요. I paid in cash. 아이 페이드 인 캐쉬.

사용하지 않았아요. I didn't use it. 아이 디든트 유즈 잇.

이것은 작동하지 않아요. It's not working. 잇츠 낫 월킹.

08 위급 상황

1 아프거나 다쳤을 때

자주 쓰는 여행 단어

약국 pharmacy 파마씨

병원 hospital 하스피탈

아픈 sick 씩

다치다 hurt 헐트

두통 headache 헤데이크

복통 stomachache 스토먹에이크

인후염 sore throat 쏘어 뜨로트

열 fever 퓌버

어지러운 dizzy 디지

토하다 throw up 뜨로우 업

여행 회화

가까운 병원은 어디인가요? Where is the nearest hospital? 웨얼 이즈 더 니어뤼스트 하스피탈?

응급차를 불러줄 수 있나요? Can you call an ambulance? 캔 유 콜 언 앰뷸런쓰?

무릎을 다쳤어요. I hurt my knee. 아이 헐트 마이 니.

배가 아파요. I have a stomachache. 아이 해브 어 스토먹에이크.

어지러워요. I feel dizzy. 아이 퓔 디지.

토할 것 같아요. I feel like throwing up. 아이 퓔 라이크 뜨로잉 업.

2 분실·도난 신고할 때

자주 쓰는 여행 단어

경찰서 police station 폴리쓰 스테이션

분실하다 lost 로스트

전화기 phone 폰

지갑 wallet 월렛

여권 passport 패쓰포트

신고하다 report 뤼포트

도난 theft 떼프트

훔친 stolen 스톨른

귀중품 valuables 밸류어블즈

한국 대사관 Korean embassy 코뤼언 엠버씨

여행 회화

가장 가까운 경찰서가 어디인가요? Where is the nearest police station? 웨얼 이즈 더 니어뤼스트 폴리쓰 스테이션?

제 여권을 분실했어요. I lost my passport. 아이 로스트 마이 패쓰포트.

이걸 어디에 신고해야 하나요? Where should I report this? 웨얼 슈드 아이 뤼포트 디스?

제 가방을 도난당했어요. My bag is stolen. 마이 백 이즈 스톨른.

분실물 보관소는 어디인가요? Where is the lost-and-found? 웨얼 이즈 더 로스트앤퐈운드?

한국 대사관에 연락해 주세요. Please call the Korean embassy. 플리즈 콜 더 코뤼언 엠버씨.

Index
찾아보기

ㅂ

ㅅ

ㅇ

ㅈ

ㅊ

ㅋ

ㅌ

ㅍ

ㅎ